中国空气动力研究与发展中心系列图书

国外风洞试验

Overseas wind tunnel testing

战培国 著

国防工业出版社

·北京·

内 容 简 介

本书是作者近 10 年撰写的部分国外风洞试验情报研究论文汇编。书中 70 篇论文涉及风洞试验组织管理、风洞试验平台、风洞试验技术、飞行器风洞试验研究、工业空气动力学和风工程研究等。这些论文从一个侧面反映了国外航空航天发达国家风洞试验的新理念、新技术，以及作者对基层技术情报研究的认知。

本书对我国空气动力学试验研究领域的科研人员了解国外先进风洞试验技术发展具有一定的参考价值，有助于科研人员学习国外先进经验、拓展视野和创新发展，也可作为高等院校航空和工业空气动力学专业师生的参考书。

图书在版编目(CIP)数据

国外风洞试验／战培国著. —北京：国防工业出版社，2018.9
ISBN 978 - 7 - 118 - 11698 - 4

Ⅰ. ①国… Ⅱ. ①战… Ⅲ. ①风洞试验 - 国外 - 文集
Ⅳ. ①V211.74 - 53

中国版本图书馆 CIP 数据核字(2018)第 204503 号

※

国防工业出版社出版发行

（北京市海淀区紫竹院南路 23 号　邮政编码 100048）
北京虎彩文化传播有限公司印刷
新华书店经售

*

开本 710×1000　1/16　印张 35¼　字数 650 千字
2018 年 9 月第 1 版第 1 次印刷　印数 1—1500 册　定价 185.00 元

(本书如有印装错误，我社负责调换)

国防书店：(010)88540777　　发行邮购：(010)88540776
发行传真：(010)88540755　　发行业务：(010)88540717

前　言

　　风洞试验是空气动力学研究的主要手段之一,从 1871 年世界第一座风洞诞生至今,已有近 150 年的历史了。早期风洞试验主要应用于航空航天飞行器研究,现已广泛应用于国民经济的众多领域,如交通、建筑、能源、环境等。20 世纪 40—80 年代,美国、苏联、德国、英国、法国等世界航空航天强国,基本完成了国家大型风洞设备建设,并主导建立和发展了风洞试验研究的基本法则。如今,美国的 NASA(国家航空航天局)和 AEDC(阿诺德工程发展综合体)、俄罗斯的 TsAGI(中央航空流体动力研究院)、法国的 ONERA(国家航空航天研究院)、欧洲的 DNW(德国/荷兰风洞联合体)和 ETW(欧洲跨声速风洞股份有限公司)是世界上拥有先进风洞试验技术科研机构的典型代表。

　　我国风洞设备建设和试验技术发展起步较晚,进入 21 世纪以来,随着综合国力和科技水平提高,我国迅速发展为风洞大国,但与国外航空航天发达国家相比,我国依旧处于国家大型风洞设备建设发展时期,风洞试验技术成熟度有待提高,试验技术应用经验有待积累。因此,跟踪研究国外风洞试验设备和技术发展,学习借鉴国外先进风洞试验经验,是我们赶超世界先进水平、实现创新发展的一条有效途径。

　　情报研究是科学试验研究工作的先导,是开展工作前摸清研究对象的一种普遍做法,是科技创新的前提。通常,从事试验研究的科研人员只需针对具体的研究课题,去"发现"有参考价值的信息,这一过程就是信息检索过程,当"信息"被科研人员利用,这个"信息"就转变成了"情报",并促进研究工作向更高水平发展。对于专职情报研究人员而言,因其不直接将"情报"应用于具体的科研项目中,因而仅有"发现"是不够的,还需要将获知的情报信息"传播"出去,这些情报信息只有为正在开展相关研究的人员所知晓和利用,才能发挥情报研究对科研的促进作用。因此,作者认为:"发现"和"传播"是专职情报研究人员的两个重要职责。毋庸置疑,在国内公开出版物或专业学术会议上,发表有针对性的技术情报研究论文是情报传播的有效途径,也是情报研究人员研究成果获得认可的一种表现形式。正是基于这一情报研究理念,作者始终坚持撰写情报研究论文并尽可能公开发表。

　　中国空气动力研究与发展中心是我国国家大型风洞试验研究机构,始终致力于大型风洞试验设备和试验技术发展,重视空气动力学试验研究领域的科技情报研究工作。在中国空气动力研究与发展中心成立 50 周年之际,作者将近 10 年来撰写的部分情报研究论文梳理成册,这些论文主要发表在《实验流体力学》《飞行力学》《航空科学技术》《标准科学》《飞航导弹》《民用飞机设计与研究》《环境科学与技术》《情报学报》等国内科技期刊上,有些研究论文在中国空气动力学学会等科技学会举办的全国学术研讨会上进行过交流。

该情报研究论文集的整理出版得到了中国空气动力研究与发展中心和国防工业出版社的大力支持,在此表示衷心感谢!

由于风洞试验涉及专业领域众多,作者受专业知识所限,错误和不足之处在所难免,敬请读者批评指正。

战培国

2018 年 3 月

目　录

组织管理

空气动力学标准体系研究初探

摘要：标准体系建设对规范行业发展和提升工程产品质量具有重要意义。本文简要分析研究了欧、美空气动力学标准体系，介绍我国空气动力标准发展现状，提出构建我国空气动力学标准体系的初步设想。
关键词：标准化；标准体系；空气动力学

引言

随着科学技术的发展，空气动力学在国防和国民经济发展中的作用已为人们广泛认知。空气动力学应用已从最初的航空航天器逐步渗透到水中兵器、枪弹、车辆、防化等武器装备研制的众多领域，极大地提升了武器装备的性能；在国民经济发展方面，空气动力学在环境、能源、建筑、交通运输、体育等诸多领域也发挥着日益重要的作用。

由于空气动力学在提升武器装备性能和促进国民经济发展中的巨大潜力，一方面，促使国内越来越多的单位和机构从事空气动力学研究；另一方面，在国防和国民经济生产科研活动中涉及空气动力学的行业或产品也越来越多。除此之外，随着我国改革开放和全球一体化的发展，我国与世界各国的交流合作日益紧密，竞争也不断加剧。所有这些情况都要求我们思考和编制一套科学实用、层次分明、界面清晰的空气动力学标准体系，从而规范与空气动力学相关的科研、试验、生产和技术交流等活动。

1. 国内外空气动力学标准的现状和存在的问题

1.1 国内外空气动力学标准颁布制定的概况

空气动力学是力学的一个分支，有悠久的发展历史，在美国、欧洲、俄罗斯等航空航天发达国家，空气动力学在其一百多年的发展长河中，已渗透到国防和国民经济的众多领域，并形成了许多与空气动力学相关的标准。美洲、欧洲、俄罗斯等国的空气动力学标准制定与颁布，通常都由科研机构或专业协会进行。如：美国的 NASA（国家航空航天局）、AIAA（美国航空航天协会）、SAE（自动机工程师协会)、AIA(美国航空航天工业协会)、AECMA(欧洲航空航天制造商协会)、ECSS(欧洲空间标准化组织)、俄罗斯的中央航空流体动力研究院和中央机械研究院等都是标准的积极制定者,在这些机构或协会制定的标准中,就包括许多空气动力学方面的标准。

美国是一个标准大国,NASA 的标准主要依靠其各中心的技术标准、国防部标准和非政府标准发展组织(SDO)的标准。NASA 是美国发展航空航天事业的政府机构,也是一个研制航空航天器、开发各种相关技术的实体。NASA 下属 10个研究中心,与空气动力学标准制定密切相关的有兰利、格林、艾姆斯三个中心。NASA 的标准共有 10 个系列,其中有些涉及空气动力学标准。

NASA 的标准文件形式包括:标准(STD)、手册(NHB)、规范(SPEC)、程序(PROC)、要求(RQMT)等。

美国航空航天协会(AIAA)是标准的积极制定者,该项工作由一位协会副主席主管,在标准发展方面拥有一个长期的标准发展主动拓展计划(Active and Expanding Program),该计划由标准执行委员会(Standards Executive Council)实施。AIAA 下设 26 个特定领域的标准委员会。这些标准委员会中与空气动力学相关的标准委员会有很多,如:空气动力减速系统(ADS)、大气飞行力学(AFM)、计算流体动力学(CFD)、航天器地面试验、地面试验(GT)等。1980 年,AIAA 成立计算流体动力学标准委员会(Committee on Standards for CFD, CoS CFD),完成了 CFD 模拟验证确认指南标准,国际标准化组织(ISO)基于该标准建立了 ISO/STEP 流体动力学标准。

AIAA 的标准文件形式有:标准(S)、指南(G)、推荐(R)、专项(SP)。

如果说空气动力学标准体系是指一整套涵盖空气动力学学科内容的标准按其内在联系形成的科学有机整体,那么从上述不难看出国外的空气动力标准体系是在长期的发展应用中逐步形成,并分布于不同的机构和行业协会中,是一种分散的隐式标准体系。

20 世纪 90 年代,顶层设计的理念开始贯穿于国外的标准化工作中,各种真正意义上的标准体系开始建立。1997 年,NASA 开始实施技术标准计划(Technical Standards Program),到 2001 年,该计划完成了美国 108 个标准发展组织的标准产品全文库,形成了一个较为完备的 NASA 标准体系,显著提升了 NASA 的工程能力和引领作用。

1993 年,欧洲成立了欧洲空间标准化组织(ECSS),目的就是要建立一套完整的、用户满意的、并且符合欧洲空间局各成员国意图的标准体系。

ECSS 由成员机构、欧空局(ESA)、工业界和协会组成。ECSS 最高层为指导委员会,它负责:确定 ECSS 的总体战略,批准 ECSS 标准;制定各种保证 ECSS系统有效运行的所有必要程序;对标准进行评估并保证 ECSS 成员应用标准等。

ECSS 标准体系分为 3 个层次：①政策、原则；②标准化项目；③具体专业标准。包括 3 个系列：E 系列（太空工程）；M 系列（太空项目管理）；Q 系列（太空产品品质保证）。

从国内看，近年来许多行业都引入顶层设计的理念，整理构建了各自行业的标准体系，如民用航空标准体系、水利技术标准体系、航空工艺标准体系等，国内专门的标准化研究院、研究所、研究室有上百家，标准化工作发展迅速，已发展成为一个专业的技术领域。

国内空气动力学相关标准的制定和发展与国外同行及国内其他行业相比发展比较缓慢。2005 年颁布的《中华人民共和国国家军用标准》的军用标准文件分类中"空气动力"命名为"空气动力试验标准"，附录 B 军用标准文件小类类目中部分涉及空气动力；国防科研试验基地工程标准中有空气动力试验工程。在上述标准规范下，中国空气动力研究与发展中心制定了空气动力试验标准体系。

目前，国内空气动力学标准仅有 20 多项国标（国军标）。此外，国内相关行业也编制有少量涉及空气动力学方面的标准。

1.2　存在的主要问题

（1）国外空气动力学标准体系是一种分散的隐式标准体系，这种体系的特点在于其自生性和灵活性，但在科学有机性和方便应用查找方面存在缺陷。例如，尽管国内不少标准研究单位或标准信息网站有部分国外标准库，但要查找空气动力学方面的标准仍很困难。

（2）国内空气动力学行业缺少一个长期有效的标准制定引领机构和机制，这严重制约了空气动力学标准体系的建立和发展。

（3）空气动力学标准体系尚未建立，国内现有标准主要局限在空气动力试验方面，主要以国军标的形式颁布，标准文件少而单一，这与空气动力学广泛应用于各行各业的发展趋势及需求不相适应。

（4）标准制定过程对同类国际标准关注研究不够，缺少对国外空气动力学标准体系的深入研究，缺少与国际空气动力学相关标准化组织的联系和交流。

（5）空气动力学标准制定、颁布、修改、完善过程缺少一个有影响力的权威性的开放平台，空气动力学标准的工程影响力不够。

2. 建立我国空气动力学标准体系的设想和建议

为了满足国防和国民经济建设各行业对空气动力学标准的需求，满足质量管理发展以及国际合作交流与竞争的需要，借鉴国内外标准体系建立的经验和做法，本着规范标准、技术开放、促进发展的思路，在已初步形成的空气动力试验体系基础上,我们有必要思考和规划建立我国空气动力学标准体系,满足空气动力学对国防建设和国民经济的基础和支撑作用。

2.1 指导思想

结合国防建设和国民经济发展对空气动力学的需求,在认真梳理国内现有空气动力学标准的基础上,编制科学实用、层次分明、界面清晰的空气动力学标准体系,增强空气动力学的工程影响力。

2.2 总目标

空气动力学标准体系建设的总目标是建设一个基于网络的"一站式"空气动力学标准体系平台(图1)。

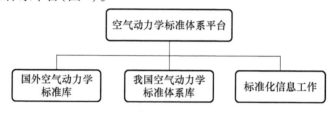

图1 空气动力学标准体系平台

(1)我国空气动力学标准体系库是空气动力学标准体系平台的核心。

(2)国外空气动力学标准库是我们借鉴和研究国外相关标准的辅助系统,在全球一体化的大环境下,我们的标准编制需要考虑已有国外标准或国际标准的情况,同时,也能满足业内人员查找国外标准、参与国际交流合作的需求。

(3)标准化信息工作主要是发布标准化的有关工作内容,如:计划制定标准的竞标、新标准的颁布、标准修订升级、应用经验、意见反馈等。

一个完整的、开放的标准体系平台,有利于扩大空气动力学影响力和标准体系作用的发挥。

2.3 总任务

(1)建立空气动力学标准体系,促进我国空气动力学标准制定和行业发展;

(2)通过空气动力学标准体系建设,促进标准的应用、型号工程能力的提高和科研生产质量管理水平的提高;

(3)促进对发达国家空气动力学标准和国际标准的了解,加强国际合作和增强国际影响力。

2.4 组织机构

一个有效的运行机制是保证体系构建顺利完成的重要条件。应成立具有广泛代表性的空气动力学标准委员会,且随着工作的开展,根据标准体系的划分情况设立分委员会。标准体系的建设将是一个长期的过程,空气动力学标准委员会应有依托挂靠单位。

2.5 空气动力学标准体系建设的人员

标准化工作在国内外都已成为一种专业技术行业,建设好空气动力学标准体系,需要标准化专业人员和空气动力学专业人员的密切合作,需要加大在人力资源上的投入、培训以及与国内相关单位的全面合作。

2.6 空气动力学标准体系建设的经费

虽然标准化工作在国内得到迅速发展,但从国内外经验来看,经费问题仍是制约其长期顺利发展的主要问题。一般来说,建设时期的投入都是靠政府和官方机构,由于标准体系建设和运行是一个长期性工作,后期的发展生存就要靠多渠道解决,如:上级部门投入、机构会员费、标准服务费等,探索建立一种有效的经费保障机制是标准体系运作生存所必需的。

2.7 空气动力学标准体系设置

空气动力学标准体系设置从不同的观点、视角,可以有不同的设置方案,但从国内外其他标准体系建设的情况看,建议按空气动力学的学科划分来构建,即在空气动力学这一学科下细分完善,这样既强调了空气动力学的学科完整性,也方便今后各行业查找或应用标准体系中的标准。

空气动力学标准体系分为3个层次(图2):

(1)总则;

(2)通用和基础;

(3)专业技术。

图2　标准体系层次

空气动力学标准体系设置为 4 大系列(图 3):

(1)理论空气动力学;

(2)试验空气动力学;

(3)计算空气动力学;

(4)应用空气动力学。

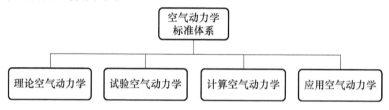

图 3　标准体系设置

标准体系中的标准文件,根据其强制性、重要性、应用范围,设立 4 个级别类型(图 4):

(1)国标或军标;

(2)行业或学会标准;

(3)指南;

(4)推荐。

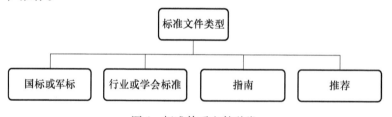

图 4　标准体系文件种类

3. 结束语

一个组织或部门标准体系的建设取决于该组织或部门体系建设的目标和任务。我国空气动力学标准体系的建立也应明确任务和最终目标,在全国空气动力学相关行业联合和全面统筹的基础上,建立一个完整的、开放的空气动力学标准体系平台,这对扩大行业影响力,发挥空气动力学在工程中的作用,提升质量管理水平,促进国际交流与合作都是非常重要的。

参考文献

[1] Paul S G. NASA technical standards program[R]. N20020091891,2002.

[2] Schoyer H F R. The new European propultion standard[R]. AIAA2001 – 3976, 2001.

[3] Raymond R C. AIAA Committee on Standards for Computional Fliud Dynamics: Status and Plans[R]. AIAA2005 – 568, 2005.

[4] Diane M A P. Advances in the CGNS database standard for aerodynamics and CFD[R]. AIAA 2000 – 0681, 2000.

[5] 任丽云. NASA 标准体系分析研究[J]. 航天标准化, 1999(1):42 – 44.

[6] 梁勇. 航空行业工艺标准体系构建策略[J]. 航空标准化与质量, 2006(8):29 – 32.

[7] 杜和青. 俄罗斯航天标准体系研究与分析[J]. 航天标准化, 1998(6):40 – 43.

飞行器风洞试验标模体系研究

摘要： 风洞试验标模是一种评估风洞试验准度和验证 CFD 算法的通用校准模型。本文归纳分析北约组织 AGARD 系列、法国 ONERA M 系列为代表的国外风洞试验标模发展情况；阐述我国 DBM、GBM、HSCM 风洞标模系列的发展现状；探讨建立和完善风洞试验标模体系的一些问题。意在为国内风洞和试验技术发展提供参考。

关键词： 标模；风洞模型；风洞试验

引言

在航空航天飞行器空气动力性能研究中，风洞模型试验和数值计算（CFD）是最主要的两种研究方法，二者在目前空气动力学研究中占据主导地位。为了验证 CFD 结果的可靠性和评估 CFD 对飞行器各种复杂流动现象的计算模拟能力，通常采用风洞模型试验数据进行对比确认。然而，风洞模型试验是一种在风洞中采用模型模拟并测量作用在模型上气动力的复杂过程，因此，风洞模型试验的数据不可避免地会受到各种因素的影响而产生试验误差，如：风洞洞壁干扰、模型的相似程度、模型支架干扰、雷诺数效应、测量仪器的误差等。为了研究和确认风洞模型试验的准度和可信度问题，风洞试验标模应运而生。实践经验表明，在大型生产型风洞建成运行初期、在风洞试验技术发展和 CFD 技术的不断完善过程中，标模具有特别重要的现实意义。

1. 国外风洞试验标模概况

标模是一种具有公认确定几何外形参数的标准校验模型，英文文献中常用 calibration model、standard calibration model、check – standard model 或 common research model 等表述。根据确定几何外形参数可以加工不同缩尺比的标模，以满足不同尺度风洞的试验要求。通过对不同风洞标模试验数据的综合分析，就可以确定标模的"标准数据"，依此判别各风洞试验数据或 CFD 数据的准度。

1.1 AGARD 系列标模

国外最著名的标模是 AGARD 系列标模，至今仍被世界各国广泛采用。

AGARD 由航空航天研究与发展咨询组创建于 1952 年,其创始人和第一任主席是著名空气动力学家冯·卡门博士。该咨询组成员涵盖美、英、法、德等 11 个国家,隶属北约组织(NATO),1966 年成为 NATO 军事委员会下的一个局。1998年,AGARD 与 DRG(国防研究组)合并成为 RTO(研究和技术组织),完成了其 40 多年的历史使命。根据冯·卡门的建议,AGARD 的研究与发展咨询工作主要涵盖 7 个领域,其中首要的就是空气动力学和飞机设计。20 世纪 50 年代,正是发达国家风洞建设和发展的高峰期,是风洞试验技术工程应用的初始阶段,各国风洞试验数据的准度和可信度问题是飞机设计迫切需要了解的问题。因此,AGARD 在 20 世纪 50 年代组织成员国协调研究,逐步形成了 AGARD 系列标模。

不完全文献检索,可见的 AGARD 系列标模据有:

(1) AGARD A、B、C,HB – 1,HB – 2 跨超和高超声速测力标模。A 标模是一个锥柱旋成体模型;在 A 的基础上增加三角翼,形成 B 标模;在 B 标模的基础上增加垂尾和平尾形成 C 标模,主要用于跨超声速风洞。HB – 1 是圆锥体,HB – 2是锥 – 柱 – 裙构型,主要用于高超声速风洞。

(2) AGARD G、H、J 动稳定性标模。G 标模是一个可用于低跨超声速风洞的细长机翼加垂尾模型;H 标模是用于跨超声速的薄尖机翼模型;J 标模是可用于高超声速的 10°半锥角的圆锥模型。

(3) AGARD Wing 445.6、TF – 8A 气动弹性机翼标模,是一种中到大展弦比超临界运输机机翼颤振标模。

(4) AGARD NAB 发动机喷管后体标模。

1.2 法国 ONERA M 系列标模

20 世纪 70 年代,法国国家航空航天研究院(ONERA)在"空中客车"运输机发展过程中,以"空中客车"A – 300 为原型,简化建立了 ONERA M 系列标模和 C5 标模,主要包括:M1 到 M5 不同缩尺比的 5 个标模,其中 M4 为半模标模;C5标模是一个面积等价的旋成体模型。ONERA M 标模在欧、美、日等 10 多个国家风洞中进行过试验(图 1)。此外,ONERA 还包括发动机校准短舱(calibration nacelle)标模。

1.3 其他国家标模

除 AGARD 和法国系列标模外,德国、英国、美国 NASA、AEDC、波音公司等也发展有风洞试验和 CFD 验证标模。

从 1978 年起,英国皇家航空航天研究院(DRA)加工了缩尺比 1:13 的"空中客车"A – 300B 标模,用于风洞试验技术的发展,英国 BAe Hatfield 也用它为

图 1　法国 ONERA M5 标模在日本风洞中[4]

标模,加工了半模用于小风洞中。

美国阿诺德工程发展中心(AEDC)基于 F - 16 简化外形,发展了 SDM(标准动态模型)标模。

进入 21 世纪以来,CFD 技术迅速发展,为评估和验证 CFD 在飞机设计中的工程应用能力,AIAA 应用空气动力学委员会自 2001 年起进行了 4 次运输机阻力 CFD 计算能力工作组研讨。其中,前 3 次采用的运输机验证标模是德国航空航天研究院(DLR)的 DLR - 4、DLR - 6 运输机标模,第 4 次采用的是美国 NASA 运输机通用研究标模(CRM)(图 2)。

图 2　美国 NASA CRM 通用研究标模[5]

2. 国内风洞试验标模现状

国内大规模风洞建设始于 20 世纪 60 年代。1974 年,我国航空气动力协作攻关办公室(7210 办公室)组织有关风洞试验单位,确定了我国高、低速风洞试验标模系列,并拟定了统一的试验大纲,国内各生产型风洞进行了标模试验研究。1983 年确定了低速风洞大迎角标模。2002 年在颁布的国军标《高超声速气动力试验方法》中,又给出了高超声速风洞试验标模系列。

2.1　低速风洞试验标模

低速风洞试验标模 DBM(低速标模)系列主要包括:

(1) DBM - 01 标模是一个由三角翼、旋成体机身、平尾和垂尾构成的全机标模,标模外形参数取自 NACA TN 4041 - 4043。根据标模确定的外形数据,国内主要风洞试验单位加工了适应各自风洞需要的、不同缩尺比的 DBM - 01,据不完全统计大约 6 个,可供 1 ~ 4m 量级低速风洞选用。

(2) DBM - 02 标模是一个以 YF - 16 为原型设计的低速大迎角标模,该标模为全金属制造,大约加工了不同缩尺比的 6 个 DBM - 02 标模。

(3) DBM - 03 标模是一个以歼 - 6 为原型设计的歼击机标模,未加工。

(4) DBM - 04 标模是一个以歼 - 7 为原型设计的歼击机标模,未加工。

(5) DBM - 05 标模是一个以波音 B - 707 为原型设计的大展弦比运输机标模,未加工。

2.2　跨超声速风洞试验标模

跨超声速风洞试验标模 GBM(高速标模)系列主要包括:

(1) GBM - 01 标模采用了国外 AGARD - B 标模。

(2) GBM - 02 标模采用了国外 AGARD - C 标模。

(3) GBM - 03 标模采用了以歼 - 6 为原型设计的歼击机标模,该标模也称作歼击机标模 I,标模与真实飞机的缩尺比为 1:25。

(4) GBM - 04 标模采用了以歼 - 7 为原型设计的歼击机标模(图 3),该标模也称作歼击机标模 II,标模与真实飞机的缩尺比为 1:23。

(5) GBM - 06 标模是一个横向测力试验研究标模,采用鸭式布局歼击机构

图 3　风洞中的 GBM - 04 标模

型,主翼和鸭翼均为三角翼,标模外形参数主要取自 NACA RMA57L18。CBM 标模是 20 世纪 90 年代有关课题组确定的箭弹测力标模,外形类似锥柱旋成体,尾部有 4 个舵片。

(6) ZSDD – 1a 标模是 20 世纪 90 年代有关课题组确定的战术导弹测力标模,外形类似锥柱旋成体,弹体中部有 4 个主翼,尾部有 4 个舵片。

2.3 高超声速风洞试验标模

高超声速风洞试验标模 HSCM(高超声速标模)系列主要包括:
(1) HSCM – 1 标模采用了国外 AGARD HB – 2 标模。
(2) HSCM – 2 标模为 10°尖锥标模。
(3) HSCM – 3 标模为 9°钝锥标模。
(4) HSCM – 4 标模采用了国外 AGARD B 标模。

2.4 其他标模

除上述标模外,国内有关风洞试验单位在一些课题研究和对外合作中,也设计了一些带有标模性质的模型,开展了相关风洞试验数据对比研究工作。

2009 年 6 月,在"湍流 973 项目试验标模研讨会"上,确定了平板边界层加压缩拐角、三维机翼、钝锥热流、混合层 4 个 CFD 试验验证标模。

3. 对完善风洞试验标模体系的思考

我国作为发展中国家,仍处于大型生产型风洞设备建设和发展阶段,处于风洞试验技术发展和完善阶段。目前,我国的一些风洞试验技术工程应用可靠性还不高,还有许多特种风洞试验技术有待发展。因此,需要我们研究完善风洞试验标模体系问题。

3.1 标模的用途

通过分析国内外标模应用发展情况,可以看出,随着空气动力试验研究的发展,标模的用途已从最初评估风洞试验准度的基本功能向更广的方向发展。标模的主要用途包括:
(1) 评估风洞模型试验数据的准度;
(2) 校验风洞流场和天平等试验测量系统的完好性;
(3) 获取风洞对类标模型飞行器模型的试验能力;
(4) 确认某些复杂风洞试验技术和方法的正确性;
(5) 开展某些空气动力现象或试验技术问题的研究;

（6）评估和验证 CFD 算法。

目前,一个风洞试验标模一般具备以上一种或数种用途。

3.2 标模的体系

风洞模型试验是以气动力测量为基础的。因此,国内外最为常见的和基础的标模就是测力标模。从完善风洞试验标模体系的角度出发,根据风洞试验的性质,标模体系应涵盖测力标模、测压标模、测热标模。

3.3 标模的分类

根据风洞试验对象的类型,标模可以分为:旋成体类(弹、返回舱等)、小展弦比类(战斗机、某些航天器等)、大展弦比类(运输机、长航时飞机等)、非航空器标模类(建筑、桥梁)。

从风洞试验技术发展需要的角度出发,逐步建立和完善其中的一些特种或复杂试验技术的标模,如:尾旋标模、动态试验标模、TPS 或螺旋桨模拟标模、PSP 标模、TSP 标模等。

从未来风洞试验与 CFD 发展相结合的角度出发,各种风洞试验标模都需要考虑 CFD 标模的技术要求。

风洞试验标模体系的建立和完善是一个长期的过程,它将随着风洞试验技术和 CFD 技术发展的需要,不断充实和完善。

3.4 标模的特征

标模是以某类风洞试验对象简化而成的,需要能很好地反映此类试验对象的主要气动特点。但是,如果标模型号特征太强,将会限制其公开应用的范围;没有广泛的各风洞试验数据,也很难发挥标模评估风洞试验准度的基本功用。因此,标模的外形应抽象、确定、公开并被行业内认可,合理处理好针对性和抽象性问题。从评估风洞试验数据准度的基本用途看,标模应最大限度地优先采纳国外常见、公开、公认的标模。

从标模用于开展某些空气动力现象或试验技术问题研究的用途看,标模具有一定的时代特征。随着飞行器技术的发展,标模需要能反映当代飞行器的主要气动特性和流动现象,因此,一些标模随时代变迁需要某种程度的更新。当然这并不意味着旧标模的完全退出,因为,标模试验数据库需要不同时期、不同风洞试验数据的不断充实。

3.5 标模的组织

风洞试验标模体系是一个随风洞试验技术发展而不断发展和完善的动态过

程,是风洞试验行业内的一项重要基础工作,因此,需要业内广泛的合作,并建立相应组织协调机制,这样,建立的标模体系才具权威性、广泛性和连续性,才能通过标模试验研究,促进我国风洞试验水平的发展。

4. 结束语

国外航空航天发达国家,生产型风洞和常用风洞试验技术已经成熟和完善,标模更多地是用于满足研究和发展 CFD 技术的需要。我国的生产型风洞和试验技术尚处于发展阶段,标模更多地是用于满足验证新风洞和新试验技术的需要。我国生产型风洞分布的单位较广,风洞试验标模体系的建立需要国内各风洞试验单位的合作和对外合作。因此,放眼未来,从科学发展的角度,需要尽快完善风洞试验标模体系,为我国航空航天器发展奠定坚实的基础。

参考文献

[1] 范洁川. 风洞试验手册[M]. 北京:航空工业出版社,2002.

[2] 恽起麟. 实验空气动力学[M]. 北京:国防工业出版社,1991.

[3] Fail R. Calibration models for dynamic stability tests[R]. AD－676576,1988.

[4] Masataka K. Thermal zero shift correction of strain－gage balance output in the JAXA 2m by 2m Transonic Wind Tunnel[R]. JAXA－RR－07－034E,2007.

[5] Kelly R L. Summary of data from the second AIAA CFD drag prediction workshop[R]. AIAA－2004－0555,2004.

[6] Carson E Y. AGARD standard aeroelastic configurations for dynamic response[R]. AGARD RP 765,1985.

[7] Prieur J. New standard for wind tunnel testing technique for propeller driven models at ONERA[R]. AIAA2000－2642,2000.

[8] Melissa B R. Experimental investigations of the NASA common research model in the NASA Langley NTF and NASA Ames 11－ft transonic wind tunnel[R]. AIAA 2011－1126,2011.

美国 AIAA 风洞试验标准体系研究

摘要：大型工业风洞试验是众多与空气动力学相关国防和工业产品研制的基础。本文简要回顾风洞试验的发展；介绍美国 AIAA 风洞试验标准体系建立的背景和目的；归纳 AIAA 标准体系的构成及主要标准内容；分析 AIAA 风洞试验标准的主要特点；指出 AIAA 风洞试验标准对我国风洞试验行业发展的意义。

关键词：风洞试验；风洞试验标准；标准体系；AIAA 标准

引言

20 世纪中叶，航空航天飞行器研制需求促使工业发达国家生产型风洞和试验技术迅速发展，美国、苏联、法国、英国等相继建立了国家大型工业风洞设备群。80 年代末，随着高层建筑、大跨度桥梁、高速列车、汽车、环境研究等迅速发展，大型工业风洞设备向专业细分方向发展，如列车风洞、汽车风洞、桥梁/建筑风洞、环境风洞等，风洞科研试验活动与国防和国民经济建设关系更加密切。进入 21 世纪，国外大型工业风洞的运营呈现出企业化的生产管理模式，如：美国 NASA 兰利研究中心成立了风洞企业集团（WTE），欧洲建立了 DNW 风洞联合体、ETW 风洞股份公司等。大型工业风洞被视为"工厂"，其"产品"就是风洞试验数据。同其他现代工业生产一样，大型工业风洞的生产试验活动离不开标准，风洞试验的标准问题关系到风洞试验数据的质量，关系到其下游产品的性能和竞争力。

1. AIAA 风洞试验标准体系建立的背景

风洞试验活动源自航空科学的发展，并随科技发展逐步扩展到交通、建筑、能源和环境等众多领域。尽管人类的风洞试验活动已有上百年的历史，但由于风洞试验活动的复杂性、技术保密性等历史原因，长期以来，国内外的风洞试验单位通常都是按照各自的习惯或经验从事风洞试验活动，风洞试验领域缺乏管理和实施风洞试验的权威标准体系。

1952 年，北约（NATO）成立了航空航天研究与发展咨询组（AGARD），该咨询组成员涵盖美、英、法、德等 11 个国家，创始人和第一任主席是著名空气动力学家冯·卡门博士。根据冯·卡门的建议，AGARD 的研究与发展咨询工作主要涵盖 7 个领域，其中首要的就是空气动力学和飞机设计。

在 20 世纪 80 年代以前，AGARD 在其成员国风洞试验领域发挥了重要的协调和咨询作用，有关风洞试验的行为准则或技术问题研究都以 AGARD 咨询报告的形式发布。由于时代所限，这些行为准则没有上升到标准层面。

20 世纪 90 年代，AGARD 退出历史舞台，美国航空航天协会（AIAA）开始发挥在航空航天领域的标准制定和技术引领作用。AIAA 下设 26 个专业领域的标准委员会，在标准化工作方面，AIAA 成为国际标准化组织（ISO）航空航天技术委员会（TC20）和航天分技术委员会（SC14）的秘书单位，制定了长期的标准发展主动拓展计划。

进入 21 世纪，风洞试验数据在航空航天飞行器、车辆、风力机、高层建筑、桥梁等产品中普遍应用，工业产品性能提升对风洞试验数据质量提出了更高要求；此外，风洞试验领域国际合作、交流和竞争增强，国际化的风洞试验市场迫切需要有统一的规范和标准。因此，AIAA 发挥行业引领作用，相继组织编写和颁布了一系列风洞试验标准，内容涉及风洞试验的组织实施、风洞校准、天平校准和试验结果评定，这些标准涵盖了风洞试验活动的主要过程，形成了 AIAA 风洞试验标准体系的基本框架。AIAA 风洞试验标准体系是以美国为代表的发达国家风洞试验经验的总结，是世界一流风洞试验机构规范风洞试验活动、提高风洞试验质量和效率、提高行业内竞争力的重要遵循和指南。

2. AIAA 风洞试验标准体系

AIAA 标准的文件形式有四种：标准（S）、指南（G）、推荐（R）、专项（SP）。由于风洞试验活动的复杂性和特殊性，统一风洞试验的一般行为准则并得到风洞试验单位、型号单位、测量仪器和模型制造等相关单位的一致认可难度很大，AIAA 构建标准体系、组织制定标准花费了大量人力和财力。从检索的文献资料看，目前，AIAA 风洞试验标准体系主要包括以下 7 部标准：

- 风洞试验——第一部：管理卷（R）
- 风洞试验——第二部：从业者卷（R）
- 空气动力风洞试验的术语和轴系（G）
- 亚声速和跨声速风洞校准（R）
- 风洞试验内式应变天平的校准和使用（R）
- 风洞试验的实验不确定度评定（S）
- 实验不确定度评定——AIAA S – 071 – 1999 标准补充（G）

2.1 风洞试验——第一部:管理卷

2002 年,AIAA 地面试验技术委员会(GTTC)批准了《风洞试验——第一部:管理卷》标准,2003 年 9 月,AIAA 标准执行委员会批准并颁布。该标准给出了风洞试验项目组织和管理的流程,目的是帮助风洞试验管理者认识决策对风洞试验计划制定和成本效益的影响,合理权衡风洞试验周期、成本、品质和数据量的关系。标准归纳了风洞试验管理的具体内容,总结了风洞试验的长期经验做法。管理内容涉及试验条件确定、计划和时间安排、特殊问题处理、先进工具和技术应用等,考虑了风洞选择、测量设备、模型缩比和保真度、安全等因素影响。

2.2 风洞试验——第二部:从业者卷

《从业者卷》是风洞试验系列标准的第二部,该标准为风洞试验人员提供风洞试验的实施步骤和方法,指导工程技术人员科学从事风洞试验活动。标准归纳风洞试验过程主要有五个阶段的:试验前计划和准备阶段、模型设计和制作阶段、试验前组织和准备阶段、试验阶段、试验后阶段,并分别用一章详细阐述每个阶段应做的工作、实施方法和注意的问题。该标准给出了一项风洞试验从接受任务到结束的全程行为规范。此外,标准给出了 5 个附录,分别介绍了试验工作内容细分表格、子合同管理、模型加工新技术、模型加工成本等。

2.3 空气动力风洞试验的术语和轴系

2011 年,AIAA 地面试验技术委员会(GTTC)批准了《空气动力风洞试验的术语和轴系》标准,2012 年,AIAA 标准执行委员会批准并颁布。统一规范的风洞试验术语是风洞试验领域合作和交流的基础,是风洞试验中避免误解、提高效率的一个重要前提。该标准旨在增进世界各风洞试验机构的人员对风洞试验术语和轴系的理解,为常规风洞试验提供了一套推荐的试验术语,为不同风洞设备和型号用户提供了各种轴系的转换方法,给出了常规风洞试验各种参数术语的印刷符号、计算机代码符号和单位。

2.4 亚声速和跨声速风洞校准

2003 年,AIAA 地面试验技术委员会(GTTC)批准了《亚声速和跨声速风洞校准》标准,同年,AIAA 标准执行委员会批准并颁布。该标准使人们对亚声速风洞和跨声速风洞的校准有了一个总览,它给出了风洞校准的要求和目的、流场校测试验的组织计划与实施、风洞校准和流场校测的具体内容等,为风洞试验行业有关风洞校准问题提供了一个共同行为准则。虽然该标准针对亚、跨声速风洞,但其折射出的精神和思路,可作为实施其他类型风洞校测的参考。该标准以附录的形式给出了美国几个亚、跨声速风洞校准的实例,以及有关风洞校准方面研究的重要文献资料汇总。

2.5 风洞试验内式应变天平的校准和使用

AIAA 地面试验技术委员会(GTTC)历时 6 年完成了《风洞试验内式应变天平校准和使用》标准,2003 年,AIAA 标准执行委员会批准并颁布。本标准给出了风洞试验内式应变天平校准的推荐方法。标准内容包括术语、轴系定义、内式天平的类型、天平校准方法、校准矩阵和校准报告等,反映了国外天平校准领域的一些新技术应用,如现代实验设计技术、人工神经网络技术等。

2.6 风洞试验的实验不确定度评定

1994 年,AIAA 地面试验技术委员会(GTTC)批准了《风洞试验的实验不确定度评定》标准,1995 年,AIAA 标准执行委员会批准并颁布,1999 年该标准进行了修订。20 世纪 80 年代,北约(NATO)的航空航天研究与发展咨询组(AGARD)(成员包括:美国 NASA、法国 ONERA、德国 DLR、英国 ARA 等)对风洞试验数据的品质问题进行了研究探讨,形成了风洞试验数据品质的评定方法(文献 AGARD – AR – 304)。AIAA 的该标准是对 AGARD – AR – 304 研究成果的继承和发展。标准归纳了风洞试验的误差源,给出了不确定评定方法,介绍了应用于测力和测压试验的不确定度分析方法以及不确定度分析报告应包含的内容等,形成了定量分析及报告风洞试验数据不确定度的科学行为准则。

2.7 实验不确定度评定——AIAA S –071 –1999 标准补充

2003 年,AIAA 地面试验技术委员会(GTTC)批准了《实验不确定度评定——AIAA S –071 –1999 标准补充》标准,同年,AIAA 标准执行委员会批准并颁布。该标准分两部分深入探讨了不确定度分析技术和应用。首先,介绍了不确定度方法和应用,给出了应用分析实例,探讨了系统不确定度及相关性问题。在此基础上,探讨了不确定度的深层次问题,如随机不确定度及相关性、回归不确定度、生产型试验的自动不确定度分析等。最后给出了有关不确定度研究的重要文献资料。

3. AIAA 风洞试验标准的特点分析

(1) AIAA 风洞试验标准具有国际性、权威性和广泛性。美国是原北约航空航天研究与发展咨询组(AGARD)的创始国,第一任主席就是著名空气动力学家冯·卡门,AGARD 成员涵盖美、英、法、德等 11 个国家,该组织编写了大量协调风洞试验问题的咨询报告。AIAA 标准继承了 AGARD 的一些研究成果,如《风洞试验的试验不确定度评定》标准源自《风洞试验质量评估》报告(AGARD – AR – 304)。AIAA 是国际标准化组织(ISO)TC20/SC14 的秘书单位,在国际航空航天领域标准化方面发挥着主导作用。通常,AIAA 制定风洞试验标准都是成立一个具有广泛代表性的相关问题专家小组进行,成员几乎涵盖北美(主要是美国)有代表性的所有相关单位。编写完成后经国内或国外专家的评阅,最后由标准委员会发布执行。例如,制定《亚声速和跨声速风洞校准》标准的工作组成员单位包括:NASA 格林研究中心(组长)、兰利研究中心和艾姆斯研究中心、洛克希德公司(副组长)、斯维尔德鲁普技术公司、空军研究实验室、波音公司、阿诺德工程发展中心(AEDC)、加拿大国家研究委员会等 17 个单位,标准编制完成后又征询了 NASA、AEDC、波音、欧洲 ETW 等近 20 个风洞试验相关单位专家的评阅意见。

(2) AIAA 风洞试验标准既是传统风洞试验经验的总结,也是新理念、新技术的传播。AIAA 制定风洞试验标准,总结了风洞试验行业的习惯经验做法,同时给出了专家推荐的科学方法,并指出了标准所阐述内容的最新相关技术发展。例如,在《风洞试验——第一部:管理卷》标准中,指出了风洞试验与 CFD 结合、基于网络的远程试验和模型姿态的遥控变化等先进技术的应用问题;在《亚声速和跨声速风洞校准》标准中,提出了风洞校测应有长期系统规划的先进理念,指出了统计过程控制这一科学和创新的校测数据分析方法;在《风洞试验内式应变天平的校准和使用》标准中,指出了神经网络理论、现代实验设计理论(MDOE)的应用;在《风洞试验的实验不确定度评定》及其补充标准中,给出了风洞试验数据质量评定的概念和科学方法,包括吹风试验前和吹风试验后采用的评定方法,提出了对于生产型风洞试验,试验结果不确定度评定纳入数据处理程序自动生成的先进理念。

(3) AIAA 风洞试验标准着力于规范试验活动的方法和行为,而不在于提出风洞试验方面的相关技术指标。例如,AIAA 的《亚声速和跨声速风洞校准》标准给出了风洞校测的定义、内容、方法、类型和校准报告实例,但并不涉及风洞校测的具体参数指标。由此可见,标准目的是为了给风洞试验行业推荐一个更科学、更合理的风洞流场校测方法和理念,以确保行业内风洞校测行为和方法的一致、校测结果的准确可靠,而不是制定评价和衡量一个风洞流场品质高低的指标。

(4) AIAA 风洞试验标准具有宏观指导性和可拓展性。风洞试验领域是一个复杂特殊的领域,除了风洞的种类、试验的种类很多外,技术的保密性很强,技术和信息的共享意愿存在壁垒,这在《风洞试验内式应变天平的校准和使用》标准中即有所体现。因此,AIAA 标准体系重点在于风洞试验活动的宏观主要环节,例如,这些标准给出了风洞试验组织管理、轴系定义、风洞校准、天平校准、试验结果评定,涵盖风洞试验活动全过程;着力于理念、方法指导和启示性,标准体现出的原则和精神也适用于其他类似试验活动,例如,亚跨声速风洞校准标准原则精神,也可以推广到高超、特种风洞校准等。目前这些 AIAA 风洞试验标准并未涉及具体的试验种类标准、风洞技术参数指标标准等,它们以指南(G)或推荐(R)标准文件形式颁布,并指出标准的应用本着自愿的原则。

4. 结束语

标准化是现代企业生产和管理的一个重要标志,也是国外大型工业风洞试验管理发展的一种趋势。AIAA 风洞试验标准是国外发达国家长期实践经验的总结,这些标准是当今世界一流风洞试验机构提高风洞试验品牌形象、提高试验质量、提高国际竞争力的重要遵循。对我国而言,除《空气动力风洞试验的术语和轴系》标准外,尚未制定类似的相关标准,因此,AIAA 标准可以作为未来我国风洞试验制定标准的参考。

进入 21 世纪,国际风洞试验市场合作与竞争并存,研究和推动国家风洞试验活动的科学化和标准化,直接关系到风洞试验的质量、成本和效益,关系到下游型号产品的性能和市场竞争力。美国 AIAA 制定风洞试验标准,目的是以标准的形式引导和规范风洞试验活动,提高美国风洞试验行业整体品牌形象。AIAA 的这些风洞试验标准,对我国风洞试验从业单位与世界一流水平接轨,学习国外先进做法,促进国际合作交流,具有重要的借鉴和参考作用。

参考文献

[1] 战培国,杨炯. 美国 AIAA 风洞试验标准汇编[M]. 北京:国防工业出版社,2015.

美国 AIAA 风洞试验管理标准与从业者标准浅析

摘要：国外大型风洞的运营已呈现出企业化发展模式。风洞试验管理和从业者规范直接关系到试验周期、质量和成本,影响型号研制的性能和竞争力。本文归纳风洞试验发展的历史背景;简述美国 AIAA 风洞试验管理标准和从业者标准制定的过程和内容;重点阐述标准中风洞试验的理念、管理和推荐的风洞试验具体做法,分析标准中映射出的美国风洞试验技术的先进点,探讨标准对改进国内风洞试验通常做法的启示。意在为国内大型风洞生产型试验的科学管理和创新发展提供参考。

关键词：风洞试验管理标准;风洞试验从业者标准;标准

引言

目前,风洞试验不仅应用于航空航天飞行器空气动力学研究,而且广泛应用于大气相关的许多领域,如车辆、建筑、风能、环境等,风洞试验研究已为更多的行业所应用。长期以来,在风洞试验领域,国内外众多从事风洞试验的机构都是按照各自的历史沿袭经验或习惯做法,周而复始地管理着一个个风洞试验项目。进入 21 世纪以来,低碳、环保、可持续发展逐步成为世界各行各业发展的潮流,风洞试验领域也不例外。创新风洞试验方法,(如美国 NASA 提出的 MDOE(现代实验设计)风洞试验方法)、规范风洞试验管理(如 AIAA(美国航空航天协会)制定的风洞试验不确定度标准、天平校准标准、风洞校准标准、风洞试验管理标准、运行标准等),已成为世界一流风洞试验机构规范风洞试验、提高风洞试验质量和效率、提高行业内竞争力的重要途径。2002 年 7 月,AIAA 地面试验技术委员会(GTTC)批准了《风洞试验——第一部:管理卷》标准(AIAA R-092-1-2003,以下简称《管理标准》)和《风洞试验——第二部:从业者卷》标准(AIAA R-092-2-2003,以下简称《从业者标准》),2003 年 9 月,AIAA 标准执行委员会(SEC)通过并颁布。通过制定风洞试验管理标准和从业者标准,AIAA 期望能指导行业科学管理风洞试验活动,并为一线直接从事风洞试验的工程技术人员提供详细的方法,指导工程技术人员科学从事风洞试验活动,达到提高试验质量、缩短周期、降低成本的目的。

1. AIAA 风洞试验管理标准和从业者标准概述

1.1 标准制定的背景

在航空飞行器发展早期,人们缺少对空气动力的认知,对空气动力问题的探究促使了风洞的诞生。1871 年,英国人温霍姆(F. H. Wenham)建造了世界上第一座风洞。1901 年,莱特兄弟用他们自己设计的风洞获得了有关空气动力的知识,并于 1903 年实现了人类带动力飞机首飞。随着飞机、导弹、航天飞行器的发展,20 世纪 50 年代前后,迎来了生产型风洞建设的高峰期,亚声速、跨声速、超声速、高超声速各类型风洞得到快速发展。20 世纪 30 年代前后,随着早期螺旋桨飞机的发展,为了探索研究飞行中遇到的诸多空气动力问题,工业发达国家开始建造大型低速风洞,如美国建造了 60ft×30ft(18.3m×9.15m)全尺寸风洞等。40 年开始,航空工程开始从活塞式螺旋桨飞机向喷气式飞机过渡,促进了超声速风洞的迅速发展,1956 年美国建造了世界最大的超声速风洞,试验段尺寸为4.88m×4.88m。20 世纪 40 年代初,在风洞中进行近声速试验时,出现了壅塞现象,使风洞试验得不到可靠的的结果。1947 年,美国建造了世界第一座跨声速风洞,为飞机突破声障奠定了基础。随着航天飞行器的发展,从 20 世纪 50 年代开始,相继建成了各类高超声速风洞,如激波风洞、热结构风洞、低密度风洞等,为运载火箭、飞船等航天工程发展奠定了基础。20 世纪 70 年代,随着计算机技术的发展,国外对早期建设的风洞进行了测量和控制技术改造,风洞的自动化程度和生产效率大幅度提高。80 年代末,许多重点风洞又对流场品质、模拟能力、试验技术扩展等方面进行了更新改造。在此期间,除航空航天领域外,随着高层建筑、大跨度桥梁、高速列车、汽车、环境研究等迅速发展,风洞向专业细分方向发展,出现了一些航空领域外的其他行业专用风洞,如列车风洞、汽车风洞、桥梁/建筑风洞、环境风洞等,风洞试验活动与国民经济建设日益密切。

由上述可知,风洞由航空空气动力学研究而出现,从低速风洞发展到高超声速风洞,其应用已扩展到交通、建筑、能源和环境等其他领域。人类的风洞试验活动已有上百年的历史,但是,如何规范管理风洞试验并没有一个权威的国际行业标准。在风洞试验领域商业化竞争日益激烈的今天,风洞试验管理对数据质量、成本、周期的影响已不可忽视;另外,也需要总结风洞试验活动的规律和经验。因此,美国 AIAA 地面试验技术委员会召集了 NASA 兰利、格林、艾姆斯三个中心、AEDC、波音、洛克希德等十多个与风洞试验相关的政府部门或工业公司,组成了一个具有广泛代表性的风洞试验专家小组,制定了《风洞试验——第一部:管理卷》和《风洞试验——第二部:从业者卷》标准,并征询了美国许多公司专家的意见。这两个标准属于 AIAA 标准的推荐类(R),不具有强制性,可作为风洞试验活动管理和运行指南。

1.2　标准的内容

(1) AIAA 风洞试验《管理标准》共由 6 部分组成,即前言、绪论、管理当今的风洞试验过程、结论、附件 A 和附件 B。

"前言"部分介绍了标准制定的目的、参与标准制定人员的所属单位、以及标准编写过程中和完成后征询过意见的人员和单位。AIAA 地面试验技术委员会对标准性质进行了说明。从"前言"可以看出,标准制定的参与者主要是美国航空航天的主要风洞试验机构(如:NASA、AEDC)和型号研制公司(如:波音、雷神、洛克希德·马丁等),参与制定标准的人员来自不同的十多个单位,覆盖面广,具有广泛的代表性,也为标准日后的推广使用奠定了基础。

"绪论"部分简要介绍了风洞试验的起源,以及在航空飞行器研制中的作用,指出了风洞试验管理的内涵,即:管理风洞试验就是在成本、质量、数据量和计划安排响应中做出一种折中,并贯彻到风洞试验活动中。风洞管理者深刻理解这种"折中"并掌握一定的管理技术,是成功管理风洞试验项目的基础。

"管理当今的风洞试验过程"部分是标准的核心内容。它从"风洞试验过程中的计划问题"和"成功管理一个试验项目的关键"两方面阐述了风洞试验管理的具体内容,总结了长期风洞试验的成功做法经验。标准阐述的风洞试验环节包括:试验条件、计划和时间安排、特殊问题、先进工具和技术。该部分涉及的具体内容很细,包括模型缩比和保真度、测量设备、风洞选择、安全、特殊问题等,体现出了标准的制定者有着长期丰富的风洞试验从业经验和严谨的工作作风。标准指出了成功管理风洞试验的七个关键方面,内容涵盖了管理计划阶段、执行阶段和完成后阶段需要做的工作。

"结论"部分重申了风洞试验以及管理风洞试验的重要性,强调了标准中提出的管理风洞试验的关键方面对风洞试验顺利进行、降低成本、缩短周期的重要性。

"附件 A"和"附件 B"分别阐述了管理风洞试验中应考虑采用的先进工具和方法,以及风洞试验的模型制作环节可能涉及的合同转包机制问题。

(2) AIAA 风洞试验《从业者标准》共由 8 章、5 个附录组成:绪论、飞机项目发展、试验前计划和准备阶段、模型设计和制作阶段、试验前组织和准备阶段、试验阶段、试验后阶段、总结、附件 A ~ E。

"绪论"简要介绍了标准内容的主要构成,说明了标准中的推荐做法及经验是来自与风洞试验密切相关的政府风洞试验机构或工业公司。

"飞机项目发展"简要介绍了一个飞机项目研发主要包括概念发展/风险评

估、验证飞行器发展以及定型确认或生产三大阶段,指出了风洞试验在这些过程中的重要性,归纳出了风洞试验过程的的五个主要阶段,并依次分五章展开叙述说明。

"试验前计划和准备阶段",它是风洞试验过程的开端,充分细致的计划、准备工作是保证后续试验顺利进行的基础。

"风洞模型设计和加工阶段",该部分表明,模型设计加工对整个试验周期、费用、数据品质影响很大,是风洞试验的一个非常重要的环节。

"试验前组织和准备阶段",该章主要阐述风洞试验开始前的最后一些组织准备工作,包括组建两支队伍:试验项目工程师队伍和风洞设备试验工程师队伍。

"试验阶段",该章阐述了风洞试验进行中涉及的内容以及应遵循的步骤。

"试验后阶段",该章强调了试验完成后收尾工作的重要性。

"总结",该章归纳总结了风洞试验整个过程的各关键环节。

附件 A 给出了一个风洞试验项目工作细分结构(WBS)表应包含的内容;附件 B 描述了成本/进度表/状态报告包含的内容和定义;附件 C 阐述试验项目中需要考虑的子合同管理机制;附件 D 介绍模型快速加工技术的应用,如 3D 打印制造技术(SLA)等;附件 E 分析了影响模型加工成本和进度的问题。

2. AIAA 风洞试验管理标准的核心内容

2.1 风洞试验管理的理念

风洞试验管理是追求用较短的周期和较少的成本获得较高品质的更多风洞试验数据。在许多情况下,周期、成本和品质、数据量是相互制约的,因此,成功的管理需要深刻理解它们之间的关系,并在这些关系之间找到一种折中或平衡。

2.2 风洞试验管理的计划问题

风洞试验项目的周期、成本是管理的重要目标,而技术问题更是管理的重中之重。因此,沟通是试验管理的基础,标准中强调了管理者在计划制定过程中与试验执行者的沟通,特别是尽早与试验型号单位沟通,并最好能吸收他们的人员参与到计划制定中,这样有利于试验管理者和试验执行者更好地理解试验型号单位的意图和目标。

在风洞试验条件和目标明确,试验项目任务书获得批准和提供后,就可以进行风洞试验管理的计划工作。计划工作主要包括:

- 综合考虑试验项目;
- 试验模型缩尺比和保真度;

- 数据和测试仪器条件；
- 风洞设备的选择；
- 计划和制定时间表；
- 一些特殊问题；
- 先进的工具和技术。

2.3 风洞试验管理的关键方面

风洞试验管理主要贯穿于一个风洞试验项目合同执行的三个阶段(图1)：①试验计划制定；②试验计划的执行；③试验结束后工作。在这三个阶段过程中，风洞试验管理有以下 7 个关键方面需要把握：
- 建立目标、质量和成功的准则；
- 深入了解项目的商业模式或资金考虑；
- 尽早吸纳试验相关部门人员参与；
- 建立试验队伍；
- 编制详细的试验计划并执行；
- 项目总结/经验教训/反馈；
- 归档。

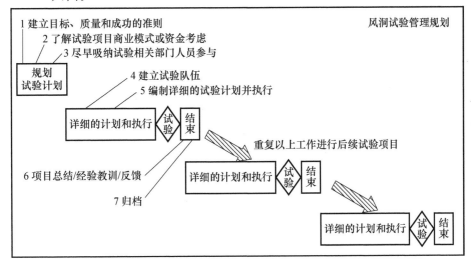

图 1　风洞试验管理关键环节流程[1]

3. AIAA 风洞试验《从业者标准》的核心内容

AIAA 风洞试验《从业者标准》主要针对型号研制的生产型风洞试验。对每个风洞试验项目,从业者始终需要关注三点:①数据要求;②成本;③进度时间表,并据此开展工作。

3.1 风洞试验前计划与准备参与人员

在试验前计划与准备阶段,主要参与者应包括:试验数据的用户、试验主管工程师、模型主管设计工程师、风洞设备运行工程师和模型装配工程师。

3.2 试验条件要求和风洞设备选择

风洞试验项目必须明确目标和条件要求,这一点需要试验数据的用户和试验团队的相互沟通并达成一致。

风洞试验设备的选择需要考虑以下内容:风洞试验段尺寸、风洞运行条件、流场品质、吹风价格、风洞能否提供使用、数据采集能力、数据处理与分析、测试仪器、风洞人员辅助能力、风洞硬件能力、安全、数据品质/信息品质、合同协议/责任。

3.3 项目计划书

试验项目计划书(Project Plan)是成功完成风洞试验项目的蓝图和风洞试验过程中各岗位需要遵照执行的计划文件,它包含试验过程中涉及的方方面面事务,同时,它也是一本活文件,要能及时更改和反映试验项目执行过程中试验条件或其他方面的修改变化。

项目计划书一旦建立并经过批准,就意味着所有参试人员对试验的了解和自己承担分配任务的一种承诺,也是项目管理领导进一步细化管理、控制成本和进度的重要手段。

项目计划书内容包括试验条件、基本的工作架构、不确定度分析、风险评估和抵御措施、设备安全、保密安全。

3.4 项目计划书实施与管理

项目计划书编制及批准后,试验参与人员据此实施,标准中强调了三个管理责任:①编制详细的时间表并执行,可参照标准中附录 A 的工作细分结构(WBS)内容编制;②执行成本或预算管理;③在试验团队和管理中要提供适当的沟通联络,标准说明了试验团队人员之间要采用各种方式保持沟通,进展情况要向试验项目管理者定时报告。

在项目计划实施过程中,标准强调了"复查",包括:条件复查、计划复查、进度复查、试验准备就绪情况复查、试验后复查。

3.5 前期试验准备

试验前通常要编制一个包括详细试验计划的报告或试验计划文件。这一阶段的工作主要包括:最终确定仪器仪表条件和放置位置;获取可用于试验数据比较的以前数据或估算数据;安排试验前设备校准;确定数据采集和处理方法;安排信息管理、确定模型边界层转捩方案。标准阐述了这些工作的细节内容。

3.6 模型设计制作问题

参与试验模型设计制作的人员应包括:型号客户、设计工程师、试验工程师、加工制作人员、数控编程人员、天平等测量仪器人员和风洞安装人员。

模型设计过程包括三个阶段:概念设计、结构设计、详细设计。模型制作包括:模型快速加工、虚拟加工、可接受条件、测量仪器安装、验收、包装运输等。

3.7 模型进洞前组织和准备

模型进洞前组织和准备是风洞试验的最后准备工作,主要包括:建立试验运行队伍、模型和风洞设备准备就绪、安装和检查测试仪器、数据采集和分析软/硬件、确认试验流程、确认满足所有安全条件。

3.8 试验吹风

试验吹风阶段的主要工作规程包括:参试团队人员的交流沟通和指令传达、模型安装和风洞各系统检查、吹风开始前复查(第三方检查)、风洞试运行、数据品质检查确认、数据处理、成本进度管理、试验效率问题、试验完成复查、模型拆除。

3.9 试验完成后阶段工作

试验完成后阶段主要工作是风洞设备的复原、硬件移除、试验数据评估、编写试验报告和试验总结报告、归档等。

试验总结报告包括的内容:试验项目的意义目的、试验硬件描述、专用的支撑系统、试验状态、试验遇到的问题及解决措施、经验教训、概述试验结果、资源使用情况(资金、人力等)、评定风洞试验效率和风洞性能、最终吹风车次表。

4. AIAA 风洞试验管理标准和从业者标准的启示

风洞试验从早期的研究性质逐步发展到生产型的商业运营,从 AIAA 风洞试验《管理标准》和《从业者标准》中,我们可以感受到美国在风洞试验过程中的先进理念、做法和技术。

（1）大型风洞的企业化运营是现代风洞试验管理发展的一种新趋势。为了提高风洞试验的效率和市场竞争力，从 20 世纪 90 年代中叶开始，美、欧开始进行大型生产型风洞管理模式的创新发展。美国 NASA 兰利中心成立了风洞企业集团（WTE），将主要生产型风洞统一纳入风洞企业集团运营。在欧洲，为了拓宽试验领域，增强国际竞争力，德/荷以 DNW－LLF 风洞为核心进行了整合，形成了 DNW 风洞联合体，负责运营德/荷的 11 座亚、跨、超声速风洞设备。德、英、荷、法四国采用现代企业管理模式，成立了 ETW 风洞股份有限公司。

（2）风洞试验管理提出了采用系统工程管理的观点，并指出采用先进试验设计方法的重要性。虽然根据标准内容，我们可以看出其主要针对的还是目前风洞试验领域采用的传统 OFAT 方法，但该标准已经注意到创新的试验设计方法（如 MDOE 方法）可能对风洞试验管理带来的巨大效益。

（3）风洞试验管理既是过程管理，也是技术管理。在实践中，通常我们更多地把风洞试验管理看作组织协调、计划和过程的管理，但从标准中折射出这其中包含着对风洞试验技术的深入了解，只有熟练掌握风洞试验技术才能科学地实施管理。这些先进技术包括：风洞试验和 CFD 的结合；模型 CAD 设计和快速原型加工；互联网远程参与风洞试验；先进的仪器仪表、测试技术应用；风洞试验模型自动化等。

（4）风洞试验数据（或报告）被视为风洞企业的产品，流程规范或标准是保证产品质量的重要手段。工业化生产需要有始终如一的工艺流程规范来保证产品质量的长期稳定，风洞试验产品的质量保证也不例外。正是基于风洞试验规范化的发展需求，近些年来，美国 AIAA 相继制定了多个风洞试验领域的标准，如：风洞试验管理标准、不确定度标准、天平校准标准、风洞校准标准等。

（5）AIAA 风洞试验《从业者标准》中的项目规划书和试验总结报告是一个完整风洞试验项目的两个重要文件。从国内风洞试验的现行做法看，这是我们的两大薄弱环节，主要表现在：①国内一般只编写一个简单的试验大纲（基本相当于国外的试验矩阵），没有详细的风洞试验项目规划书；②试验总结报告未能得到足够重视，不正规，总结内容不够全面细致，不利于经验的总结和质量的提高。

（6）AIAA 风洞试验《从业者标准》中对风洞试验项目各阶段的流程内容规范细致，值得学习。一个风洞试验项目从开始准备到试验归档完成，涉及多个环节和整个参试队伍人员，规范各环节工作内容，细节决定成败。例如，标准中强调了"复查"和第三方"复查"，即工作完成后的自我检查和他人检查。

（7）建立适合我国国情的风洞试验行业规范标准。人类的风洞试验活动已有上百年的历史，风洞试验作为空气动力研究的一个主要手段始终没有国际通行的规范标准。近年来,为了适应发展的需要,美国 AIAA 相继组织政府、企业等相关机构,总结经验,逐步制定了一些风洞试验标准。AIAA 的标准主要是根据美国的风洞试验实践经验而制定的,我国的风洞试验活动与之环境不同,存在差异,如试验队伍的构成方式等。因此,需要进行对比分析研究,借鉴参照执行 AIAA 标准或制定我国的风洞试验规范标准,逐步与国际一流水平接轨。

5. 结束语

进入 21 世纪,型号研制的风洞试验市场竞争日益激烈,大型生产型风洞的运营向企业化模式发展,风洞试验的质量、成本和效益直接关系到未来型号的性能和市场竞争力。因此,风洞试验过程需要总结经验并加以规范,科学管理。美国 AIAA 制定风洞试验《管理标准》和《从业者标准》,目的就是要以标准的形式规范风洞试验过程,提高美国整个风洞试验行业的质量和效益。在我国大力推进科学发展观的今天,科学管理就是生产力、就是效益的观点已成为普遍共识。AIAA 制定的风洞试验管理标准和从业者标准,对我国航空航天领域风洞试验从业单位与世界一流水平接轨,具有重要的借鉴和参考作用。

参考文献

[1] AIAA R - 092 - 1 - 2003. Wind tunnel testing - Part 1: Management volume[S]. AIAA,2003.

[2] AIAA R - 092 - 2 - 2003. Wind tunnel testing - Part 2: Practitioners volume[S]. AIAA,2003.

[3] Paul F Christensen. Methods for increasing wind tunnel testing effectiveness[R]. AIAA2008 - 1655,2008.

[4] Deloach R. Productivity and quality enhancements in a configuration aerodynamics test using the modern design of experiments[R]. AIAA2004 - 1145,2008.

[5] Andreas Ulrich. Remotely controlled movable surface motorization of an industrial used wind tunnel model [R]. AIAA2010 - 4338,2005.

[6] Charles Tyler. Evaluation of rapid prototyping technologies for use in wind tunnel model fabrication[R]. AIAA2005 - 1301,2005.

美国 AIAA 风洞试验不确定度评定标准研究

摘要：不确定度评定是风洞试验数据品质保证的一项重要内容。本文介绍美国 AIAA 风洞试验不确定度评定标准的制定背景和主要内容；分析研究标准中采用的不确定度概念、评定方法的特点和原则、影响不确定度的误差源等有关问题。目的是为国内风洞试验数据评定方法与国际接轨提供参考。

关键词：标准；不确定度；风洞试验

引言

　　风洞试验是航空航天飞行器空气动力学研究的主要手段，在 20 世纪 50—80 年代，美、苏、欧等发达国家基本形成和完善了国家空气动力设施（大型风洞）体系建设。90 年代，国外大型风洞试验逐步向工业企业化的管理生产模式发展，如：美国 NASA 兰利研究中心成立了风洞企业集团、大型风洞相继建立质量体系认证、制定试验标准、规范试验流程等。大型工业风洞被视为"工厂"，风洞试验数据则是其"产品"。这些大型工业风洞的"产品"被应用于航空航天飞行器气动设计、评估和 CFD 验证。为了保证风洞试验数据的品质和不同风洞试验数据之间的技术交流，需要建立风洞试验行业内试验数据不确定度评定标准，规范行业内风洞试验数据不确定度评定方法。1999 年，美国航空航天协会（AIAA）标准执行委员会批准和颁布了《应用于风洞试验的实验不确定度评定》标准[1]。

1. 标准制定的背景和主要内容

1.1 标准制定的背景

　　20 世纪 50 年代左右，为了满足航空航天飞行器发展需要，国外发达国家相继开展了国家大型风洞建设。为了探索航空航天发展问题，北约组（NATO）成立了航空航天研究与发展咨询组（AGARD）。AGARD 的创始人和第一任主席是著名空气动力学家冯·卡门博士。该咨询组成员涵盖美、英、法、德等 11 个国家。20 世纪 80 年代，AGARD 的流体动力学小组开始关注风洞试验数据的精准度和品质问题,组织有关风洞试验相关机构,如美国 NASA、法国 ONERA、德国 DLR、英国 ARA 等,探讨风洞试验数据品质的评定方法并出版了相关报告 AGARD – AR – 304。90 年代,随着 NATO 下属机构的整合变迁,AGARD 退出了历史舞台。与之相反,美国航空航天协会(AIAA)成为了当今世界最有影响力的航空航天组织。AIAA 继承了 AGARD 有关风洞试验测量不确定度的评定方法和研究工作成果,并结合国际标准化组织(ISO)有关测量不确定度的定义和评定标准,根据风洞试验领域长期实践的具体情况,开展了风洞试验不确定度标准的整理编写工作。经过 AIAA 地面试验技术委员会、标准小组委员会、标准执行技术委员会等审阅、修订,1999 年 AIAA 正式颁布了《应用于风洞试验的实验不确定度评定》标准,该标准是美国和欧洲主要国家风洞试验机构长期实践经验的总结和不确定度评定方法的进一步规范,代表了当今世界一流风洞试验机构的做法。

1.2 标准的主要内容

AIAA 不确定度评定标准全文共分为前言、绪论、不确定评定方法、风洞误差源、应用于测力和测压试验的不确定度方法、结论和建议、附录 7 个部分。

"前言"部分介绍了不确定度标准是源于 AGARD 工作小组早期的工作,强调了其难度在于执行过程中的统一性,阐述了参与标准制定的单位和修改、批准过程。

"绪论"部分介绍了影响飞行器性能评定的不确定度因素,重点阐述了空气动力试验的不确定度影响因素,给出了包含不确定度评定过程的风洞试验流程图。

"不确定评定方法"部分介绍了误差定义和传递过程,给出了不确定度精度分量和偏差分量的评定方法,阐述了试验结果不确定度的评定方法和不确定度报告应包含的内容。

"风洞误差源"部分首先给出了风洞试验数据的形成过程及其中的误差源,介绍了试验技术、模型外形和粗糙度、风洞流场品质、测试仪器、数学模型对不确定度评定的影响,分析了区分误差源重要性程度的问题,给出了风洞试验常见误差源的重要性调查结果。

"应用于测力和测压试验的不确定度方法"部分以常规测力和测压试验为例,应用上述评定方法,对风洞试验数据的不确定度进行评定,给出了一项风洞试验报告试验不确定度应包含的内容。

"结论和建议"部分说明了该标准给出的不确定度评定方法的实用性和先进性,对风洞试验的管理者和试验技术人员提出了推广、培训和使用建议。

"附录"主要阐述了"不确定评定方法"和"应用于测力和测压试验的不确定

度方法"两部分中涉及的一些具体技术问题。

2. 风洞试验不确定度评定标准研究

分析研究 AIAA 风洞试验不确定度评定标准,有以下几个方面值得国内风洞试验单位管理人员和技术人员关注。

(1)该标准的不确定度评定方法很好地处理了风洞试验的传统习惯与国际标准化组织(ISO)测量不确定度评定方法标准的统一。长期以来,对测量结果的质量评定,各行各业都采用"测量误差"的概念,"测量不确定度"的概念被国际各有关组织接受并推广应用始于 20 世纪 90 年代。1993 年,国际标准化组织起草制定了《测量不确定度表示指南》(GUM)。在风洞试验领域,风洞试验数据品质的评定没有国际标准,只有行业内通行的习惯做法。在该标准的制定中,针对风洞试验领域工程技术人员的习惯,采用"偏差极限"和"精度极限"概念来评定不确定度,而不是简单地沿用国际标准化组织关于测量不确定度更为通用的"A 类不确定度"和"B 类不确定度"概念。这样处理,风洞试验技术人员更容易理解,它保持了系统误差源与随机误差源的区分,而不管这些误差是根据统计方法(A 类)还是其他方法(B 类)得到的。

(2)正确理解风洞试验结果从"误差"评定转变为"不确定度"评定的科学性和先进性。"误差"与真值(一般难以得到)有关,它表示测量结果与真值的偏离。而系统误差和随机误差又与无限多次测量的平均值有关,因此,严格意义上说,误差是一个理想化的概念,在实际应用中很难准确定量评定,只能是估计值,误差的评定方法和表达形式是多样的。不确定度意味着测量结果正确性的可疑程度,是由于误差的存在所造成测量结果不能肯定的程度,是对被测量真值所处范围的评定。"不确定度(U)"能够合理地表征某一置信水准下被测量 X 之值的分散性。如:该标准中采用了 95% 的置信水准,也就是 100 次测量中有 95次,被测量 X 的真值应该在试验测量值 $X \pm U$ 的区间范围内。不确定度的评定方法是相同的,表达形式也是一样的。用"不确定度"概念来定量评定试验测量数据的质量是误差理论发展的一个重要成果,有利于技术交流和测量品质的评定。

(3)正确认识"误差"和"不确定度"的概念区分。"误差"和"不确定度"都是评定试验数据质量高低的重要指标,从定义上看,前者表示的是试验测量结果对真值的偏离,是一个无法准确判定的确定值;后者表示的是试验测量结果的不确定性(或分散性),以分布区间的半宽表示。不确定度按评定方法不同分为"A类"和"B类",A 类不确定度是采用统计方法获得的,B 类则是通过其他方法获得的,二者只是获取的方法不同,并不代表由此获得的不确定度分量有本质的差异。A 类不确定度和 B 类不确定度都基于概率分布并用标准差表示,它们与误差理论中的"随机误差"和"系统误差"分类不存在对应关系。

（4）风洞试验不确定度评定标准中采用 95% 的置信水准(confidence level),用"精度极限"(precision limit)和"偏差极限"(bias limit)来评定试验数据总的不确定度。标准分别给出了采用"精度极限""偏差极限"概念的不确定度评定方法及其向试验结果的传递形式,介绍了综合不确定度的分析方法、试验数据"异值"的确定和剔除方法。

（5）风洞试验数据不确定度评定是风洞试验的一个重要环节。图 1 给出了标准中考虑了不确定度评定的风洞试验流程。由图可见,风洞试验数据不确定度的评定要在风洞试验前就应考虑,而不只是在试验完成后进行,将不确定度评定融入试验过程中才能确保试验数据的质量,控制试验结果不合格造成的风险。

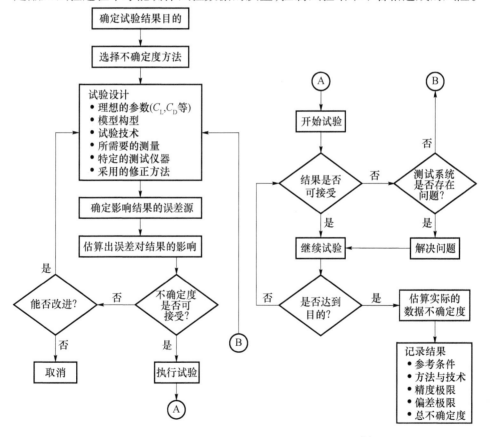

图 1　包含了试验不确定度评定的风洞试验流程[1]

（6）风洞试验数据的误差源和各种误差源的重要程度分析。由于风洞试验的误差源很多,而且同一误差源对不同种类的风洞试验结果影响程度不同,因此,确定风洞试验的误差源,并分析这些误差源对试验结果的重要性是正确评定试验数据不确定度的关键。该标准从试验技术、模型制作、风洞流场品质、测试仪器、数学模型五个方面,分析了风洞试验涉及的误差源,并将误差源的重要性分为关键、主要、重要、次要、不重要,按照 $1 \sim 5$ 分分别计分,统计计算出了风洞试验最常见的测力和测压试验中误差的重要性,如测压孔尺寸、形状和位置,这一误差源的重要性为 2.7。

(7) 简化分析,关注重要误差源和"首尾"原则。风洞试验的种类很多,影响风洞试验结果不确定度的误差源也很多,如模型保真度、模拟技术、试验环境、数据采集与处理等,因此,从抓主要矛盾的观点出发,标准建议要将主要精力放在分析主要误差源上,简化分析,可以采用"首尾"原则,即:在一个过程中,不需要确定出其中每个影响因素的不确定度(其实这也是难以做到的),而只须根据初始端的主要不确定度确定出最终需要结果的不确定度。

(8) 该标准确定的方法可用于指导风洞试验领域其他测量方面的不确定度评定。该标准指出风洞试验数据不确定度评定方法,借鉴和吸收了国际标准化组织的技术研究成果,可以应用于风洞试验领域其他方面不确定度的评定。例如,我们在天平校准不确定度的评定上可以采用该方法,计算空气动力学不确定度评定上也可以采用该方法,使空气动力学领域内涉及的不确定度评定采用统一的标准方法。

3. 结束语

当今,随着科学技术的发展,风洞试验已不仅仅与航空航天飞行器研制密切相关,而且也广泛应用于大气相关的许多行业,如车辆、建筑、风能、环境等,风洞试验数据已为更多的行业所应用。大型风洞运营的工业化发展模式,需要对风洞试验数据品质评定有规范的标准;同时,为便于国际间合作、技术交流,也需要风洞试验领域有统一的试验数据质量评定方法。因此,在风洞试验领域商业化竞争日益激烈的今天,风洞试验不确定度评定标准有利于促进风洞试验品质的提高。对我国风洞试验领域而言,目前尚无风洞试验数据的不确定度评定标准,学习、借鉴和推广使用已有的 AIAA 标准,建立与世界一流风洞试验水平接轨的试验数据品质评定方法,对提高我国风洞试验水平具有重要意义。

参考文献

[1] AIAA S-071A-1999. Assessment of experimental uncertainty with application to wind tunnel testing[S].
AIAA,1999.

[2] Hugh W C. Experimental uncertainty survey and assessment[R]. NASA – CR – 184297,1992.

[3] 李金海. 误差理论与测量不确定度评定[M]. 北京:中国计量出版社,2003.

[4] Tripp J, Tcheng P. Determination of measurement uncertainties of multi – component wind tunnel balance [R]. AIAA – 94 – 2589,1994.

[5] Maria L C C R, et al. Calibration uncertainty of an external six – component wind tunnel balance[R]. AIAA – 2003 – 3884,2003.

[6] Luckring J M, et al. Uncertainty in Computational Aerodynamics[R]. AIAA – 2003 – 0409,2003.

[7] Hemsch M J. Development and status of data quality assurance program at NASA Langley Research Center— Toward national standards[R]. AIAA 96 –2214,1996.

美国 AIAA 亚声速和跨声速风洞
流场校测标准探析

摘要：风洞流场校测是确保风洞试验数据品质的基础工作之一。本文简述美国 AIAA 亚声速和跨声速风洞校测标准的制定背景；阐述风洞校测标准的主要内容；探讨和分析风洞校测标准体现出的先进理念。意在为国内风洞试验领域规范风洞校测做法并与世界一流接轨提供参考。

关键词：风洞校测；流场校测；AIAA 标准

引言

　　风洞试验数据是空气动力研究和飞行器设计的重要基础依据，随着飞行器设计精细化发展对风洞试验数据品质要求的提高，以及测试技术的提高，使得风洞流场品质对风洞试验数据的影响变得更为敏感，风洞的精确校准问题变得日益突出。然而，尽管世界发达国家大型工业生产型风洞运行已有 70 年以上历史，但由于风洞设备的复杂性和不同类型风洞之间存在的巨大差异，使得风洞流场校测始终没有统一的行为准则或标准，风洞运行单位通常按照自己的习惯和经验校准和运行风洞。为了总结风洞校测经验，规范风洞流场校测活动，便于国际间风洞试验合作，美国航空航天协会（AIAA）经过多年努力，于 2003 年颁布了《亚声速和跨声速风洞流场校测标准》。

1. 风洞流场校测标准制定的基本情况

　　风洞流场校测是保证风洞试验数据正确可靠的一项基础性工作，对风洞流场性能参数的充分和正确解读，关系到对风洞试验数据不确定度的正确认识，并最终影响风洞试验数据在飞行器设计等终端产品中的应用。对欧美等发达国家来说，风洞试验已有悠久的历史，尽管各国在风洞试验的实践中注意到了风洞流场校测对风洞试验数据质量的影响问题，风洞试验业界也进行过多次研讨，但一方面由于缺少权威组织的引领，另一方面，由于风洞设备种类的不同，各风洞主要针对的试验类型不同，以及风洞流场校测涉及的内容繁多，使得协调和统一风洞流场校测方法具有很大的难度。因此,长期以来,风洞试验领域风洞流场校测没有统一的标准,只有业界各自的历史传承习惯做法。为了解决这一问题,美国航空航天协会(AIAA)地面试验技术委员会(GTTC)专门成立了一个风洞流场校测方法工作组,该工作组负责招集政府、工业、大学等方面风洞流场校测的专家,共享风洞校测的技术、经验和信息,最终形成用于指导风洞流场校测的行业共同行为准则。

风洞流场校测方法工作组成员单位包括:NASA 格林研究中心(组长)、洛克希德公司(副组长)、斯维尔德鲁普技术公司、NASA 兰利研究中心和艾姆斯研究中心、空军研究实验室、波音公司、阿诺德工程发展中心、加拿大国家研究委员会等 17 个单位,标准编制完成后又征询了 NASA、AEDC、波音、欧洲 ETW 等近 20 个风洞试验相关单位专家的评阅。

该标准主要针对亚、跨声速风洞的空风洞试验段流场校准,涉及风洞试验马赫数范围 0.5~1.5。由于各种亚、跨声速风洞之间实际情况存在较大差异,因此,根据 AIAA 标准分类划分,即:标准 S、指南 G、推荐 R、专项 SP,该标准被 AIAA 标准委员会划归推荐做法类(R),重在对风洞流场校测的硬件、方法学和总体思想给出一个推荐的行为准则,这样,风洞试验管理人员就可以自身风洞实际,遵循标准给出的推荐做法,制定最好的风洞流场校测计划。

AIAA 制定校测标准的目的:总结亚、跨声速风洞校准的实践经验;为风洞试验业界提供一个共同的行为准则。为了便于编写和技术讨论,工作组建立了风洞校准数据库,每个成员编写了各自风洞的校准过程简要报告,这些构成了 AIAA 编写该标准的基础。

2. 风洞流场校测标准的主要内容

2.1 流场校测的界定

风洞流场校测是指确定风洞试验段中某点或某空间区域各种流场参数平均值的过程,校测可以分为流场参数和流场品质信息两部分。

试验段流场参数是风洞正确运行和风洞试验结果修正所必需的基本参数,如:风洞运行参数主要包括总压/静压/动压、总温/静温、风速(马赫数)等,而用于试验结果修正的参数主要有轴向静压分布、风洞露点或湿度、气流的上洗或侧洗等。

流场品质信息不直接用于风洞试验数据修正,但对分析诊断异常数据有帮助。流场品质信息包括流场参数的空间分布变化情况、湍流度、边界层数据、声学特性、转捩雷诺数等。

校测标准针对空风洞试验段,不同风洞之间空风洞试验段的定义有差异,国外有些风洞将模型基本支撑系统视为空风洞试验段的一部分。校测标准没有涉及洞壁干扰、支撑干扰、模型堵塞度等问题。

2.2 风洞流场校测的两种类型

风洞流场校测最基本的要求和目的就是建立风洞试验段中真实流动条件与测量设备之间的指示关系。传感器和数据系统、测量探头校准等是校准需要强调的基础准备工作。风洞校准应了解用户对风洞试验数据不确定度的要求,应当针对风洞的主要试验类型所需条件进行校准,对常用的运行区间详细校准。

风洞流场校测分为两种类型:一是完整校测,它包含试验段点、面和空间三个方面的详细校测;二是检验校测,它是在统计分析和历史校测数据的基础上,对试验段的一种快速监测校测方法。任何一个风洞流场的完整校测计划都应包括这两种校测,不可偏废。

2.3 流场校测的频率

众所周知,新风洞和老风洞回路经过改造都需要进行流场校测。标准强调的是除此之外,仍需对风洞建立有规律的经常性重复校测。实践经验表明,出乎我们的意料,经过校测后,即使没有大的结构变动,风洞的流场也会因外界各种客观因素的变化而改变。重复校测分为短周期和长周期两种形式,长周期标准建议为半年或一年。

2.4 建立统计过程控制

风洞流场校测数据用于构建风洞流场校测数据库,并根据数据库建立统计过程控制(SPC),用统计过程控制评估风洞各种校测参数品质变化是否正常。统计过程控制这一概念和工具一般用于检测一个过程的重复性,在工业界应用已经有几十年了,但在风洞试验领域的应用尚不广泛,风洞流场校测标准阐述了该方法。

2.5 流场校准和参数测量

流场校准和参数测量主要介绍了:稳态压力测量,包括校准测量方法、测量试验段稳态压力分布图、相关数据采集的推荐方法;轴向静压分布测量,包括静压管、其他静止轴向静压测量装置、移动测量探头;流向角测量,包括合成的上洗测量、流向角测量用的压力探头、非压力探测系统;温度测量;湿度和露点测量,包括云雾室装置、冷镜测量仪、氧化铝传感器、硅传感器。

2.6 流场校测计划和实施

标准阐述了风洞流场校测整个过程的重要环节,主要包括:校测试验准备、计划和报告、计划阶段的不确定度分析、在线数据分析要求、试验准备和执行、数据分析和数据修正、试验完成后的工作、报告试验结果、后续活动。

2.7 风洞流场校测报告样例

风洞流场校测标准以附录的形式给出了5座风洞流场校测的典型样例，即"NASA 格林研究中心 9ft×15ft 低速风洞流场校测""洛克希德·马丁公司低速风洞流场校测""NASA 艾姆斯研究中心 11ft×11ft 跨声速风洞流场校测""绿色颜料工程公司（Veridian Engineering Division）8ft 跨声速风洞维护校测""AEDC 16ft 跨声速风洞带大迎角自动支撑系统（HAAS）试验段马赫数校测"。

3. 风洞流场校测标准的思考

（1）AIAA 的亚、跨声速风洞流场校测标准为风洞校测提供了行为指南。风洞流场校测与风洞的类型和风洞试验的主要类型密切相关，尽管风洞的种类和试验针对的主要类型差异很大，同一类型的风洞之间也可能存在差异，但该标准关于风洞校测的基本概念、推荐做法和理念具有普遍的指导意义。标准针对风洞校测的共性基础问题加以规范，如将校测内容划分为试验段流场参数和流场品质信息，将流场校测分为完整校测和检验校测，强调校测的系统性、规律性和计划性等。尽管该 AIAA 标准由美国主导（加拿大参与）制定，但鉴于美国在过去AGARD（航空航天研究与发展咨询组，成员涵盖美、英、法、德等 11 个国家，发表有流场校测技术报告[1]）中的核心作用，可以认为该标准体现了世界风洞试验机构的主流做法，是世界一流风洞试验机构在风洞流场校测方面长期实践经验的总结。

（2）风洞流场校测标准提出了风洞校测要有一个长期系统规划的先进理念。一方面，对新风洞和经过大改后的已有风洞，流场校测的重要性已为业界所周知，但风洞一旦正常运行后，风洞流场校测的必要性往往就被忽视；另一方面，流场校测容易缺乏经常性和长期性相结合的执行计划，国外经验表明，缺乏这种执行计划是影响风洞流场品质和风洞试验结果质量的一个死角，这也可视为衡量世界一流风洞与普通风洞的一个重要看点。标准中推荐了风洞校测的频率，强调了校测计划应包括完整校测、检验校测、重复校测，计划是系统的、有规律的和长期的，而不仅仅是某一次风洞的校测计划。

（3）风洞流场校测标准引入了统计过程控制这一科学和创新的校测数据分析方法。保证风洞流场品质离不开上述各种类型的校测，因此，风洞应建立流场校测数据库。数据库为判别流场品质提供了基础。除业界传统的流场校测数据对比分析外，标准提出了统计过程控制这一理论和方法，尽管该方法在其他工业领域早已被应用,但在风洞试验领域仍属创新。应用这一理论方法,能够更科学地鉴别风洞校测数据是否合理,甄别风洞流场校测数据波动是否在正常范围之内。

（4）风洞校测过程中的两次不确定度分析。不确定度分析是流场校测数据处理的一个重要内容,通常,不确定度分析是在风洞校测试验之后的数据处理分析中进行,不确定度分析有助于解释和理解校测结果。除此之外,该标准强调了校测试验前的第一次不确定度分析,它有助于评估试验技术和测试仪器是否满足校测试验的需要。不确定度分析的依据和准则是 AIAA 的 S-071A-1999 标准和该标准的补充标准 G-045-2003。

（5）AIAA 的风洞流场校测标准是我国相关标准的一个很好补充。1991年,我国颁布了国军标 GJB1179-1991《高速风洞和低速风洞流场品质规范》,2012 年修订为 GJB1179A-2012《低速风洞和高速风洞流场品质要求》,该标准给出了风洞流场校测的主要参数,划定了风洞流场品质的先进性指标。对比分析我国 GJB1179A-2012 与美国 AIAA-R-093-2003 标准,不难发现尽管两个标准都是关于风洞流场校测的,但标准制定的指导思想显然不同,我国的标准强调了流场参数的具体量值指标,可以用来评价和衡量一个风洞的流场品质高低,而重点不在于阐述风洞流场校测该如何做、怎样做,涉及流场校测的方法学和哲学思想较少。AIAA 的标准则恰恰相反,它不是要去用具体的数字来评价和衡量某一风洞的品质高低,而是要推荐给风洞试验行业一个更科学、更合理的风洞流场校测方法和理念,以确保行业内风洞校测行为方法的一致、校测结果准确可靠。因此,两个标准有很好的互补性。

4. 结束语

风洞流场校测是风洞运行参数和风洞试验数据修正参数的重要来源,关系到风洞的正确运行和风洞试验结果的准确可靠,并最终影响航空航天飞行器型号的精细化设计和性能。美国 AIAA 地面试验技术委员会制定的风洞流场校测标准为我们学习和借鉴国外先进风洞流场校测经验提供了重要参考,其中给出的典型范例,对我们学习和研究国外风洞流场校测做法并与世界一流水平接轨具有重要的现实指导意义。

参考文献

[1] Pope A. Wind Tunnel Calibration Techniques[R]. AGARDograph 54,1961.
[2] AIAA R-093-2003. Calibration of Subsonic and Transonic Wind Tunnels[S]. AIAA,2003.

美国 AIAA 风洞天平校准标准研究

摘要：风洞天平是感应和测量作用在风洞试验模型上气动力和力矩的重要测量设备。天平校准标准涉及天平校准方法和对天平数据的解读，对风洞试验精细化有重要影响。本文简述美国 AIAA《风洞试验内式应变天平校准和使用》推荐标准制定的目的、过程和涵盖的主要内容；分析该标准中反映出的国外风洞天平校准技术发展的先进点；阐述该天平校准标准对我国天平技术发展的启示，意在为国内风洞天平校准技术的创新发展提供参考。

关键词：风洞天平；天平校准；标准

引言

风洞试验是地面模拟航空航天飞行器空气动力特性的主要手段之一，风洞天平是测量风洞试验中作用在模型上气动载荷的主要测量设备。由于飞行器模型风洞试验的特殊性和复杂性，如：作用在导弹、战斗机、运输机上的 6 个气动载荷分量差异大，以及不同种类试验测量要求差异大，导致风洞天平成为一种特殊的、非标准的力/力矩测量设备。长期以来，在国内外风洞试验领域，风洞天平一般都是应用单位按自己经验和习惯设计、加工、校准，并应用于各自不同的风洞设备中。在风洞天平最终成为成品的各环节中，天平的校准是非常重要的一环，它直接关系到天平在以后风洞试验使用中的测量精准度。随着飞行器研制国际合作和精细化要求的增强，有必要对风洞试验领域天平校准的主要方法和实践进行归纳和总结，形成指导风洞天平校准的标准。因此，在美国阿诺德工程发展中心（AEDC）、国家航空航天局（NASA）兰利研究中心和波音商业飞机公司的倡议下，美国航空航天协会（AIAA）地面试验技术委员会（GTTC）成立了内式天平技术工作组（IBTWG），历时 6 年，经过大量工作，AIAA 标准执行委员会（SEC）于 2003 年 9 月颁布了《风洞试验内式应变天平校准和使用》标准（AIAA R - 091 - 2003）（以下简称《AIAA 天平校准标准》或《标准》），用于指导行业内天平的校准工作。

1. AIAA 天平校准标准概述

AIAA 积极致力于航空航天领域中标准的制定，协会下设 26 个专业领域的标准委员会,规划有标准发展主动拓展计划(AEP),该计划由其下属的标准执行委员会负责实施,负责天平校准标准制定的地面试验技术委员会就是其中之一。AIAA 标准的文件形式有 4 类:标准(S)、指南(G)、推荐(R)、专项(SP)。《风洞试验内式应变天平校准和使用》(AIAA R - 091 - 2003)则属于"推荐"类,即该标准的内容不带有强制性,其中的许多条款指出了天平校准行业内的主要做法,分析了优点和缺点,并给出推荐的做法及理由,"推荐"类标准的学术和技术探讨性很强。

1.1 AIAA 天平校准标准制定的参与者

AIAA 天平校准标准工作组由美国 AEDC、NASA 兰利研究中心和波音商业飞机公司发起,挂靠在 AIAA 地面试验技术委员会名下(该标准完成后撤销),成员主要集中在美国和加拿大(北美)。在标准制定的过程中,欧洲的一些风洞试验组织期望能够参与其中,但考虑到工作组内成员已经比较多,在许多问题上达成一致比较困难,成员太多将会影响工作的进度。因此,AIAA 天平校准标准工作组没有吸收欧洲风洞试验组织参加,但表示愿意支持欧洲开展类似的工作,在条件成熟时,可以共同探讨和交流。

参与、支持和领导 AIAA 地面试验技术委员会内式天平技术工作组的北美主要组织包括:NASA 兰利研究中心/格林研究中心/艾姆斯研究中心、AEDC、波音公司、斯维尔德鲁普技术公司、洛克希德·马丁太空系统公司、航天联盟、诺斯罗普·格鲁曼公司、航空航天研究所等。

内式天平技术工作组的主要工作目标:

(1)为各成员提供一个共享内式应变天平成熟技术、方法和能力信息的平台;

(2)推荐一个能为各成员风洞试验设备使用的天平校准矩阵;

(3)为满足某个特定风洞试验的目标,建立用于选择天平类型和必须校准内容的总指导原则;

(4)发展一个与已有不确定度标准(AGARD AR - 304 和 AIAA S - 071A - 1999)相符合的天平校准不确定度推荐方法;

(5)发展能为工作组各成员接受的计及自重调整的方法(包括校准中和试验中);

(6)研究用于内式天平设计、辅助装置和校准的方法;

(7)建立和发布一个内式应变天平方法的推荐做法文件,包括天平温度效应修正方法。

1.2 AIAA 天平校准标准的内容简介

AIAA 天平校准标准共分 5 章 20 小节,详细介绍了风洞试验最常用的内式应变天平的标准范围/制定目的、基本概念、校准方法、校准矩阵和校准报告内容等。

第 1 章引言,概述了该标准主要针对内式应变天平和制定该标准的目的,重点说明了该标准的使用注意事项和局限性,这对正确理解和使用标准非常重要。例如,对推荐的 6 96 校准矩阵格式,提醒对具体的某一天平,不一定所有的项都存在;又如,提醒尽管该标准没有包含温度效应问题,但温度效应和温度梯度效应对天平测量精准度有不可忽视的影响,等等。

第 2 章基本概念,介绍了作用在内式天平上的力和力矩、天平轴系和力矩中心的定义,将内式应变天平(图 1)主要归结为三类,探讨了天平载荷量程设计问题。三种类型的天平都能测量作用在风洞试验模型上的法向力、轴力、侧力和俯仰力矩、偏航力矩、滚转力矩,但它们采用的机械结构、组桥方式和校准矩阵不同。

(1)"力型"天平。其测量载荷分量包括 5 个力和 1 个力矩(NF1,NF2,SF1,SF2,AF,RM),由它们最终合成所需测量的模型上的 3 个力和 3 个力矩。

(2)"力矩型"天平。其测量载荷分量包括 5 个力矩和 1 个力(PM1,PM2,YM1,YM2,RM,AF),由此它们最终合成所需测量的模型上的 3 个力和 3 个力矩。

(3)"直接读数型"天平。其测量载荷就是直接作用在模型上的 3 个力和 3 个力矩(NF,AF,SF,PM,YM,RM)。

判别天平类型的一个简单方法是在天平的不同位置顺序加载一个载荷,根据各桥路输出值的""符号来加以判别。

图 1　内式应变天平[1]

第 3 章天平校准,介绍了校准矩阵的确定方法、载荷计算方法、校准结果应用到试验环境和天平校准周期等问题,给出了一个 3 分量天平的校准样例。对天平校准数学模型,标准给出了业界常用的包括 27 项校准系数和 33 项校准系数的数学模型。但是,鉴于考虑到测量元应变""符号对校准系数及校准精度的影响,标准推荐的天平校准数学模型是对所有校准系数考虑了载荷"±"符号影响的数学模型[式(1)],这样,对于一个 6 分量天平,校准矩阵扩大为 6×96。但标准指出,在实际应用中,针对具体某一天平的情况,校准矩阵或许并不包含公式中的所有项,只有那些校准中直接对应施加载荷的项应当被包含,因此,应用时根据具体情况进行简化。

$$
\begin{aligned}
R_i = {} & a_i + \sum_{j=1}^{n} b1_{i,j} F_j + \sum_{j=1}^{n} b2_{i,j} \mid F_j \mid + \sum_{j=1}^{n} c1_{i,j} F_j^2 + \sum_{j=1}^{n} c2_{i,j} F_j \mid F_j \mid + \\
& \sum_{j=1}^{n} \sum_{k=j+1}^{n} c3_{i,j,k} F_j F_k + \sum_{j=1}^{n} \sum_{k=j+1}^{n} c4_{i,j,k} \mid F_j F_k \mid + \sum_{j=1}^{n} \sum_{k=j+1}^{n} c5_{i,j,k} F_j \mid F_k \mid + \\
& \sum_{j=1}^{n} \sum_{k=j+1}^{n} c6_{i,j,k} \mid F_j \mid F_k + \sum_{j=1}^{n} d1_{i,j} F_j^3 + \sum_{j=1}^{n} d2_{i,j} \mid F_j^3 \mid
\end{aligned} \tag{1}
$$

第 4 章天平校准文件,规范了天平校准报告应涵盖的内容,包括:天平校准矩阵文件、校准报告、校准载荷包线、残余载荷误差、校准统计、校准设备的不确定度等,并强调这对天平用户正确使用天平非常重要。标准给出了一个天平校准报告的样例。

第 5 章结论,AIAA 天平校准标准指出了尚有一些涉及校准问题而没有完成的工作,如:温度和迟滞性效应问题,需要什么样的校准载荷来产生期望的校准矩阵,以及校准矩阵与校准精度的关系等。

2. AIAA 天平校准标准中的技术先进点

AIAA 天平校准标准折射出了以美国为代表的北美天平技术的某些新发展,反映了天平技术未来可能的发展方向。

2.1 现代实验设计理论在天平校准中的应用

AIAA 天平校准标准阐述了现代实验设计(MDOE)理论在天平校准中的应用。MDOE 是以形式试验设计为基础的,其基础理论和技术蕴藏在国外学者的论著中,如:R. A. Fisher 编著的 *The Design of Experiments*,S. R. Brown 编著的 *Experimental Design and Analysis* 等。MDOE 方法主要包括三个过程:形式试验设计、进行试验和试验分析,其保证质量的三个基本原理是:随机、分块、重复。

目前,常规天平校准表采用的是一次对一个变量以一定的增量间隔来加载,在这个过程中,其他变量为零或保持不变。这种方法称为一次一个参数方法(OFAT)。该设计表中加载点的顺序确定是基于加载系统的效率和特定数据分析算法。典型的校准载荷设计确定一个二次天平数学模型,大约需要包含 1000 个点。

现代实验设计(MDOE)方法与 OFAT 方法采集大量数据点的做法不同,它只采集满足设计量化需要的充足数据,即最少数据,达到高效确定试验设计的基本目的。从136点确定的二次天平数学模型表明,使用该技术效率高且标准偏差更低。

该标准认为,现代实验设计(MDOE)技术的应用将对天平校准过程产生重要影响,它用系统的方法来研究获得更好的天平数学模型,从而提高风洞试验中天平测量的精准度。

2.2　神经网络理论在天平校准中的应用

人工神经网络技术(ANN)是一个由大量简单的处理单元组成的高度复杂的大规模非线性自适应系统。它采用并行处理,通常由输入层、隐藏层和输出层组成人工神经网络的结构模型,通过对网络系统进行多目标学习/训练,使该系统具有智能求解某些问题的能力。

目前传统天平校准采用的方法是用一个多项式数学模型并通过校准数据的回归分析来确定其中的系数。按神经网络理论,天平校准可以采用另一种数学模型,即神经网络数学模型,天平桥路的输出被输入到神经网络模型,神经网络的输出就是所期望获得的力和力矩。

人工神经网络技术在风洞天平技术上的应用研究,使天平结构设计、加工简单化,使应变片粘贴位置精度要求降低,使天平抗干扰和容错能力提高。该技术利用计算机对天平在校准阶段进行大量的学习/训练,从而简化了天平在其他阶段(设计、加工、使用)的要求,使天平向智能化方向发展。该技术目前国外正处在发展研究阶段。

3. AIAA 天平校准标准的启示

天平是测量作用在风洞试验模型上气动载荷的特殊精密仪器设备。其特殊性在于:与一般的力传感器测量仪器仪表不同,为了保证测量精准度,天平需要针对风洞试验模型测量要求差异化设计;另外,与通用精密测量仪器不同,天平并没有一个国际或国家权威机构来标定计量。长期以来,在风洞试验领域,天平的设计、加工、校准和应用一般都是由风洞试验机构按各自的经验和习惯进行。从美国 AIAA《风洞试验内式应变天平校准和使用》标准的制定和颁布,我们可以得到以下几点启示:

(1)天平是一种特殊的精密测量设备,似乎难以用一种公认的校准标准来规范。风洞天平的应用至少已有 80 年的历史了,直到 2004 年,AIAA 才协调北美有关天平使用机构,历时 6 年完成了《风洞试验内式应变天平校准和使用》标准(推荐类),这折射出了风洞天平技术的特殊性及其中使用经验、技术共享和协调的复杂性,天平技术的创新发展仍有很大的空间。

（2）天平校准是天平研制过程的最重要环节,校准装置和方法对天平校准效率和未来使用测量精准度有重要影响。国外天平校准加载装置主要有以下三种类型:①单分量人工砝码加载天平校准台;②六分量自动天平校准机;③单矢量人工砝码加载天平校准台(SVS)。三种校准装置目前都有应用,传统的 OFAT 校准方法仍占主导地位,但新的校准方法和理论已对目前广泛采用的传统方法形成冲击。

（3）现代实验设计(MDOE)天平校准方法将大大提高天平校准精准度和效率。从 1997 年开始,现代实验设计(MDOE)理论被美国 NASA 引入风洞试验领域,正改变着传统风洞试验看重于大量获得试验数据的理念和做法,从某种意义上看,它是"低碳""科学发展"在风洞试验领域的体现,迎合了当今世界各行各业发展的潮流。采用现代实验设计方法校准天平的研究,欧美已有越来越多的文献报道。

（4）人工神经网络技术对传统天平应变片组桥和校准理论产生了重大冲击。目前广泛使用的天平是用应变片组成惠斯登电桥、通过校准获得的数学模型将风洞试验中感应的应变转换为载荷的一种精密测力设备。在风洞试验的恶劣环境中,如果一个应变片损坏,则天平需要重新贴片校准,天平抗干扰和容错能力较差。而采用人工神经网络技术设计的天平将能克服这些弊端。

（5）加强天平技术理论研究是提高天平精细化和应用水平的基础,也是风洞试验精细化的重要基础。天平技术涉及材料、传感、信号处理、光电、数学等学科,这些科学领域的技术进步都可能对天平技术的发展产生重要的影响,国外光纤、人工神经网络、现代实验设计等在天平领域的应用研究都说明了这一点。只有加强天平技术理论研究,才能为天平的型号试验应用水平提升提供坚实的基础。

4. 结束语

综上所述,风洞天平校准是一个复杂的过程,各国都有其传统的经验和习惯的做法,AIAA 颁布的《风洞试验内式应变天平校准和使用》标准属于推荐级。从中我们可以了解到,国外风洞天平校准技术在硬件装置、建模方法等方面都有了新的认识和发展,新的校准技术方法已在风洞天平校准中得到应用,提高了天平校准效率和精准度,降低了校准成本。通过该标准我们不难看出,在风洞天平校准技术和方法研究方面,国外已有创新发展,其他领域新技术的引入已对传统的风洞天平设计校准技术产生了深刻影响,促进了天平精细化水平的提高。国外风洞天平技术发展走向,为我们拓展视野提供了很好的借鉴作用。

参考文献

［1］ AIAA R – 091 – 2003. Calibration and use of internal strain gage balances with application to wind tunnel testing［S］. AIAA,2003.

［2］ Keith C Lynn. Thermal and pressure characterization of a wind tunnel force balance using the single vector system［R］. AIAA2011 – 950,2011.

［3］ Ulbrich N. Combined load diagram for a wind tunnel strain – gage balance［R］. AIAA 2010 – 4203,2010.

［4］ Raymond Bergmann. An experimental comparison of different load tables for balance calibration［R］. AIAA2010 – 4544,2010.

［5］ Klaus Hufnagel. The 2nd generation balance calibration machine of Darmstadt University of Technology (TUD)［R］. AIAA2007 – 148,2007.

［6］ Parker P A. A single – vector force calibration method featuring the modern design of experiments［R］. AIAA2001 – 0170,2001.

法国国家航空航天研究院发展现状

摘要：法国国家航空航天研究院(ONERA)是法国航空航天综合性研究和试验机构,在欧洲和世界航空航天领域占有重要地位。本文主要根据 ONERA 近几年年报及官方网站公布资料,较详细介绍 ONERA 的体制、任务、组织结构、人力资源等情况;重点阐述 ONERA 如何在体制上处理科学研究和生产试验二者关系以研究促发展,意在为国内相关单位的科研体制创新提供参考。

关键词：ONERA;航空航天;科研体制

引言

　　法国是世界上航空航天工业发达国家之一。在法国,航空航天工业从业人数、产品销售额等方面仅次于汽车、电气/电子工业而居于第 3 位。第二次世界大战以后,法国奉行独立自主的航空航天政策,至 20 世纪 50 年代末,建成了完整的航空航天研究、试验和生产体系。在航空方面,研制了世界著名的"空中客车"客机、"幻影"系列战斗机、"军旗"和"超军旗"舰载机、"海豚"直升机、"飞鱼"反舰导弹等;在航天方面,研制有"阿里安"运载火箭、M 和 S 系列战略弹道导弹等。法国航空航天工业的世界领先地位和骄人成绩与法国国家航空航天研究院(ONERA)密不可分。法国国家航空航天研究院是法国规模最大、最权威的综合性国家航空航天科研机构,兼有工业和商业性质,由国防部监管。

1. 法国国家航空航天研究院概览

　　法国国家航空航天研究院(Office National d'Etudes et de Recherches Aérospatiales,ONERA)是法国的国家级航空航天综合性科研机构,于 1946 年由法国政府创立,60 多年来,其科研体制、组成和任务也随法国航空航天和高新技术发展在不断变化中。

1.1　任务和性质

　　ONERA 是一个多学科研究机构,研究工作包括动力学、空气动力学、材料和结构、流体物理学、电磁学、光学、仪器测量、空间和大气环境物理学、信息处理、系统集成等。主要有 6 大任务：

（1）直接开展航空航天研究；

（2）通过国内和欧洲工业将研究商业化；

（3）建造和运行相关的试验设备；

（4）向工业部门提供高水平的技术分析和其他服务；

（5）为政府机构提供技术分析和建议；

（6）培训研究和工程人员。

ONERA 的试验研究工作是以应用为导向，服务于飞行器和系统的开发和应用，如：民机、军机、直升机和旋翼机、推进系统、轨道系统、空间运输、导弹系统、防御系统、网络系统和安全系统。

ONERA 既是航空航天研究的积极参与者，也是研究的协调者。作为参与者，其依靠自己实验室的研究工作探索科学知识；作为协调者，其用这些科学知识将法国和欧洲的研究队伍结合起来，领导以应用为目标的多学科研究项目。

"回归创新"是 ONERA 对一切科研工作的指南和总要求。

1.2 ONERA 的组织与管理体系

ONERA 的科学研究工作和工程技术（生产试验）工作既有分工也有协作，研究工作分布于 4 个科学分支的 16 个科学部中；生产性活动主要集中在计算、工程与试验设备部（GMT），如大型风洞试验、网络信息和软件产品服务。生产性活动是以科学研究工作为基础，并得到这些科学研究部门的技术支撑。生产性活动清晰地反映出 ONERA 组织管理的主线，即：以科学研究为基础，用科技支撑生产试验、商业产品开发和世界范围内的交流合作。

1.3 ONERA 的 6 个研究中心

法国国家航空航天研究院总部设在巴黎近郊的 Châtillon，下设 6 个中心：

（1）Palaiseau 中心。该中心包括 ONERA 的 8 个科学部：电磁学与雷达、仪器仪表与传感、理论与应用光学；基础与应用动力学；合成系统与材料、金属结构与材料；长期设计与系统集成、信息处理与建模。两大研究主线是飞机推进和探测 – 侦察 – 辨识。

（2）Meudon 中心。位于巴黎近郊，试验和研究范围包括 2 个科学部和技术部（GMT）的部分内容，主要是应用空气动力学、基础和实验空气动力学。试验设备主要是 ONERA 研究用小型风洞。

（3）Lille 中心。前身是里尔流体力学研究所（IMFL）。试验和研究范围包括 4 个科学部和技术部（GMT）的部分内容，主要是应用空气动力学、气动弹性与结构动力学、系统控制与飞行动力学。SV4 立式风洞（直径 4m）位于该中心。

（4）Modane – Avrieux 中心。创立于第二次世界大战后，GMT 的主要大型生产型风洞（S1MA、S2 MA、S3 MA、S4 MA 等）位于该中心。

（5）Midi – Pyrénées 中心。该中心有 Le Fauga Mauzac 和 Toulouse 两个地点。Le Fauga Mauzac 地点位于图卢兹南 30km，GMT 的主要大型生产型风洞 F1、F4 等和推进实验室在此。科学工作主要包括 7 个科学部：系统控制和飞行动力学、系统设计和性能评估、建模和数据处理、电磁和雷达、航天环境、理论和应用光学、空气动力学和热力学建模。

（6）Salon de Provence 中心。位于法国南部，主要从事科学研究，ONERA 的3 个科学部研究工作在该中心：系统控制与飞行动力学、理论与应用光学、电磁学与雷达。

1.4 人力资源和科研经费

截至 2010 年 4 月，ONERA 拥有员工 2101 人，其中技术和管理人员有 1245人，博士和博士后 220 人。ONERA 的主体由科研和管理人员组成。在科研人员中，工程技术人员（主要在 GMT）占 19%，科学研究人员（主要在 16 个科学部）占 81%，可见 ONERA 是研究型科研机构，研究是工程发展的保障，是创新的源泉，因此需要更多的人力投入。

科研经费大约 60% 来自工业部门和中介机构的合同研究经费，40% 来自法国政府的财年拨款。ONERA 的研究工作较为平衡，1/3 民用，1/3 国防，1/3 两用技术。

2. 法国国家航空航天研究院的科学研究工作

法国国家航空航天研究院的 4 个科学研究部的 16 个科学领域的任务如下：

2.1 流体力学与动力学领域

● 应用空气动力学（DAAP）。不断改进预测飞机性能的工具，确定能降低研发成本的气动布局，发展能改善飞机空气动力性能和降低负面效应的工程技术。

● 基础与实验空气动力学（DAFE）。研究复杂空气动力学流动，以便增进对这些流动现象的了解，发现一些意想不到的效能并且参与对不得不在一些极端条件下工作的系统的确定。建立验证理论模型和计算程序的数据库。

● 基础与应用动力学（DEFA）。为推进工业提供可以用于优化其发展的试验结果和数学模型，完成用于动力系统创新设计的先进研究。

- 空气动力学与动力学建模(DMAE)。深入了解空气动力学现象并以数学模型来描述它们,致力于发展大型流体力学计算程序。
- 计算空气动力学与航空声学(DSNA)。发展空气动力学和热动力学数值模拟方法和软件,管理所有航空声学活动,满足飞机优化和预测的需要。

2.2 材料与结构领域

- 气动弹性与结构动力学(DADS)。发展、改进、评估和应用理论的、数值的/试验的方法,来建模、预测和鉴定结构的静、动态特性。
- 合成系统与材料(DMSC)。设计、发展和改进复合材料及其加工工艺。
- 金属结构与材料(DMSM)。满足航空航天工业在材料和金属结构领域的需要。
- 微结构研究实验室(LEM)。增进材料发展中对微结构的认识,研究微结构的形成及随时间的演变,研究其对物理特性的影响。

2.3 物理学

- 理论与应用光学(DOTA)。发展和管理用于航空、航天和军事用途的光学系统,包括光源和数据处理设备,光的波长范围从红外线到紫外线。它是欧洲最大的国防光电子研究中心。
- 电磁学与雷达(DEMR)。在主要电磁应用领域改进已有系统并细化未来系统,如:雷达、隐身、电磁兼容性、电子战和无线电通信。
- 仪器仪表与传感(DMPH)。为实验研究发展传感器和创新测量技术,验证计算程序和物理模型,设计和生产仪器仪表以及航空航天和国防用的特殊机载设备。
- 航天环境(DESP)。该部创建于1967年,其任务是评估航天任务环境条件,防止环境可能造成的破坏。

2.4 信息处理与系统

- 长期设计与系统集成(DPRS)。提升和最大化ONERA不同科学和技术学科间的协同和互补;管理多学科项目;其专业技术和知识在特殊技术领域的应用,如:系统设计、优化、评估、导航、控制等。
- 信息处理与建模(DTIM)。发展算法技术,以便在内容分析和决策中发挥新的或更强大功能;创造能够处理复杂系统的模型和方法。
- 系统控制与飞行动力学(DCSD)。直接从事改进系统控制和控制函数的方法概念研究;掌握航空航天系统的复杂性和安全性。

3. 法国国家航空航天研究院生产试验工作

计算、工程和试验设备部（GMT）是 ONERA 的风洞运营部门，GMT 也负责风洞天平、模型的设计、加工和校准，包括研究流体力学的复杂设备的设计与加工，以及计算机网络和计算系统的管理工作。ONERA 试验设备共分为三类：

（1）大型风洞试验设备（表1）。主要是位于 Fauga - Mauzac 和 Modane - Avrieux 的生产型风洞，由计算、工程和试验设备部（GMT）管理运行，为国内外客户服务，秉承"质量、能力、实用、保密"的服务理念。

（2）实验室试验设备。包括用于基础研究的 150 座试验装置，如小型研究风洞、激光测速仪试验台、电子枪和各种焊接装置等，这些设备由科学部管理。

（3）其他试验设备，由科学部管理。包括 B20 模型自由飞试验设备、涡轮发动机试验设备和燃烧试验设备等。

GMT 管理的 ONERA 大型风洞设备包括：5 个连续式风洞，速度范围几米/秒到马赫数 3.1；3 个下吹式风洞，马赫数范围 0.1 ~ 21；4 个特种风洞。另外，SV4 立式风洞位于 Lille 中心，归科学部中的系统控制与飞行动力学（DCSD）部管理。

表 1　法国 ONERA 主要风洞设备

机构	风洞名称	试验段尺寸 （宽×高×长；单位：m）	试验马赫数 或速度	备注
ONERA	CEPRA19	直径 1)2 2)3	130 m/s 60 m/s	气动声学
	F1	4.5×3.5×12	17 ~ 122m/s	连续式
	F2	1.4×1.8×5	100m/s	连续式
	F4	直径 1)0.67 2)0.67 3)0.43 4)0.93	7 ~ 17 7 ~ 13 6 ~ 11 9 ~ 21	电弧加热、高焓
	R4.3	宽 0.12	0.3 ~ 1.6	叶栅风洞
	R2CH	直径 1)0.19 2)0.33	3 ~ 4 5,6,7	暂冲式
	R3CH	直径 0.35	10	暂冲式
	S V4	直径 4	40m/s	立式风洞
	S1MA	名义直径 8，长 14	0.05 ~ 1	连续式跨声速

机构	风洞名称	试验段尺寸 （宽×高×长；单位：m）	试验马赫数 或速度	备注
ONERA	S2MA	1）1.75×1.77 2）1.75×1.93	0.1～1.3 1.5～3.1	连续式亚、跨、超声速
	S3MA	1）0.56×0.78 2）0.76×0.8	0.1～1.3 1.65～5.5	暂冲式亚、跨、超声速
	S4MA	直径1）0.68 2）1 3）1	6.4 10 12	暂冲式高超声速
	S2CH	直径3，长5	120m/s	亚声速
	S3CH	0.8×0.76	0.3～1.2	连续式跨声速
	S5CH	0.3×0.3	1.2～3.15	

除风洞试验设备外，ONERA 拥有两套共享超级计算机设备。

（1）NEC SX-8"Iseran"矢量计算机。它由 10 个 8 处理器 SX8R 节点（单位峰值计算能力 35.2G 浮点）和 128GB 共享内存组成，提供总计 80 个处理器，峰值运算能力 2.8T 浮点，内存 1280GB。共享磁盘存储空间 20TB。该计算机 2006 年投入使用，计算能力在 2007 年 7 月和 2008 年 11 月进行过提升改造。

（2）"Stelvio"SGI ICE 8200 EX"公牛"超标量体系结构计算机。由 384 个计算节点组成，每个节点有 2 个 2.8GHz 四核 Intel Xeon X5560（Nehalem）处理器和 36GB 内存，提供总计 3072 个核、内存 13.5TB、峰值 34.4T 浮点的运算能力。各节点由无限带宽互联网络连接。共享磁盘存储空间 300TB。该计算机 2009 年 11 月投入使用，计划 2011 年进行一些升级，2011 年升级完成后，Stelvio 计算机将有 5120 个核，21.7TB 内存和 59.3T 浮点的峰值运算能力。

除此之外，ONERA 还有 NEC SX5 和 SX6 计算机，并且通过合作协议，可以使用平行计算平台和计算资源。

4. 近年开展的相关空气动力学试验研究

（1）发展超燃冲压发动机高超声速飞行器。开展了 LEA 计划的首批燃烧试验；在 S3 风洞上开展了 LEA 吸气式高超声速飞行器 1：4 缩比模型试验，速度达马赫数 5.5 以上（图 1），为 2012—2013 年进行飞行试验的样机做准备。

（2）减阻降噪。利用民机通用标模开展国际联合的减阻研究，采用先进的测量技术，在 S2MA 风洞上开展了一系列的试验研究；在 Cepra 19 声学风洞上利用 PIV 测量技术成功开展了一系列降噪试验研究（图 2）。

图1 吸气式高超声速飞行器试验[1]

图2 减阻和降噪试验研究[1]

（3）型号试验。与空客合作，在 F1 风洞上开展了 A400MS 模型大攻角试验，在 S1MA 风洞上开展了 A350 模型试验（图3）。

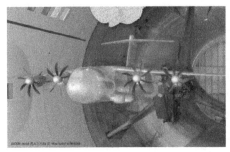

图3 空客运输机试验研究[1]

（4）发动机研究。为客户提供 elsA3.3 版计算程序，为空客提供翼下发动机的新设计方法；利用超级计算机进行发动机辐射模拟、发动机室多点喷射燃烧模拟；S1MA 风洞利用高速螺旋桨试验台（HERA）进行了对转桨发动机缩尺模型试验，该发动机是 A-320 后代机型动力的待选方案之一（图4）。

（5）结冰研究。根据美国 NASA 的邀请，法国 ONERA 加入了飞机结冰研究联盟（AIRA），意味着 ONERA 具备世界一流的飞机结冰预测和认证技术；2009 年，NASA 和 ONERA 续签了结冰研究协议。

（6）未来运输机研究。欧洲 ACFA 2020 项目（Vela 和 Nacre 项目），目标是细化具有高燃油效率的 450 座飞翼飞机，确定 ONERA 提出的方案；开展欧洲高

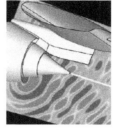

图4 发动机数值模拟和试验研究[1,2]

速飞机项目(HISAC)研究,主要是评估超声速商业飞机的可行技术,ONERA 的 7 个部以及风洞参与了工作,研究了空气动力学、吸声材料和验证等方面的问题(图5)。

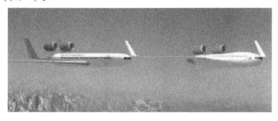

图5 欧洲未来运输机研究[1,2]

（7）旋翼研究。ONERA 和欧直(Eurocopter)长期协作直升机研究项目,目标是使直升机桨叶能更好地适应流动环境,提升未来直升机性能。

（8）导弹和运载器研究。ONERA 与欧洲的导弹研究与生产商 MBDA 达成新的合作研究框架协议,旨在共同分享发展新一代导弹系统的成果。具体涉及 7 个方面的研究内容:

- 吸气式导弹;
- 广泛的空中防御;
- 战术导弹隐身;
- 导弹空气动力学;
- 环境与红外和电磁场景;
- 防热材料;
- 创新与长期规划。开展重型运载器"阿里安 - 5"等所需的多种技术研究。

5. 法国国家航空航天研究院的国际合作

ONERA 广泛开展国际合作,不断扩大在国际航空航天领域的影响力。如参与欧洲战略风洞提升研究潜能项目（ESWIRP），该项目目的是通过强化ONERA、DNW、ETW的合作，增强欧洲航空研究能力；加入美国飞机结冰研究联盟（AIRA），NASA和ONERA续签了结冰研究协议；参与AIAA应用空气动力学技术委员会组织的多国CFD阻力估算研讨项目（DPW I－IV）等。

（1）ONERA/DLR合作研究。与德国航空航天研究中心（DLR）开展了通用旋翼机研究项目，目的是加强合作，减少重复工作。该项目是一个长期项目，双方建立了管理组织与科研协同队伍，研究包括：直升机旋翼、静音、智能、安全、舒适、先进概念等。德国科隆的H2K和TMK、法国的S3MA、ATD5设备参与了吸气式超燃推进试验研究，并进行了二维和三维的CFD研究，验证了超燃发动机概念、发展了物理模型和数值工具。

（2）ONERA/RAE合作研究。与英国皇家航空航天研究院开展了A－300通用研究模型的风洞对比试验研究，在法国F1风洞和英国5m风洞开展了测量、修正方法等对比研究。

（3）ONERA/TsAGI合作研究。与俄罗斯中央流体力学研究院开展了跨超声速压敏漆试验技术研究。

（4）ONERA/JXAX合作研究。与日本航空航天探索局开展了边界层转捩试验和CFD计算研究，对NEXST－1飞机模型进行了风洞和飞行试验，开展了CFD计算工作；开展了旋翼机二维桨涡干扰无黏数值模拟研究。

（5）ONERA/DRA/NASA合作研究。与英国国防研究局和美国国家航空航天局开展了结冰研究，目的是比较、改进和确认各自发展的飞机结冰预测程序，主要包括水滴轨迹预测、冰积聚模拟、瞬间电热除冰装置分析等。

6. 启示和建议

法国国家航空航天研究院在法国和世界航空航天科研领域占有重要地位。就像美国的NASA被称为美国国家研究实验室（American Research Lab）一样，ONERA也被称为法国国家研究实验室（French Aerospace Lab）。综上所述，可以得到如下启示和建议：

（1）体制是保障研究工作和生产试验工作并行的基础。科学研究是创新的源泉，型号产品和市场占领则是发展的动力。

（2）从ONERA人力资源和财务支出比例可以看出，科学研究是生产试验的基础和支撑，需要更多的人力和财力投入，有了科学研究的支撑，生产试验才能顺利高效运行。

（3）从ONERA约16个科学部研究领域看，现代空气动力学试验研究已发展为一个多学科交融的领域，创新发展需要多学科的协同。

（4）ONERA 的生产试验和科学研究界定是明确的、分工和协同是清晰的。风洞生产试验人员相对较少,足以体现其管理的高效、试验技术的成熟可靠。

（5）风洞生产试验管理不按速度范围再细分,因就其本质而言,工作性质是一样的,与速度范围无关;科研试验工作是按生产型和研究型分别管理和运行。

（6）ONERA 以"应用为导向"的科研性质,与我国科研试验以"型号为牵引"有相似之处,其科学研究与生产试验的管理模式,更加符合两者工作内容的本质规律要求,对我国的空气动力学试验研究单位科研体制创新有借鉴意义。

（7）科学分工、有效运行是风洞试验各系统技术成熟可靠的一种标志,是一个渐进的过程。我们可以结合国情,研究、学习和借鉴 ONERA 风洞试验和研究的模式,逐步建立符合生产和研究规律的管理体系。

参考文献

[1] ONERA. ONERA annual report 2008[M]. Palaiseau:ONERA,2008.
[2] ONERA. ONERA annual report 2009[M]. Palaiseau:ONERA,2009.

我国风洞试验与世界一流水平接轨的几点思考

摘要： 风洞是航空航天飞行器研究的地面模拟设备,拥有世界一流的风洞设备和试验能力是保证一个国家成为世界航空航天强国的重要基础。本文介绍世界风洞试验研究领域的先进管理机制、理念和方法;阐述了世界一流风洞试验设备和试验技术的现状和发展趋势;分析研究我国风洞试验研究的现状及差距;提出我国风洞试验在管理、设备建设、技术发展和试验研究队伍构建等方面与世界一流水平接轨的构想。

关键词： 风洞试验;风洞试验管理;风洞试验方法;世界一流;综述

引言

　　风洞设备的发展与航空航天飞行器的发展紧密相联。20世纪30—80年代,航空航天飞行器不断更新换代的需求,促成了世界风洞的大规模建设,从低速、跨声速、超声速到高超声速风洞,世界主要风洞设备大多建于这一时期。20世纪90年代以来,随着世界航空航天飞行器性能的不断提高、技术的日趋复杂和代价的日益增多,风洞试验研究领域面临着日趋激烈的市场竞争,型号试验开始向少数高品质风洞集中,常规风洞设备处于供大于求的状态,世界发达国家开始规划研究21世纪航空航天对风洞及其试验能力的需求,风洞的设计建设、管理模式、运行机制、试验方法都呈现出新的发展态势。从国内看,随着国家经济实力的增强和科技水平的提高,我国的航空航天工业已进入自主创新时代,型号发展要求风洞试验跨入世界级水平。同时,经济的全球化发展也使我国的风洞试验面临着国际同行的竞争。因此,我国风洞试验与世界一流水平接轨是需要我们认真思考的一个重要问题。

1. 世界一流水平风洞试验的现状与展望

　　进入21世纪以来,在民用航空领域,高性能运输机的研制需求以及研制型号的减少,使风洞的高试验能力(如模拟能力、具备的试验技术等)、高试验效率和低试验价格成为世界一流生产型风洞的必备条件;在军事领域,第二、三代战斗机升级改型,第四、五代战斗机研制和未来新型飞行器(如近空间飞行器、微型飞行器)的发展,对现有风洞试验模拟能力提出了挑战。早在 20 世纪 90 年代中期,美国政府就组织专家学者,对美国的风洞以及飞行器发展需求做了一次全面调查研究,研究结果指出:风洞试验必须在试验能力、试验效率和试验成本方面有大的提高,才能保证美国航空航天在 21 世纪处于世界领先地位。

1.1 世界一流风洞试验的管理机制和方法

风洞试验是航空航天系统工程中的重要一环,在风洞试验领域,美、法、俄有很大的相似性。首先,大型空气动力试验设备主要由国家投资建设,一般都属于一个国家级航空航天研究部门管理;其次,风洞试验研究机构不是孤立设置的,而是融入了航空航天研究发展的大系统中,与其他航空航天研究领域(如结构、动力、控制等)密切相联。

为了提高风洞试验的效率和市场竞争力,从 20 世纪 90 年代中叶开始,美、欧开始进行大型生产型风洞管理模式的创新发展。NASA 兰利中心成立了风洞企业集团(WTE),建立了以用户为中心的试验服务机制,将主要生产型风洞统一纳入风洞企业集团运营,风洞运营的观念发生改变,风洞试验被视为企业的一个产品,而不是航空航天研究的一种简单工具。在欧洲,德/荷的风洞也进行了整合,形成了 DNW 风洞联合体,负责运营德/荷的 11 座亚、跨、超声速风洞设备。风洞设备的配套化和技术力量的增强,使 DNW 风洞的试验领域拓宽,国际竞争力增强。在新风洞的建设模式上,欧洲德、英、荷、法四国采用现代企业管理模式,成立了 ETW 股份有限公司,合建了先进的 ETW 风洞。

在风洞试验领域,除大型风洞生产型试验外,尚有探索空气动力学问题的研究型风洞试验以及支撑风洞试验所需的风洞试验技术的研究工作。生产型风洞和研究型风洞追求的目标不同,管理的方式也不同。生产追求的是效率,需要的是过程规范和准确可靠;而研究是一种探寻,需要的是相对自由的思想和灵活的试验空间;风洞试验技术的研究则是确保世界一流风洞试验地位的需要。因此,世界一流的航空航天机构对管理的风洞试验对象定位准确,区别管理,科学有效。

大型生产型风洞的企业化管理是世界一流风洞试验的重要特征。生产型风洞试验为了保证数据质量的可靠,欧、美都有质量认证、各种规范和标准,风洞试验的质量和效率、客户的满意度都有量化的通行测算方法,例如:一个型号任务从开始到结束的占用风洞时间,单位小时完成的极曲线等。生产型风洞采用外委维护,管理者除负责吹风试验外,也要时刻关注最新试验技术的发展、客户的需求,不断提高风洞试验的生产力、降低成本,风洞试验机构的管理目标、运作目标、技术目标和文化目标明确。

为了提高风洞试验效率,提高风洞试验模拟的真实性,世界一流的风洞试验已开始研究引入新的试验方法,如现代实验设计(MDOE)方法和飞行任务(Fly-the-mission)试验方法。近年来,美国 NASA 兰利研究中心应用现代实验设计方法完成了 100 例风洞试验,同时此方法也被用于天平校准工作研究,天平的校准效率大幅度提高。美国 NASA 兰利中心认为,现代实验设计方法将成为未来风洞试验普遍采用的标准方法。而飞行任务试验方法则是目前传统模型试验以离散点方式变参数或连续变参数(如:单一的变攻角、侧滑角、滚转角)试验方法的新发展。飞行任务试验是在模型模拟飞行任务姿态(如:加减速、爬升、俯冲、滚转等)变化的同时,风洞的模拟参数条件也随之变化到相应轨迹姿态条件的试验。理论上,在风洞中应用该方法可以试验模拟飞机从起飞到着陆整个飞行任务的全过程。

1.2 世界一流风洞试验设备的现状及发展趋势

世界上航空航天强国(如美、俄、法)都拥有功能配套的风洞群做后盾。20世纪 30-70 年代是风洞设备发展的一个高峰期;80 年代风洞又进行了以计算机为主的测控自动化升级改造;90 年代,欧美有重点地对一些风洞进行了性能和功能的提升改造。据有关资料统计,世界风洞的规模大约有 300 余座,但到20 世纪 90 年代中叶,欧洲常用的风洞大约 50 座,美国大约 100 座,到 2009 年,美国常用风洞大约 60 座。

当前,世界一流的风洞设备已从规模、数量转向品质、能力。在亚、跨声速领域,德/荷的 DNW-LLF、法国 ONERA 的 S1MA 和 F1、英国国防研究局(DRA)5m 风洞以及欧洲四国(德英荷法)合建的 ETW 风洞,无论在试验的质量和生产效率上都可以抗衡甚至超越美国;在超声速和高超声速领域,世界一流风洞设备主要为美国所占据。纵观世界风洞设备的发展现状,我们通过研究得出,在可预见的未来,世界一流风洞设备主要有三种类型:

(1) 20 世纪五六十年代建设、但目前和今后一个时期仍为世界一流的风洞。风洞建设投资大、周期长,早期建设的一些世界一流风洞在经过了更新改造后,可以满足未来飞行器研制的大部分试验需要,在今后相当长的一个时期内,这些风洞仍将担当风洞试验的主力设备,如:德/荷的 DNW-LLF、法国 ONERA的 S1MA 和 F1、美国 NASA 兰利中心的 TDT 和立式风洞、格林中心的结冰风洞、美国空军 AEDC 的 16ft 跨声速风洞和 16ft 超声速风洞以及美国国家高能激波风洞 LENS 等。

(2) 世纪之交建设的世界一流风洞。20 世纪 90 年代以来,针对航空航天发展的需要,一些国家开始建设高性能的新型风洞。如:1993 年,德、英、荷、法四国联合建成的 ETW 风洞,该风洞运用增压、低温、重气体等技术手段,大幅度提高了风洞试验的雷诺数,可以满足大型运输机试验的雷诺数要求;同时,其风洞流场也是世界上最均匀、湍流度和噪声最低的跨声速风洞之一。1998 年,韩国宇航研究院(KARI)建成一座 4m×3m 风洞。该风洞由斯维尔德鲁普公司设计,虽然该量级的风洞在世界上并不少见,但韩国在 20 世纪末建造的这座风洞,并不是以前此类风洞的简单翻版,它在风洞设计、可扩展性、流场品质等方面都有其独到之处;1994 年比利时冯·卡门流体力学研究所设计建造的世界最大的 1.2MW 感应热等离子体风洞、1996 年日本三菱重工为铁道技术研究所(RTRI)建造的气动声学风洞(风速 300km/h 时,实验段噪声不大于 75dB)、2002 年意大利航天研究中心建成的结冰风洞等。这些风洞在参数设计、回路及截面形状选择、噪声和湍流度控制方法、静音喷管设计等方面都有新的技术突破,风洞的性能显著提高,堪称世界一流。

(3) 未来采用新理念、新概念设计建设的世界一流风洞。未来新型飞行器的发展,对风洞试验模拟能力提出了挑战,促进了一些新概念风洞的研究发展。如亚声速高升力飞行风洞(HiLiFT),目前要通过常规手段进一步提高低速风洞雷诺数模拟能力很困难。经过多年论证研究,NASA 提出了高升力飞行风洞(HiLiFT)的概念;高超声速试验与评估风洞(HSTEWT),主要是为满足发展吸气推进式高超声速飞行器(Ma = 10 ~ 12)的需要而提出的,俄罗斯也有类似风洞技术的研究;其他新概念还有跨超声速等离子风洞以及满足平流层模拟条件的马赫数 0 ~ 5 的三声速风洞等。

1.3 世界一流风洞试验技术的发展走向

风洞的模拟能力和拥有的风洞试验技术决定了风洞的试验能力以及市场竞争环境下的生存能力。世界一流风洞试验技术在生产型风洞常规气动力试验上表现为试验模拟参数范围宽广、精度高,具有定性和定量非接触流动显示和测量手段。如:阻力测量精度可以达到 0.0001 以内,甚至带动力试验亦如此;PSP、PIV 等技术在生产型风洞中的工程应用等。除此之外,拥有一些技术复杂的综合型特种试验技术也是世界一流风洞试验技术的重要特征。如运输机的 TPS 试验、起降模拟试验和气动声学试验等;战斗机的 CTS 试验、大攻角动态试验技术、气动弹性试验技术、阵风响应试验技术;旋翼机试验技术;结冰试验技术和尾旋试验技术等。未来飞行器的发展则需要研究等离子风洞试验技术、近空间飞行器风洞模拟试验技术和微型飞行器地面模拟试验技术等新的试验技术。

近年来,信息技术、光学技术等新兴技术的发展为世界一流风洞试验技术的发展注入了新的活力。在风洞测控系统方面,DNW 风洞联合体针对管辖风洞测控系统老化和体制不尽一致的现状,研发了新一代通用测控系统(GAIUS)并将在 DNW 风洞联合体各风洞中推广,大大提高了风洞测控系统的标准化程度、试验效率并降低了维护成本;在风洞的信息化方面,美国 NASA 建立了 DARWIN 风洞信息系统,德/荷 DNW 建立了 OPENVMS 风洞信息系统,实现了风洞与客户的互联;在天平技术方面,光纤天平、智能天平将使天平的抗电磁干扰、抗破坏能力和测量精准度提高;在模型技术方面,模型快速成型技术、模型遥控变姿态技术和模型变形光学测量系统将大大提高试验的效率和数据的精准度;在流动测量和诊断技术方面,传感器和测量仪器、流动诊断技术都有显著进步。简单实用的油膜干涉测量技术在大型亚跨声速风洞中广泛使用,动态压敏漆技术也有长足发展,一些新型光学测量技术在跨超和高超领域得到应用,如平面激光诱导荧光(PLIF)测量、相干反斯托克斯 – 拉曼光谱学(CARS)测量等,NASA 正在研究发展干涉测量雷利散射和激光诱导热声学等技术;在计算仿真与试验结合方面,虚拟诊断界面技术(ViDI)在试验准备、试验中数据实时显示、试验后数据处理中得到应用,计算模拟对风洞试验过程的支撑作用更为突出。

1.4 世界一流的风洞试验队伍

如上所述,现代风洞试验已朝着多学科融合的方向发展,风洞已经是一个融入网络、高度互联的地面模拟设备,风洞试验技术已经与先进的试验方法、先进的测试仪器、网络互联技术、光学技术等紧密结合,未来风洞试验对人力资源的素质要求是很高的。AIAA 地面试验技术委员会(GTTC)对未来风洞试验提出了五个建议,其中首要的就是建立一支知识型试验队伍。在欧美等世界一流风洞试验机构中,风洞试验的高度自动化、各类试验诊断工具和复杂试验技术的运用、高效的风洞试验方法和组织管理,使风洞试验队伍正从"技能型"向"知识型"转变。当前,世界一流风洞试验机构人员组成有几个特点:①各层次人员构成配比合理;②岗位分工明确,按岗设人,人尽其才;③任务职责明确;④收入分配、激励机制合理有效。

2. 我国风洞试验领域的现状及差距

我国的风洞试验研究同航空航天工业一样是在借鉴苏联经验的基础上逐步发展起来的,几十年来,尽管风洞试验研究为我国航空航天的崛起和国民经济发展发挥了重要的作用,但与世界一流风洞试验水平相比,我们仍有很长的路要走。

2.1 我国风洞试验的现行机制及差距

我国的航空航天科研机制与国外通行做法有所不同,我们没有一个类似美国 NASA、俄罗斯 TsAGI、法国 ONERA 的国家级航空航天综合研究机构,生产型风洞试验研究工作主要集中于"三线建设"时期成立的中国空气动力研究与发展中心,以及国防工业体制改革形成的中国航空工业空气动力研究院和中国航天空气动力技术研究院,风洞试验研究机构相对独立设置,未能与空气动力学密切相关的其他专业领域(如结构、动力、控制等)有机结合,试验研究发展受限,三大气动研究机构之间也存在资源和技术的壁垒。

在风洞试验研究方面,生产型风洞试验和研究型工作未能区别建立有效机制。通常我们所说的研究就是解决生产型风洞试验中的问题,长期以来并没有形成一个气动研究和试验技术研究的有效机制,生产试验和研究工作没有科学明晰的界定,管理模糊。在生产型风洞的试验管理上,过程控制人为性较大,在风洞试验质量、效率、客户满意度等衡量方面,还缺乏与国际接轨的做法,标准体系不完备,定性的模糊描述多、定量的科学数据少。在风洞试验方法上,仍采用传统的一次一个参数变化(OFAT)方法,还没有认识到现代实验设计方法可能会给未来风洞试验带来的革命性变化。

2.2 我国风洞试验设备的现状及差距

我国的风洞设备经过几十年的建设,初步形成了覆盖亚、跨、超、高超和超高声速的风洞设备群。但我们也清楚地看到,我国的风洞设备大多建设于工业基础相对薄弱的20世纪后半叶,其主要现状和差距体现在:①建设的中、小型风洞多,大型风洞少;②建设的常规风洞多,特种风洞少;③风洞的性能、自动化程度和工作稳定性与世界一流风洞相比差距较大;④针对现代风洞设计建造开展的基础预研少,新风洞设计建造技术准备不充分。虽然有些风洞已在规划建设中,但由于我们对现代化大型风洞设计的研究不足、技术和经验积累储备不够,加之相对封闭的风洞设计建造环境,使我们难以充分利用世界已有的先进风洞设计经验,这些都是我们在21世纪建设世界一流风洞面临的挑战。总的来说,我们仍处于大型风洞的建设时期,而美、俄等自20世纪80年代就已基本进入后风洞时代。

2.3 我国风洞试验技术的现状及差距

我国的风洞试验技术发展是以型号为牵引而发展起来的,由于缺乏系统的、持续的预先性研究,长期以来,生产试验与技术研究是混杂进行,这不可避免地使我们关注短期效益多,而致力于关系长远发展的研究工作少。主要差距体现在:①尽管我们具备了一些常规和特种试验技术手段,但总的来说,试验的精准度、试验的质量和效率与世界一流水平相比有差距;②尚有许多特种风洞试验技术的成熟度和利用率不高;③缺少一些工程适用的大型风洞流动诊断测量技术,如PIV在大型风洞中的应用技术、工程实用的PSP试验技术等;④对当今和未来世界风洞试验技术发展的跟踪研究不敏锐,缺乏有效的试验技术研究管理机制,研究成果的工程实用性、易用性不高。

2.4 我国风洞试验队伍现状及差距

我国风洞试验队伍是以风洞为核心组建的,各类技术人员的编配比例不尽合理,与世界一流风洞试验队伍相比,我们是生产试验人员投入多,研究人员投入少,生产和研究职责分工不明确。长期以来,我们虽然形成了试验系列、工程系列、研究系列等的技术职称评定体系,但在实际工作中,岗位分工不明,对岗位人员的技能需求也不明,人力资源的合理有效利用与世界一流风洞试验研究机构相比有差距。在风洞试验队伍的管理、评价和激励机制上,相对比较粗泛,这对风洞试验和研究机制的建立、试验和研究队伍的合理分布以及长远发展是不利的。

3. 向世界一流风洞试验水平接轨的几点思考

随着我国家综合国力的不断增强,我国航空航天飞行器的创新发展给风洞试验研究的发展带来了前所未有的机遇与挑战。通过分析研究世界一流风洞试验与我国风洞试验的差距,展望未来,我国风洞试验要向世界一流接轨,以下几个方面需要重视和努力:

(1)建立高效规范的生产型风洞试验运行机制。根据我国航空航天领域风洞试验的国情,我们需要改变以空气动力速度范围划分管理区间、以风洞个体为单位组织生产、研究的传统模式,尊重现代工业生产和科学研究发展自身不同的规律,从体制上建立生产型风洞试验中心、气动理论和基础研究中心、风洞试验技术和测量技术研发中心,从机制上保证生产试验和研究工作的高效进行。只有从体制上得以保证,才能使生产试验、基础理论研究和试验技术研究相互支持、协调发展。要按照现代企业管理模式建立生产型风洞试验运行机制,按照ISO 9000 系列质量管理体系的要求,建立和完善风洞实验标准体系,可以直接采纳 AIAA 和 SAE 等相关标准,增强生产型风洞试验过程控制的严肃性、权威性,从而保证型号风洞试验数据的质量和可靠性。一项风洞试验任务从试验计划、模型设计、测试设备准备、试验过程中问题处理等到最终交付试验报告包括众多的环节,只有按照一定的规程、严格执行质量管理体系文件的要求,才能保证试验各环节的质量,从而保证最终试验结果的准确可靠。要在试验前做好科学规划、科学安排,避免随意性和人为性对试验过程的干扰,提高试验效率,尽快建立起与国际接轨的生产型风洞效率、质量和客户满意度量化评价体系。

(2)探索研究现代实验设计方法在风洞试验中的应用。目前我们采用的传统风洞试验方法是调整风洞流场各参数到预定值,然后在只变化模型一个自由度(如攻角,同时锁定试验模型其余自由度)的条件下,获取随该变量变化的模型气动性能,即所谓的"一次一个参数变化"的试验方法。这种传统的风洞试验方法试图通过覆盖面尽可能广的试验参数组合来测量某变量对气动载荷的影响,其看重的是直接大量获取风洞试验数据,强调的是通过改进风洞模拟的真实性和测试手段来提高试验数据的精准度。现代实验设计方法则是基于统计学的原理,通过做少量必要的风洞试验来建立一个数学模型,通过该模型准确估算所有感兴趣变量组合变化产生的模型气动载荷数据。该方法看重的不是大量进行风洞试验来获取数据,而是精选少量试验来建立数学模型,强调通过合理设计试验和精选少量精准度高的试验来提高今后通过数学模型获取数据的精准度。现代实验设计方法建立的数学模型中可以包含以前的风洞试验数据或经验,因此,由现代实验设计方法获取的试验数据实际上是一种来自以前或现在的少量风洞试验数据的科学推论。现代实验设计方法在风洞试验领域的应用被视为风洞试验理念的一种变迁,它使风洞试验从传统的获取"数据"向获取的数据中蕴含着"知识"转变。现代实验设计方法不仅能获得传统风洞试验方法的单变量气动数据,也能获得多变量变化的气动数据,这是目前传统风洞试验方法所做不到的,我们要积极研究现代实验设计在风洞试验领域的应用方法和技术。

(3)建设高性能、高品质的核心风洞群。在 20 世纪后半叶,我国建立起了基本配套的风洞试验设备,尽管从总体上看,这些设备试验段尺寸偏小,性能偏低,但这些风洞的建设为我国在 21 世纪开展大型现代化风洞建设积累了经验、奠定了基础。从近期和中期看,我们在规划建设风洞时,要研究发达国家走过的路和经验,要考虑我国飞行器发展对风洞的需求,吸收国外先进风洞设计理念和技术,建设高性能、高品质的大型风洞和一些特种风洞,形成我国的核心风洞群,满足我国航天航空飞行器自主创新发展的需要。如低温高雷诺数跨声速风洞、4.8m 连续式跨声速风洞、$\Phi 2m$ 量级高超声速风洞等风洞的建设,我们要积极吸收国外在风洞设计方面的新理念、新技术,使新建风洞与国外已有同类风洞相比有一定的技术亮点。从远期看,我们要关注世界未来热点飞行器的发展,关注近空间飞行器和微型飞行器发展对风洞模拟能力提出的新需求,即:平流层和超低空高湍流度流动环境的模拟能力。跟踪美国最新提出的三声速风洞(试验段尺寸 $5.6 \sim 9m^2$, $Ma = 0 \sim 5.0$,模拟高度 24400m, $Re = 1.6 \times 10^7$)的发展情况。

(4)建立有效的风洞试验技术研发体系,提高复杂特种试验技术的工程实用化程度。世界一流风洞除风洞自身具有的优良流场品质和模拟能力外,风洞拥有的试验技术才是构成其竞争力的核心。我国的国情决定了我们在做好生产型风洞试验和大型风洞建设的同时,需要自己建立有效的风洞试验技术研发体系,形成风洞试验技术的预先研究、关键技术研究和工程应用转化研究等不同层面、不同类型的试验技术发展路线图,提高风洞试验技术研发的科学性、系统性和连续性。我们要摸清现有大型生产型风洞已具备哪些技术、需要进一步提高和精细化哪些技术、需要发展哪些技术、哪些技术已具备从研究型向工程应用型转化等。试验技术的研发是一种长期的、连续的和不断提升的工作,是风洞试验能力和试验数据质量不断提升的根本保证。因此,检验试验技术研发的最终效果,不仅要看取得的科技成果,而且要看其在风洞生产中长期的实际应用和后续发展情况,提高复杂特种风洞试验技术的工程应用可靠性、成熟性。

(5)提高风洞试验信息化水平。随着信息技术的快速发展,风洞管理、运行、试验技术培训等过程的智能化水平大幅度提高。通过网络,型号研制、风洞试验、数值仿真、飞行试验等环节沟通更为容易,风洞已成为型号研制体系中的重要资源,为型号研制提供更加迅捷和方便的服务。我国的风洞试验信息化研究尚处在起步阶段,我们可以学习和借鉴美国 NASA 的 Darwin 风洞信息系统和德/荷 DNW 的 OPENVMS 风洞信息系统的经验,做好风洞信息系统建设的顶层设计,打好共用平台和安全防护系统设计的基础,统筹规划、分步实施,应用信息技术发展的最新成熟技术逐步实现风洞试验管理、运行、培训过程的信息化,实现风洞生产试验与型号研制部门的网络信息化连通,将生产型风洞融入到型号研制单位中去,使生产型风洞不仅是风洞试验单位的风洞,也是型号研制部门的风洞,使大型生产型风洞成为国家有需求部门的共有战略资源,缩短型号研制的周期。

(6)建设知识型风洞试验研究队伍。进入 21 世纪,我们已处于一个知识经济时代,谁拥有了知识型的人才队伍,谁也就拥有了风洞试验的未来。随着我国现代大型生产型风洞的建设、风洞自动化程度的提高,以及网络信息技术、各种先进测试技术、计算模拟技术在风洞试验中的普遍使用,我们需要培养和稳定一支知识型的风洞试验研究队伍。在风洞试验研究队伍的建设上,我们要借鉴国外先进管理经验,科学发展,研究风洞试验研究队伍中生产试验、研究、管理工作岗位的人员配比,探索建立一套合理的、差异化的评价激励机制,使风洞试验研究队伍建设逐步向岗位分工明确、任务职责明确、技术职称与承担工作相符、评价和激励合理有效的方向发展。

4. 结束语

21 世纪的风洞试验领域充满着激烈的市场竞争与挑战,美、欧等世界一流的风洞试验机构已引入了现代企业管理的新机制,风洞试验的理念和方法也正在酝酿着变革,信息技术、网络技术、计算科学工程已融入到风洞生产试验的众多环节,风洞的试验能力、数据品质、试验效率大幅度提高,网络信息技术的发展使型号研制部门获取风洞试验数据更为迅捷。面对世界一流风洞试验新的发展态势,我们要抓住我国航空航天发展对风洞试验需求提高的黄金时期,吸收国外先进经验和做法,尽快实现我国风洞试验水平向世界一流接轨。

参考文献

[1] Frank S. A 2025 + view of the art of wind tunnel testing[J]. ITEA Journal, 2010, 3(1):131 –145.

[2] John T B. Technical workforce needs for a new national trisonic ground test capability[R]. AIAA 2010 – 140,2010.

[3] Mark R M. Wind tunnel testing's future:a vision of the next generation of wind tunnel test requirements and facilities[R]. AIAA 2010 –142,2010.

[4] Elsenaar A. DNW – HST (High –Speed Tunnel) 50 –Year Anniversary[R]. AIAA 2010 –575,2010.

[5] GEORG E. Complementing US infrastructure with DNW capabilities[R]. AIAA 2007 –1639,2007.

[6] Steven P S. The development of hypersonic quiet tunnels[R]. AIAA 2007 –4486,2007.

[7] Richard D. MDOE perspectives on wind tunnel testing objectives[R]. AIAA 2002 –2796,2002.

[8] NASA. HiLiFT project phase Ⅱ, design report [R]. NASA –CR –2000,2001.

国家大型结冰风洞发展战略研究

摘要：美国 IRT 结冰研究风洞为飞机结冰研究做出历史性贡献,我国大型结冰风洞的建成将给结冰研究带来重大发展机遇。本文概述美国 NASA 结冰研究发展历程;探讨美国以 IRT 结冰研究风洞为核心的结冰研究体系,研究我国结冰风洞未来的发展战略,建议:以国家大型结冰风洞为平台,①组建"结冰研究中心";②成立"中国结冰研究协会";③制定和发布"国家结冰研究规划"等。

关键词：结冰风洞;风洞管理;战略

引言

在美国航空航天领域,NASA 格林研究中心的结冰研究风洞(IRT)被视为国家的独特资源。其独特性在于结冰研究资源的稀缺性,在于其研究重点不是常规风洞研究的单一气动问题,而是水、冰、空气复杂的三者相互作用问题。在于它关系到飞行安全、关系到与寒冷气候结冰密切相关的其他国民经济产品领域,1987 年,美国机械工程师协会(ASME)授予 IRT 结冰风洞"国际历史机械工程里程碑"称号,该协会授予 IRT 风洞的铭牌上写道:"结冰研究风洞是世界上最大和最悠久的人工制冷结冰风洞。正是得益于该风洞发展的技术,今天世界上的飞机才得以安全穿越结冰云飞行。该风洞建设的两个重要成果是独特的热交换器和模拟自然结冰云中微小水滴的喷雾系统。"美国是风洞大国,有几百座风洞,其中不乏各种高技术含量、做出过重大贡献的风洞,但得此殊荣的极少。

美国 IRT 结冰风洞的运营管理经验告诉我们,国家大型结冰风洞管理运营是一种挑战。如果我们把结冰风洞当作一座普通的风洞,按常规的风洞管理模式去运行,将不能充分发挥该设备资源的最大优势。根据结冰研究发展的特点,我们需要借鉴美国 NASA 格林研究中心 IRT 结冰风洞的管理、运营、发展经验,以国家大型结冰风洞为核心,构建我国的结冰研究体系,创新风洞管理运营模式。

1. 美国结冰研究发展历程概述

20 世纪 20 年代末,随着飞机飞行高度和速度的增加,飞行遭遇结冰导致的航空事故。为了满足美国联邦航空规范（FAR）所界定结冰环境条件的试验需要，航空领域发展了多种结冰试验设备，可以归纳为以下 5 类：

（1）结冰风洞；

（2）发动机结冰试验设备；

（3）低速试验设备；

（4）飞行试验设备；

（5）CFD 数值模拟（数值风洞）。

其中，结冰风洞是使用最广泛的结冰研究基础平台。结冰风洞按其所属性质，可以分为国家性质的，如美国 NASA 的 IRT 结冰研究风洞、意大利航空航天中心的结冰风洞，以及企业性质的，如美国波音公司、Goodrich 公司、Cox 公司的结冰风洞。

20 世纪二三十年代，美国结冰研究主要用空中遭遇结冰问题的实际型号飞机，如 C - 46、B - 24 等，飞行试验主要在 NACA（NASA 的前身）艾姆斯中心进行。1928 年，兰利实验室建成了一座试验段直径 6in（152mm）的人工制冷结冰风洞。在这一时期，NASA 的结冰研究主要分布在艾姆斯和兰利，研究手段主要是飞行试验。

40 年代到 50 年代初，NASA 刘易斯研究中心（现格林研究中心）大型 IRT 结冰风洞建成运行，并成立了专门的结冰研究部门。艾姆斯和兰利研究中心的结冰研究设备和技术力量均归并到刘易斯中心，从此，结冰研究从飞行试验为主转变到了 IRT 结冰风洞为主。IRT 风洞所在的刘易斯研究中心也成为美国和 NASA 的结冰研究中心。

50 年代中后期，随着 NASA 认为飞机结冰问题获得解决并退出结冰研究，IRT 结冰风洞陷入低谷并一度面临拆除。

六七十年代，IRT 结冰风洞主要服务于工业公司的型号和军方的任务，NASA 基本终止了结冰研究和对结冰风洞的预算投入。

80 年代，NASA 重新认识解决结冰问题的复杂性、重要性和长期性，并重返结冰研究领域，IRT 结冰风洞获得新生并进行了多次重大更新改造。同时，结冰的 CFD 数值模拟技术开始发展，开发了 LEWICE 软件。飞行试验发展了专用结冰研究飞机 Twin Otter，主要用于为风洞结冰技术和 CFD 技术提供验证。结冰研究形成了地面风洞试验、空中飞行试验、CFD 数值模拟并存的格局。

进入 21 世纪，IRT 结冰风洞被兰德公司评估为 NASA 重要基本试验设施[2]、被美国国防部评估为对未来武器装备发展至关重要的 NASA 12 座航空试验设施之一[3]。随着美国结冰风洞试验技术的成熟，2000 年时，NASA 曾考虑终结飞行结冰试验。目前，国外结冰研究主要以风洞试验和 CFD 为主，结冰飞行试验为辅。

2. 以 IRT 结冰风洞为核心的结冰研究体系

美国有多座结冰风洞,国家性质的 NASA IRT 结冰风洞与企业性质的结冰风洞任务使命不同。NASA IRT 结冰风洞履行国家研究机构的引领职能,构建了结冰地面风洞试验、数值模拟和飞行试验相结合的综合结冰研究体系,是美国政府航空认证机构和航空工业界之间的连接纽带。

2.1 结冰研究计划

NASA 担负着美国国家结冰研究使命,在不同时期制定有针对性的结冰研究计划(图 1)、结冰数值模拟发展计划、结冰研究机"Twin Otter"的飞行研究计划。除此之外,NASA 与英国 DRA(国防研究局)、法国 ONERA 开展了国际结冰合作研究计划;NASA 与 FAA 的技术中心开展了结冰研究计划等。NASA 联合院校、工业公司成立了专门的结冰协会,共同致力于冰防护研究。这些措施促进了 NASA 与军方、工业界、政府组织和国际组织之间的广泛合作,促进了结冰研究的持续开展,奠定了 NASA 格林研究中心结冰研究的国家和世界核心地位,发挥了引领作用。

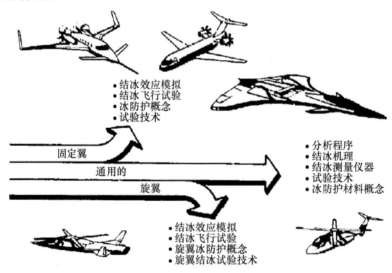

图 1　NASA 飞机结冰技术计划[2-4]

2.2 结冰风洞试验研究

IRT 风洞建成于 1944 年,但直到 1950 年才解决了结冰喷雾系统的核心技术问题,使 IRT 风洞真正具备了实际意义上的结冰试验研究能力。从结冰风洞

的文献资料看,试验研究归纳起来有以下几个方面:

（1）结冰风洞自身的相关问题研究;

（2）结冰测试基础技术研究;

（3）结冰试验相似准则研究;

（4）飞机型号结冰试验研究;

（5）为各类合作计划提供的结冰风洞试验研究。

2.3　结冰数值模拟工作

NASA 制定有发展结冰数值模拟方法的综合计划,范围从结冰基础机理研究、软件开发、试验验证到终端用户应用、维护。计划既包括 NASA 内部开展的结冰研究工作,也有与其他科研机构的合作工作。其最终目标是:

（1）为工业界发展一个结冰、防冰设计的实用工具;

（2）为政府航空管理机构提供一个飞机结冰评估和认证的工具。

开展的结冰数值模拟工作主要有 4 个方面:

（1）冰增长的数值模拟;

（2）冰防护系统数值模拟;

（3）结冰对飞机空气动力学影响的数值模拟;

（4）IRT 风洞的数值模拟。

2.4　结冰飞行试验研究

NASA 的结冰飞行试验研究可以划分为两个阶段:

（1）早期的型号飞行试验阶段。20 世纪20—40 年代,为了解决飞机型号的除冰问题,结冰研究主要以具体型号飞机的空中飞行试验为主,如 C－46、B－24、B－17、DC－6 等。这一阶段飞行试验的特点就是用真实型号飞机的实际飞行来研究发展有效实用的除冰系统,主要针对工程急需的实际问题。

（2）专用结冰研究机飞行试验阶段。这一阶段主要是 20 世纪70—90 年代,著名的专用结冰研究机就是美国 NASA 格林研究中心的"双水獭"(Twin Otter),飞机上装有测量结冰云参数的多种探头、冰型记录用的摄像、照相系统,飞机背部装有固定结冰试验部件的平台。专用结冰研究机被誉为"飞行风洞"。飞行试验的目的是用飞行试验数据验证 IRT 结冰风洞试验结果和发展 CFD 数值模拟工具。2000 年后,随着结冰风洞试验技术的成熟,飞行结冰试验研究大幅度减少。

3.　我国结冰研究领域的现状

为了了解国内结冰研究的现状,笔者以"结冰"为关键词,检索了中国学术期刊网络出版总库,检索结果表明,1989 年以前为 0 篇;1990—1999 年为 221 篇;2000—2013 年为 2589 篇,这些文献涉及气象、航空、能源、运输、化工、农业等多领域。可见,我国各行业内的结冰研究起步较晚并处于初始阶段。

风洞试验方面,1999 年,我国建成了第一座小型结冰风洞,即武汉航空仪表厂航空仪表结冰试验专用风洞,主要用于航空气动仪表的除冰、防冰研究,如空速管、迎角传感器、大气总温传感器、结冰信号器等。此外,国内其他单位也有小型结冰风洞在发展中。2004 年,中国空气动力研究与发展中心建成小型结冰引导性风洞。目前,气动中心的大型航空结冰风洞已基本落成。由此可见,我国飞行器结冰风洞中的结冰试验研究基本仍是空白,风洞试验仍停留在用常规风洞研究冰型(由其他方法获知)对飞机气动性能影响方面。近年来,随着我国自主研制飞行器型号的增多,以及气候异常变化对其他行业发展的影响,结冰问题得到较多行业的关注,结冰风洞试验研究需求增多。

数值计算方面,由于缺乏结冰风洞,我国的结冰研究大多数是以数值计算和理论探讨研究方式开展的。早期我国飞机多为仿制或改进国外型号,结冰问题不是考虑的重点,因而一般是用国外数据或经验公式进行分析。20 世纪 90 年代中后期,特别是 2000 年后,由于型号自主研发对结冰研究需求的增多和缺乏大型结冰风洞试验手段,国内数值模拟结冰研究开始活跃起来。数值计算软件开发包括对水滴撞击特性的分析、二维翼形上的积冰计算等,也有单位购买国外软件进行积冰外形计算。国内结冰数值计算工作是非常初步和零散的。

飞行试验方面,根据《中国民用航空规章》CCAR25,飞机必须进行防冰系统的飞行试验,要求飞机在自然结冰飞行条件飞行时具有良好的性能和操纵稳定性。我国在国内外开展过 Y7 – 200A 和 ARJ21 – 700 的飞行结冰试验。飞行试验包括干空气飞行试验和自然结冰飞行试验。由于飞行试验成本高,我国开展的少量结冰飞行试验主要是针对型号民航适航要求必需的项目开展的,而针对研究性的结冰飞行试验开展的极少,也没有类似美国 Twin Otter 专用结冰研究机的飞行试验平台。

结冰相关单位方面,开展航空结冰研究的主要相关单位包括:①管理和适航认证部门,中国民用航空局相关适航管理部门,2007 年,上海航空器适航审定中心成立,侧重运输类飞机的适航审定;同年,沈阳航空器适航审定中心成立,侧重旋翼机和轻型航空器的适航审定,未来将成立适航审定中心和适航验证中心,分别侧重航空发动机和螺旋桨的适航审定;②相关的航空院校,如西北工业大学、北京航空航天大学、南京航空航天大学等,它们在各类基金和科研项目的资助下,开展相关数值计算研究工作;③专门科研机构,如气动中心、航空气动院、航天气动院、中国飞行试验研究院、中国气象科学研究院等;④工业公司,如航空型号设计研制部门或相关测量仪表、除冰系统、防冻（冰）剂（化工）等研制单位。除航空领域外，在交通、能源、农林等领域也有相关结冰研究开展。

4. 我国结冰风洞发展战略思考

4.1 以"一座风洞一个中心"的思维顶层设计结冰研究发展战略

美国 NASA 结冰的风洞试验早期在兰利研究中心，结冰的飞行试验在艾姆斯研究中心。随着 IRT 结冰风洞在格林研究中心建成，NASA 将兰利和艾姆斯的结冰研究移至格林研究中心，集风洞试验、飞行试验和数值计算为一体，成立了专门的结冰部门，该部门既是结冰研究的核心引领机构，也是政府航空认证机构和企业间的桥梁。

国内传统大型风洞管理模式是"一座风洞一个实验室"，将风洞作为一种试验设备或生产设备，这种模式不利于结冰风洞这种"独特资源"作用的发挥。因此，我们需要以"一座风洞一个中心"的思维来顶层设计国家大型结冰风洞的结冰发展战略，即：以一座结冰风洞为基础研究平台，成立一个结冰研究中心，全面统筹结冰的风洞试验、数值模拟和飞行验证试验研究活动。

4.2 制定和发布国家结冰研究发展规划

美国结冰研究已有 80 多年的历史，NASA 的结冰研究早在格林实验室小型结冰风洞时期就制定有结冰研究计划，而在 1978 年 NASA 重返结冰研究后，更是制定有风洞试验、数值模拟和飞行试验的全面结冰研究长期规划和各类短期计划。NASA 格林研究中心结冰部门集地面风洞、数值计算和飞行试验于一体，以结冰研究规划、合作研究项目计划等方式，保持与国家航空认证部门、航空企业、军方和国外机构良好的合作关系，发挥了 NASA 结冰研究的引领作用，促进了结冰研究的快速发展。

目前，我国涉及结冰研究的单位，无论是科研机构、高等院校还是工业公司都缺乏权威的结冰研究规划指引。我国要实现尽快追赶世界发达国家结冰研究先进水平的目标，需要以大型结冰风洞为基础研究平台，以成立的结冰研究中心为核心，通过制定和实施结冰发展规划和计划，明确短期和长期发展目标，引领和促进结冰研究领域的有序快速发展。

4.3 发挥结冰研究中心的作用需要创新科研管理模式

美国 NASA 结冰部门以国家性质的 IRT 结冰风洞为基础平台，国家性质意味着它需要担负凝聚国家结冰研究力量和引领规划结冰发展的重任，它汇聚了风洞、数值、飞行三大研究手段,发挥着美国结冰研究中心的作用,这是波音、Goodrich、Cox等企业性质的结冰风洞所不可比拟的。

我们以结冰风洞为基础成立结冰研究中心,需要考虑国内结冰风洞、数值模拟、飞行试验的设备资源和人力资源情况,创新管理模式。结冰研究涉及众多工业领域,有许多研究和工作需要开拓,如结冰基础理论、试验技术、防冰除冰、评估工具、产品开发等。结冰研究中心应具有开放性、包容性,要能联合和吸引国内各方力量,以各种方式参与试验研究工作,这就需要创新结冰研究中心的管理运作模式。

4.4 成立中国结冰研究协会,召开第一届全国结冰大会

借鉴美国NASA的做法和经验,成立中国结冰研究协会。在我国大型结冰风洞所在地组织召开第一届全国结冰大会,摸清结冰研究国内现状和需求,共同研讨结冰发展规划,争取相关政府部门(包括航空领域外的)、各工业企业(航空、能源、交通运输、化工等)、科研院所和军方的最广泛参与,甚至邀请国外结冰研究同行,增强结冰研究中心的凝聚力,开启我国结冰研究的新纪元。

4.5 积极开展结冰研究国际合作

在扩大国内结冰研究中心影响力、积累结冰研究经验和成果的基础上,开展与国外结冰研究机构的学术交流、结冰试验技术和基础研究合作,促进结冰风洞试验、数值模拟和飞行试验验证的协调发展,扩大国际知名度,缩小与国外的差距。

参考文献

[1] William M L. "We freeze to please" – A history of NASA's Icing Research Tunnel and the quest for flight safety[R]. NASA SP 2002 – 4226,2002.

[2] Shaw R J. The NASA aircraft icing research program[R]. N88 – 15803,1988.

[3] Reinmann J J. NASA's program on icing research and technology[R]. N89 – 22569,1989.

[4] Reinmann J J. NASA's aircraft icing technology program[R]. N91 – 20120,1991.

[5] Potapczuk M G. A review of NASA Lewis' development plans for computational simulation of aircraft icing [R]. AIAA – 99 – 0243,1999.

[6] Reinmann J J. Aircraft icing research at NASA[R]. N82 – 30297,1982.

[7] Wright W B. DRA/NASA/ONERA collaboration on icing research[R]. NASA – CR – 202349,1998.

[8] Ratvasky T P. NASA/FAA tailplane icing program overview[R]. AIAA – 99 – 0370,1999.

[9] Zunwalt G W. A NASA/University/Industry Consortium for research on aircraft ice protection[R]. N90 – 25969,1990.

试验平台

世界特大型亚声速风洞建设研究

摘要：世界上仅有美国和俄罗斯拥有特大型(全尺寸)亚声速风洞,它们在航空航天飞行器研制中发挥着重要作用。本文追溯特大型亚声速风洞建设的背景,简要分析其特殊试验能力,探讨随时代发展特大型亚声速风洞运营遇到的问题,意在为我国未来风洞建设提供参考。
关键词：特大型风洞;全尺寸风洞;亚声速风洞

引言

20 世纪 30 – 80 年代是航空航天工业发展的一个高峰时期,世界大战、太空竞争和商业运输等刺激了航空航天飞行器型号的研制需求,各种类型飞行器发展遇到了大量前所未有的空气动力学问题。由于飞行试验成本高、风险大,研究和解决型号工程中遇到的空气动力学问题迫切需要大型风洞。在亚声速领域,美国、俄罗斯(苏联)、法国等相继建设了多座 5～10m 量级的大型风洞,如美国波音的垂直/短距起落风洞(6m 量级)、俄罗斯的 T – 104 风洞(7m 量级)、法国的 S1MA 风洞(8m 量级)、德国/荷兰 DNW – LLF 风洞(8～9m 量级)、英国的 5m 低速风洞(5m 量级)等。除此之外,美国和俄罗斯还建设了世界上仅有的 3 座特大型(全尺寸)亚声速风洞(10m 以上量级),即:

(1) 美国国家航空航天局(NASA)兰利全尺寸风洞(LFST);

(2) 俄罗斯中央流体动力研究院(TsAGI)的 T101 风洞;

(3) 美国 NASA 国家全尺寸空气动力学设施(NFAC)。

20 世纪 90 年代中后期至今,世界政治、军事、经济、管理和技术发生了巨大变化,主要体现在:①预期的未来飞行器型号骤减;②维持大量风洞设备面临巨大的财政压力;③风洞试验领域的国际合作加强;④计算空气动力学(CFD)能力显著提升。这些因素对航空航天领域特大型风洞运营产生了深刻的影响。如今,美国 NASA 已经放弃了两座特大型亚声速风洞的运营权,人们不禁会问:未来航空航天飞行器发展还需要特大型亚声速风洞吗?

1. 美国和俄罗斯特大型亚声速风洞建设背景

风洞试验根据试验类型不同需要满足一定的相似律。对常规亚声速风洞测力试验而言,模型几何相似、雷诺数相似和马赫数相似是最基本的相似要求。20
世纪二三十年代,飞机采用螺旋桨发动机,飞行速度比较低,气动布局处于多翼
机和单翼机阶段,发动机冷却、螺旋桨滑流、多机翼干扰和舵面缝隙流等许多空
气动力问题都没有完全解决。人们在解决这些问题的试验中发现,小风洞缩尺
模型的试验数据和真实飞机的飞行试验数据存在很大的差异。究其原因,除雷
诺数外,真实飞机和绕流存在不能缩尺模拟的因素,比如:螺旋桨滑流、舵面缝
隙流动。另外,尽管飞行试验真实,但风险大,研究受到气象、条件变更范围和
测量技术的限制,建设能够容纳真实飞机进行试验的全尺寸风洞成为航空界
迫切需要。随着时代发展,超出全尺寸风洞试验容纳能力的大型飞机和航天
等其他领域大尺寸试验对象逐渐增多,全尺寸风洞进行缩尺模型试验也很常
见,因而,全尺寸风洞也称为"特大型风洞","全尺寸风洞"成为了一种历史记
忆概念。

　　1931 年,美国 NACA (NASA 前身)兰利纪念航空实验室(LMAL)建成双回
路布局、椭圆开口试验段的兰利全尺寸风洞(LFST)(图 1),LFST 也称为
30ft×60ft 风洞。风洞用两台 3000kW 的电机为动力,试验段 9m(高)×18m(宽)×
17m(长),早期最大试验风速 54m/s,目前是 36m/s。

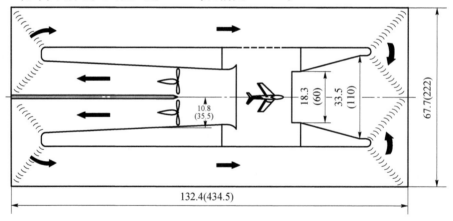

图 1　美国 NASA 兰利研究中心全尺寸风洞(FST)

　　1931—1932 年,苏联专家学者通过对美国的访问了解到美国全尺寸风洞建
设的具体情况。1933 年,中央流体动力研究院(TsAGI)同时规划建设两座大型
风洞,一是用于飞机研究的 T-101 全尺寸风洞;二是用于螺旋桨发动机研究的
T-104 风洞(7m 量级),两座风洞均于 1939 年建成。T-101 全尺寸风洞结构
布局形式(图 2)与美国兰利全尺寸风洞一致(双回路、椭圆开口试验段),但尺
寸更大,试验速度更高,风洞总功率 30MW,试验段 14m(高)×24m(宽)×24m
(长),最大试验风速 70m/s,目前是 52m/s。

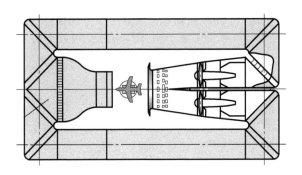

图 2 俄罗斯 TsAGI T – 101 全尺寸风洞

1941 年,为了更好地试验验证飞机的起飞、降落特性,促使美国 NASA 艾姆斯研究中心建设 40ft×80ft 风洞。风洞于 1944 年建成,采用单回路和椭圆闭口试验段。试验段 12m(高)×24m(宽)×24m(长),最大试验风速 100m/s,后又经改造提升至目前的 150m/s,风洞总功率 106MW。

1982 年,为了能在最小的洞壁干扰条件下进行全尺寸垂直起降飞机试验,NASA 在利用 40ft×80ft 风洞动力系统和部分洞体回路的基础上,增加建设了 80ft×120ft 风洞。风洞为直流式,试验段 24m(高)×36m(宽)×58m(长),最大试验风速 50m/s。由于共用一套动力系统和部分洞体回路,所以两个风洞不能同时运行,它们被统称为"国家全尺寸空气动力学设施"(NFAC)(图 3)。

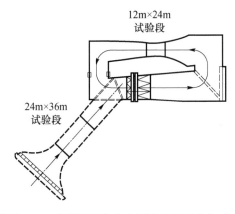

图 3 美国 NASA 艾姆斯研究中心国家全尺寸空气动力学设施

2. 特大型亚声速风洞的两个特殊试验能力

亚声速风洞按用途可以细分为常规亚声速风洞和特种亚声速风洞,前者具有常规航空飞行条件的模拟能力,能够提供力/力矩测量和流动控制/分离两类试验,如:大型或小型大气风洞、高雷诺数风洞;后者具有特殊试验条件的模拟能力,用来满足特殊试验需求,如结冰风洞、声学风洞、立式风洞等。特大型亚声速风洞也是特种亚声速风洞之一,其两个最基本特殊试验能力如下:

2.1 全尺寸或大尺度模型试验能力

全尺寸或大尺度模型试验能力是特大型亚声速风洞两个最基本的特殊试验能力之一。模型几何相似是风洞试验的基本要求之一。通常受风洞试验段尺寸所限,绝大多数风洞试验不得不采用缩尺模型进行。缩尺模型与全尺寸模型相比将带来尺度效应问题,例如,模型缩尺比的大小将影响模型所能达到的几何相似程度和雷诺数。尽管经过大量风洞试验研究和长期经验积累,我们掌握了某些模型缩尺试验规律并能对其影响进行修正,但仍有许多试验我们未能掌握正确的模型缩尺规律,如直升机旋翼、降落伞(柔性织物)、动力推进干扰、活动翼面间缝隙等。对这类试验,为保证试验结果的正确性,采用特大型风洞进行全尺寸模型试验是非常必要的。

2.2 高风速/高雷诺数试验能力

高风速/高雷诺数试验能力是特大型亚声速风洞另一最基本的特殊试验能力。风洞的试验风速和雷诺数是风洞试验能力的重要指标,尽管对风速小于马赫数 0.4 的低速风洞试验,马赫数相似要求可以忽略,但雷诺数相似非常重要,而雷诺数与风速密切相关。雷诺数可表达为

$$Re = \frac{\rho v l}{\mu} \tag{1}$$

式中:ρ 为空气密度;v 为速度;l 为参考长度;μ 为黏性系数。

在低速流动条件下,空气密度和黏性系数为常数,速度和参考长度将决定雷诺数的大小。因此,对低速风洞试验,高风速能力意味着更强的雷诺数模拟能力。上述 3 座特大型风洞,在各自的历史时期,都是高风速/高雷诺数试验能力最强的风洞。例如,假设参考长度 $l = 0.1 \sqrt{A_{TS}}$,其中,A_{TS} 为风洞试验段横截面积,则美国 NASA 国家全尺寸空气动力学设施的最大雷诺数为 17×10^6(试验段:12m × 24m)和 9.8×10^6(试验段:24m × 36m)。迄今为止,世界上能超过此雷诺数的亚声速风洞只有 3 座:美国 NASA 兰利研究中心的低湍流度压力风洞、德国/荷兰 DNW 风洞群中的 HDG 高压风洞、美国 NASA 艾姆斯研究中心 12ft 压力风洞(已关停),均为 4m 量级以下增压风洞,能够试验的模型尺度有限。除此之外,特大型风洞在飞机起降模拟、旋翼、推进模拟、远场声学、柔性气动减速器、大迎角等全尺寸或大尺度模型精确试验方面具有显著的优势(图4)。

图 4　美国 NFAC 和俄罗斯 T – 101 风洞试验[3]

3. 未来还需要特大型亚声速风洞吗

1995 年,美国 NASA 宣布关闭兰利全尺寸风洞。同年,美国旧多米宁大学提出接管风洞运营申请,经过与 NASA 等有关部门历时两年的反复协商谈判,1997 年,旧多米宁大学与 NASA 签署了 LFST 风洞永久运行协议,正式接管 LFST 风洞运营。2003 年,美国 NASA 又宣布关停国家全尺寸空气动力学设施(NFAC)。2006 年,美国空军与 NASA 签署了 25 年 NFAC 租赁合同,重启风洞,由美国空军阿诺德工程发展综合体(AEDC)负责运营。

3.1　特大型风洞是国家武器装备发展的战略资源

2004 年,美国兰德公司(RAND)国防研究所向 NASA 和国防部长办公室提交了《风洞和推进试验设备——NASA 服务国家需求能力评估》报告。报告指出,为了满足国家战略需求和国家安全,国家需要完善的航空航天能力,需要试验设备的战略储备,涉及国家安全的项目(例如,下一代战斗机)不能依赖外国资源。通过评估,确定了 29 座 NASA 最基本的风洞和推进设备,其中,NFAC 在列。这 29 座风洞设备构成了 NASA 服务国家战略需求的基础。

2007 年,美国国防部发布了给美国国会的报告——《对国防部至关重要的 NASA 航空设备》[5]。报告由美国国防部试验资源管理中心(TRMC)负责人牵头,军方各部代表、国防研究与工程、导弹防御局和防御系统负责人参与,NASA 高级代表提供信息支持。该报告以 NASA 86 个主要航空试验设备(包括而不仅限于风洞)为调研对象,用满足国防武器装备发展、科技研究和未来长期需求为标准进行评估,不考虑成本因素。最终美国国防部确定了对武器装备发展至关重要的 12 座 NASA 航空试验设备,其中风洞设备 7 座,NFAC 在列。

3.2 特大型亚声速风洞的关键作用

特大型风洞同时具备全尺寸(大尺度)和高风速(高雷诺数)试验模拟能力,能最大限度模拟飞行的真实性,满足某些特定型号或试验项目对风洞试验条件的苛刻要求,它对改进飞行器气动设计、降低飞行试验风险发挥着关键作用。例如,美国在研制垂直起降和旋翼机的历程中,曾经绕过全尺寸风洞试验,结果多次发生灾难,有的在飞行试验中坠毁,有的则由于遇到严重技术问题导致数亿美元的项目发展计划半途中止。相反,有些垂直起降飞机型号项目利用了 NFAC 试验设备,解决了型号发展中遇到的问题,型号项目最终取得成功。俄罗斯在解决图 - 95 战略轰炸机操纵面铰链力矩问题中,选择使用 T - 101 风洞进行全尺寸试验,因为操纵面铰链力矩很小,必须保证风洞试验数据准确,微小的误差可能导致结果符号改变。

美国国防部认为,小风洞模型试验结果可能会掩盖全尺寸系统存在的技术问题。NFAC 设备被国防部用于 V - 22、JSF 和先进隐身平台项目研究,用于智能材料主动旋翼技术项目以及海军和空军的许多型号发展项目。NFAC 设备对全尺寸旋翼机研究非常重要,能够节省研制时间和成本,降低风险,是新型旋翼机研制项目必需的。国防部计划的全尺寸试验研究包括新概念的概念验证试验、新飞行器的研制试验以及为建模和模拟工具提供高保真的试验验证数据等。

美国国防部接管 NASA 关停的 NFAC、俄罗斯同时建设 7m 量级的 T - 104 风洞和 T - 101 全尺寸风洞均暗示了特大型亚声速风洞的不可替代性和重要战略地位。尽管当今 CFD 技术(数值风洞)迅速发展,已能在一些方面减少风洞试验,但未来的 CFD 技术发展仍离不开可靠的大型风洞试验数据验证。在可预见的未来航空航天工程领域,CFD 技术和大型风洞试验将呈现处互补关系,而不是取代关系。

3.3 NASA 放弃 LFST 和 NFAC 运营权的原因

20 世纪 90 年代以来,一方面,美国预期的未来航空航天型号骤减,风洞试验需求减少;另一方面,大量风洞设备经过长期运行老化冗余现象严重。由于维持风洞运行的预算经费消减,迫使 NASA 关停利用率低、效益差的冗余设备,并开始研究执行风洞试验的全成本回收(FCR)收费策略。因此,经过60多年运行的LFST于1995年关停就不难理解了。然而,NASA关停NFAC,原因却是多方面的,归纳起来有以下几点:①国家风洞设备管理体制,根据1949年美国国会的81-415公共法案,国家风洞设备主要建设在NASA和国防部下属的美国空军阿诺德工程发展综合体(AEDC),两者之间存在协调问题;②美国航空研究的需求减少;③缺乏新飞机型号研发计划;④一些风洞试验转向了国内外的其他风洞,特别是NFAC在1997—1998年改造期间,一些型号客户流失;⑤旋翼机研发经费消减;⑥NASA执行风洞试验全成本回收制度。

3.4 美国国防部对NASA关停LFST和NFAC的反应

特大型亚声速风洞是一种稀缺性国家战略资源,目前世界上只有美、俄拥有。尽管由于各种原因NASA关停并放弃了它们的运营权,但LFST和NFAC的国家战略资源性质没有改变。正因如此,NASA对LFST的关停并没有像处理其他冗余风洞那样采取拆除措施,而旧多米宁大学提出接管风洞运营的申请也历时3年才获得有关当局批准。目前,LFST风洞的所有权在NASA,运营管理权在旧多米宁大学,设备安全和保密安全监管权在国防部所属的美国空军,由此可见美国有关部门对国家战略资源管理的审慎态度。

2003年,NASA宣布关停NFAC和12ft压力风洞,随即国防部长办公室作战试验与评估主任请求国防分析研究所(IDA)评估NFAC关停对国防部武器装备发展的影响。2004年,IDA发布了《NASA亚声速风洞关停的影响:替代方案评估》报告,评估了NASA关停NFAC和12ft压力风洞对国防部的影响,给出并分析了8种解决方案。目前,NFAC由国防部租赁、美国空军AEDC接管运营,改造和升级风洞相关系统,满足旋翼机研制需要,避免国家独特资产损失和对外国试验设备的依赖。这个做法正是该评估报告的第一解决方案。

4. 结束语

特大型亚声速风洞对美、俄两国航空航天飞行器型号发展做出了重要贡献。其显著的特点在于此类风洞的稀缺性、高仿真的试验能力以及相对较低的利用率和较高的维持使用成本。从美、俄对特大型亚声速风洞的使用和评估看,未来仍需要特大型亚声速风洞;从经济效益角度看,此类风洞建设、维持和使用需要国家支持,不是某个单位或企业所能负担得起的;从国家战略需求看,我国作为一个发展中大国,在航空航天领域与美、俄还有很大差距,完善航空航天国家风洞试验设备体系,需要建设特大型亚声速风洞。

参考文献

［1］ Britcher C P, Landman D. From the 30 by 60 to the Langley Full – Scale Tunnel［R］. AIAA1998 –0078,1998.

［2］ Dennis O M. Effect of the proposed closure of NASA's subsonic wind tunnels:an assessment of alternatives［R］. IDA P –3858,2004.

［3］ TsAGI. TsAGI95［M］. Moscow:TsAGI,2013.

美俄全尺寸亚声速风洞探析

摘要：全尺寸亚声速风洞是各种类型航空风洞中最大的风洞。本文揭示美国和俄罗斯全尺寸亚声速风洞建设中的最大之争；研究全尺寸风洞的发展现状；探讨航空发达国家大型亚声速风洞的配置情况，简要分析美俄全尺寸风洞的结构布局特点。意在为我国未来风洞建设提供参考。

关键词：全尺寸风洞；大型亚声速风洞；综述

引言

风洞是飞行器空气动力学试验研究的重要地面基础设施。由于受风洞建造技术能力和风洞运行使用成本的限制，从亚、跨、超声速风洞到高超声速风洞，风洞试验段所能达到的最大尺寸是依次减小的。通常情况下，受风洞试验段尺寸的限制，大多数风洞试验不得不采用缩尺模型进行，这就不可避免地带来模型缩尺效应、模型细节模拟等问题，并将对风洞试验结果的不确定度产生影响。因此，在可承受的风洞试验成本下，人们期望能够用更大模型、在更大的风洞中进行试验，以便获得更加可靠的气动力试验结果，或开展一些用缩尺模型在小风洞中无法进行的气动力与飞行器系统的耦合试验。

20 世纪 30 年代以来，在亚声速领域，美国建设了两座全尺寸亚声速风洞，即美国国家航空航天局（NASA）兰利研究中心的全尺寸风洞（LFST）和艾姆斯研究中心的国家全尺寸空气动力学设施（NFAC）。2003 年和 2006 年，LFST 遭遇两次特大暴风雨袭击，风洞损毁严重，2011 年，美国经过评估，拆除了 LFST。俄罗斯（苏联）也建设了一座全尺寸亚声速风洞，即俄罗斯中央流体动力研究院（TsAGI）的 T – 101 风洞。目前，世界上只有美、俄各拥有一座全尺寸亚声速风洞，即美国的 NFAC 和俄罗斯的 T – 101。

1. 美俄在全尺寸亚声速风洞建设上的角力

1.1 "全尺寸风洞"的概念变迁

美国的 LFST 和俄罗斯的 T – 101 全尺寸风洞建于 20 世纪 30 年代，它们能够容纳真实飞机或全尺寸(1∶1)模型进行风洞试验,故称为全尺寸风洞。随着时代发展,超出全尺寸风洞容纳能力的大型航空航天器出现,全尺寸风洞进行缩尺模型试验也很常见,因此,在20世纪40—80年代,全尺寸风洞的概念被风洞试验段的实际尺寸取代,如:LFST改称为"30ft×60ft风洞";现在的NFAC当时称为"40ft×80ft"风洞和"80ft×120ft"风洞。20世纪90年代以后,"全尺寸风洞"概念回归,美国兰利研究中心的30ft×60ft风洞又被称为LFST(兰利全尺寸风洞),艾姆斯研究中心的40ft×80ft风洞和80ft×120ft风洞被统称为NFAC(国家全尺寸空气动力学设施)。

1.2 美俄全尺寸风洞的角力

　　风洞试验段尺寸是风洞试验能力的一个重要指标,它意味着风洞能试验模型的大小。对全尺寸亚声速风洞而言,风洞试验段的尺寸和能达到的试验风速是此类风洞能力和国家航空试验设施实力的象征。因此,美俄在全尺寸亚声速风洞建设中,一直在追求"最大"的试验段尺寸和"最大"的试验风速,这种"最大"标志着一个国家在风洞试验领域的引领地位和自豪感(图1)。

图1　世界最大的风洞——NFAC[3]

　　1931年,美国NACA(NASA前身)兰利纪念航空实验室(LMAL)建成双回路布局、椭圆开口试验段的兰利全尺寸风洞(LFST),试验段尺寸:9m(高)×18m(宽)×17m(长),试验风速54m/s。

　　1939年,苏联中央流体动力研究院(TsAGI)建成T-101全尺寸风洞。T-101全尺寸风洞结构布局形式与美国LFST基本一致,但尺寸更大,试验段尺寸:14m(高)×24m(宽)×24m(长),试验风速70m/s。

　　1944年,美国NASA在艾姆斯研究中心建成40ft×80ft风洞。试验段尺寸:12.2m(高)×24.4m(宽)×24.4m(长),最大试验风速150m/s。

1982 年,美国在利用 40ft×80ft 风洞动力段和部分风洞回路的基础上,建设了 80ft×120ft 风洞,试验段尺寸:24.4m(高)×36.6m(宽)×57.9m(长),最大试验风速 50m/s。40ft×80ft 风洞和 80ft×120ft 风洞被统称为 NFAC。

从上述可知,试验段尺寸增大,不仅是技术进步和需求的驱动,也暗含了美俄在风洞试验领域的角力(表 1)。

表 1　美俄全尺寸风洞

名称	试验段尺寸 (高×宽×长;单位:m)	试验风速 /(m/s)	建成时间	世界排名 (当时/现在)
LFST (30ft×60ft 风洞)	9.1×18.3×17.1	54	1931	1/拆除
T-101	14×24×24	70	1939	1/2
NFAC (40ft×80ft 风洞)	12.2×24.4×24.4	150	1944	1/1
NFAC (80ft×120ft 风洞)	24.4×36.6×57.9	50	1982	1/1

2. 美俄全尺寸亚声速风洞的发展现状

2.1 美国 LFST 风洞

美国 NASA 兰利研究中心的 LFST 风洞是世界上第一个全尺寸风洞,也是 20 世纪 30 年代风洞试验能力(雷诺数、模型尺度)最强的风洞。该风洞建于 1931 年,建设的初衷是进行全尺寸飞机地面模拟试验,2011 年拆除。

LFST 风洞经历过第二次世界大战期间大量的全尺寸型号试验(图 2);20 世纪五六十年代开展了各种航空航天飞行器的基础和技术预研,如航天飞机、升力体、V/STOL 飞机、直升机、可变形机翼概念、超声速运输机、登月计划等,该风洞是 NASA 亚声速风洞模型自由飞试验的指定风洞;90 年代后期,美国国家风洞试验设备开始"去产能"(1993—2006 年,削减了 50%),许多冗余设备被拆除,如兰利 4.8m 跨声速风洞等,LFST 风洞相对艾姆斯的 NFAC 风洞更加老旧,因此被关停,后被旧多米宁大学接管运营,取得了很好的经济效益,在航空航天、车辆、风工程等领域继续发挥作用。

2003 年和 2006 年,LFST 风洞遭遇两次罕见的暴风雨袭击,风洞损毁严重。考虑到恢复和维持成本,且有 NFAC 风洞可以满足国家未来需求,经过美国众议院科学技术委员会、国家设备评估委员会、国会质询、历史名胜保护等各种审议程序后,2011 年,NASA 最终拆除了该风洞。

图2　KC – 135R 空中加油机在 LFST 风洞中的自由飞试验[1]

2.2　俄罗斯 T – 101 风洞

1932 年,苏联专家通过对美国的访问,了解到的美国全尺寸风洞具体情况。1939 年,中央流体动力研究院(TsAGI)建成用于飞机研究的 T – 101 全尺寸风洞。T – 101 风洞在结构布局形式上几乎与美国的 LFST 一样,但在试验段尺寸和试验风速这两个衡量全尺寸风洞能力的主要指标上,全面超越美国。

T – 101 风洞是俄罗斯国家风洞设备体系中的重要一员。20 世纪 40—80 年代,T – 101 风洞为战斗机、运输机和直升机研制,进行了大量风洞试验。俄罗斯 TsAGI 与各飞机设计局密切合作,所有飞机或直升机型号都在该风洞中进行过试验,如"图"系列轰炸机、"伊尔"系列运输机、"米格"系列战斗机、"米"系列、"卡"系列直升机等。T – 101 风洞在苏联第一架后掠翼远程喷气轰炸机图 – 16 的控制面铰链力矩精确测定、首架喷气客机图 – 104 飞行安全、结构载荷、大迎角纵向静稳定性降低等问题研究解决中,发挥了重要作用。为"伊尔"系列运输机、"安"系列运输机进行了一系列试验研究,解决了采用涡轮喷气发动机和涡轮螺旋桨发动机两类动力的大飞机研制遇到的气动布局、操稳特性、起飞降落、经济性等问题。90 年代以后,俄罗斯航空新型号减少,T – 101 航空试验研究减少。在工业风工程方面,开展了莫斯科 Moskva 河大桥、莫斯科 Poklonnaya 山上的感恩纪念塔、电视塔等试验研究。近年来,开展了新型大型运输机试验研究(图 3)。

2.3　美国 NFAC 风洞

20 世纪 40 年代,为满足飞机起降、全尺寸垂直短距起降飞机和旋翼机试验研究需要,美国建设了 40ft×80ft 风洞;80 年代,为了节省建造成本,又在 40ft×80ft 风洞的基础上,建设了 80ft×120ft 风洞,两者统称 NFAC。40ft×80ft 风洞建成后至 80 年代,进行了上百个各种布局航空航天飞行器、约 500 余项试验研究;

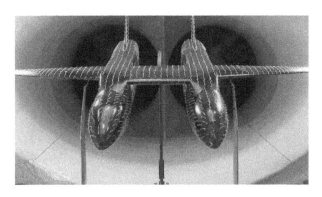

图 3　俄罗斯双体大型运输机在 T – 101 中试验[2]

80ft × 120ft 风洞在倾转旋翼机、短距垂直起降飞机、直升机等方面发挥了重要作用,1995—1998 年,NFAC 进行了试验段声学改造(图 4)。

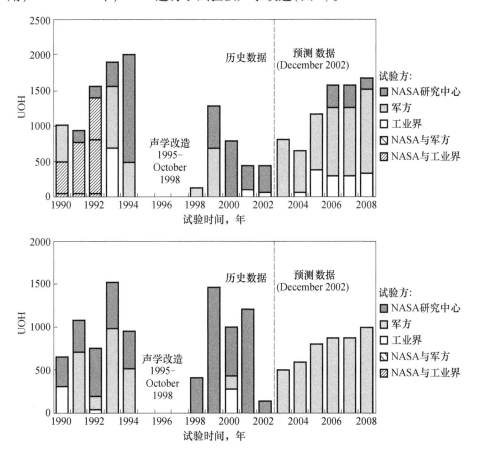

图 4　美国 NFAC 40ft × 80ft(左)和 80ft × 120ft(右)风洞部分试验量[3]

从图中分析可知,NFAC 的主要用户是美国 NASA 和军方,商业试验项目很少。2003 年,NASA 取消了旋翼机研究项目,NFAC 也因 NASA 财政预算减少难以维持正常运行而关停。2006 年,经过美国国防部的评估,该风洞对未来美国武器装备发展仍很重要,是旋翼机试验的首要设备。因此,NFAC 被租赁给美国空军,由 AEDC 负责运营。

3. 全尺寸亚声速风洞的风洞结构布局分析

3.1 欧美等发达国家的国家大型亚声速风洞配置

全尺寸亚声速风洞试验模拟能力强,特别是能进行一些小风洞无法进行的试验,如飞行器气动与结构/动力/操控系统等耦合的综合试验,试验数据更加可靠;但全尺寸风洞造价高、风洞运行成本高、模型大而复杂,风洞相对利用率不高。因此,合理配置国家大型亚声速风洞是非常重要的。表 2 给出了世界主要发达国家航空航天机构中的大型亚声速风洞配置情况。其中,美、俄配置有 1 个全尺寸风洞和 1 个 6~7m 量级的风洞;欧洲、加拿大、日本等主要配置有 1 个6~9m 量级的大型低速风洞和 1 个 2~5m 量级的风洞。除国家机构外,国外企业考虑到经济效益问题,通常拥有的商业风洞相对较小。

表 2　发达国家的国家大型亚声速风洞配置

国家/机构	全尺寸风洞/个数	大型低速风洞/个数
美国/NASA	NFAC/1 (12.2m×24.4m/24.4m×36.6m)	6m 量级/1
俄罗斯/TsAGI	T-101/1 (14m×24m)	T-104 (7m 量级)/1
法国/ONERA	S1CH(8m×16m)/已废弃	S1MA(8m 量级)/1;F1(4m 量级)/1
德国、荷兰/DNW	无	DNW-LLF(8~9m 量级)/1;LST/NWB(3m 量级)/1
英国/RAE	无	7m 量级/1;5m 量级/1
加拿大/NRC	无	9m 量级/1;3m 量级/1
日本/JAXA	无	LWT1(6m 量级)/1;LWT2(2m 量级)/1

3.2 美俄全尺寸亚声速风洞结构布局分析

建于 20 世纪 30 年代的美国 LFST 风洞采用双回路、开口布局形式;稍后建设的苏联 T-101 风洞沿袭了与美国一样的布局,两个风洞都采用了开口试验段、椭圆或准椭圆形横截面,如此有利于试验更大的模型和提高风速,但试验的噪声和流场品质都有待提高,此种结构布局也很难达到更高的试验风速。

40 年代,美国建设了 40ft×80ft 风洞,该风洞采用了回流式、闭口试验段这一常见的现代亚声速风洞的布局形式,试验段界面形状仍采用准椭圆,有利于获得更高的速度。80 年代,在 40ft×80ft 风洞的基础上,扩建了 80ft×120ft 风洞,由于是在已有风洞上扩建,结构布局受到一定限制,因而采用了直流回路和矩形截面试验段布局。

LFST、T-101、NFAC 全尺寸亚声速风洞设计受时代限制,一些现代风洞的设计理念未能很好地体现,后期虽进行过改造,但风洞的流场品质与欧洲的 DNW-LLF 相比仍有差距。

4. 结束语

全亚声速风洞是美俄国家风洞设备体系中的重要成员,在 20 世纪 30—90 年代,为美、俄两国航空航天飞行器型号发展进行了大量试验、做出了重要贡献;90 年代以来,由于发达国家航空航天型号锐减,以及科技发展、经验积累,致使全尺寸风洞的利用率较低,较高的维持使用成本使其生存受到影响。由于美、俄的全尺寸风洞建造年代久远,许多现代风洞的设计理念未能体现,风洞的流场品质不高。从美、俄对特大型亚声速风洞的使用和评估看,未来仍需要特大型亚声速风洞;从经济效益角度看,此类风洞建设、维持和使用需要国家支持,不是某个单位或企业所能负担得起的。美国风洞设备的"去产能"及发达国家的国家大型亚声速风洞数量配置,值得我们深思。

参考文献

[1] Britcher C P, Landman D. From the 30 by 60 to the Langley Full-Scale Tunnel[R]. AIAA 1998-0078, 1998.

[2] TsAGI. TsAGI95[M]. Moscow: TsAGI, 2013.

[3] Rusty H, Joe S. Activation and operation of the National Full-Scale Aerodynamics Complex[R]. AIAA 2000-1076, 2000.

[4] Dennis O M. Effect of the proposed closure of NASA's subsonic wind tunnels: an assessment of alternatives [R]. IDA P-3858, 2004.

世界4.9m大型跨声速风洞建设研究

摘要：大型跨声速风洞在航空航天飞行器研制中具有重要地位。本文追溯世界顶级4.9m大型跨声速风洞的建设背景和目的；研究这些风洞的主要特征、差异和特殊试验能力；探讨我国如果建造此类大型连续式跨声速风洞需要认真思考的问题。

关键词：跨声速风洞；连续式风洞；风洞建设

引言

20世纪中叶，为了解决工程上飞行器突破声障遇到的跨声速复杂空气动力问题，世界发达国家开始建造大型跨声速风洞。1950年，美国NASA兰利研究中心建成16ft(4.9m)跨声速风洞，试验段为正八边形，对边距离4.7m；1956年，美国空军阿诺德工程发展中心(AEDC)建成16T跨声速推进风洞，试验段4.9m×4.9m；1959年，美国NASA兰利研究中心建成TDT跨声速动态风洞，试验段4.9m×4.9m。1994年，美国政府和工业界发起了一个国家风洞试验设施(NWTC)项目，计划建造一座试验段4m×4.9m的多用途跨声速风洞(MPWT)，由于各种原因，蓝图未能变成现实。进入21世纪，美国NASA面对维持大量风洞试验设备的巨大财政预算压力，开展了国家风洞试验设备的评估和优化调整计划。2011年，美国拆除了NASA 16ft跨声速风洞。迄今为止，世界现存4.9m大型跨声速风洞只有两座，即美国的NASA TDT和AEDC 16T。目前，世界跨声速风洞(拥有开孔或开槽壁试验段，马赫数范围能覆盖0.8~1.2)试验段的最大尺寸是4.9m。

1. 美国4.9m大型跨声速风洞建设的背景和目的

1.1 NASA 16ft跨声速风洞

第二次世界大战期间，飞机是亚声速飞行，航空发动机经常出现过热问题导致停飞或事故，由于飞行试验研究代价昂贵，为了研究解决采用空气冷却的航空发动机冷却问题，1941年，美国NASA建成了16ft高速风洞($Ma=0.71$，16ft跨声速风洞的前身)，可以进行全尺寸发动机不同工况的风洞试验研究。1950年，

16ft 高速风洞进行了大规模改造,试验段改造成开缝壁,增大了动力系统,增加了过氧化氢推进试验系统,风洞试验马赫数提高到 1.1,16ft 高速风洞改名为 NASA 16ft 跨声速风洞(图 1)。2004 年,16ft 跨声速风洞完成 NASA/空军/波音联合开展的发动机试验验证器发射构型试验后关闭,2011 年风洞拆除。16ft 跨声速风洞从试验螺旋桨发动机起步,到超燃冲压发动机试验谢幕,见证了航空发动机发展的整个历史。

图 1　NASA 16ft 跨声速风洞[3]

1.2　AEDC 16T 跨声速推进风洞

　　AEDC 16 T 跨声速推进风洞是 AEDC 推进风洞试验设施(PWT)的核心设备之一,PWT 包括 4T 、16T 和 16S 三座风洞(图 2)。1950 年,美国空军设备研究与发展局和飞机发动机制造公司进行了座谈,一致认为航空喷气发动机发展需要 15ft(4.6m)直径试验段的跨超声速推进风洞,因此,AEDC 启动了推进风洞试验设施计划。1956 年,PWT 建成跨声速回路,即 AEDC 16T 风洞。整个 PWT 于 1961 年正式移交美国空军。

图 2　AEDC 推进风洞试验设施(PWT)[4]

1.3 NASA TDT 跨声速动态风洞

气动弹性问题是困扰飞机设计的一个重要问题。气动弹性是飞机飞行中产生的气动载荷与飞机部件的弹性和惯性特性相互作用的结果,它会导致飞行器颤振、抖振和操纵面反向等危机飞行安全的问题。随着气动弹性理论和实践经验的发展,人们对气动弹性问题的理解和掌握不断提高,飞机向超声速方向发展,这时,飞机结构向着更轻、气动控制面更薄方向发展,这就使气动弹性问题依然是当今飞行器设计领域的重要技术问题。

20 世纪 50 年代,美国缺少满足新型高速飞机气动弹性试验的大尺度风洞。NACA(NASA 的前身)决定将建于 30 年代的兰利 19ft 增压风洞改造成跨声速动态风洞(TDT)。改造工作从 1954 开始,TDT 风洞是为"气动弹性"而建的,1959 年底完成(图 3)。

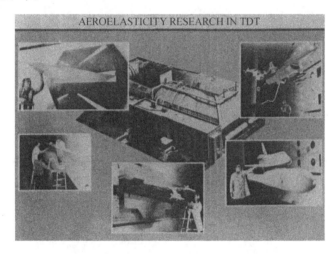

图 3 NASA TDT 风洞气动弹性研究[6]

1.4 美国规划设计的 MPWT 跨声速风洞

20 世纪 90 年代,美国开始考虑面向 21 世纪的国家空间试验设备综合发展计划。美国 NASA、国防部和工业界认为需要气动性能(雷诺数和流场品质)更好、生产率更高和试验成本更低的风洞,满足未来新一代商业和军用飞机的需要。因此,推出了国家风洞试验设施(NWTC)项目,该项目早期设计方案包括一个大型低速风洞(6.1m×7.3m)和一个大型跨声速风洞(3.4m×4.7m),后期,改为 MPWT(多用途风洞,4m×4.9m)。该项目在完成初步设计、数值仿真、模型风洞试验研究和评审等大量工作后终止(图 4)。

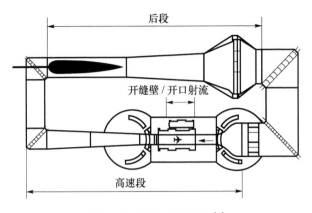

图 4　MPWT 平面示意图[7]

2. 4.9m 大型跨声速风洞主要技术特点

16ft 跨声速风洞是一座连续式常规大气压力风洞,风洞长约 130m,宽约 80m。正八边形开缝壁试验段:对边距离 4.724m(15.5ft),马赫数大于 1 时,试验区长 2.4m,马赫数小于 1 时,试验区长 6.7m;马赫数范围:0.2 ~ 1.3;雷诺数范围:(3.9 ~ 13.8)10^6/m;动压范围:0.03 ~ 0.43atm;总压:1atm;总温范围:510 ~ 650°R。

NASA 16ft 跨声速风洞是由早期 16ft 高速风洞改造而成的。在原风洞基础上,通过提高动力、将试验段改造为开缝壁、增加试验段驻室抽气系统,拓展试验马赫数至跨声速。风洞试验介质为空气,流场参数调整比较复杂,流场品质不高,比如:马赫数大于 1 后,试验段试验区长度从 6.7m 大幅度减小到 2.7m,流场中心 1.2m × 1.2m 以外的流场品质较差。总体而言,风洞结构本身并无技术先进性,但通过增设试验段驻室抽气系统提升马赫数是改造设计的一个创新。此外,该设备试验成本相对较低。风洞配备有高压空气系统和两种涡轮(涡扇)发动机模拟器,满足发动机推进模拟试验的需要。

AEDC 16T 风洞是一座变密度连续式风洞,风洞长约 117m,宽约 55m。风洞试验段:4.877m × 4.877m × 12.192m;马赫数范围:0.05 − 1.6;雷诺数范围:(0.1 ~ 23.6)10^6/m;动压范围:1.65 × 10^{-4} ~ 0.55atm;总压范围:0.1 ~ 1.9atm;总温范围:80 ~ 140°F;模拟高度:0 ~ 27000m。

AEDC 16 T 跨声速推进风洞是作为推进风洞试验设施(PWT)的组成部分统筹规划设计建设的。因此,与改建的 16ft 跨声速风洞相比,尽管两者都是针对发动机推进试验,16T 风洞总体上要更加先进、能力更强。

针对进行全尺寸发动机与机体的集成一体化试验需要,16T 风洞具有一般风洞不具备的一些特征,如:试验段较长,具有防火和灭火安全系统、涡轮发动机燃料系统和发动机燃烧废气清除系统等。16T 风洞的进气道和推进系统一体化试验是确认和评估气动力设计是否能够提供给发动机合适气流、保证发动机正常工作的重要手段,它能大大降低飞行试验的风险,这是该风洞的核心价值所在。

NASA TDT 风洞是一座变密度连续式风洞,风洞长约 95m,宽约 40m。风洞试验段:4.877m × 4.877m × 9.144m;马赫数范围:0.0 ~ 1.2;雷诺数范围:$(22.3 \sim 67.6)10^6/\text{m}$;动压范围:$1.65 \times 10^{-4} \sim 0.55\text{atm}$;总压范围:0.2 ~ 1atm;总温范围:大气温度:约 580°R;模拟高度:0 ~ 27000m。试验气体介质为空气和R – 134a(四氟乙烯)。

NASA TDT 风洞是为进行气动弹性试验改造建设而成的风洞[9]。气动弹性试验采用重气体对设计制造缩尺气动弹性模型有利,R – 134a 的密度大约是空气的 3.5 倍,这意味着对同样缩尺的气弹模型可设计制造得比用空气做介质试验的模型更重,这样更容易保证气弹模型的强度,时间(或频率)相似要求则允许模型设计的接近自然频率,大约为空气介质需要值的 1/2。降低所需的模型频率意味着风洞试验中能在更低的频率下模拟飞行器的不稳定性,降低试验风速和对风洞动力的要求,这也使风洞动态试验更安全。

针对气动弹性试验需要,该风洞也有一些其他风洞不具备的特征,如重气体回收系统(HGRS)、气弹模型洞外测定实验室、驻室隔离系统(PIS)、旁通阀等。旁通阀在出现危险的模型发散振动迹象时打开,迅速降低试验马赫数和动压,保护模型。

TDT 风洞自 1959 年底运行以来,对美国航空航天发展做出了重要贡献。文献[9]综述了 TDT 风洞对飞机颤振研究的贡献,文献[10]综述了 TDT 风洞对旋翼机研究的贡献,文献[11]综述了 TDT 风洞对运载火箭和航天飞行器发展的贡献,文献[12]综述了 TDT 风洞对气动响应主动控制研究的贡献。1990 年,NASA 推荐该风洞为国家资源保护(NRP)对象。

MPWT 风洞是 20 世纪 90 年代美国政府/工业团队联合的一个现代化风洞建设项目,目标是设计建造一座具有高流场品质和高雷诺数的常规大型跨声速风洞。为了风洞的多功能性并降低运行成本,采用可更换试验段设计,开口试验段主要考虑气动声学试验需要;为了满足马赫数变化要求,喷管采用柔壁喷管;为了提高试验效率,试验段与模型支撑系统作为一体考虑;为了获取高雷诺数,采用 7atm 的增压设计。

MPWT 风洞主要是针对未来飞行器精细化发展对风洞品质、效率和成本的要求而提出的,因此,更加强调风洞的流场品质而不是风洞的特殊试验能力。如:湍流度横向分量设计目标为 0.05,而目前 DNW 等世界一流风洞基本都在

0.1 以上;开口试验段背景噪声设计目标 10kHz 时为 55dB,而 DNW 水平为 62dB 等。

上述四座风洞的设计建设特点归纳总结于表1。

表1　世界4.9m跨声速风洞比较

比较 \ 风洞	NASA 16ft 跨声速风洞	AEDC 16T 跨声速推进风洞	NASA TDT 跨声速动态风洞 (16ft)	NASA MPWT 多用途风洞 (准 16ft)
建设目的	发动机推进试验	发动机推进机身一体化(PAI)试验	气动弹性试验	高雷诺数,高生产率,低成本
来源年代	16ft 高速风洞改建,1950 运行,2011 年拆除	1951 年规划 PWT(4T、16T、16S),1956 年建成	19ft 亚声速风洞改建,1959 运行	1994 年完成初步设计评审后终止
造价/美元	8300 万(1985 年重置价格)	3 亿(1985 年重置价格)	5700 万(1985 年重置价格)	12.9 亿(1996 年预算)
试验段	15.5ft(正八边形,对边距离 4.7m)(长:2.4~6.7m)	16ft×16ft(4.9m×4.9m)(长:12m)	16ft×16ft(4.9m×4.9m)(长:9.1m)	13ft×16ft(4m×4.9m)(长:7.9m)
马赫数	0.1~1.3	0~1.6	0.2~1.2	0.015~1.5
雷诺数	$(3.9 \sim 13.8) \times 10^6/m$	$(0.1 \sim 23.6) \times 10^6/m$	$(22.3 \sim 67.6) \times 10^6/m$	$70.4 \times 10^6/m$
结构特点	• 连续式风洞 • 空气介质 • 开缝壁试验段 • 抽气提高马赫数系统 • 外置驱动电机,对转风扇	• 连续式风洞 • 空气介质 • 变密度,0.1~1.9atm,模拟高度约27000m • 两个可更换试验段插件,6% 开孔壁,柔壁喷管 • 空气干燥系统 • 防火系统 • 燃料系统 • 除废气系统 • 外置驱动电机,与 16S 风洞共用	• 连续式风洞 • 双介质:空气,R-134a • 变密度,0.2~1atm,模拟高度约27000m • 喉道开缝 • 重气体回收系统 • 试验段驻室隔离系统 • 旁通阀快速减振系统 • 内置驱动电机 • 地面动态实验室	• 连续式风洞 • 空气介质 • 增压,7atm • 可调开缝壁,可更换试验段,柔壁喷管 • 开口射流试验段 • 试验段驻室隔离系统 • 驻室抽气系统 • 外置驱动电机
试验特长	• 推进试验	• 推进试验	• 动态试验(颤振、阵风响应等)	• 高雷诺数、高品质常规试验

3. 对建设大型跨声速风洞的思考

3.1 4.9m 大型跨声速风洞建设的必要性

从国外看,20 世纪中叶左右,美、苏、欧等工业发达国家处于大型风洞建设时期,80 年代以后只有极个别大型风洞建设,至此可以认为,发达国家完成了各自稳定的大型风洞试验设备体系。就跨声速风洞而言,世界 1~3m 量级大型跨声速风洞并不缺乏,基本可以满足现代飞行器各类空气动力试验要求。美国现存的(也是世界上仅有的)两座 4.9m 大型跨声速风洞主要是针对全尺寸发动机推进试验和高保真动态试验。鉴于大型风洞设备造价和维持成本很高,美国拆除了 NASA 16ft 跨声速风洞(与 AEDC 16T 功能重复);高造价的 MPWT 项目相比 16T 和 TDT 缺乏特点,相比现有世界一流跨声速风洞流场品质也似乎难以有质的飞跃,故项目终止。此外,发达国家悠久的空气动力试验研究历史经验积淀,以及当今 CFD 技术(数值风洞)的长足发展,使得当今发达国家对 4.9m 大型跨声速风洞的需求并不迫切。

从国内看,我国是发展中国家,尚未完成世界发达国家在 20 世纪已经完成的国家大型风洞体系建设。我们缺乏大型连续式跨声速风洞试验的实践经验和积淀,没有可依赖的国外风洞,无论是型号研制还是发展 CFD 技术,都将有赖于可靠的大型风洞试验数据。因此,走独立自主的飞行器研制发展之路,必须完备国家大型风洞体系。

3.2 4.9m 大型跨声速风洞建设的针对性

从国外大型跨声速风洞设计建设的实践看,大型跨声速风洞设计建设的针对性主要有三个:

(1)解决常规气动力和高雷诺数试验问题,兼顾其他一些特种试验,如欧洲 ETW、美国 NTF 等,这类常规大型跨声速风洞试验段一般在 1~3m 量级。

(2)解决全尺寸发动机与进气道、机体一体化问题,需要 4.9m 推进风洞,兼顾常规和其他特种试验(CTS),如美国 AEDC 16T,风洞试验段 4.9m×4.9m,这符合美国赋予 AEDC 武器系统性能评估的定位要求。

(3)解决动态试验的高保真模拟研究问题,如颤振、阵风相应等,需要 4.9m 风洞,兼顾常规和其他特种试验,如美国 NASA TDT,风洞试验段 4.9m×4.9m,这符合美国赋予 NASA 先进技术研究的定位要求。

之所以要强调建设的针对性,是因为美国的建设经验告诉我们,4.9m 大型跨声速风洞建设的目的直接决定着风洞的结构形式和配套辅助系统的设计取向。

3.3　现代大型跨声速风洞建设需要科学严谨的管理

美国早期的3座4.9m大型跨声速风洞建设处于飞机从亚声速向跨、超声速过渡的发展时期,当时需要风洞试验研究的跨超声速问题很多,风洞建设论证管理的模式也不可与当今相比。20世纪90年代,美国在NWTC项目实施的3年中,动员了全国的力量,成立了专门的办公室和管理机构,制定了路线图,编制了大量研究和调研报告,如风险评估报告、《客户要求和运行条件(CR&O)10.0》等。在《客户要求和运行条件(CR&O)10.0》中核定了客户的试验类型和期望的质量,据此确定风洞设计指标。我们应该借鉴美国的这个做法,弄清我国大型跨声速风洞未来的试验需求和主要用途,为确定风洞的设计目标和参数指标提供科学依据。

3.4　综合评估权衡4.9m大型跨声速风洞的试验段尺寸

在工程设计中,世界上绝大多数风洞试验段尺寸都采用整数和英制单位。美国的16T和TDT风洞试验段均为16ft×16ft(4.9m×4.9m)。我国以往的跨声速风洞试验段是以0.6m的倍数增长的,显然,4.8m是一个选择。值得思考的是,从表1可知,大型连续式跨声速风洞不同于暂冲式跨声速风洞,可用速度范围通常涵盖亚声速,换句话说,它也是一座大型亚声速风洞。从技术上看,风洞的试验段尺寸决定着未来风洞试验能采用的模型尺寸大小,取决于需求、造价和工业制造能力。从国家实力看,大型风洞也是一个国家政治、经济、军事、工业能力的象征。因此,从工程设计一般采用整数原则、与国内大型亚声速风洞互为验证、美国16T和TDT(4.9m)尺寸参考等综合因素考虑,5m应是我国该级别大型跨声速风洞试验段尺寸的另一更好选择。

3.5　大型跨声速风洞的高空模拟能力具有重要意义

美国AEDC 16T和NASA TDT均为可变压力风洞,具有大约27000m的高空模拟能力,这种能力是进气道与发动机一体化试验和飞机动态试验所需要的。除此之外,风洞的高空模拟能力对近空间无人机、深空探测火星无人机等类飞行器的研制非常重要,美国火星探测减速器、无人机都在NASA TDT风洞中进行了试验。鉴于我国尚缺乏具备高空模拟能力的大型亚、跨声速风洞,在大型连续式跨声速风洞的设计上,考虑高空模拟能力具有重要意义。

参考文献

[1] Philip S. A wind tunnel and propulsion test facilities: supporting analyses to an assessment of NASA's capabilities to serve national needs[M]. Calif. : RAND Corporation, 2004.

[2] Cole. Test activities in the Langley Transonic Dynamics Tunnel and a summary of recent facility improvements [R]. AIAA 2003 – 1958, 2003.

[3] Francis J C. The NASA Langley 16 – ft transonic tunnel[R]. NASA TR – 3521, 1999.

[4] Frank M J. Progress update on the AEDC PWT sustainment program[R]. AIAA 2004 – 2500, 2004.

[5] Philip B S. Mathematical Modeling of the AEDC Propulsion Wind Tunnel(16T)[R]. AEDC – TR – 84 – 32, 2001.

[6] William T Y. A historical overview of aeroelasticity branch and Transonic Dynamics Tunnel contributions to rotorcraft technology and development[R]. NASA/TM – 2001 – 211054, 2001.

[7] Sawyer R S. Overview of the NWTC studies and experiments[R]. AIAA – 97 – 0092, 1997.

[8] Government/Industry Team. NWTC final report[R]. NASA CR – 198491, 2005.

[9] Jose A R. Contributions of Transonic Dynamics Tunnel testing to airplane flutter clearance[R]. AIAA 2000 – 1768, 2000.

[10] William T Y. A historical overview of aeroelasticity branch and Transonic Dynamics Tunnel contributions to rotorcraft technology and development[R]. NASA/TM – 2001 – 211054, 2001.

美国空气动力学飞行试验平台研究

摘要：飞行试验是贯穿于航空航天飞行器发展过程中的一项重要工作,也是空气动力学研究的三种手段之一。本文归纳分析美国空气动力学飞行试验平台发展现状;研究空气动力学飞行试验技术和方法;探究美国在空气动力学方面开展的飞行试验。意在为国内空气动力学飞行试验平台建设提供参考。

关键词：飞行试验;飞行试验平台;研究机;空气动力学

引言

　　飞行试验是航空航天飞行器在真实大气环境中进行的科学研究或型号试验,是探索和验证新概念、新理论、关键技术、关键系统的重要手段。飞行试验内容非常广泛,涵盖航空基础研究、应用技术研究、先期技术发展、型号工程研制和使用/适航验证等。在航空航天飞行器型号研制的不同阶段,飞行试验可以初步划分为研究、发展/评估、适航/评估三大类。在空气动力学研究领域,风洞试验、飞行试验和数值计算统称为空气动力学研究的三大手段。相比飞行试验,风洞试验和数值计算具有成本低、风险低、周期短的优点,但风洞试验受流场特性(风洞模拟能力)、环境特性(洞壁、支撑等干扰)和模型(缩尺、相似性)特性的限制,其试验结果的真实可靠性仍有待于飞行试验的检验;同样,尽管数值计算有了突飞猛进的发展,更有"数值风洞"(numerical wind tunnel)之称,但其使用的数学模型、计算方法等同样也都需要经过先期的风洞试验结果或飞行试验结果的验证。由此可见,在空气动力学研究领域,尽管飞行试验成本高、风险大,但它仍具有不可替代的地位。随着现代飞行器空气动力学研究与结构、推进、飞控、材料等多学科融合得更为紧密,飞行试验在飞行器空气动力学研究中发挥着更加重要的作用。

1. 飞行试验平台建设

　　美国的飞行试验平台建设以 NASA 的阿姆斯特朗(原:德莱顿)飞行试验中心为主,美国空军研究实验室(AFRL)、陆军研究室(ARL)、NASA 的三个研究中心(格林、兰利、艾姆斯)、相关企业、院校为辅。在空气动力学研究三大手段中,同数值计算有"数值风洞"之称一样,飞行试验平台也被称为"飞行风洞[1]"(flying wind tunnel)。

美国的飞行试验平台按用途/性质可以归纳分为三类:

- 试验研究平台;
- 概念技术验证平台;
- 模型自由飞平台。

1.1 试验研究平台

试验研究平台主要由一系列不同类型的、可以根据试验研究任务需要进行改装或挂载试验部件的现役飞机或导弹构成,该类平台长期使用,是空气动力学飞行试验研究的主力设备,主要在 NASA 阿姆斯特朗飞行试验中心,按空气动力学研究划分习惯(速度范围/用途)划分如下:

(1) 高超声速:"凤凰"导弹高超声速试验平台(PMHT)。为了进行高超声速飞行试验,NASA 用海军"凤凰"空对空高超声速导弹改装了新的高超声速试验平台(图1),挂载机采用 F–15B。另外,陆基弹道导弹、探空火箭改装用于高超声速助推滑翔试验,如桑迪亚国家实验室的战略靶弹系统(STARS)、ALV X–1火箭、"猎户座"探空火箭等。

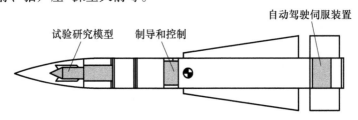

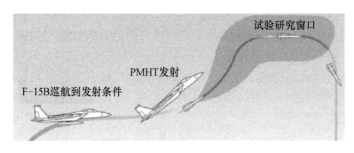

图1 "凤凰"导弹高超声速飞行试验平台[2]

(2) 跨、超声速:"大黄蜂"F/A–18(尾号853)、"鹰"F–15B(尾号836)战斗机(图2)。它们是 NASA 空气动力学飞行试验的主力设备,主要用于空气动力学、仪器仪表和推进各种研究试验。

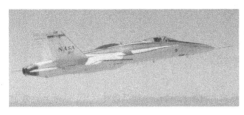

图2　跨超声速飞行试验平台[3]

（3）亚声速："湾流"G-Ⅲ（尾号804）、"捕食者"MQ-9（尾号870）、"空中国王"B-200（尾号N801NA）、"门特"T-34（尾号805）。这些有人和无人驾驶飞机都是NASA常用的亚声速试验平台（图3）。

图3　各种亚声速飞行试验平台[3]

（4）高空/长航时：NASA的"全球鹰"RQ-4（尾号872）、"龙小姐"ER-2飞机（尾号809）。高空/长航时飞机主要用于地球亚轨道（近空间）科学计划，搜集地球资源、对天观察、大气成分、动力学研究，也用于电子传感器、卫星校准和数据验证（图4）。

图4　高空/长航时飞行试验平台[3]

（5）高升力/远程研究：NASA的DC-8（尾号817）。该机经过改装拥有大量观测仪器，主要用于地球土壤、海洋、大气、低温科学、生物等环境科学研究；也用于卫星、太空发射、再入数据跟踪搜集；航空方面主要是高升力系统研究，被称为"机载科学实验室"（图5）。

图5　高升力/远程飞行试验平台[3]

（6）结冰研究：NASA格林研究中心的"双水獭"DHC－6飞机。飞机上装有测量结冰云参数的多种探头、冰型记录用的摄像、照相系统，飞机背部装有固定结冰试验部件的平台。该飞机自身关键部位具有很好的防冰系统，确保飞机飞行安全，如螺旋桨、机翼前缘、风挡等部位都配有电热或气动除冰装置（图6）。结冰飞行试验平台在NASA格林研究中心，主要用于结冰云参数采集、验证IRT结冰风洞试验结果和发展CFD数值模拟工具[3]。

图6　结冰飞行试验平台[3]

（7）其他科学研究：NASA的红外天文学研究的同温层观察台（SOFIA），由波音747飞机改装，机身后段开口加装了直径2.5m远红外望远镜，主要用于星际科学研究；零重力飞行平台，由波音727飞机改装，可进行亚轨道和抛物线轨道飞行，模拟能力0～1.8g（图7）。

图7　太空研究试验平台[4]

106

1.2 概念技术验证平台

概念技术验证平台是航空航天飞行器新概念、新技术的实际飞行验证平台，它是全尺寸或大尺度、高仿真的验证研究机，其验证的新概念、新技术或获得的试验数据可直接应用于全尺寸飞机。概念技术验证平台不同于通用的飞行试验研究平台，它通常和某个飞行器计划或项目紧密联系，具有很强的新概念或新技术探索针对性和时效性。概念技术验证平台的飞行试验研究内容通常具有整体性和综合性，即：研究包含空气动力学，而不仅限于空气动力学。

20 世纪 40 年代以来，NASA 艾姆斯、格林、兰利研究中心以及航空制造公司等与 NASA 阿姆斯特朗飞行研究中心合作，进行了大量全尺寸或大尺度新概念技术验证研究机（有人驾驶或无人驾驶）的飞行试验；90 年代以来，微型飞行器开始兴起，美国 DARPA、AFRL、NASA 以及其他科研机构和院校开展了大量微型飞行器的概念技术飞行试验研究。几个典型例子如下：

（1）X - 15 高超声速飞机试验平台（图8）。这是一架有人驾驶的高超声速计划研究机，机身长约 15m，翼展约 6.7m，高 4m。在 20 世纪 50 年代中期到 60 年代中期的大约 10 年间，该飞机应用高超声速理论和风洞研究成果首次实现了马赫数 6.7 的有人驾驶高超声速飞行，获得了大量高超声速飞行研究成果，为后续的各种高超声速研究项目，如"水星""双子星""阿波罗"、航天飞机和当今的 Hyper - X 等提供了重要的基础。

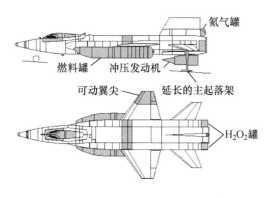

图8　X - 15 高超飞机试验平台[5]

（2）AD - 1（Ames Dryden - 1）可回转斜置翼试验平台（图9）。这是一架小型、简易的亚声速喷气动力研究机，机身长约 12m，翼展约 10m，大量采用玻璃钢加强塑料制造，总重约 970kg。1979—1982 年，该机用来飞行验证 NASA 艾姆斯研究中心提出的 0°～60°回转斜置翼概念，用来验证飞行操控品质、空气动力特性和机翼回转特性。

图9　AD-1斜置翼试验平台[6]

（3）HiMAT高机动飞机技术试验平台（图10）。该飞行器尺寸大小约为F-16战斗机的1/2，飞行马赫数1.4，机动能力（转弯过载8g）是F-16战斗机的2倍，鉴于其飞行高风险性，采用地面遥控飞行。1979—1983年，该机飞行26次，飞行验证了翼尖小翼、鸭式布局、复合材料减重/降阻、数字飞控等关键技术。

图10　HiMAT试验平台[7]

（4）X-36无尾战斗机机敏性试验平台（图11）。20世纪90年代，基于大量风洞试验和CFD分析，美国NASA、波音公司开始针对未来先进战斗机展开研究，研制了缩尺比28%的大尺度X-36无尾研究机，机身长5.6m，翼展3米，高0.9m，重量约500kg，采用F112涡扇发动机。飞机采用标准战斗机头盔显示系统遥控飞行，验证了低速大迎角和高速小迎角的飞机机敏性、稳定性和操控品质。

图11　X-36无尾战斗机试验平台[8]

（5）X-48 混合翼身运输机试验平台(图12)。NASA 和美国空军联合开展混合翼身概念多用途、远程、大容量军用运输机研究。2006 年设计了缩尺比8.5% 遥控 X-48B 验证机,翼展6.2m,具有 20 个控制面,重226kg,动力系统为3 个推力23kg 的 JetCat 涡喷发动机。2012 年又发展了 X-48C,用来评估低速稳定性和噪声控制,支持 NASA 未来对环境负责的航空运输机项目。

 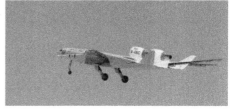

图12　X-48 混合翼身试验平台[9]

（6）X-56A 多用途技术研究验证平台(图13)。由洛克希德·马丁公司为美国空军实验室制造的遥控无人试验机,长 2.3m,翼展8.5m,重约200kg,动力系统为 2 个推力38kg 的 JetCat P400 涡喷发动机。该平台包括两个机身、一副刚性机翼、三副挠性机翼、一个地面控制站和一个运输拖车。主要用于研究细长、大展弦比、挠性机翼的主动颤振抑制、阵风载荷缓解和挠性结构飞控系统。目标是研究和验证未来亚声速和超声速远程高效运输机所需的关键技术。

图13　X-56A 混合翼身试验平台[9]

（7）微型飞行器概念技术验证平台(图14)。微型飞行器是 21 世纪有待理论/技术突破的一种飞行器,根据美国国防高级研究计划局(DARPA)对微型飞行器(MAV)的界定,其基本参数指标是:飞行器各向最大尺寸:150mm;飞行速度:15m/s;雷诺数 100 ~ 10000;质量:10 ~ 100g;航时:20 ~ 60min;载荷:20g;飞行高度:150m;最大航程:1 ~ 10km;成本:1500 美元。它主要有固定翼(刚性/柔性)、扑翼、旋翼和环翼四种形式,如美国的"黑寡妇""微星""Mesicoptor""iStar"等都是微型飞行器概念技术探索研究的产物。

1.3　模型自由飞平台

模型自由飞平台是一种小尺寸、自由灵活的低速遥控飞行试验研究平台。

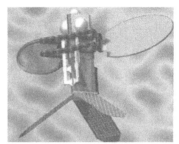

图 14　微型飞行器试验平台[12]

模型自由飞平台试验成本相对便宜,因其可频繁地用于动力学建模、飞行控制设计概念或低雷诺数空气动力学方面的飞行研究验证,美国 NASA 将其视为快速评估级(REC)平台,是一种空气动力学飞行试验研究的辅助平台。另外,在航天和武器弹头试验方面,发展有射弹自由飞平台。典型的例子有:

(1)飞行控制试验平台(FLiC)(图 15)。该平台是一个模型自由飞平台,2002 年在 NASA 兰利中心建立,主要目标是发展一个商业级的 2~5kg 小型无人飞行器,能够遥控自动驾驶、导航和记录飞行数据,后来又发展了 1:9 缩尺比的"米格"-27 遥控模型,翼展 1.7m,长 1.87m,重 3.63kg。该平台的用途是用于发展高风险的、创新的、甚至是有争议的飞行控制技术,如某自由飞模型有 16 个副翼。

图 15　NASA 飞行控制试验平台[11]

(2)空中缩尺运输机试验平台(AirSTAR)(图 16)。该平台也是一个模型自由飞平台,2002 年在兰利中心建立,主要用于支撑 NASA 的航空安全计划。

该模型自由飞平台包括三种类型的模型：①一个按5.5%动力学相似缩尺的通用运输机模型，长2.4m，翼展2.1m，重量约23kg，以两个小涡轮发动机为动力；②一个价格便宜的非定制单涡轮动力运输机模型，模型尺寸、重量与动力相似模型接近；③一个非定制小螺旋桨模型。

图16　NASA飞行动力学和控制试验平台[10]

（3）射弹自由飞试验平台（炮）（图17）。美国陆军研究室（ARL）自20世纪60年代起，建造了178mm炮，用射弹自由飞技术开展高空研究项目（HARP）。该平台至今仍在使用，试验模型最大直径171mm，飞行马赫数可达4。

图17　射弹自由飞试验平台[24]

2. 飞行试验支持平台和测试技术

空气动力学飞行试验除真实大气环境中的上述飞行试验平台外，还需要发展地面/空中辅助试验设备和测试技术，才能确保飞行试验安全并获得所需的试验结果。

2.1　地面支持平台

（1）研究机集成设备（RAIF）（图18）。研究机集成设备（RAIF）是NASA阿姆斯特朗飞行研究中心飞机飞行研究的地面准备、测试和飞行模拟的综合设施。飞行研究飞机的飞控系统、航电系统和其他各种试验系统在此集成组装，并进行飞行前的最终检查和模拟确认。RAIF是一个11150m^{2}的多层建筑，划分为3个区,有6个试验准备位置。在 RAIF 内,除不能进行发动机试车外,研究中心的所有飞行功能都能用真实飞机进行飞行状态模拟,它采用自动驾驶技术将研究机飞控系统接入一个高保真、实时模拟环境,研究人员通过一个工作台输入试验初始模拟条件、监视试验过程、记录试验数据。RAIF 产生的数据与阿姆斯特朗中心的任务控制室和其他设备相连,以便于地面模拟结果与飞行结果的比较分析。RAIF 内还包括一个地面振动试验系统,主要用于测量结构件的载荷强度能否满足振动条件下的要求,确保结构集成安全。

图18　研究机集成设备(RAIF)[13]

　　(2) 微型飞行器试验间(图19)。2010 年,美国空军研究实验室建成微型飞行器大型试验间并投入使用。实验室主要设备是一套可视运动捕获系统[14]。该系统由 60 台能实时采集飞行器数据的照相机组成,其中 34 台 MXT - 160 相机的像素为 4700 3456,26 台 MX T - 40 相机的像素为 2352 1728。微型飞行器上安装有光反射标记,根据相机像素,可捕获的试验飞行器尺寸为 390 ~ 590mm。系统的数据采集频率为 200Hz,误差约为 0.2mm。俄克拉荷马州立大学也建设了类似的微型飞行器试验间。

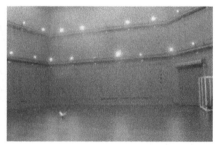

图19　AFRL 微型飞行器试验间及测试系统[15]

2.2　空中支持平台

　　空中支持平台主要是伴飞飞机,它由不同飞行速度的各种飞机组成。如超声速飞机有双座 F - 15D 和 F - 18;亚声速有"超级空中国王";低速有双座 T -

34C等。伴飞飞机在试验中主要担负为试验飞机照像、录像工作,实时目视监视试验飞机状态,并与试飞员和地面保持沟通,传输飞行试验视频供地面工程师分析,承担护卫作用,增强飞行试验安全性。

2.3　飞行测试技术

根据空气动力试验需要,飞行试验平台可以进行大幅度改装。例如,机头、机身、机翼等可以局部改装换成全尺寸真实试验件。F－15B跨超声速飞行试验平台有3种试验件固定挂载方式(图20):①先进飞行试验固定架(AFTF);②推进飞行试验固定架(PFTF);③中心线装有仪器的挂架(CLIP)。

图20　F－15B试验平台3种飞行试验挂架[16]

飞行测量设备主要有四类:①飞行/试验所需的基本大气环境测量设备,如静压/动压/流向角测量探头、结冰试验的结冰云参数测量探头等;②试验件试验参数测量设备,如压力传感器、热膜、加速度计、应变计等;③试验流动显示测量设备,如烟流、红外照相机、纹影仪等;④飞行录像设备。

3.　典型空气动力学飞行试验研究案例

在试验研究、概念技术验证和模型自由飞3种类型的空气动力学飞行试验平台中,试验研究平台是最主要的空气动力学飞行试验研究手段,3种类型平台的空气动力学飞行试验研究典型案例如下。

3.1　试验研究平台

1) 大迎角气动特性研究

机敏性是现代战斗机重要战术指标,20世纪80－90年代,NASA持续致力于大迎角技术计划(HATP)研究,以便探索大迎角高机动战斗机的控制新概念、设计准则、增进了解和改进预测技术。在该计划中,F－18被用作飞行试验平台,开展了大迎角空气动力学(前体边条、前体涡诱导的垂尾抖振)和推力矢量等飞行试验研究。

前体边条飞行试验研究方面,对F－18机头进行了改装,增加了边条,绕机

头多个剖面布置了测压孔,增加了烟流显示装置(图21)。飞行试验高度7620m,飞行速度$Ma \le 0.4$,迎角$\alpha = 20° \sim 60°$,侧滑角$|\beta| \le 0.5°$。试验测量了非对称边条展开角对偏航力矩系数的影响;测量了边条对前体压力系数的影响;进行了烟流流动显示研究。飞行试验表明,在大迎角时,边条能产生大的偏航力矩,与风洞试验结果相比,飞行试验的前体偏航力矩偏小,出现峰值的迎角也偏小。大迎角时,来自前体的非定常涡会诱发垂尾抖振。

$$\delta_{s,l,R}=5°/35°$$

图21 F-18试验平台大迎角前体边条飞行试验[17]

2)推力矢量研究

推力矢量飞行试验研究方面,对F-18尾部进行了改装(图22),安装了多轴推力矢量控制系统,主要由喷管外部的6个叶片和专用的研究飞控系统组成。飞行试验测量了稳定性和控制导数,研究拓展飞行包线,验证70°大迎角飞行稳定性和60°大迎角高速率滚转机动等。

图22 F-18试验平台推力矢量飞行试验[18]

3)边界层转捩研究

边界层转捩是空气动力学研究的一个重要问题。美国基础航空计划(FAP)中的超声速项目(SP)和高超声速项目(HP)都有边界层转捩研究专项。典型的例子如下:

(1)高超声速:自2009年起,美国空军实验室和澳大利亚联合高超声速国际飞行研究实验——H IFiRE,采用"猎户座"探空火箭推进,进行了多次$Ma = 7$

条件下的边界层转捩试验研究,并与风洞试验、数值计算进行对比研究。NASA开展了高超声速边界层转捩飞行试验(HyBoLT),试验部件由 ALV X－1 火箭发射,研究了方形凹坑粗糙元和方菱形粗糙元的转捩特性,为航天飞机再入损毁/防热设计和后续高超飞行器设计提供依据。

（2）跨、超声速:"湾流"G－Ⅲ亚声速飞行平台参与了 NASA 对环境负责的航空项目(ERA)研究(图23),通过对机翼局部翼段改装,开展了离散粗糙元层流套亚声速飞行试验,验证层流控制方法;通过对机翼后缘改装,开展自适应补偿后缘气动特性研究;F－15B 超声速飞行平台开展了超声速边界层转捩飞行试验研究,目的是更好地了解超声速、高雷诺数的边界层转捩情况。试验件为平板,飞行试验马赫数 1.4～2.0,用电子扫描阀测量试验件表面压力,红外成像系统观察激波、判别转捩情况。

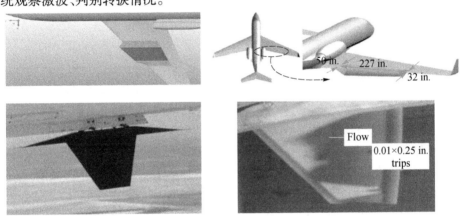

图23　F－15B、"湾流"G－Ⅲ跨、超声速边界层转捩飞行试验[20]

（3）亚声速:得克萨斯州农业机械大学飞行实验室和美国空军研究实验室用 O－2A 飞行试验平台挂载后掠翼试验件开展亚声速层流控制研究,边界层转捩测量用表面应力感应膜(S3F)和两台数码相机/一台红外相机,S3F 膜可以测量机翼表面法向力和剪切力,通过红外成像判断转捩(图24)。

图24　O－2A 试验平台亚声速边界层转捩飞行试验[19]

4）超声速声暴抑制飞行试验研究

声暴是制约民用超声速飞机发展的重要因素之一。飞机超声速飞过天空时,人在地面感觉到的脉冲压力波(爆震声)称为声暴。美国联邦航空规章(FAR91.817a)禁止民用飞机超声速飞行,鉴于未来民用超声速飞机的市场需求,湾流飞机公司和NASA联合开展了"安静长钉"声暴抑制技术的研究,用F-15B超声速飞行试验平台,机头加装可收缩"安静长钉"(图25),进行了马赫数1.4~1.8的飞行试验,测量了近场压力,验证了声暴抑制/预测理论。

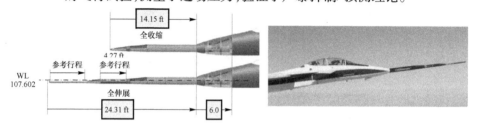

图25　F-15B超声速试验平台"安静长钉"飞行试验[22]

3.2　概念技术验证平台

2003年,美国空军和美国国防预研局(DARPA)启动了"猎鹰"计划,目的在于发展和验证用于高超声速巡航飞行器的高超声速技术。如高升阻比空气动力学、基于涡轮喷气的组合循环推进、高温材料、热防护系统,以及先进的制导、导航和控制等,该计划发展了一系列高超声速技术验证飞行器(HTV)。

HTV-1是一个集成了已有最先进高超声速材料和技术制造的无动力、可机动、高超声速再入飞行器,利用它验证了飞行器的空气动力学、气动热和热结构性能以及先进的碳-碳加工方法。

HTV-2是"猎鹰"计划中发展的第2代验证机,它吸收了HTV-1的成果,进一步验证先进的空气动力布局和热防护系统、先进的制导、导航和控制系统等。

HTV-3验证集成双涡轮冲压SERN喷管、再生制冷双模态冲压、涡轮喷气、喷管构型;验证上下布局的组合循环推进技术、至马赫数6的重心/燃料控制等。在空气动力方面,则验证集成内弯涡轮冲压进气道的乘波气动构型,以及低的跨声速阻力、高的高超声速升阻比气动设计技术。

由此可见,概念技术验证平台是一种先进概念或技术的综合性验证试验平台。

3.3　模型自由飞平台

1)机翼流动控制研究

美国亚利桑那大学开展了低雷诺数下的主动流动控制技术研究,在风洞试验和数值计算取得成果的基础上,利用模型自由飞飞机进行了技术验证,在机翼

116

上加装了 NACA643 –618 研究翼型的翼段(图 26),安装了用于主动流动控制的零净质量通量作动器,在飞行条件下,测量了表面压力,并与风洞试验研究结果进行了分析对比。

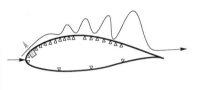

图 26　模型自由飞机翼流动控制研究[25]

2)"火星科学实验室"(MSL)着陆舱飞行动力学研究

美国陆军研究室与 NASA 合作利用发展的射弹自由飞技术开展航天自由飞试验研究。该技术将缩尺模型包裹在弹托内,模型内安装有各种惯性、电磁和压力传感器测量并记录数据,弹托由大口径(内径 178mm)高能炮射出后,弹托在飞行中分离并抛出试验模型进行飞行试验。陆军研究室利用此技术开展了"阿波罗"返回舱、乘员探索飞行器(CEV)、"火星科学实验室"着陆舱等航天器的模型自由飞试验,模型最大直径 171mm,试验马赫数 2 ~ 4,研究了气动力、飞行姿态、轨迹等(图 27)。

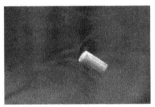

图 27　射弹模型自由飞试验[24]

4. 结束语

众所周知,美国拥有世界一流的大尺度风洞和风洞试验能力,拥有先进的数值计算/仿真能力,为什么还需要飞行试验研究呢? NASA 第一任副局长德莱顿曾说过:"是为了将真实从假设中分离出来,为了弄清哪些问题被高估了、哪些又未预料到",这或许就是最好的答案。综上所述,空气动力学飞行试验是对风洞试验和数值计算的一种"去伪存真"。飞行试验的不可替代性就在于其真实性,即:真实的飞行环境、真实的试验飞行器或部件。美国 NASA 除早期成立的三个(格林、兰利、艾姆斯)拥有风洞试验能力的研究中心外,20 世纪 70 年代,成立了德莱顿(现更名为:阿姆斯特朗)飞行研究中心。2012 年,美国国家研究委员会(NRC)发布了《重振 NASA 的航空飞行研究能力》报告,表明了美国对飞行试验研究手段建设的重视。美国空气动力学飞行试验平台的建设和应用经验值得我们学习、思考和借鉴。

参考文献

[1] Baumann E. An overview of NASA's subsonic research aircraft testbed (SCRAT). AIAA 2013 – 5083,2013.

[2] Jones T. Design of the Phoenix Missile Hypersonic Testbed(PMHT) [R]. N20070031050,2007.

[3] Reinmann J J,et al. NASA's program on icing research and technology[R]. N89 – 22569,1989.

[4] DFRC. Research airplane program[R]. FS 2003 – 11 – 031,2003.

[5] DFRC. X – 15 hypersonic research program[R]. FS 2002 – 09 – 052,2002.

[6] DFRC. The AD – 1[R]. FS 2002 – 09 – 019,2002.

[7] DFRC. HiMAT high maneuverable aircraft technology[R]. FS 2002 – 09 – 025,2002.

[8] DFRC. X – 36 tailless fighter agility research aircraft[R]. FS 2002 – 09 – 065,2002.

[9] DFRC. X – 48 hybird/blended wing body[R]. FS 2012 – 08 – 090,2012.

[10] Jordan T L. NASA Langley's AirSTAR testbed – A subscale flight test capability for flight dynamics and control system experiments[R]. AIAA 2008 – 6660,2008.

[11] Motter M A. Simulation to flight test for a UAV controls testbed[R]. N20060022552,2006.

[12] 战培国. 微型飞行器气动布局及关键技术研究[J]. 装备指挥技术学院学报,2010,21(1):97 – 100.

[13] DFRC. Walter C Williams Research Aircraft Integration Facility[R]. FS – 2003 – 10 – 007,2003.

[14] Kim J H,et al. Instrumented Flight Test of Flapping Micro Air Vehicle[J]. Aircraft Engineering and Aerospace Technology,2013,85(4):55 – 59.

[15] Keating F,Jacob J. Indoor Flight Test Facility Requirements for MAVs[R]. AIAA 2013 – 0765,2013.

[16] Truong S S. Operation duties on the F – 15B research testbed[R]. N201100088200,2011.

[17] Fisher D F. Forebody aerodynamics of the F – 18 high alpha research vehicle with actuated forebody strakes [R]. ADM001490,2007.

[18] Iliff K W. Flight – determined, subsonic, lateral – directional stability and control derivatives of the thrust – vectoring F – 18 High Angle of Attack Research Vehicle(HARV),and comparisons to the basic F – 18 and predicted derivatives[R]. NASA/TP1999 – 206573,1999.

[19] Tucker A A. Flexible flight research platform at Texas A&M University flight research laboratory[R]. AIAA 2013 – 2927,2013.

[20] Tufts M W. Design of an Infinite – swept – wing glove for an In – Flight DRE experiment[R]. AIAA2013 – 2411,2013.

[21] Banks D W. In – flight boundary – layer transition on a large flat plate at supersonic speeds[R]. N20120014341,2012.

[22] Cowart R. An overview of the Gulfstream/NASA Quiet Spike™ flight test program[R]. AIAA 2008 – 123,2008.

国外水洞试验设备建设研究综述

摘要：水洞是水流体动力学研究的主要试验设备，也是空气动力学基础研究的辅助设备。本文在概述水和空气物理特性差异的基础上，归纳不同用途水洞的主要形式、特点；介绍三种有代表性的水流体试验设备。意在为国内水流体试验设备和空气动力基础研究设备发展提供参考。

关键词：水洞；拖曳水槽；水上试验

引言

水洞是水流体力学研究的主要试验设备。水洞的试验流体介质为水（或油），水洞主要研究水的空化现象、水弹性、自由液面、舰船运动、水中推进、水利机械等水流体动力学问题，水洞亦称为空化水洞。与空气相比，水具有高密度、低质量扩散和低流速的特性，这些特性使水洞比风洞更加适合某些空气动力学问题的观察分析研究，比如飞行器大迎角涡的产生和脱落、微型飞行器扑翼运动等。因此，水洞也广泛应用于空气动力学基础研究领域。

1. 水和空气的基本运动特性

水和空气的运动特性相差巨大，水的密度是空气的800倍之多，动力黏性系数是空气的50倍之多，水中的声速是空气中的4倍之多。水用于空气动力研究和空气用于水流体动力研究会产生不同的效果。在20℃、标准大气压下，水和空气的运动特性见表1。

缩尺模型流体力学试验研究需要满足三个相似条件，即：几何相似、运动相似和动力相似。通常，典型的流体运动问题涉及一些变量，如模型特征长度（D）、自由流速度（U）、静态压力（p）、密度（ρ）、动力黏性系数（μ）、重力加速度（g）、涡脱落频率（ω）、声速（a）、表面张力（σ）。

根据缩尺模型试验要求的动力相似原则，这些变量可以组合成模型流体力学试验的重要无量纲参数（表2）。这些参数对确保模型流体力学试验结果的正确性具有重要意义。

表 1　水和空气特性比较

特性	水	空气	单位	水与空气比
密度	998.2	1.204	$kg \cdot m^{-3}$	829.1
动力黏性系数	1.002×10^{-3}	1.813×10^{-5}	$kg \cdot m^{-1} \cdot s^{-1}$	55.27
运动黏性系数	1.003×10^{-6}	1.506×10^{-5}	$m^2 \cdot s^{-1}$	0.0666
声速	1482	343.2	$m \cdot s^{-1}$	4.318

表 2　模型试验的重要相似参数

名称	表达式	释义	应用
雷诺数，Re	$\dfrac{\rho U D}{\mu}$	惯性力与黏性力之比	所有流体动力学流动
马赫数，Ma	$\dfrac{U}{a}$	流速与声速之比；惯性力与可压缩力之比	压缩性不可忽视的流动
斯德鲁哈尔数，St	$\dfrac{\omega D}{U}$	波长与长度缩尺之比；当地惯性力与对流惯性力之比	具有振荡特征频率的非定常流
傅汝德数，Fr	$\dfrac{U}{\sqrt{gD}}$	惯性力与重力之比	具有自由表面的流动
韦伯数，We	$\dfrac{\rho U^2 D}{\sigma}$	惯性力与表面张力之比	表面张力不可忽视的流动

2. 水洞的主要类型

水洞功能和结构形式多样，初步可以按以下几种形式划分：

1）按用途功能

- 用于水流体动力研究的水洞（水速较高）。
- 用于空气动力学研究的水洞（水速较低）

2）按试验段形式

- 无自由水面的水洞和有自由水面的水洞，即：试验段内充满水或未充满水。
- 水平试验段和立式试验段水洞，即：试验段水平设置或垂直设置。

3）按回路形式

- 回流、重力式或非重力式（压力可调）。
- 非回流、重力式。

用于水流体力学空蚀、空化等研究的水洞具有与常规水洞（或风洞）不同的两种系统：

（1）空气重溶系统，当试验段中水发生空化时，重溶从水中释放出来的

气泡;

（2）含气量控制系统,使水流重溶解空气量保持为所需要的常量。

压力可调水洞调压方式是水洞上游顶部的密闭箱中有自由水面,水面上有空气,与真空泵连接。抽出空气时,可以降低试验段中的压强,也可以增加试验段中的压强。水洞有除气系统,以减少水中的空气含量;水通过管路进入除气塔,除气后回到水洞。水洞的过滤系统使水保持清洁,水洞的测控系统可以调控水流速度和压力。

水洞中的流动介质是液态水,其密度和黏性系数远大于空气,但与风洞相比,水洞试验段尺寸小,试验速度低,雷诺数相对也比较低,水洞试验研究的现象与低速风洞试验研究的现象类似。水洞适宜研究涡、湍流以及舰船模型等的相关试验。由于水流比较均匀,粒子容易撒播,而且流动速度较慢,在水洞中更容易实现流动显示和 PIV 等光学测量技术。水洞也适合进行某些动态试验。

值得注意的是,由于用于空气动力学研究的水洞试验雷诺数较低,具体到某个空气动力试验项目是否适合在水洞中进行,需要根据相似准则和实践经验具体分析。

3. 世界主要水洞设备

1896 年,英国 C. A. 帕森斯建造了世界上第一个研究空化的小型水洞,该水洞为铜制,全长 1m,试验段为 0.15m 0.15m。目前,世界上有 200 多座不同类型和用途的水洞,分布于 30 个国家的科研院所中,它们主要用来研究船舶/潜体等流体动力学问题和空气动力学基础研究。

表 3 和表 4 分别给出了国外部分主要水洞设备和拖曳水槽设备。其中:

（1）具有自由水面试验段的最大水洞是德国柏林水工和造船研究所的,试验段 5m 3m,长 10m,试验速度 12m/s;

（2）无自由水面试验段的最大水洞是俄罗斯列宁格勒 KPyn0B – 3 水洞,其试验段 1.3m 1.3m,流速为 15m/s。

（3）美国宾夕法尼亚州立大学超高速水洞（也称为:文丘里环）的流速为最高,其速度为 83.8m/s,试验段截面为 ϕ0.04m。

表 3　国外部分水洞设备

国家	单位	设备名称		试验段尺寸	试验速度	主要用途
美国	宾夕法尼亚州立大学	加菲尔托马斯水洞	小水洞	直径 0.304m	24.38 m/s	流体力学
			小水洞	直径 0.152m	21.34 m/s	
			超高速水洞	直径 0.038m	83.8 m/s	

国家	单位	设备名称	试验段尺寸	试验速度	主要用途
美国	NASA 阿姆斯特朗飞行研究中心	流动显示设备（FVF）	0.4m×0.6m(立式) 0.6m×2.0m(水平)	4.8m/s， 最佳速度0.08m/s	空气动力学
	NASA 兰利研究中心	水洞	0.4m×0.6m，长1.8m	0.23m/s	空气动力学
	NASA 格林研究中心	水洞	直径0.2 m	0.3m/s， 最佳速度 0.08～0.16m/s	空气动力学
	诺斯罗普公司	水洞	0.41m×0.61m， 长1.83m	0.09～0.12m/s	空气动力学
	Eidetis 飞机公司	水洞	0.61 m×0.91m， 长1.83m	0.305m/s	空气动力学
	海军水面作战中心（NSWC）	36in 水洞	直径0.9	25.7m/s	流体力学
	空军研究实验室（AFRL）	水平自由水面水洞(HFWT)	0.45m×0.61m	0.3m/s	流体力学
	海军－大卫·泰勒	变压水洞	直径0.6m	18m/s	流体力学
俄罗斯		列宁格勒KPyn0B－3水洞	1.3m×1.3m	15m/s	流体力学
加拿大	国家研究委员会（NRC）	流动显示水洞（FVWT）	0.254m×0.33m， 长0.8m	0.06～3m/s	空气动力学
	Manitoba 大学	水洞	0.7m×0.762m， 长1.83m	1.16m/s	空气动力学
澳大利亚	航空研究实验室（ARL）	水洞	0.25m×0.25m， 长0.75m	0.04～0.75m/s	空气动力学
		水洞	0.38m×X0.51m， 长1.52m	0.04～0.36m/s	空气动力学
	国防科学技术组织（DSTO）	DSTO 水洞	0.38m×0.51m， 长1.63m	0.6m/s	空气动力学

122

国家	单位	设备名称	试验段尺寸	试验速度	主要用途
德国	德国宇航院(DLR)	小水洞	0.26m×0.33m，长1.26m	0.5m/s	空气动力学
	德国柏林水工和造船研究所	水洞	5m×3m，长10m	12m/s	流体力学
瑞士	水力机械实验室	高速水洞	0.15m×0.15m，长0.75m	50m/s	流体力学
挪威	挪威科技大学	水洞	直径1.20m，长2.08m	18m/s	流体力学
荷兰	荷兰海事研究所	空化水洞	0.9m×0.9m，长4m	10~11m/s	流体力学
		高速水洞	直径0.040m	65m/s	流体力学
			0.05m×0.05m	40m/s	流体力学
			0.04m×0.08m	35m/s	流体力学
波兰	Wroclaw技术大学	水洞	0.61m×0.9m，长15m	12m/s	流体力学

表4 国外主要拖曳水槽（池）

国家	单位	设备名称	设备参数	主要用途
美国	海军-大卫·泰勒	深水槽	长854.7m，宽15.5m，深6.7m	船舶、航空航天飞行器
		浅水槽	长92.3m，宽15.5m，深3m	
		高速水槽	长904.6m，宽6.4m，拖曳速度30.8m/s	
		43.2m水槽	长43.2m，宽3m，深7.8m	
		循环水槽	长19.3m，宽6.7m，拖曳速度5.1m/s	
澳大利亚	澳大利亚海事学院	水槽	长35m，宽12m，深1.0m，拖曳速度3.8m/s	船舶、水利机械
		水槽	长100m，宽3.5m，深1.6m，拖曳速度4.6m/s	
德国	德国汉堡船模水池实验室	三角洲水池	长50m，宽50m	船舶、水利机械
		海洋水池	长80m，宽50m，深10m	
		近海水池	长20m，宽30m，深3~12m	
		浅水池	长35m，宽25m，深0.8m	
俄罗斯	俄罗斯航空航天研究院	水槽	长84m，宽12m，深6m，拖曳速度12m/s	航空航天飞行器

4. 典型的三种水流体力学试验设备实例

分析研究国外资料,水流体动力学试验设备可归为三类。

（1）水洞:通过制造水流进行模型试验。

（2）拖曳水槽或水池:可以模拟水浪,通过拖曳装置拖动模型在水槽（池）内运动进行试验。

（3）湖泊水上漂浮弹射装置:在户外自然水域使用,通过漂浮在水面上的发射装置射出模型进行试验。

4.1 水洞

（1）空气动力学研究水洞。1983 年,美国 NASA 阿姆斯特朗飞行研究中心建成 FVF 水洞(图1),该设备具有垂直(主要)和水平(辅助)两个试验段(性能参数见表3),主要用于飞行器大攻角空气动力学研究,可视化分析飞机模型大攻角时涡流发展情况。水洞流动显示可以帮助确定涡流的强度、位置,研究控制方法。该设备进行过 F - 15、F - 18、X - 29A、X - 31 等大量飞行器流动显示和动态试验研究。

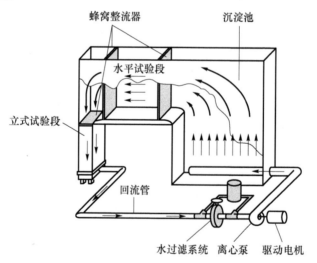

图 1　美国 NASA 的 FVF 水洞[5]

用于空气动力学研究的水洞构造相对简单,一般都是重力式水洞,压力不可调,试验段尺寸较小,试验流速较低(每秒零点零几米到米量级),试验雷诺数较低(10^4 量级)。类似的水洞很多,如美国空军研究实验室、澳大利亚航空研究实验室、德国宇航院的水洞等。

（2）水流体力学研究水洞。1941年，荷兰海事研究所建设了大型空化水洞，主要用于船舶螺旋桨空化和推进研究（图2）。水洞压力可调（小于180kPa），空化数 $\sigma_n = 0.2 \sim 6$，最大可试验螺旋桨直径0.4m。可用于船舶螺旋桨推进、空化、噪声等试验研究。

瑞士水力机械实验室建设了用于水力机械研究的水洞，主要用于水涡轮机、水泵、船舶螺旋桨等空化和推进研究（图3）。试验速度可达50m/s，压力可调（小于160kPa），雷诺数可达 10^7 量级，湍流度小于0.3%。

 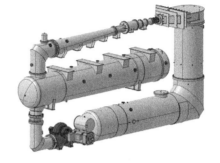

图2　荷兰海事研究所空化水洞[1]　　　图3　瑞士水力机械实验室高速水洞[2]

用于船舶和水力机械流体力学研究的水洞构造复杂，通常试验段尺寸较大，试验速度较高，试验压力可调，试验雷诺数高，具有水中空气重溶控制系统。类似的水洞还有美国水面作战中心36in水洞、大卫·泰勒变压水洞等。

4.2　拖曳水槽或水池

俄罗斯TsAGI水槽试验设备长202m，水面宽12m，深6m，试验段长84m，试验速度为12m/s。水浪模拟：高30～200mm，波浪长3～7.5m。水槽底部和墙壁是浇筑的钢筋混凝土结构，装备有高精度的轨道。波浪发生器是振荡板式，拖曳车为轻质金属结构，有4个电机驱动的车轮，轨道运行速度16m/s。

该设备可以进行以下试验：

（1）在静止的或有波浪的水面进行拖曳试验；

（2）通过模型试验，确定水上飞机、水陆两用飞机、翼型船的水动力特性；

（3）飞机和直升机模型水上迫降试验；

（4）研究水下运动物体以及相对尺寸较小物体的各种流体特性。

该设备于1930年开始运行，并分别于1930年和1967年进行了改造（图4）。利用该设备可以进行水面舰船、潜艇、水下推进装置、各种推进剂的特性、航海能力和流体力学领域的研究；可以研究物体穿越水面、水面或水下物体运动的流体动力特性。该设备长期用于水陆两用飞机、高速海轮、特种海军武器和航空航天工程项目。

图 4　俄罗斯 TsAGI 水槽试验设备[8]

美国、澳大利亚、德国等国都建有类似的水槽或水池试验装置。

4.3　湖泊水上漂浮弹射装置

俄罗斯 TsAGI 湖泊水上漂浮弹射装置是一种湖泊水面上模型发射试验装置,用动力相似的缩尺模型进行自由运动试验(图 5)。该弹射装置是"∏"形框架结构,安装在两个圆柱浮筒上。模型通过气动作动器加速。弹射速度 10 ~ 30m/s,模型初始弹射高度 0 ~ 0.5m,最大弹射重量 80 kg,模型翼展 3.8m,最大长度 4.0m,最大高度 1.0m。

该弹射装置可以进行以下试验:

(1) 研究飞机和航天返回舱紧急迫降水面;

(2) 研究翼型船、水上飞机和水陆两用飞机的飞行以及水面降落。

图 5　湖泊水上漂浮弹射装置[8]

5. 结束语

(1) 水洞、水槽或水池、水上漂浮弹射装置是水流体力学研究的三种试验设备。同空气动力学研究类似,水洞、数值计算和真实水试(包括缩尺模型)是水流体动力学研究的三种手段。

(2) 水洞是一种水流体力学研究设备,也是一种空气动力学基础研究设备,主要用于舰船、水中兵器、航空航天飞行器试验研究。在空气动力学研究方面,主要用于雷诺数不敏感的飞行器复杂流场流动显示,也可进行动态试验和模型测力试验。

（3）用于水流体力学研究的水洞与用于空气动力学研究的水洞相比,在结构、性能参数等方面存在很大差异,因此,水洞的主要用途或建设目的决定水洞的结构形式和性能设计参数。

（4）水洞在结构布局上有直流和回流式、重力式和非重力式,试验段有立式和水平式、自由水面和无自由水面式、开口和闭口式等。

（5）水洞主要性能衡量指标包括能量比、初生空化数、试验段流速/流速分布、湍流度、噪声,其他性能指标还有气密性、温度/压力/含气量调节、观察窗透明度、水质等。

参考文献

［1］Brent R Cobleigh. Water tunnel flow visualization study of a 4. 4% scale X – 31forebody［R］. NASA – TM – 104276,1999.

［2］Adam J. Estimation of MAV unsteady aerodynamic parameters from dynamic water tunnel testing［R］. AIAA – 2011 – 1162,2011.

［3］Lincoln P E. An experimental investigation into the feasibility of measuring static and dynamic aerodynamic derivatives in the DSTO water tunnel［R］. DSTO – TR – 2600,2009.

［4］John H F. NASA Dryden flow visualization facility［R］. NASA – TM – 4631,1998.

［5］Martin J D. Measurement of steady and unsteady duct loads for propeller 4381 at crashback conditions in the 36″water tunnel［R］. NSWCCD – 50 – TR – 2010/051,2002.

［6］Dariusz R. Neural model of UAV unsteady aerodynamic characteristics from tater tunnel tests data［R］. AIAA – 2013 – 4981,2013.

［7］TsAGI. TsAGI95［M］. Moscow:TsAGI,2013.

国外结冰试验研究平台综述

摘要：结冰试验研究平台是模拟飞行器结冰并开展相关研究的重要工具,可分为三大类:地面试验设备、飞行试验设备和数值模拟工具。本文归纳国外主要地面试验设备,包括结冰风洞、发动机结冰设备和其他结冰试验设备;综述国外开发的主要结冰数值模拟工具;介绍空中结冰飞行试验平台。意在为国内结冰领域试验设备发展提供参考。

关键词:结冰风洞;结冰研究机;结冰数值模拟

引言

结冰是影响飞行器飞行性能和飞行安全的重要因素之一。美国联邦航空局《运输类飞机适航标准》(FAR 25)附录 C 给出了结冰适航的气象条件。2014年,美国联邦航空局又对结冰气象条件进行了补充,增加了超冷大水滴、混合相和冰晶结冰条件,进一步完善了结冰适航大气环境条件。适航规章规定的结冰气象条件是开展飞机适航认证和飞行器结冰试验研究的依据,无论是人工模拟还是自然捕获这些结冰气象条件是开展结冰研究的基本前提。鉴于结冰流场特性模拟要求的多样性和结冰研究对象试验要求的复杂性,国外在长期的结冰研究实践中,发展出了各种各样的试验研究平台,它们在结冰试验研究中互为验证和补充,发挥着各自特有的优势。概括起来,结冰试验研究平台可以分为三大类:地面试验平台、飞行试验平台和数值模拟平台。

1. 地面试验平台

地面试验平台是开展飞行器结冰试验研究的常用设备。从美国联邦航空局(FAR)适航标准所界定的结冰气象条件范围看,单一结冰试验设备要覆盖整个FAR 规定的结冰条件是困难的,另外,不同的试验研究对象对结冰试验流场模拟要求差异也很大。因此,在结冰研究长期实践和发展中,国外建设了多种结冰试验设备,通常划分为以下三类:

(1) 结冰风洞;

(2) 发动机结冰试验设备;

(3) 低速结冰试验设备。

结冰风洞是一种具备一定结冰模拟能力的低速风洞,主要用于结冰机理、飞行器全尺寸部件或缩尺模型试验研究。结冰风洞有三种主要形式:①专用结冰风洞,它是针对结冰试验研究特点建设的具有制冷系统的风洞,如美国 NASA 格林研究中心的 IRT 结冰研究风洞、意大利航天研究中心结冰风洞等;②用常规低速风洞局部改装、可以利用当地冬季自然寒冷气候条件进行一定程度结冰试验的风洞,如法国 ONERA 的 S1MA 风洞等;③结冰机理研究风洞,主要用于模拟研究小水滴的运动、水滴与物体碰撞结冰特性等,如美国 NASA 格林研究中心的立式结冰研究风洞和水滴成像风洞(图1)。

图 1   NASA 结冰机理研究风洞[1]

据可见文献资料统计,国外结冰风洞在 25 座以上,主要分布在美国、英国、法国、加拿大、意大利等。如美国 NASA 的 IRT 和 AWT/Goodrich 公司的结冰风洞/波音公司的结冰风洞、法国 ONERA 的 S1MA /AERAZUR 结冰风洞、英国 R – R 公司/克兰费尔德大学结冰风洞、加拿大国家研究委员会结冰风洞设备/魁北克大学结冰风洞、德国布伦兹维克大学结冰风洞、意大利航空航天中心结冰风洞等。

发动机结冰试验设备是研究结冰对进气道和发动机性能影响的重要设备,主要有直连式和自由射流式两种形式。直连式用于结冰对发动机内流及动力性能影响试验,自由射流式用于进气道、进气道与发动机联合和外流影响试验。国外此类设备大约在 30 座,如美国 AEDC 的 J – 1、J – 2 和 C – 2,英国 R – R 公司的 ATF 等。图 2 为 NASA 格林研究中心发动机结冰试验设备(PSL3)和 ALF502 – R5 发动机在试验段中的安装状态。

低速结冰试验设备是一种相对简易的结冰地面试验台,分室内、室外两种形式。一般在寒冷的空间环境中,用风扇吹雾滴发生装置形成散布的小水滴,国外此类设备大约在 20 座。加拿大渥太华的室外直升机结冰试验台就属此类设备。

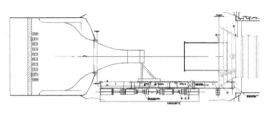

图 2　NASA 格林研究中心发动机结冰试验设备[2]

2. 飞行试验平台

20 世纪 40 年代,由于技术的限制,结冰风洞的可行性普遍不被航空领域的专家所看好,在这之前的结冰试验研究是以空中飞行试验为主,那时美国的结冰研究飞机主要用 C - 46、B - 24 等。50 年代以后,美国格林研究中心 IRT 结冰研究风洞解决了结冰云模拟系统技术,确立了地面风洞试验设备在结冰研究中的核心地位。但鉴于地面结冰试验研究设备的一些技术限制和影响缩尺模型试验结果因素的复杂性,飞行试验至今仍发挥着重要作用,有"飞行风洞"之称。飞行试验平台主要有以下两种类型:

(1) 结冰专用研究飞机。用专用飞机携带试验模型在空中自然结冰气象条件下进行飞行试验,如美国 NASA 的 Twin Otter 结冰研究飞机,该机背部装有固定试验模型的平台,飞机自身重要部位具有良好的结冰防护措施,能够适应必要的飞机结构改装,满足结冰试验研究的需要。配备有 PMS OPA - 2D Grey(量程:15 ~ 960μm)和 PMS FSSP - 100(量程:4 ~ 45μm)粒径测量仪、SEA WCM 液态水含量测量仪、Edgetech Vigilanet 137 露点测量仪和 Rosemount 871FA2188 冰探测仪等试验测量设备。

图 3　NASA 约 Twin otter 结冰研究飞机[4]

(2) 人造结冰云飞机(icing tanker)。飞机经改装携带水罐和水雾化系统在空中制造人工结冰云环境,进行试验的飞机紧随其后在其制造的结冰环境中飞行。该飞行试验平台降低了对自然结冰气象条件的依赖,并具有一定程度的结冰条件复现能力,随时可进行空中结冰飞行试验。典型的这类飞机平台有美国的多用途 KC – 135R、陆军的 CH – 47D(直升机)、Cessna Citation 和 Raytheon,德国的 Dornier – Fairchild 等。

人造结冰云飞机需要对飞机进行改造,增加水罐和水雾化系统。例如,美国 Raytheon 人造结冰云飞机采用 B – 200 飞机改装,试验飞行速度 82m/s,飞行高度 1500 ~ 5500m,机上水罐容积 1135L,雾化喷头安装在飞机垂尾上,有 4 个喷头,能在飞机后 30.5m 处形成直径 1.2m 的结冰试验区,粒径 87 ~ 150μm,液态水含量 0.4 ~ 7.7g/m³。

图 4　人造结冰云飞机[8]

3. 数值模拟平台

数值计算工具是计算机科学、航空工程学、数学和流体力学多学科发展的产物,有“数值风洞”之称。美国 NASA 格林研究中心一直有发展结冰计算模拟方法的综合计划,涉及结冰基础机理研究、软件开发、试验验证、终端用户使用和维护。其最终目标是要为工业界发展一个结冰、防冰设计的实用工具,为政府航空管理机构提供一个飞机结冰评估和适航认证的工具。结冰的数值模拟工作主要有三个关键领域:冰增长的数值模拟,冰防护系统数值模拟和结冰对飞机空气动力学影响的数值模拟。

从 20 世纪 80 年代开始,美国 NASA 开始开发结冰数值模拟平台 LEWICE (二维)和 LEWICE 3D(三维)。2005 年,LEWICE 3.2.2 版本发布,流动解算器采用 Hess – Smith 2D 势流面元程序或二维 N – S 流动解算器确定物体表面流场;水滴轨迹计算用 4 阶预测 – 修正法;通过在撞击极限之间确定水滴撞击位置图形来确定水的搜集;热传导用实时含粗糙度影响的积分边界层法进行流体质量和能量平衡准稳态分析;冰增长用 Messinger 模型计算并做冰密度修正。该程序主要用于计算飞机上结冰的位置和数量;计算作用到飞机表面的水量以便确定冰防护系统的位置和尺寸;设计和分析热空气和电热防冰系统;计算机翼冰型。该程序还在继续完善混合相、超冷大水滴等结冰计算能力。

2007 年,三维 LEWICE 3D 2.0 版本发布,流动解算器使用用户提供的基于流动解的网格,它能够处理多块结构网格、VSAERO 型结构网格、自适应笛卡儿网格和非结构网格;水滴轨迹计算用 4 阶亚当斯型预测 – 修正法;热传导采用三维条带方法,用实时含粗糙度影响的积分边界层法做流体质量和能量平衡准稳态分析;水的搜集效率用修正的二维方法或基于搜集效率法的 4 倍区域计算,冰增长用修正的二维算法,冰密度模型附加有缺口的冰型。该程序主要用于计算飞机上结冰的位置和数量;计算作用到飞机表面的水量以便确定冰防护系统的位置和尺寸;计算飞机上冰传感器的放置位置;计算机翼冰型;计算飞机上结冰测量仪器修正值。后续的 LEWICE 3D 3.0 版本对网格技术、搜集效率做进一步改进,增加冰晶、超冷大水滴等计算内容。

美国 NASA 的 LEWICE 结冰数值模拟平台在政府部门、工业界和科研院校得到广泛应用,用户超过 200 家。在某些方面,数值模拟相比风洞试验和飞行试验具有显著的优势(图 5)。

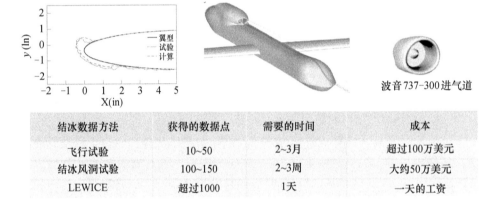

结冰数据方法	获得的数据点	需要的时间	成本
飞行试验	10~50	2~3月	超过100万美元
结冰风洞试验	100~150	2~3周	大约50万美元
LEWICE	超过1000	1天	一天的工资

图 5　NASA LEWICE 数值模拟平台[7]

除美国外,国外大约发展了 15 个结冰数值模拟平台,如加拿大的 CANICE 2.5(2D)、美国/法国/加拿大联合开发的 FENSAP – ICE(3D)、意大利的 HELI-CE(3D)、英国的 ICECREMO 2.1(2D/3D)、法国 ONERA – ICE(2D/3D)等。

4. 结束语

结冰地面试验、飞行试验和数值模拟平台是结冰研究的三种试验研究设备形式。尽管人工制冷结冰风洞可以追溯到 1928 年兰利实验室 6in 结冰风洞,但在 20 世纪 50 年代以前,结冰试验研究是以飞行试验为主;50 年代以后,制冷和水滴雾化技术成熟,结冰风洞成为结冰研究的核心设备;80 年代以来,计算机技术迅速发展,数值模拟平台建设成为结冰研究发展的重要内容。目前,结冰风洞和数值模拟平台在飞机结冰、防冰研究中得到广泛应用,飞行试验平台在验证风洞试验技术和数值模拟技术、以及在与适航相关的某些结冰研究中,仍发挥着不可替代的作用。从国外结冰试验研究平台的配套完备性看,美国的结冰研究平台无论是种类、数量还是质量都处于世界领先水平,其结冰试验平台体系包括:结冰机理研究风洞、大型地面结冰试验设备、飞行试验设备和数值模拟设备。来自这些试验平台的研究成果,奠定了美国在飞机设计、飞行安全、适航标准制定和适航验证等领域有关结冰问题的权威性和话语权。

参考文献

[1] William O. Survey of aircraft icing simulation test facilities in north America[R]. NASA – TM81707,2001.

[2] Pierre M. Icing test facilities and test techniques[R]. AGARD – AR – 1227,2005.

[3] AIR5320. Summary of icing simulation test facilities[S]. SAE,1999.

[4] AIR5904. Airborne icing tankers[S]. SAE,2007.

[5] ARP5903. Droplet impingement and ice accretion computer codes[S]. SAE,2009.

[6] Mario V. Icing branch current research activities in icing physics[R]. NASA – CP – 2009/215797,2009.

[7] Potapczuk M G. A review of NASA Lewis' development plans for computational simulation of aircraft icing [R]. AIAA – 99 – 0243,1999.

[8] Reinmann J J. NASA's aircraft icing technology program[R]. N91 – 20120,1991.

[9] Ratvasky T P,et al. NASA/FAA tailplane icing program overview[R]. AIAA – 99 – 0370,1999.

结冰风洞研究综述

摘要：结冰风洞是飞行器结冰和防冰研究的主要地面试验设备。本文在介绍世界结冰地面试验设备类型的基础上，提出当今世界有代表性的 3 座结冰风洞；归纳总结结冰风洞校准中平均粒子直径和液态水含量两个重要参数的测量方法；探讨国外对结冰风洞试验相似准则和缩尺模型试验相似参数对结冰试验结果影响的认识。

关键词：结冰风洞；结冰风洞校准；结冰试验相似准则

引言

在大气层中飞行的飞行器可能会碰到部件结冰现象。结冰影响飞行器的飞行安全和飞行性能。纵观世界各国，凡有能力独立研发飞行器的国家，大多数拥有研究、评估飞行器结冰和防冰的试验研究平台——结冰风洞。结冰风洞自出现已有 60 多年的历史了，随着飞行器研究的发展，结冰风洞也在发展中。为了使结冰风洞的试验能力与现代飞行器发展的需求相适应，国外老设备不断地进行更新改造，而新设备的设计建设也更为现代、实用、多功能。由于结冰风洞研制以及模型试验的特殊性和复杂性，需要我们研究和借鉴国外已有的成功经验。

1. 国外典型结冰风洞构型

飞行器在低于 8000m 高度的云层中飞行时，某些部件表面会出现结冰情况。结冰云环境下的大气环境参数在美国联邦航空规范（FAR）的第 25 部分附录 C 中已有界定。规范中给出了各种高度层状云和积云的温度、液态水含量（LWC）、小水滴尺寸。值得注意的是，近年来，人们认识到低空大的过冷水滴（即冻雨）也会导致结冰；雪、冰颗粒以及以上情况的混合状态对飞行安全的影响也不可忽视。因此，修改并扩大美国联邦航空规范所界定范围的呼声增大，对这些状态的模拟已成为国外结冰风洞改造和提升能力的重要内容。

1.1 结冰试验设备主要类型

为满足不同试验对象的结冰研究要求，国外发展了多种航空结冰试验设备，主要有以下4类：

（1）结冰风洞；

（2）发动机结冰试验设备；

（3）低速结冰试验设备；

（4）飞行试验设备。

此外,国外也发展了许多用于车辆试验的气候风洞,可以进行车辆结冰试验研究。

1.2 典型的结冰风洞构型

世界上大大小小的结冰风洞有20多座,其中试验段布局有代表性的为以下3座：

（1）美国 NASA 格林研究中心结冰研究风洞（IRT）。该风洞1944年建成,是一座回流式固定实验段风洞,试验段长约6.1m、宽2.7m、高1.8m;气流温度4.4～－29℃;最高风速约179m/s;平均水滴直径10～270μm,近年来,直至1000μm 的超大水滴模拟能力也在研究中。

该风洞建成后不同时期进行过多次更新改造。1990年至今风洞重大的改造就有4次以上,1999年更换了新的平板式热交换器,风洞洞体进行了较大改造。目前该风洞的试验模拟和测试能力都是一流的。

（2）意大利航天研究中心结冰风洞。该风洞2002年建成,是一座拥有3个可更换试验段、1个开口试验段的回流式风洞。风洞主试验段宽2.25m,高2.35m,最大马赫数0.4,最低温度－32℃;第二个试验段宽1.15m,高2.35m,最大马赫数0.7,最低温度－40℃;第三个试验段宽3.60m,高2.35m,最大马赫数0.25,最低温度－32℃;开口试验段宽2.25m,高2.35m,最大马赫数小于0.4。风洞结冰模拟高度7000m,平均水滴直径5～300μm。风洞具有发动机进气道模拟系统,流量范围1.5～55kg/s。试验段壁面透光率达到80%,便于结冰试验观察。

意大利航天研究中心的结冰风洞试验模拟速度范围宽,雷诺数范围大,除能满足结冰试验研究外,也能进行常规气动试验;这些特点大大增强了风洞综合试验能力。

（3）美国 LeClerc 结冰试验室的考克斯（Cox）结冰风洞。20世纪90年代,美国考克斯（Cox）工厂成立了 LeClerc 结冰实验室,建造了一座串列式双闭口试验段的结冰风洞。风洞有两个串列试验段,主试验段长1.98m,宽0.71m,高1.17m,最大试验风速98m/s;第二试验段长1.52m,宽1.22m,高1.22m,最大试验风速53m/s,最低温度－30℃。风洞具有发动机进气道结冰和雪结冰试验模拟能力,可模拟的进气道流量6.82kg/s。

2. 结冰风洞试验的相似准则

在风洞中开展模型结冰试验,只有模型表面气流、水和冰三者之间的热力学交换、气流中小水滴轨迹和液态水含量、流场等诸多条件满足一定的关系,即遵循一定的相似准则,风洞结冰试验结果的可靠性才有保证。

2.1 气动力相似

气动力相似要求外形相似和姿态相同。结冰条件下的飞行速度一般比较低,流场通常不包含跨声速现象。

2.2 热力学相似

空气、水和冰之间的热动力交换参数应满足下式:

$$n = \frac{A_f + B_f b}{b} \tag{1}$$

式中,n 为冷冻率;b 为热相对因子;A_f 和 B_f 为飞行高度大气静压、温度、水汽分压和速度的函数。

式(1)确定了热交换的特性,为保证风洞试验参数(下标为 m)和飞行参数(下标为 f)的相似关系,必须满足下式:

$$\frac{A_f + B_f b}{b} = \frac{A_m + B_m b}{b} \tag{2}$$

2.3 水滴轨迹相似

对几何相似的飞机和风洞试验模型来说,必须确保飞行中和风洞里小水滴的轨迹也相似。当流场相似时,轨迹只取决于小水滴尺寸。当风洞中的小水滴平均水滴直径 $(\mathrm{MVD})_k$ 与压力和来流速度满足下列方程式时,轨迹的相似性就有了保证。

$$(\mathrm{MVD})_k^{1.61} = \frac{k P_{ak}^{0.39}}{V_{\infty k}^{0.61}} \tag{3}$$

式中,k 为模型缩尺比。

2.4 积冰相似

积冰的多少取决于结冰云里的液态水含量以及飞机通过结冰云团的时间。对影响飞机部件上积冰体积和分布的各种参数进行分析,推导出了风洞模型试验中液态水含量 $(\mathrm{LWC})_k$ 和试验时间 (τ_k) 与来流速度、压力、温度之间的关系,满足了方程(4)和(5),风洞试验的积冰相似就得到了保证。

$$(\text{LWC})_k = \frac{P_{ak}^{0.8}}{k^{0.2}V_{\infty k}^{0.2}T_{ak}^{1.6}} \tag{4}$$

$$\tau_k = \frac{k^{1.2}T_{ak}^{1.6}}{V_{\infty k}^{0.8}P_{ak}^{0.8}} \tag{5}$$

式中,k 为模型缩尺比。

3. 平均粒子直径和液态水含量测量方法

水滴平均粒子直径(MVD)和液态水含量(LWC)测量是结冰风洞校准的重要内容之一,这两个参数对结冰风洞试验模型上结冰的冰型影响很大。因此,准确、有效地测量结冰风洞流场中水滴平均粒子直径和液态水含量是结冰风洞校准面临的基础性研究工作。

3.1 平均粒子直径的测量方法

结冰风洞流场中小水滴平均粒子直径测量的方法归纳起来主要有三种。

(1)前向散射分光测量仪(FSSP)测量法。前向散射分光测量仪测量粒子直径的原理是:当粒子通过测量仪激光束时,粒子会产生光的散射,通过测量粒子散射光的强度就能够计算出粒子的直径;

(2)光学阵列测量仪(OAP)测量法。光学阵列测量仪原理是:当一个粒子通过光学阵列测量仪测量激光束时,测量仪的镜头系统将这个粒子的影像传输到一个线性阵列影像探测器上。粒子的影像通过阵列影像探测器时,光强度减弱,统计光强度减弱大于 50% 的影像探测器的数量,这个数量正比于粒子的直径。光学阵列测量仪校准采用一种旋转十字刻线装置;

(3)相位多谱勒粒子分析仪(PDPA)测量法。相位多谱勒粒子分析仪粒径测量原理是:粒子通过两束激光束的相交处散射光,并在远场产生干涉图形,其大小与粒子直径成反比。

此外,还有机载粒子分析仪(ADA)和光纤光学测量系统(FOS)等测量方法。

以上各种测量法都以光学和统计学原理为基础,测量仪的校准有三种方法:①小玻璃球法;②等弥散粒子发生器法;③旋转针孔装置法。其中,旋转针孔装置法是 NASA 结冰风洞研发的一种新方法,该装置旋转标定用针孔,使其通过前向散射分光测量仪的激光束测量区,通过已知直径的针孔进行标定。

3.2 液态水含量测量方法

液态水含量是结冰风洞试验的另一个重要参数,它影响冰的形成速度、结冰的类型以及在结冰防护区外向后流动的水是否会冻结。测量液态水含量的方法归纳起来有 4 种类型：

（1）冰生长测量法。冰生长测量法常用的测量设备有冰刀或旋转圆柱装置。冰刀置于风洞中心线上，冰刀前面有一个防护罩。当结冰风洞流场稳定后，冰刀前的防护罩移开，冰刀迎风面被置于来流中一定的时间，这样就有冰生成。根据冰刀上冰厚度可以计算液态水含量。

（2）热线测量法。热线测量法常用的测量设备有 J – W 测量仪、CSIRO – King 测量仪、Nevzorov 测量仪。J – W 测量仪也称为云探头。当来流中小水滴碰到热线就会蒸发，热线温度降低并导致其电阻降低，根据桥压的变化计算液态水含量。CSIRO – King 测量仪和 Nevzorov 测量仪都是一种恒温装置，主要是根据传感线圈的热传导率计算出液态水含量。

（3）粒径测量/计数测量法。前向散射分光测量仪和光学阵列测量仪是两种常用的光学粒径测量设备，这两种设备都能通过测量一定时间范围内粒子的数量和大小，计算出液态水含量。

（4）超声波测量法。近年来，国外开始研究和探索含大水滴结冰云的液态水含量测量技术——超声波测量技术。当超声波通过含有水滴的气流时，波的强度会因水滴的散射和吸收而减弱，通过分析计算超声波接收感应器接收到的波振幅和频率特性可以获得液态水含量。

4. 缩尺模型试验的相似参数及其对结冰试验的影响

结冰风洞受制冷能力的限制，通常风洞试验段的尺寸都不大，因此有大量的结冰试验是采用缩尺模型进行的，缩尺模型结冰试验的缩尺法则至今仍未完全建立。因此，缩尺模型结冰试验的相似参数问题一直是结冰试验研究的重要内容。

4.1 结冰风洞缩尺模型试验相似参数

国外开展风洞结冰试验已经有很长的历史了。目前，对于采用缩尺模型进行风洞结冰试验，人们已经认识到至少有 6 个基本的相似参数需要考虑，即由 Langmuir 和 Blodgett 提出的修正的惯性参数 K_0；积聚参数 Ac；冷冻率 n；水能量传递参数 ϕ；空气能量传递参数 θ 和相对热因子 b。参数 n、ϕ、θ 是源自 Messinger 的分析研究。参数 b 是由 Tribus 定义的。Charpin 和 Fasso 最早将这些影响参数联合起来应用于地面试验设备中缩尺模型结冰试验。

除以上所述的 6 个相似参数外，近年来的一些研究表明，还有一些因素需要考虑，如模型表面水在被冷冻前的聚集情况。对于霜冰，小水滴被直接冷冻成冰，所以模型表面没有水膜。而透明冰模型表面动力学就与水膜有关。虽然目前对水膜表面的机理尚不很清楚，但确定有关表面效应的相似参数是有意义的，包括：表面张力数 N_{cap}、韦伯数 We 以及基于水膜厚度的韦伯数 We_c，来流雷诺数对水膜流动也有一定影响。

4.2 相似参数对结冰缩尺模型试验影响

缩尺模型相似参数对结冰冰型的影响是结冰试验研究领域一直在探索的课题。由于有些相似参数目前还缺乏足够的试验研究数据来评估它们的影响，所以这里仅对修正的惯性参数 K_0、积聚参数 Ac、冷冻率 n、雷诺数 Re、韦伯数 We、基于水膜厚度的韦伯数 We_c 对结冰冰型的影响做简单介绍。

1）修正的惯性参数 K_0 的影响

修正的惯性参数 K_0 对冰型的影响可以从其对结冰搜集效率 β_0 的影响推导出。修正的惯性参数与结冰搜集效率取决于来流速度、小水滴直径和模型尺寸。在实际缩尺应用时最感性趣的是放宽修正的惯性参数 K_0 的相似程度，对选择平均粒子直径 MVD 有多大的弹性影响。因为一般情况下都希望缩尺的小水滴尺寸尽可能精确，但在某些情况下，它可能会超出风洞的模拟能力。

试验研究表明，缩尺模型的结冰搜集效率变化范围在 11% 以内时，对冰型影响不会很大。因此，当所需的平均粒子直径超出风洞模拟能力时，可以在保持结冰搜集效率变化不超过 11% 的情况下，选择风洞能满足的平均粒子直径的替代值。

2）积聚参数 Ac 的影响

积聚参数 Ac 直接决定结冰的的数量。NASA 的 IRT 结冰风洞积聚参数的不确定度大概为 12%，这还不包括时间等因素影响，因此总结冰量的不确定度不会好于 12%。为了减少这个不确定度的影响，需要采取一定的试验措施，比如在喷水系统稳定前将模型罩住或修正积聚时间等。

3）冷冻率 n 的影响

冷冻率是温度、气流速度、液态水含量的函数，冷冻率对冰型的重要性早已被人们所认识，1986 年，Olsen 等在其他试验条件不变的情况下研究了温度变化对冰型影响。研究表明，当其变化范围小于 10% 时，冷冻率对冰型影响很小。

4）雷诺数 Re、韦伯数 We、基于水膜厚度的韦伯数 We_c 的影响

这些参数在缩尺模型试验研究中通常都被忽略了，Anderson 和 Ruff 的研究表明，缩尺方法考虑了雷诺数和韦伯数时的结果要比不考虑的好。韦伯数涉及的特性之一是水的表面张力，为了验证表面张力对冰型的重要性，1990 年 Bilanin 和 Anderson 用在水中加入表面活化剂的方法进行了一系列研究。在其他相似参数匹配不变的情况下，韦伯数和基于水膜厚度的韦伯数大约增加 1 倍时，它们对冰型有显著影响。这个试验研究为将韦伯数和基于水膜厚度的韦伯数纳入相似参数提供了强有力的证据。

5）风洞气流压力对相似参数的影响

Bartlett 和 Oleskiw 等进行过压力对冰型影响的研究,压力变化范围(3.0 ~ 10.1) × 10^4Pa,研究表明,压力变化对冰型影响不大。受压力变化影响最大的参数是 K_0、θ、b、Re、We_c,而对参数 β_0、Ac、ϕ、n、We 无影响或影响很小。对于给定的速度,在上述压力变化范围内,β_0 变化也小于10%。尽管 θ、b 随压力而变化,但 θ/b 几乎不变。

5. 结束语

综上所述,我们对国外结冰风洞的主要构造形式、结冰试验的基础机理问题有了初步的认识。通过分析研究,可以得到以下几点启示:

（1）国外结冰风洞有代表性的三种结构形式及经验对我国结冰风洞的研制有借鉴作用。

（2）平均粒子直径和液态水含量是结冰风洞流场校测的两个重要参数,它们对结冰试验结果的可靠性至关重要。应及早引进测量仪器,利用结冰引导性风洞开展相关基础研究,探索影响各种测量法测量精准度的因素。

（3）风洞气流压力对某些结冰相似参数有影响,进而间接影响结冰试验结果。因此,现代条件下设计结冰风洞,应考虑风洞试验气流压力的调节能力,即模拟飞机在结冰气象条件下实际飞行高度的能力。

（4）风洞结冰试验有很大的不确定度,从风洞流场测量到相似参数对结冰结果的影响,其中很多机理问题和试验技术国外也仍在探索中,我们需要有计划地及早开展跟踪研究。

参考文献

[1] John M A. Analytical and physical modeling program for the NASA Lewis Research Center's altitude wind tunnel[R]. NASA – TM86919,1998.

[2] David W H. The Cranfield University icing tunnel[R]. AIAA2003 – 901,2003.

[3] Kamel A K. Mixed phase icing simulation and testing at the Cox icing wind tunnel[R]. AIAA2003 – 903,2003.

[4] Ludovico V. An overview of the CIRA icing wind tunnel[R]. AIAA2003 – 900,2003.

[5] David W S. Lessons learned from the construction of upgrades to the NASA Glenn icing research tunnel and re – activation tesst[R]. AIAA2001 – 02331,2001.

[6] Ai – Khalil K. Development of the Cox icing research facility[R]. AIAA98 – 0097,1998.

[7] Ceman D L. Phase Doppler Droplet Sizing – scattering Angle Effects[R]. SAND 90 – 0050C,1990.

[8] Rudoff R C. Performance of the phase Doppler particle analyzer icing cloud droplet sizing probe in the NASA Lewis icing research tunnel[R]. AIAA92 – 0162,1992.

NASA 结冰研究中的数值模拟工作概述

摘要： NASA 格林研究中心结冰部门是美国结冰研究的核心机构。结冰部门的一项主要职能就是联合工业型号部门和政府认证部门发展经过验证且易于维护使用的结冰数值模拟工具，为飞机防冰设计、结冰风洞试验、适航认证提供帮助。本文概述美国 NASA 在结冰机理研究、结冰风洞试验、结冰对飞机性能影响等工作中开展的数值模拟研究。

关键词： 结冰；数值模拟；综述

引言

美国 NASA 格林研究中心拥有世界著名的 IRT 结冰研究风洞，该中心的结冰部门(the Icing Branch)是美国结冰研究的核心机构，是连接航空工业界和政府航空认证机构的一个纽带。长期以来，结冰部门有一个发展结冰计算模拟方法的综合计划，工作范围从结冰基础机理研究、软件开发、试验验证到终端用户应用、维护。计划既包括 NASA 内部开展的结冰研究工作，也有与其他科研机构的合作工作。其最终目标是为工业界发展一个结冰、防冰设计的实用工具，为政府航空管理机构提供一个飞机结冰评估和认证的工具。

NASA 格林研究中心结冰部门的结冰基础研究包括：结冰的计算模拟、结冰缩尺问题、结冰模拟试验技术(风洞试验和飞行结冰试验)和结冰飞机稳定性和控制问题。结冰的计算模拟工作主要有三个关键领域：冰增长的数值模拟，冰防护系统数值模拟和结冰对飞机空气动力学影响的数值模拟。

1. 冰增长研究的数值模拟

NASA 开发的模拟飞机表面冰增长的数值工具是 LEWICE 和 LEWICE 3D，并已广泛应用于从飞机设计到认证分析的许多工程环境中。目前对这些程序仍在做的工作是扩展适用范围和增强程序修改、确认等过程的严密性。LEWICE 和 LEWICE 3D 两个程序是按照独立开发、内部相关的思路进行的(图 1)。因为 NASA 认为，LEWICE 是一个二维程序，LEWICE 3D 三维程序需要的条件与二维程序有很大的不同。

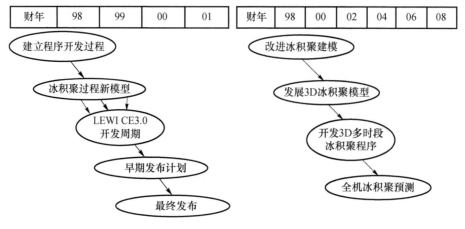

财年	98	99	00	01

建立程序开发过程

冰积聚过程新模型

LEWI CE3.0 开发周期

早期发布计划

最终发布

财年	98	00	02	04	06	08

改进冰积聚建模

发展3D冰积聚模型

开发3D多时段冰积聚程序

全机冰积聚预测

图 1　LEWICE 和 LEWICE 3D 开发历程[1]

1.1　LEWICE(2D)

LEWICE 中使用的冰增长模型是基于 Messinger 描述的公式。该模型是用一维稳态热动力控制的体积分析法应用于有限时间段物体表面离散位置形成的。对大多数结冰条件,这个模型能很好地估算飞机表面的冰增长。然而,对于接近冷冻温度的条件和云中液态水含量较高时,Messinger 模型没有正确地描述存在于表面的冰水混合动力特性。这样,冰增长过程的有些元素没有正确地在 LEWICE 中模拟,包括:粗糙表面水膜动力学、冰粗糙度对边界层发展的作用和导致的对流热传导增加、以及水滴飞溅和破碎对水捕获的影响。

进一步发展二维 LEWICE 软件系统的工作有两方面内容:①增加程序的可靠性;②软件增加结冰机理新认知的扩展能力。当有新的结冰物理模型可用时,LEWICE 软件系统将继续更新,并且考虑用户期望增加的内容。

1.2　LEWICE 3D

二维版本的 LEWICE 是 NASA 应用最广泛的软件,随着用户对三维冰增长模拟需求的增加,NASA 开发了 LEWICE 3D。这个软件是基于 LEWICE 二维冰生长模型的扩展,耦合三维流场和水滴轨迹计算形成的。冰生长计算采用单时间步长覆盖整个结冰过程的方法。该软件已成功用于评估水滴撞击形成的图案以及飞机从发动机进气道、雷达罩、机翼到整个飞机构型上冰生长的形状。

计算机硬件和计算流体力学以及网格生成和湍流模型等相关领域技术的发

展,使人们能更多地使用三维建模来分析冰增长对空气动力学的影响。不同的科研机构进行三维空气动力计算一般也有不同的软件解法。因此,NASA 对 LEWICE 3D 的开发考虑了与不同流场模拟程序相衔接的问题。

从图 1 可以看出,三维程序初始的工作基本与二维程序相同。把冰增长方面的最新认识融入数学模型中,改进在透明结冰方面的模拟能力。除了二维情况必须强调的特征外,三维冰生长建模必须要能考虑独特的"龙虾尾"冰型(图 2),它通常出现在大后掠尾翼和机翼上。

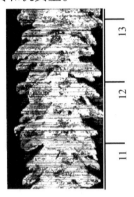

图 2   NACA0012 后掠机翼前缘"龙虾尾"冰型[1]

LEWICE 3D 继续发展的目标是进行冰生长的多时间步长计算,这是二维版本的一个重要元素。单时间步长计算能够提供冰质量、总的形状和模型上感兴趣位置的相对冰增长,如果需要更详细的冰几何形状,就需要多时间步长计算。

2. 冰防护系统数值模拟

飞机设计机构和认证机构对冰防护系统性能的评估都有应用需求。为了确定一个给定设计在防冰和除冰工作模式的能力,有必要将冰防护系统性能的估算与冰增长的估算结合起来。NASA 为此扩展了 LEWICE 程序,使它能模拟一些类型热冰防护系统。

在 LEWICE 的最新版本中,增加了几个子程序,用户利用它能模拟电热或热空气冰防护系统。两种情况下,无论植入电加热元件还是模拟被加热体内壁热空气热流,都需要知道热流比值。对此增强版程序已经做了一些试验验证工作。

LEWICE 中增加的另一个内容是一个称为"流动变湿"(running wet)的系统,这个程序估算包括回流水影响的防冰热系统性能。

这方面 NASA 要做的进一步工作是建立更多的验证信息,并把对这类系统的模拟扩展到包括热空气射流;进行更多的用于热系统分析的试验,以便进一步比较计算与试验结果。

此外,还有其他防冰方法,这些方法采用非热手段除冰。它们主要是机械系统和化学系统方法。机械系统采用其他技术来分离冰和飞机表面。这类方法包括附着在飞机表面的气靴到嵌入飞机表面的电磁线圈,当电流通过线圈,它将会在机翼表面产生涡流。化学系统工作是通过渗出一种液体,降低飞机表面的冰点来防止冰的生成,并使冰点低于大气条件。机械和化学系统的建模,NASA 也已经考虑。

3. 结冰研究风洞(IRT)数值模拟

LEWICE 和 LEWICE 3D 程序是模拟物体处于无边界均匀结冰云环境中的冰增长。地面结冰模拟设备中,如 IRT 风洞中,由于云均匀性的变化、洞壁的存在和风洞气动力特性等,情况有所不同。为了研究这些影响和最终发展一个能用来设计结冰试验的工具,NASA 开展了 IRT 风洞的数值模拟工作。

这个模拟工作的目标将是通过计算手段再现 IRT 风洞试验段结冰云条件,进而结合各种试验模型的建模,来估算它们在 IRT 风洞中遭遇水滴撞击形成的图形和冰型。这种能力有几个显著的优点:①无论是结构上还是功能上,将能先于试验模拟 IRT 风洞的潜在变化,以便评估对冰云特征参数的影响;②结合试验模型建模,研究人员能事先规划 IRT 风洞的试验过程,评估试验可能的结果,进而调整试验模型或试验大纲;③这种能力有助于研究人员认识风洞和模型支撑机构对模型上冰型的影响,这也将提供对试验结果的更好分析和对预期的飞行结冰试验结果的认识。

IRT 风洞的数值模拟是从喷水杆上游开始经过试验段到扩散段出口结束。Hancir 和 Loth 利用三维结构网格 N-S 解的一个 NPARC 程序来模拟 IRT 风洞中的空气动力,并修改一种模拟喷油的 KIVA 程序来模拟喷嘴出口到试验段后水滴的性能。这个新软件工具称为 K-ICE。水滴性能的模拟不同于 LEWICE 程序中的,它在计算中考虑了气流湍流的影响。

图 3 和图 4 给出了水滴通过 IRT 风洞试验段某一垂直平面、无自由流湍流和有自由流湍流影响的分布图,显示出 IRT 风洞中的湍流对喷嘴出来水滴的散布起重要作用。无自由流湍流,IRT 风洞中的云图案在液态水含量上有大的空间波动,进而降低冰型结果的可用性。

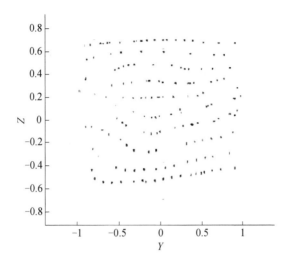

图 3　无湍流影响 IRT 风洞试验段水滴散布图[5]

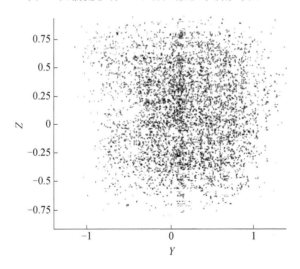

图 4　有湍流影响 IRT 风洞试验段水滴散布图[5]

4. 结冰对空气动力学和飞行影响的数值模拟

当有代表性的冰型建立后,就要评估其对飞机部件空气动力学的影响。进行这样的计算遇到的困难是冰型不规则的几何形状和与冰型相关的复杂流动性。

NASA 用结构网格的 N – S 程序进行结冰飞机空气动力学模拟。第一步是

145

创建网格,它将产生一系列复杂问题,大多数这些问题围绕怎样适当处理反映冰型特征的粗糙度量级。由于冰粗糙度已足够大,这些特征放在几何条件文件中输入网格生成软件。在许多情况下,冰增长的特征是弯度很大的小表面粗糙元,或凹或凸。大多数结构网格方法(甚至非结构网格方法)在这种形状上生成网格很费时间。为了减少网格生成方面的工作,NASA 一直在进行自动网格生成方面的工作。

一旦网格建立,就能进行结冰对翼型/机翼性能影响的数值模拟。接近失速并且含有分离流区时,计算要花费相当的时间。图 5 和图 6 给出了数值模拟的一个样例。图 5 给出靠近前缘带冰脊某翼型生成的网格。图 6 给出了该翼型的有和无冰型的升力曲线。两组曲线代表了副翼的两个位置。计算采用 Spalart - Allmaras 湍流模型。

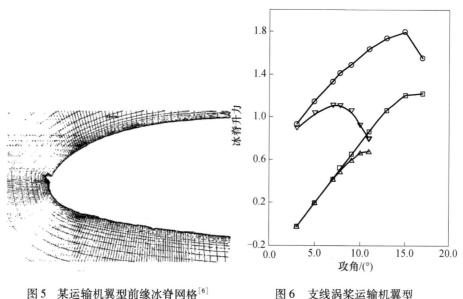

图 5 某运输机翼型前缘冰脊网格[6]   图 6 支线涡桨运输机翼型
                                                     前缘冰脊升力计算[6]

为了进一步发展这类气动分析的准确性和可靠性,必须进行湍流、粗糙度和转捩模拟的进一步开发工作并建立验证这些模拟的适当试验数据库。这些方面的工作不仅对性能模拟有用,而且对冰增长模拟也有用。

冰增长对飞机性能的影响也能用考虑了冰几何形状性质的计算程序模拟。NASA 以结冰对部件空气动力特性影响数值模拟为基础,结合适当的结冰风洞和飞行试验数据,开发了飞行员飞行结冰模拟器软件,使飞行员在飞行结冰模拟器上能感受结冰对飞行操控的影响,提高飞行员处理飞行结冰的能力。

146

5. 结束语

结冰是影响飞机飞行安全的重要问题之一,对飞机结冰问题的试验和计算模拟一直是 NASA 格林研究中心的重要工作之一。NASA 在结冰研究方面的经验和做法值得我们研究、学习、和借鉴。

(1)结冰问题研究是一项长期和复杂的工作,需要有一个牵头协调单位并制定一个结冰综合发展计划;

(2)结冰的数值模拟要与型号部门和飞行认证机构紧密结合,满足用户的需求并不断完善;

(3)结冰的数值模拟是建立在大量基础研究之上的,并在使用中不断修改、发展和完善,因此,需要建立一个便于扩展的发展平台;

(4)结冰的数值模拟需要试验的验证,设计验证试验和标模,建立和发展试验验证数据库是必要的;

(5)结冰的数值模拟在机理研究、风洞试验、型号设计和评估认证、飞行模拟训练等领域都有广泛应用,软件开发需要统筹考虑;

(6)我国结冰研究仍处于起步阶段,而国外已经有 70 多年的发展历史,有大量的文献资料和研究经验可以共我们学习和借鉴。我们应当有组织、有计划地对国外结冰文献资料进行开发利用研究,促进结冰研究的快速发展。

参考文献

[1] Levinson L H. Software development processes applied to computational icing simulation[R]. AIAA 99 – 0248,1999.

[2] Caruso S. NEARICE – An unstructured – mesh Navier – Stokes – based ice accretion prediction method [R]. AIAA 94 – 0606,1994.

[3] Chung J. Numerical study of aircraft controllability under certain icing conditions[R]. AIAA 99 – 0375,1999.

[4] Al – Khalil K. Numerical modeling of anti – icing systems and comparison to test results on a NACA 0012 airfoil[R]. AIAA 93 – 0170,1993.

[5] Hancir P. Computations of droplet distribution in the IRT[R]. AIAA 99 – 0097,1999.

[6] Bidwell C S. Ice accretion calculations for a commercial transport using the LEWICE3D,ICEGRID 3D, and CMARC programs[R]. AIAA 99 – 0250,1999.

[7] Wright W B. Validation results for LEWICE 2.0[R]. AIAA 99 – 0249,1999.

气动声学风洞建设研究综述

摘要：大气层中运动的物体会产生气动噪声,在日常经济生活中,气动噪声影响飞行器或车辆的性能以及人们的生活环境;在战争中,气动噪声影响武器装备的生存力和战斗力。气动声学研究迫切需要建设专用气动声学风洞。

关键词：声学风洞;无回声风洞;综述

引言

气动噪声影响飞行器性能和环境、影响武器装备生存能力、影响人员乘坐的舒适性。在大型运输机、直升机、水中兵器、高速列车和汽车、风机等研究领域,噪声研究始终是空气动力领域关注的重点。研究气动噪声离不开气动声学风洞(又称为无回声风洞),虽然国外从 20 世纪 30 年代末开始相继建成了一些专用声学风洞,如美国麻省理工学院的声学风洞、英国皇家航空航天研究院的 7.3m 声学风洞、法国 CEPRA 19 声学风洞等,但随着科技的发展、时代的进步,人们对气动声学研究的需求更多了,气动声学研究在低速风洞领域也显得更为重要。

1. 常规低速风洞的声学改造

气动噪声研究需要声学风洞,建设新声学风洞毕竟投资大,周期长,由于大量潜在的声学试验研究需求(航空、水中兵器、车辆、环境等),促使产生了世纪之交的国外大型生产型风洞的声学改造热潮。除此之外,随着风洞试验的精细化发展,噪声本身对风洞流场品质的影响,如对湍流度、流动分离影响等,也已引起了风洞设计人员的关注。如美国田纳西州立大学、波音飞机公司等都进行过风洞背景噪声对低速风洞流动分离、流场品质影响的研究。20 世纪末国外在常规新风洞设计中,如韩国的 4m×3m 低速风洞,对风洞背景噪声抑制的考虑相比过去要重视得多。

1.1 美国 NASA 12m×24m 全尺寸风洞声学改造

20 世纪末,美国开始对 12m×24m 全尺寸风洞进行声学试验段进行改造,项目目标是将风洞 12m×24m 试验段改造为无回声试验段,使试验段内 80Hz ~

20kHz 的噪声 99% 能被吸收,为此试验段钢框架内安装了 1.02m 高的玻璃钢楔,0.152m 厚的玻璃钢吸声层覆盖整个试验段并延伸至扩散段内。

1.2 美国 NASA 高空风洞(AWT)声学改造

20 世纪后期,美国 NASA 刘易斯研究中心对建于 1944 年的高空风洞(AWT)进行了改造,将风速从 $Ma = 0.6$ 提升到 0.9,增加了风洞结冰和声学试验能力,对试验段、风洞回路的声学特性进行了研究和处理。

1.3 法国 ONERA F1 风洞声学改造

2001 年,法国 ONERA 对 F1 低速风洞进行了声学试验段改造,试验段内铺设了 0.15m 厚的吸声层,吸声频率范围 600Hz ~ 25kHz。改造完成后进行了发动机进气道声学试验研究。

1.4 法国 ONERA S1MA 风洞声学改造

1999 年,法国 ONERA S1MA 风洞完成了声学试验段改造,在风速 $Ma = 0.85$ 范围内,频率 200Hz ~ 2kHz 的风洞噪声得到有效抑制。欧洲先进推进综合气动力和噪声研究项目(APIAN)在 S1MA 风洞进行了对比试验研究,风洞声学改造取得了成功。

1.5 NASA 兰利中心 4m ×7m 低速风洞声学改造

为了开展直升机旋翼噪声研究,NASA 兰利中心开展了 4m ×7m 低速风洞声学改造可行性论证研究工作。研究了直升机声学试验对风洞背景噪声的要求;评估了 4m ×7m 低速风洞声学试验环境;分析研究了风洞噪声源和噪声传播路径;提出了降低风洞背景噪声处理方案。

1.6 英国南安普敦大学 2.1m ×1.5m 低速风洞声学改造

航空声学研究是航空航天研究的一个主要领域,为了能充分发挥小型风洞的研究作用,拓展研究领域,南安普敦大学对 2.1m ×1.5m 低速风洞进行了声学改造,使其既能进行空气动力研究,也能进行航空部件的气动噪声机理研究。

2. 专用气动声学风洞的主要形式

对常规低速风洞进行声学方面的改造,虽然能满足部分声学试验的要求,但由于受已有风洞结构条件的限制,在声学品质方面,与专为声学试验而设计的无回声声学风洞相比仍有差距,因而,专用声学风洞建设是必要的。况且,现代声学技术的发展,使声学风洞设计与早期同类风洞相比也有了很大的进步。专用声学风洞主要有两类:①航空声学风洞;②车辆气动声学风洞。

2.1 德/荷 DNW 风洞

DNW 风洞是欧洲最大的低速风洞,建成于 20 世纪 70 年代末,主要用于飞机、直升机、工业空气动力学和航空声学试验。该风洞具有 3 个闭口试验段,一个开口试验段(8m×6m),开口试验段是一个带有无回声驻室的试验段(图1),试验风速 86.4m/s。

由于模型气动力试验大多数在闭口试验段进行,为了提高试验效率,DNW 实现了在获取气动力试验数据的同时,在闭口试验段壁板上应用麦克风阵列技术进行飞行器部件噪声测量。美国也在 NASA 12ft 压力风洞、低湍流度风洞等多座风洞开展了该项技术研究工作。

图1 德/荷 DNW 风洞声学试验段[3]

2.2 英国皇家航空航天研究院(RAE)7.3m 声学风洞

该风洞建成于 20 世纪 30 年代,风洞试验段直径 7.3m,长 7m,试验风速 5～50m/s,是一座回流式连续风洞。风洞试验段内做了大范围声学处理,可进行螺旋桨、旋翼和喷流噪声试验。

2.3 法国国家航空航天研究院(ONERA)CEPRA19 声学风洞

CEPRA19 声学风洞建成于 20 世纪 70 年代末,试验段气流出口直径 3m(2m),试验段驻室长 11m,试验风速 65m/s(105m/s),是一座直流式风洞。风洞由 ONERA 与发动机试验中心(CEPR)共同运行,主要进行直升机旋翼、潜艇噪声、发动机射流噪声等试验。

2.4 荷兰特温特大学声学风洞建设

荷兰特温特(Twente)大学工程力学系有一座1m量级的回流式低速风洞,该风洞以前主要用于教学和空气动力研究,2001年该风洞与荷兰应用研究协会达成研究协议,今后该风洞主要用于气动声学研究,发展气动声学计算方法。因此,特温特大学对原有风洞进行了脱胎换骨的改造,可以说是在原地的新建。

2.5 英国南安普敦大学3.4m×2.5m低速(声学)风洞

英国南安普敦大学有一座2.1m×1.5m低速风洞,通过声学改造已可以进行航空声学研究。除此之外,英国皇家航空研究中心增给学校一座3.4m×2.5m低速风洞,在该风洞的移动和重新安装过程中,南安普敦大学对其进行了声学设计,增设了3m×2.4m声学试验段,试验风速50m/s。

2.6 美国乔治亚理工学院无回声飞行模拟设备

乔治亚理工学院无回声飞行模拟设备是一座直流引射式声学试验设备,无回声驻室长4.3m,宽4.3m,高6.1m。喷管出口直径0.71m,最大风速105m/s,99%的回声低于200Hz。该风洞可以进行超声速热喷流、螺旋桨或旋翼、机翼等噪声研究。

2.7 美国圣母大学声学风洞

圣母大学有一个无回声驻室,其长7.9m,宽6.1m,2.4m。无回声驻室噪声截止频率100Hz,玻璃钢吸声尖楔对100Hz以上频率正入射声波能量吸收系数为0.99。为了进行螺旋桨、泵、翼型、浆叶等声学研究,为其匹配设计了一个射流风洞,气流出口面积0.37m²,最大风速30.5m/s,主要用于飞机、汽车、潜艇的方面的试验研究。

2.8 日本铁道技术研究所新建声学风洞

1996年,日本三菱重工为铁道技术研究所建造了一座大型静音风洞,风洞最大风速111m/s。该风洞是世界上最安静的风洞之一,其目标是当试验风速为84m/s时,试验段噪声不大于75dB。该风洞在声学设计建造上采用了一些新设计,基本实现了预期目标(图2)。

2.9 美国克莱斯勒(Chrysler)汽车公司声学风洞

汽车工业的迅速发展,使用于车辆研究的气候风洞和声学风洞增多,宝马、奔驰、雪铁龙等大汽车公司都有此类风洞。美国克莱斯勒集团2002年投资3750

图2　日本铁道技术研究所新建声学风洞(图片源自互联网)

万美元建成了一座气动/声学风洞(图3)。试验段驻室长 21m,宽 15m,高 10m,进行了声学处理;气流出口面积 28m²;最大试验风速 67m/s;风速 39m/s 时试验段背景噪声小于 62.5dB;主要用于空气动力、气动声学、热气体动力学试验。

图3　美国克莱斯勒气动声学风洞(图片源自互联网)

3. 航空声学风洞设计要求

　　航空声学风洞与常规风洞相比,除风洞流场品质要求外,最主要的设计点就是要使风洞的噪声尽可能的低,因此,我们首先要了解风洞噪声的来源,针对声源研究抑制噪声的方法。

　　通常低速风洞噪声主要包括风洞所处的环境噪声、动力系统桨叶旋转噪声、风洞管道拐角间(1、2拐角;3、4拐角)湍流噪声、试验模型反射噪声、试验段中气流出口湍流噪声以及湍流与气流收集器干扰噪声等。

　　航空声学风洞通常用来进行飞机、直升机等声学研究,为了满足直升机航空声学试验要求,应具备以下基本要求:

　　(1)流场品质。为了满足航空声学的声源机理研究,风洞气流应非常均匀,均匀度小于 0.5%;湍流度小于 0.5%;平均流的非定常脉动小于 0.5%。

（2）试验段尺寸。考虑雷诺数效应、噪声产生机理以及其与模型缩比关系，声学试验的旋翼模型最小应为1:5。最小的旋翼直径为2m，而试验段均匀流区应4m宽以上。

（3）风洞背景噪声级。风洞中存在各种潜在的噪声源，对每个可能的噪声源进行一些特殊处理，这是降低风洞试验段和试验段驻室噪声所必须做的工作，也是这类风洞与常规低速气动力风洞设计主要不同的着力点。声学测量实践表明，要准确测量旋翼噪声源，必须使所有感兴趣频率上的背景噪声至少低于要测量噪声6dB。

（4）包围开口试验段的大无回声驻室。无回声声学风洞的开口试验段由经吸声尖劈处理的驻室完全包围，形成一个无回声的声场环境。旋翼是几何尺寸很大的噪声源，为在几何远场测量，麦克风位置离桨毂的距离至少应是旋翼直径的2.5倍，即：对2m旋翼直径，麦克风测量位置离桨毂为5m。采用开口试验段的大无回声驻室声学处理方式要优于闭口试验段的内衬式壁面声学处理，因为吸声尖劈的无回声驻室声学处理的吸声尖劈处于流场外，形成的测量环境更接近自由流场；同时，由于测量麦克风处于流场外，因此没有气流所致的麦克风自激噪声；另外，风洞回流道的噪声也不会直接辐射到测量区。

4. 声学风洞降噪主要设计措施

航空声学风洞的主要技术问题有两方面：①针对以上分析的风洞噪声源进行声学处理，从而降低试验区噪声水平；②模拟自由声场进行远场测量。航空声学风洞针对风洞噪声源的处理有以下几个方面：

（1）风洞动力段噪声主要由电机和机械传动部分产生的噪声、风扇叶片旋转噪声和止旋片湍流噪声构成。

（2）4个拐角处导流片的设计对减小气流湍流度、降低湍流噪声、提高风洞流场品质是非常重要的。

（3）开口式风洞的自由射流收集器必须要能平顺地收集射流（均匀流区和剪切层区），最大限度地减小试验段中的压力脉动，非定常的压力脉动能够向上游传递噪声，因此气流收集器的优化设计是国外声学风洞改造和设计的重要研究内容之一。

（4）无回声室大小取决于将来风洞试验要测量的声源声波的最大波长。为了保持无回声室低反射和壁面的低干扰，声波传播路径要满足以下条件：

① 垂直于壁面的传播测量路径距离最小不低于波长的1/4；

② 平行于壁面的传播测量路径距离最小不低于波长的1/2；

③ 声源和测量麦克风距离最小不低于波长（远场测量）。

在满足以上条件的情况下,根据风洞试验段出口尺寸、直升机(大尺寸声源)远场声学测量要求确定风洞最大无回声室大小,室内壁铺设吸声尖楔。DNW 风洞的无回声室为 $30m \times 50m \times 20m$。

(5)风洞经过以上各环节的声学设计,噪声较常规风洞得到改善,但完全消除噪声是不可能的,所以风洞动力部产生的噪声和流动的湍流噪声会随气流流动传播。为了进一步改善风洞试验段的声学品质,声学风洞在适当的流动回路中设计了降噪器,如:试验段的上、下游或动力段两端等。

5. 声学风洞建设的几点建议

通过以上国外声学风洞建设的分析研究,对未来我国声学风洞建设提出以下几点建议:

(1)声学风洞在航空、水中兵器和汽车等领域具有广泛的市场需求,国外大量常规低速风洞的声学试验能力改造和新风洞建设说明了具备声学试验能力的重要性。专用航空声学风洞国内仍是空白,建设一流的低速气动力研究所不能没有声学风洞,应尽快开展建设论证和设计。

(2)国外风洞建设的竞争态势对我们形成了很大挑战,声学风洞的方案论证显得尤为紧迫,应该积极探索市场经济条件下吸纳资金建设风洞的多种渠道和模式,如采用股份制等。

(3)声学风洞的设计建设应以航空声学试验为主,并兼顾车辆试验的某些需要。随着我国汽车工业自行研制能力的发展,专用汽车风洞的建设必将提上议事日程,如果我们不能建设专用汽车风洞,声学风洞的设计兼顾车辆试验的某些需要是有必要的,否则我们将会失去这一往日的市场。

(4)要满足我所现有直升机 4m 台试验的需要,声学风洞的试验段出口应在 6m 量级以上,考虑到车辆试验的需要试验段尽量长一些,并设计车辆试验辅助装置;风洞应设开、闭口两个试验段,满足不同类型的声学试验需要。

(5)尽早开展风洞声学试验有关设备、技术的跟踪研究是必要的。

参考文献

[1] GAMUSSI R. Experimental characterization of the aeroacoustic behavior of a low speed wind tunnel [R]. AIAA 2000 – 1986.

[2] Gustavsson L. Acoustic characteristic of anechoic chamber at FFA[R]. FFA – TN – 1990 – 43.

[3] Cheeseman I C. The use of an acoustic wind tunnel for aeroacoustic research g[R]. DGLR – VortraNr. 81 – 031,1981.

低温风洞发展综述

摘要：低温风洞将现代低温技术与增压技术相结合，利用多种手段大幅度提高风洞试验雷诺数模拟能力，为大型高雷诺数飞行器研制提供可靠的地面试验数据。本文介绍低温风洞原理、能力和发展历程。

关键词：低温风洞；雷诺数；综述

引言

众所周知，雷诺数是风洞试验的一个重要模拟相似参数，为了获得准确的风洞试验数据，就要保证风洞试验的雷诺数与飞行器在空中飞行的雷诺数一致。但实际上，目前常规风洞试验的雷诺数与大型运输机研制需求仍相差很大。提高风洞试验雷诺数是风洞试验研究人员长期不懈的追求。通常提高风洞试验雷诺数的方法有：

（1）风洞中流动气体采用重气体，以提高流动介质密度；

（2）增大模型尺寸，如：在风洞尺寸一定的条件下，采用半模试验，或建设大尺寸风洞；

（3）增加风洞中压力，以提高流动介质密度；

（4）降低风洞中温度，以提高流动介质密度；

20 世纪 70 年代早期，美国 NASA 兰利中心开始致力于小型低温风洞研究，大约 10 年后建设成了 2.5m×2.5m 用液氮冷却的大型跨声速低温风洞（NTF），它促使世界其他国家风洞试验机构相继开始发展和研制低温风洞。

1. 提高雷诺数问题简述

影响风洞试验数据准确性的一个重要因素就是风洞的雷诺数模拟能力不够，这个问题对于用风扇驱动的大型连续式风洞更为严重。随着现代飞机尺度的增大，风洞的雷诺数模拟能力也更加不能满足型号研制的需求。知道雷诺数是惯性力和黏性力之比，用公式可以表达为

$$Re = \frac{\rho v L}{\mu} \tag{1}$$

式中,ρ 为气体的密度;ν 为气体的流动速度;L 为试验模型的特征长度;μ 为气体的动态黏性系数。

对于低速不可压缩流动,可以通过提高风洞试验的风速来提高雷诺数;但对可压缩流动,速度变化不是独立的,它受到马赫数相似要求的限制。

早在 1920 年就有学者提出采用二氧化碳重气体通过提高气体的密度来提高风洞试验雷诺数;后来风洞中普遍采用氟里昂 – 12 重气体,它可以提高雷诺数 2.66 倍,而且风洞运行的动力需求只有使用空气时的 0.36 倍。但由于氟里昂 – 12 的比热比为 1.13,与空气的 1.4 不同,虽然对它的影响也可以修正,但对一些有特殊要求的试验则不行。近年来,NASA 兰利中心一直在利用小型低温风洞研究重气体 SF_6,以支持其特大型重气体风洞的设计研究计划。

使用大模型是提高雷诺数的最直接手段。但如果保持洞壁干扰不变,大模型意味着要增大风洞试验段尺寸,风洞运行的动力也将与试验段截面积成正比增加,因此风洞建设和运行成本都将是一个严重问题。

保持较低的风洞建设和运行成本,采用提高压力以提高流动介质密度的手段来提高雷诺数是一个较好的方法。但对高速风洞,动压的增加也将增加模型的载荷和变形,模型支撑机构也将需要增强,支架干扰问题以及支架对模型后体的影响都将是需要认真考虑的问题。

对于跨声速风洞,将气体冷却到低温似乎是一个最好的方法。

2. 低温风洞发展、原理和能力

1870 年英国造船工程师、航空爱好者 F. H. Wenham 建造了世界上第一座长 10ft,横截面积 $18in^2$ 的风洞。1920 年,时任美国 NACA 住巴黎办事处的空气动力专家法国人 W. Margoulis 提出了冷却风洞气流提高雷诺数的设想,推论冷却重气体二氧化碳能提高雷诺数并降低风洞对驱动力的需求。1945 年,英国皇家飞机研究院的 R. Smelt 研究高雷诺数高速风洞减小尺寸和动力的途径,再次注意到重气体和低温的优点。但由于当时没有实际可行的冷却方法和认为没有合适的结构材料,低温风洞建造未能付诸实施,研究报告处于保密状态,直到 1979 年才解密。1971 年,美国 NASA 兰利中心的 M. J. Goodyer 及其研究小组认识到低温风洞的其他一些优点,开始建造小型低速低温风洞。

世界上第一座低速低温风洞是美国 NASA 兰利中心用其垂直起降风洞的模型风洞改造的。1972 年 1 月进行了首次低温风洞试验,并进行了一系列概念验证试验。研究人员通过对风洞中直接喷入液氮的方法能将风洞温度稳定在 333 ~ 80K 的范围内。利用该风洞证实了低温风洞概念的有效性和实际可行性。

在此基础上,NASA 兰利中心于 1972 年 12 月开始设计引导性跨声速低温风洞,该风洞目前称为 0.3m 跨声速风洞(TCT),1973 年 10 月风洞开始运行,验证了低温风洞在跨声速和 6atm 下运行的有效性,并利用该风洞进行了一系列高雷诺数气动力试验,如航天飞机低阻测量。近年来,该风洞还进行了进一步改造,如增加了试验段侧壁边界层吸除系统和自适应壁试验段等。

在此时期的理论和实践研究中,欧美的风洞研究人员更多地认识到低温风洞的优越性,因而抛弃了几种常温高雷诺数暂冲式风洞的构想。1975 年 NASA兰利中心决定建设大型跨声速低温风洞,以此来满足美国对高雷诺数试验的需求。美国在低温风洞建设方面的成功,使世界其他风洞试验机构看到了这种风洞的潜力,到 1993 年,世界各国建设了各种尺寸和不同用途的低温风洞 18 座。其中大部分都是 0.5m 量级以下的研究型风洞,大型的有美国 NASA 兰利2.5m×2.5m 跨声速低温风洞(NTF)和德国 DLR 科隆的 2.4m 2.4m 低速低温风洞(KKK),欧洲 2.0m×2.4m 跨声速低温风洞(ETW)。

图 1 说明了低温使气体性质改变且能提高雷诺数的原理。图中为便于比较,假设常温跨声速风洞的总温为 322K(49℃)。从图 1 左图中可以看出气体性质随总温降低的变化。气体密度随总温降低而增加,在总温降低到大约 100K以下时,密度可以达到总温 322K 时的 4 倍以上,同时气体的声速和黏性系 数也大约分别降低 1/2 和 3/4。图 1 右图表明了低温对风洞试验条件和驱动力的影响。随温度降低,动压不变,风洞所需动力降低,雷诺数增高。总温 100K 时风洞所需动力大约是总温 322K 时的 1/4,而雷诺数约是原来的 6 倍。

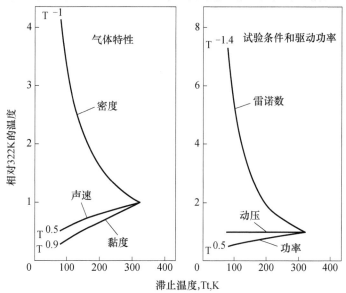

图 1　气体性质和风洞条件与总温的关系[1]

美国 NASA 兰利中心 2.5m×2.5m 跨声速低温风洞（NTF）主要采用不锈钢和铝制造,是一座回流式风扇驱动连续式风洞,风洞冷却采用液氮,试验气体可用氮气或空气,马赫数范围 0.2～1.2,总压 1～8.9 个 atm,驱动电机功率101MW,液氮存储罐容量 3800t,风洞最大雷诺数 $4.8×10^8/m$。

图 2 给出了美国 NASA 兰利中心 2.5m×2.5m 跨声速低温风洞（NTF）的雷诺数覆盖范围。风洞采用大尺寸试验段、增压和低温三个手段的结合,解决了美国其他风洞在亚声速和跨声速范围雷诺数不能满足型号研制的问题。该风洞第一次将大型跨声速风洞与现代低温工程技术结合起来。

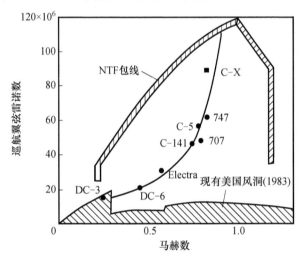

图 2　美国 NTF 风洞和其他风洞雷诺数包线[2]

3. 低温风洞的特殊问题

风扇驱动的低温风洞（图 3）与常规风洞的不同主要有 4 个方面:①低温风洞的冷却通常采用液氮,液氮注入系统是首先需要特别考虑的问题;②低温风洞中低温废氮气的排放问题;③风洞低温运行需要考虑隔热问题;④液氮注入、废氮气排放等风洞的自动控制问题。

低温风洞通常采用压力泵将液氮从存储罐输送到喷嘴。NASA 利用 0.3m 引导性低温风洞对液氮的注入进行了研究。研究结果表明,为了在试验段获得均匀的温度分布,喷嘴的位置选择最为重要,最好安置在试验段后的扩散段处;而喷嘴的类型和尺寸则不很重要,因为对于用风扇驱动的低温风洞,用来冷却的液氮量较少,大概是试验段总流量的 1% 左右。

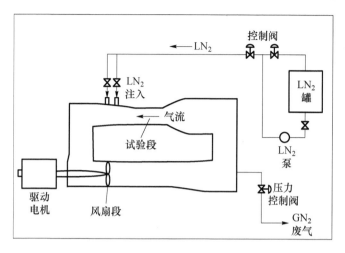

图 3 低温风洞示意图[2]

低温风洞中低温废氮气的排放采用一种被动式排放装置。该装置在连接风洞的废氮气排放管外套一个直径大 1 倍的与大气相通的外管,废氮气排放管上开有小孔。这样低温废氮气排放时就能与大气充分混合安全排出风洞。为了防止出口处结冰,也可设置加热装置,如果设计合理则可以不用。

低温风洞的隔热设计取决于风洞的类型、尺寸和用途。通常小型风洞采用外隔热方式,大型风洞采用内隔热方式,隔热设计对大风洞非常重要。NASA 在第二代的隔热系统设计中,采用了能清除隔热层中湿气的排管技术。

自动控制技术对现在的风洞已不在是一个难题,对于低温风洞,好的控制系统的重要性有两个:①精确的液氮控制关系到风洞的运行成本;②关系到风洞试验的气动力数据质量。

4. 结束语

低温风洞解决了常规风洞试验雷诺数模拟能力低的问题。通过采用液氮冷却风洞中气体的方法,可以使风洞试验雷诺数提高 7 倍;同时,风洞中来流动压没有改变,风洞所需动力降低。美国 NASA 兰利中心 2.5m×2.5m 跨声速低温风洞(NTF)、德国 DLR 科隆的 2.4m×2.4m 低速低温风洞(KKK),法国、德国、荷兰、英国在德国科隆附近联合建造的 2.0m×2.4m 欧洲跨声速低温风洞(ETW)3 座风洞都是风扇驱动的大型连续式低温风洞。这些风洞将低温、增压技术相结合,大幅度提高了风洞雷诺数模拟能力,为满足欧美国家 21 世纪大型高雷诺数飞行器研制需求奠定了基础。

参考文献

[1] Viehweger I G. Half model testing in the cologne cryogenic tunnel(KKK)[R]. AIAA – 94 – 2511,1994.

[2] Walker E. Measuring wall interference correction accuracy: an overview of the NTF program [R]. AIAA2004 – 770,2004.

[3] Jurgen Q. ETW – high quality test performance in cryogenic environment[R]. AIAA2000 – 2206,2000.

对未来武器装备发展至关重要的
12 座 NASA 航空试验设备

摘要：航空技术迅速发展的需求,促进 20 世纪美国大量航空试验设备建设。而未来航空航天发展对试验设备的需求,更多地是在试验设备的能力而不是拥有试验设备的数量。本文概述美国国防部针对未来武器装备发展评估确定的 12 座 NASA 航空试验设备。
关键词：风洞;航空试验设备;评估

引言

航空试验设备的建设与航空航天飞行器研制紧密相联,在 20 世纪 30 年代前后,早期螺旋桨飞机的发展遇到了诸多空气动力问题,促使美国开始建造大型低速风洞。从 40 年代开始,随着人们对空气动力学认识的加深,飞机开始从活塞螺旋桨式向喷气式过渡,这促进了超声速风洞的迅速发展,1956 年美国建造了世界最大的试验段尺寸为 4.9m×4.9m 的超声速风洞。为了解决近声速试验时出现的壅塞现象,美国又建造了大型跨声速风洞,为飞机突破声障奠定了基础。随着导弹、航空航天飞行器发展,50 - 80 年代,美国相继建设了大量风洞试验设备。目前,美国是世界上拥有航空地面试验设备最多的国家。20 世纪90 年代以来,受试验任务、经费、风洞品质和能力等多方面因素影响,美国建设的大量航空试验设备出现了过剩现象,美国开始评估研究 21 世纪航空航天、武器装备发展对试验设备的需求,以便确定需要重点保障的航空地面试验设备。

1. 美国国家航空试验设备发展和评估的背景

美国航空军事装备的研究很大程度上要依靠 NASA 的航空试验设备。NASA 的前身 NACA 创建于 1915 年,是美国国家航空研究的领导机构,拥有一些航空试验设备。在第二次世界大战中,为了满足战时航空研究的需求和战斗机研制的需求,又建设了一些试验设备。美国军方与 NACA 关系密切,领导 NA-CA 的咨询委员会中就有战争部和海军部的代表。二战后,涡轮喷气技术和跨超声速飞行技术研究使美国航空迅速发展。1947 年,美国空军成为一个独立的部门,由于受二战中所见德国航空优势的刺激,美国空军希望组建工程发展中心,建设能够为航空系统提供试验数据的试验设备。1949 年,为满足美国军事技术发展的需要,美国国会颁布了 81－415 公共法案,根据这个法案联邦政府制定了航空试验设备国家发展计划。这个计划做了两件事:

(1) 决定将主要风洞试验设备建于 NACA 的兰利、刘易斯(即现在的格林)、艾母斯中心;

(2) 组建空军的航空工程发展中心,即现在的阿诺德工程发展中心(AEDC),在这里建设的风洞试验设备于 20 世纪 50 年代早期投入使用。

20 世纪 60 年代,NASA 和美国国防部都认为国家航空发展的基础条件是发展新的配套的航空试验设备。因此,一些设备建在了 NASA,另一些设备建在了 AEDC。如航空推进系统试验设备 1977 年在 AEDC 建设,1985 年投入运行。先进的高雷诺数试验设备——国家跨声速试验设备(NTF)建在了 NASA 兰利中心,1983 年投入运行。至此,美国的国家试验设备架构基本形成。

20 世纪 90 年代以来,航空航天的发展趋势正发生改变,对航空试验设备数量和质量的需求也正发生变化,许多设备由于任务、经费、风洞效率和试验能力不足面临封存的境地,美国风洞试验设备已处于一个以品质/能力求生存的时代。调查表明,NASA 和美国国防部运行的主要风洞数量近年来呈下降趋势,见表1。

表1　近年主要运行的美国国家所属风洞数量

年度 部门	1993 年	1997 年	2006 年
美国国防部	21	14	14
NASA	39	25	16

美国有关方面开展了一系列研究,目的是降低风洞运行成本、提高设备拥有者之间的合作、确定需要投资的技术领域和需要投资建设的新设备。在许多有关这方面的研究中,值得我们研究和关注的有两个研究报告,一个是美国国会指定兰德(RAND)公司所做的研究报告《NASA 风洞和推进试验设备》(2002—2003),该项研究将美国 NASA 和国防部所属风洞按重要性划分为"核心"和"非核心"风洞,确定了满足武器发展需要"最少基本国家试验设备";另一个是《国防部航空试验设备评估》(1996—1997),该报告对未来国防武器系统及其对试验的需求进行了预测分析。

2007 年 1 月,美国国防部向国会提交了《对国防部至关重要的 NASA 航空试验设备》研究报告。该报告由国防部试验资源管理中心牵头,国防研究和工程、导弹防御局、国防系统等部门人员组成的一个高级别研究小组完成,分析确定了对完成未来美国武器研制发展至关重要的 12 座 NASA 航空试验设备。

2. 美国国防部评估认定的 12 座 NASA 航空试验设备

2.1 格林研究中心 1.8m×2.7m 结冰风洞(IRT)

IRT 结冰风洞试验段为 1.8m×2.7m,风速范围 22m/s 到 174m/s,试验温度为大气温度至 −25℉。风洞主要用于获得亚声速飞行防冰系统所需要的热传导数据,结冰研究类型主要包括结冰现象研究、结冰对飞行影响、冰防护系统研究、飞行认证、冰颗粒对推进系统进气道影响等。该风洞是美国最大和速度最高的结冰设备,是唯一可以进行全尺寸发动机进气道、飞机前体、雷达天线罩结冰试验设备,被国防部用于发展武器系统。

美国类似的风洞还有波音公司的气动力和结冰研究风洞(BRAIT),但其试验段尺寸只有 IRT 的 1/2,最大风速也要小 25%,另外的几个结冰风洞就更小了。美国国防部认为意大利航天研究中心的 IWT 结冰风洞是世界最好的,但作为武器装备研究有保密的要求,特别是对隐身进气道和无人战斗机进气系统的研究,不可能利用国外设备。美国国防部认为对有人和无人驾驶飞机结冰飞行条件下的研究,IRT 结冰风洞是美国核心试验设备之一,所有军事部门对该风洞都有潜在需求和长期的支持。

2.2 兰利研究中心 6m 垂直尾旋风洞(VST)

6m 垂直尾旋风洞是一座连续、闭口、环行回路立式风洞,是世界最大的立式风洞。试验段直径 6m,最大速度 27m/s,控制系统能够快速改变电机风扇速度。

该风洞可以利用动力相似缩尺模型和自由尾旋技术模拟研究飞机尾旋特性和改出尾旋特性,可以研究亚声速飞行区域的飞机尾旋、翻滚和其他飞机失控状态。研制高机动战斗机、无人飞行器、未来远程攻击飞机以及战斗机前体修型、传统的尾旋抑制试验所需的配重确定和尾旋伞尺寸研究等都离不开该风洞。

类似的风洞主要还有美国莱特空军基地的立式风洞(VWT),试验段尺寸比6m 垂直尾旋风洞小 40%;德国的大幅度多功能风洞(LAMP),试验段尺寸比 6m 垂直尾旋风洞小 50%;俄罗斯中央流体力学研究院(TsAGI)的 T−105 风洞,试验段尺寸比 6m 垂直尾旋风洞小 25%。

美国国防部认为 6m 垂直尾旋风洞是世界最大的尾旋风洞,对未来高机动战斗机空气动力学研究非常重要。出于武器装备研制保密和安全方面的考虑,6m 垂直尾旋风洞是其他风洞无法替代的。

2.3　艾姆斯研究中心3.4m(11ft)跨声速风洞

3.4m跨声速风洞是一座连续式、可变压力跨声速风洞,试验段3.4m×3.4m,试验马赫数范围0.2~1.5,雷诺数范围$(9.8×10^5～3.15×10^7)$/m,总压变化范围$(0.35～2.25)×10^5$Pa。该风洞还有一个可更换的2.7m×2.1m超声速试验段,马赫数可达2.5。

由于飞行器在跨声速区域有大量的风洞试验需求,美国国防部将该风洞视为其阿诺德中心16T风洞的一个补充。16T风洞比3.4m跨声速风洞试验段尺寸要大,但总压变化范围略小。两个风洞都具有半模试验能力,3.4m跨声速风洞的高压空气系统具有发动机模拟器、弹射器、羽流模拟试验的能力,但没有吸气式推进系统模拟能力,而这却是16T的强项。3.4m跨声速风洞之所以能和16T风洞相比,是因为它具有可更换的试验段、马赫数模拟范围大和高度模拟能力,风洞具有良好的光学观察通道,具有压敏漆试验技术,具有最好的流场品质和试验效率。

跨声速飞行区流动复杂,对武器装备研制非常重要,有大量的跨声速试验要做,因此,美国国防部认为必须保持一个以上大尺度跨声速风洞。3.4m跨声速风洞具有的可更换试验段、宽马赫数模拟范围和高度模拟能力,对远程飞机系统、高性能飞机和导弹跨声速试验至关重要。

2.4　兰利研究中心国家跨声速设备

国家跨声速设备(NTF)是一座高压、低温回流式风洞,试验段2.5m×2.5m,马赫数范围0.1~1.2,雷诺数范围$(1.3×10^7～4.8×10^8)$/m。该风洞能够用不同的试验气体介质以三种模式工作,从而提高风洞的试验模拟能力。三种工作模式是:

(1)空气模式,即风洞试验气体采用空气;

(2)低温模式,即风洞试验气体采用氮气;

(3)混合模式,即风洞试验气体采用空气,辅助用液氮冷却。

国家跨声速设备可以在常规风洞无法达到的高雷诺数条件下进行战斗机稳定控制、巡航性能、失速颤振和气动布局试验。采用低温方式的另一个优点是马赫数、雷诺数和动压都可以在其他参数不变的情况下单独改变,因此可以研究马赫数效应、雷诺数效应等。美国国防部过去用该风洞进行高升力空气动力学的科技试验,用于无人战斗机概念研究,联合攻击战斗机(JSF)项目也在该风洞进行了大量试验。

国家跨声速设备对确定运输机、轰炸机和其他远程飞行器模型缩尺效应是非常重要的。建模和模拟工具用于飞机设计初始阶段,外推雷诺数到飞行条件,增加了不能准确估算飞行特性的风险。为了达到飞行器设计建模和模拟所需的保真度,建模和模拟工具必须在高雷诺数下用试验校准,进行这种试验是国家跨声速设备最基本的作用。

2.5 兰利研究中心跨声速动态风洞

跨声速动态风洞(TDT)主要用于亚、跨声速飞行颤振问题研究。风洞是一座连续式压力风洞,采用$4.9m \times 4.9m$的开逢壁试验段,马赫数范围0.5(试验介质用空气)~1.2(试验介质用重气体),使用空气时雷诺数大约是$9.8 \times 10^6 /m$,使用四氟乙烯(R-134a)雷诺数大约是$3.3 \times 10^7 /m$。风洞具有变密度的能力,能够模拟海平面到24000m的高度。

跨声速动态风洞用流线振动系统来研究固定翼飞机或旋翼机阵风效应问题,特别适合于气动弹性模型稳定性、气动力、振动研究,适合于固定翼飞机或旋翼机主动控制技术研究、运载火箭地面风载研究以及其他气动弹性现象,适合于气动弹性计算程序开发和验证。该风洞是世界独一无二的。

美国许多武器装备都在该风洞进行过试验,如F/A-18E/F、F-22、F-117、JSF、V-22等。美国国防高级研究计划局(DARPA)的一些科技项目也进行过实验,如变形体飞机项目。

美国国防部认为,跨声速动态风洞是飞行器颤振和结构弹性研究必需的设备,尚无其他风洞设备可以替代,失去该风洞将使美国国防部目前正在发展的重型高升力旋翼机受到限制,并且使未来先进飞机研制的颤振和结构弹性研究受限。如果没有跨声速动态风洞,使用其他替代试验途径,美国重型高升力旋翼机研究步伐将延缓3~5年,并且将增加研制时间和飞行试验时间,这都将使研制成本大大增加。

2.6 兰利研究中心2.4m(8ft)高温风洞

2.4m高温风洞(HTT)主要用于热防护系统试验、气动热载荷确定、高超声速吸气式推进系统试验。该风洞是一座开口射流、下吹式风洞,试验段直径2.4m。试验马赫数4、5、7,模拟高度15000~37000m,试验时间60s。风洞还有一个环形加热系统可以模拟飞行器上升和再入时的气动加热,具有模拟飞行时热流的能力,可以进行推进、材料和热试验。

近年来,该风洞被用于美国国防部高超声速飞行计划(HyFly)和高超声速技术计划。该风洞与发展高超声速武器系统、高超声速战术导弹和太空飞行器关系密切。

与该风洞类似的是美国国防部阿诺德中心的气动推进试验装置(APTU)。美国国防部认为在马赫数4~7范围,有大量潜在的高超声速气动热和吸气推进试验需求,需要保持一个以上的这类风洞。如果没有该风洞,未来发展高超声速武器将会受到很大影响。

2.7 艾姆斯研究中心垂直运动模拟器

垂直运动模拟器(VMS)是一个多构型、实时、驾驶舱模拟器,主要用于解决设计和修改阶段驾驶舱布局和飞机响应方面问题。垂直运动模拟器能提供世界同类装置最大的垂直运动,具有最高水平的运动保真度。模拟器运动系统在一个 10 层的高塔中,垂直运动可达 18m,横向运动可达 12m。模拟器可做 6 自由度运动。

垂直运动模拟器包括一个独特的可更换驾驶舱(ICAB)系统、一个数字图像生成器存储库和一个虚拟实验室。可更换驾驶舱由 5 个不同的完全产品化的可更换驾驶舱组成,可以模拟任何类型的飞行器。数字图像生成器可提供 6 通道多视点和罗盘观察的彩色图象,实时飞机状态信息通过各种模拟仪器和各方位的显示装置展现给驾驶员或研究人员。虚拟实验室是垂直运动模拟器中的一套软件工具,它能使研究人员在一定的距离外参与垂直运动模拟器的模拟试验。近年来,垂直运动模拟器用于军用直升机计划以及其他一些军用飞机的升级改造计划。

美国国防部认为,唯一能替代该设备进行试验的就是飞行试验,但在很多情况下,飞行试验的风险、成本、时间进度等都是不可接受的。垂直运动模拟器增强了航空任务的安全性,提高了飞行试验的效率,提高了早期诊断飞机操纵品质问题的可能性。没有该设备,对试验的早期阶段,飞行安全会面临很大的风险。

2.8 格林研究中心机械驱动设备

机械驱动设备(Mechanical Drives Facility)由一整套驱动系统试验台和实验室组成。试验台包括螺旋伞面齿轮试验台、直升机移动试验台、油压轴颈止推轴承试验台和高速螺线齿轮试验台等。实验室有平面科学和平面计量实验室等。

机械驱动设备主要用于进行机械元件及系统的基础和应用研究,包括进行单个齿轮或轴承试验,以便深入了解磨损、疲劳和噪声特性;进行齿轮啮合疲劳、弯曲疲劳和高速齿轮系统热性能试验;改进齿轮几何形状、噪声和振动特性;也可以进行全尺寸直升机主旋翼传动系统及用于航空飞行器的涡轮机方面的试验研究。

机械驱动设备对发展模拟机械驱动的分析工具非常重要,这些分析工具必须用机械驱动设备来进行试验验证、性能校准和物理试验。机械驱动设备提供的试验研究关系到飞行器系统的重量、航程、精度和生命周期成本。美国国防部认为该设备能提供广泛的驱动系统研究,能满足包括无人飞行器在内的航空器发展的需要,这些技术也可以用于地面运输工具发展的需要,所有要用到机械元件的武器系统都能通过该试验设备获益。

2.9 格林研究中心涡轮和结构密封设备

涡轮和结构密封设备(Turbine and Structural Seals Facilities)包括涡轮密封和结构密封两个实验室。涡轮密封实验室(Turbine Seal Laboratory)包括一个高速/高温涡轮密封试验台和一个主动间隙控制试验台。结构密封实验室(Structural Seals Laboratory)包括热压缩试验台、热净化试验台、室温流动和净化试验台、室温流动和透气性试验固定装置以及一个声学密封试验台。

结构密封的主要目标是为高超声速飞行器、火箭极端温度下发动机发展独特的密封技术;涡轮密封的主要目标是为下一代亚声速和超声速发动机发展耐久、低泄漏涡轮机密封。

涡轮和结构密封设备对武器装备发展非常重要,因为这是美国评估高超声速飞行器、再入飞行器和固体火箭发动机高温密封和耐久力的唯一设备。通常发动机制造公司怕冒风险,不愿在他们的发动机上尝试全新的密封或间隙控制概念,所以如果没有涡轮和结构密封设备来验证创新的密封设计是不行的。

2.10 兰利研究中心冲击动力学研究设备

冲击动力学研究设备(IDRF)是一个长122m、高61m的龙门台架。龙门台架的最大升力是13600kg,并计划进行改造提高到45400kg,能进行水平和垂直两个方向的冲击试验。

冲击动力学研究设备用于旋翼和固定翼飞行器冲击试验、机身和飞机其他部件的垂直落体撞击试验、垂直/短距起降飞机系留悬停试验、军用直升机线撞击保护系统验证的摆动试验、无人机冲击试验以及座舱气囊和外部燃料箱验证试验。

美国国防部认为利用该设备能够更好地了解抗撞击设计、结构撞击动力学以及相关的建模和模拟技术,保护生命,降低伤害,保护贵重设备和材料。冲击动力学研究设备是美国唯一能进行大型旋翼机撞击试验的设备,是军事装备研制的重要保障。

2.11 位于Wallops的空中试验场飞行试验设备

Wallops飞行试验设备(WFF)位于维吉尼亚海角,接近大西洋中部试验场(Mid - Atlantic Test Range)预警区。空中试验场提供一系列试验支持服务,美国国防部用该试验设备支持海军在Patuxent河试验场(Patuxent River Complex)进行的航空研究项目。

与位于Wallops岛的海军水面战舰系统中心合作,飞行试验设备能提供全程支持服务,包括场地服务、跟踪雷达、发射设备、目标服务以及可能的落场区。试验场控制中心能完全支持亚轨道、轨道、航空和再入遥控,能提供固定或移动跟踪雷达以及探测水面或空中目标的侦察雷达。

美国国防部认为没有该设备提供的重要支持服务,海军就不能在 Patuxent 河试验场执行它的航空项目。

2.12　艾姆斯研究中心国家全尺寸气动力试验设施

国家全尺寸气动力试验设施(NFAC)具有世界最大的 12m×24m 和 24m×36m 两个试验段。12m×24m 试验段最大风速 154m/s,24m×36m 试验段最大风速 51m/s。风洞试验段进行过声学改造,能够进行旋翼机和其他飞行器低背景噪声下的气动声学试验;压缩空气系统能够进行发动机模拟器、引射器和羽流模拟试验;旋翼机试验台能够进行先进旋翼概念的试验研究。风洞能够进行全尺寸飞机试验。

国家全尺寸气动力试验设施于 2004 年被 NASA 封存,目前被空军租用后重新启用。该风洞主要用于亚声速飞行区的全尺寸飞行器气动力、进气道、发动机、航空声学、降落伞和大攻角试验。风洞被国防部用于 V-22、JSF 和先进隐身平台项目研究,用于智能材料主动旋翼技术项目以及海军和空军的许多型号发展项目。

美国国防部认为,小风洞模型试验结果可能会掩盖全尺寸系统存在的技术问题。国家全尺寸气动力试验设施对全尺寸旋翼机研究非常重要,能够节省研制时间和成本,降低风险,是新型旋翼机研制项目必需的。国防部计划的全尺寸试验研究包括新概念的概念验证试验、新飞行器的研制试验以及为建模和模拟工具提供高保真的试验验证数据等。

3.　结束语

航空试验设备的发展与航空航天、武器装备研制紧密相联。经济全球化和风洞试验领域的国际合作和竞争,以及未来飞行器研制对风洞试验模拟能力和品质的高要求,将对许多现有航空试验设备的生存形成挑战。目前,随着我国综合国力的增强,航空航天和武器装备研制正处于一个黄金时期,航空试验设备的建设也迎来了一个快速发展的阶段。美国航空试验设备发展和利用的经验值得我们研究,以便节约资源,更好地为国民经济和国防建设服务。

参考文献

[1] DOD. NASA aeronautics facilities critical to DoD[R], H. R. 108 - 767,2007.

国外风洞发展趋势研究

摘要： 风洞是为满足航空航天器研制需要而发展起来的地面气动试验设备,航空航天器技术的发展需求决定风洞建设的发展方向。为适应新世纪航空航天技术的发展,国外风洞建设与20世纪早期相比,呈现出新的发展趋势。风洞的设计建设更加注重风洞的功能、模拟能力和技术的创新。

关键词： 风洞建设;综述

引言

　　风洞设备的建设与航空航天飞行器研制紧密相联,在20世纪30年代前后,早期螺旋桨飞机的发展遇到了诸多空气动力问题,工业发达国家开始建造大型低速风洞,如美国的60ft×30ft全尺寸风洞。从40年代开始,随着人们对空气动力学认识的加深,飞机开始从活塞螺旋桨式向喷气式过渡,这促进了超声速风洞的迅速发展,1945年德国建造了试验段直径为1m的超声速风洞;1956年美国建造了世界最大的试验段尺寸为4.9m×4.9m的超声速风洞。为了解决近声速试验时出现的壅塞现象,美国建造了大型跨声速风洞,为飞机突破声障奠定了基础。随着导弹、航天飞行器逐步发展,50年代开始,工业发达国家又相继建成了一些高超声速风洞。到20世纪80年代末,世界各国建成各类生产型风洞300余座。

　　20世纪80年代以来,以美国为代表的国外发达国家开始规划研究21世纪的航空航天业对风洞试验设备的需求。面对激烈的市场竞争和未来高性能飞行器研制的挑战,风洞建设已走上一条改造、发展、探索并举之路。

1. 现有重要生产型风洞的更新改造

　　早期建设的风洞功能单一,在某些性能方面或考虑不全或受当时条件限制,不能适应未来型号研制发展的要求。考虑到风洞建设周期长、投资大的特点,有重点地对主要生产型风洞进行技术改造仍是国外发达国家风洞建设发展途径之一。

1.1 风洞功能扩展改造

20世纪末,美国开始对24m×36m全尺寸风洞进行声学试验段改造(图1),其目标是将风洞24m×36m试验段改造为无回声试验段,使试验段内80Hz~20kHz的噪声99%能被吸收,为此试验段钢框架内安装了1.02m高的玻璃钢楔,152mm厚的玻璃钢吸声层覆盖整个试验段并延伸至扩散段内。美国NASA刘易斯研究中心对高空风洞(AWT)进行了改造,将风速从$Ma=0.6$提升到0.9,增加了风洞结冰和声学实验能力,对试验段、风洞回路的声学特性进行了研究和处理。

图1 24m×36m试验段改造中[12]

1999年,法国宇航院直径8m的S1MA风洞完成了声学试验段改造,在风速$Ma=0.85$范围内,频率200Hz~2kHz的风洞噪声得到有效抑制。欧洲先进推进综合气动力和噪声研究项目(APIAN)在S1MA风洞进行了对比试验研究,风洞声学改造取得了成功。

2001年,法国ONERA对F1低速风洞进行了声学试验段改造,试验段内铺设了15cm厚的吸声层,吸声频率范围600Hz~25kHz。

噪声问题已引起现代风洞设计人员的关注。一方面,风洞的噪声影响风洞流场品质;另一方面,气动噪声研究也需要安静的风洞试验环境。未来型号研制对气动噪声研究有大量试验需求,大型生产型风洞具备声学试验能力,将使风洞的竞争力和效益提高。

1.2 风洞性能提升改造

经济全球化和市场竞争将使未来风洞试验任务向性能更好的风洞集中,这促使欧美等国都有重点地加大关键主力设备的更新改造,对耗损大、效益低的重复设备关停。如美国 NASA 兰利中心于 1995 年停止使用了建于 20 世纪 30 年代的 12m × 24m 低速风洞,该风洞曾被誉为美国风洞建设史上的一个里程碑。

雷诺数模拟能力是风洞性能的重要指标之一。由于风洞试验雷诺数有限,通常采用有限雷诺数结果外推到全尺寸雷诺数结果,这样获得的数据并不可靠。虽然风洞试验也可采用人工转捩等附面层修正,但误差较大,因此风洞试验雷诺数至少要达到转捩雷诺数。美国 NASA 将艾姆斯研究中心 12ft 风洞、11ft 风洞、兰利中心 NTF 和阿诺尔德工程发展中心的 16T 四座核心设备定为改造对象。1995 年耗资 1.15 亿美元,完成了 ϕ12ft 增压风洞的全面改造,包括洞体、控制、数据采集,增加了试验段气流闸,生产效率大幅度提高。对 11ft 风洞的改进包括:提高可靠性、提供新的高效风扇叶片、研究增加压力和生产率的潜力。NTF 低温风洞由于降温影响,生产效率低,风洞试验受驱动控制系统、液氮储运、模型支撑等限制,改造主要针对液氮储存及运行系统。16T 风洞改造主要针对动力系统。

英国对皇家航空航天院 5m 风洞装备了新的压缩空气系统,法国宇航院 F1 风洞也进行了局部改造,这两座风洞均具备了在恒定马赫数下,变雷诺数的能力,它能使半模或大尺度发动机短舱试验在接近于真实雷诺数下进行。

NASA 格林研究中心的结冰研究风洞(IRT)是美国开展飞机结冰以及部件结冰认证的主要风洞,1986—1999 年主要进行了 5 次较大的更新改造。IRT 风洞在 1999 年主要进行了以下改造:风扇电机改为电子控制;更换新的平板式热交换器;更换 C–D 段地板、开花板,天花板使用钢结构;改善由于 W 形热交换器产生的气流扭曲和湍流;改进喷雾杆和试验段处温度的不均匀性;改进 C–D 段四壁的隔热,减小热载荷对交换器影响。

除此之外,美国 16ft 跨声速风洞、国家跨声速试验设备、统一规划风洞以及 8ft 高温风洞、31in M10 风洞、20in M6 风洞等一些重点跨超和高超声速风洞,也都针对提高风洞品质、提高风洞试验效率进行了相应技术改造。

20 世纪后期国外发达国家的风洞改造着眼于 21 世纪型号研制对风洞模拟能力的更高要求,更注重主要主力风洞的性能改善、功能扩增。这与 20 世纪七八十年代由计算机、测控技术进步所带来的风洞自动化改造不同,改造对象不是普遍性的,而是相对集中,重点突出。

2. 多功能、高性能的新风洞建设

20 世纪末,一些新兴起的经济强国为了在航空航天领域占有一席之地,开始有重点地发展其急需的风洞设备。

2.1 韩国宇航研究院(KARI)4m×3m 低速风洞

韩国按照其新世纪的航空航天发展计划,由斯维尔德鲁普公司于1995年开始设计,1998 年在韩国大田市建成了一座 4m×3m 现代化低速风洞。最大风速110m/s,电机功率4100kW。虽然该量级的风洞在世界上并不少见,但韩国在20世纪末建造的这座风洞,并不是以前此类风洞的简单翻版,它在风洞设计、可扩展性、流场品质等方面都有其独到之处。

该风洞基本构型是一座回流式闭口试验段风洞,试验段高 3m,宽 4m,长10m。为了适应其他类型试验的需要,其试验段设计为可更换式试验段。试验段除基本构型外,另设计了两个不同类型的试验段,一个是高 4.5m、宽 6m、长13.5m 的开缝壁试验段,用于车辆等试验;另一个是高 3m、宽 4m、长 8m 的开口试验段,用于航空声学等研究。

考虑到航空声学试验的需要,风洞设计过程中进行了声学设计,电机风扇具有低气动噪声,风洞回路的许多部位设计考虑了预留安装声学装置的需要,风洞拐角的导流片也进行了声学修型。

2.2 日本铁道技术研究所声学风洞

1996 年,日本三菱重工为铁道技术研究所(RTRl)建造了一座大型静音风洞(图 2),试验段出口宽 3m,高 2.5m,风洞最大风速400km/h,该风洞设计目标是建设世界上最安静的风洞,当试验风速为300km/h 时,试验段噪声不大于75dB。该风洞在声学设计上采用了一些降噪新技术,如:在喷管出口和气流收集段入口装有毛状纤维织物等。

考虑到多用途性,该风洞还具有一个闭口试验段,宽5m,高 3m,可满足其他类型的气动力试验要求。

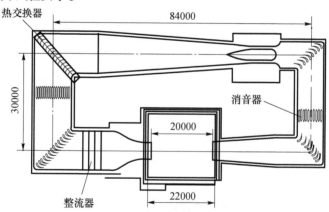

图 2　日本铁道技术研究所新建声学风洞[1]

2.3 意大利航天研究中心结冰风洞

意大利航天研究中心21世纪初建成一座2m量级的结冰风洞。与世界上其他结冰风洞相比,该风洞设计建设起点高,是一座现代化的多功能风洞。如:风洞具有增压风洞的特点,流场气流压力可调,试验雷诺数范围大;风洞喷雾段可移动,更换为湍流网,结冰风洞就转换为低湍流度风洞,提高了风洞利用率等。这些特点大大增强了该风洞的综合试验能力(图3)。

为了更好地适应用户对速度、模型尺寸、云覆盖区域和均匀度的要求,风洞有4个不同的试验段。主试验段、开口试验段和附加试验段尺寸都足够大以便进行飞行部件的结冰试验,试验段上开有槽缝以满足较大阻塞度模型的试验要求,这些开槽都有自身的防冰系统,以防结冰堵塞。闭口试验段开槽通气率为7%,壁面透光率80%,可见度好,便于观察。

图3 意大利结冰风洞外观鸟瞰[2]

风洞除能进行结冰试验外,设计时考虑了低湍流度试验要求。风洞具有一个减/增压空气系统,能够在39000Pa(对应高度7000m)到145000Pa之间调整气流压力。试验段低温可到 -32℃,压力可到1.45atm,试验雷诺数可达 $5 \times 10^6/\mathrm{m}$。

2.4 感应热等离子体风洞

感应热等离子体风洞是通过高频电发生器以感应耦合的方式将亚声速或超声速射流加热到极高温度(5000~10000℃),此时气体被电离,处于等离子态。这种等离子风洞20世纪90年代初在俄罗斯被发现,主要用于防热研究。欧洲空间局专家认为,等离子化学特性纯,该风洞比传统的电弧风洞有优势。1994年,冯·卡门流体力学研究所设计建造了一座世界最大的1.2MW感应热等离子体风洞(图4)。风洞热传导率为350~1200kW/m²,来流滞止压力500~

17500Pa,风洞在亚声速和超声速条件下可运行25min,对直径50mm的试验模型,表面温度可以达到1000~2000K。风洞具有两个可更换的等离子炬(plasma torch),直径分别为80mm和160mm。

图4　感应热等离子体风洞[6]

　　20世纪末国外新风洞建设最主要的特点是风洞设计的多功能性、可扩展性、技术的先进性。日本经济快速发展的经验之一在于善于学习、吸收与创新,风洞建设也不例外,其建于70年代的立式风洞也不同于欧美的环形回路和俄罗斯的单回路模式,而是在常规风洞的基础上增设可更换立式试验段,大大提高了风洞性价比和利用率。俄罗斯为满足高空飞行器研制需要,新设计了安装于真空室中的组合式高空风洞,风洞长30m,试验段直径6.3m,模拟高度30km。此外,为了满足研制高性能地面车辆的需要,新型专用车辆气动/声学风洞和气候风洞也得到迅速发展。

3. 新概念风洞的探索研究

　　飞行器设计的的精细化发展,等离子体、磁流体动力学表现出的应用前景等,促使发达国家致力于新概念风洞的研究。现有风洞模拟的真实性和能力都受到未来型号发展需求的 挑战,发展新技术和新概念风洞已提上美、俄的议事日程。

3.1　亚声速高升力飞行风洞

　　风洞雷诺数模拟能力直接影响试验数据的准确性。目前要通过常规手段进一步提高低速风洞雷诺数模拟能力很困难。经过多年论证研究,NASA提出了高升力飞行风洞(HiLiFT)的概念(图5)。它是利用磁悬浮推进技术推动试验模型在含有静止气体介质(空气或氮气)的管道中运动,气体介质可以实现温控和增压,能够满足现有大型全尺寸飞机低速高雷诺数要求。例如,在马赫数 $Ma = 0.3$ 时,Re 能达到 $7 \times 10^7/\text{m}$。而且雷诺数还有进一步提高达到 10^9 的潜力。

高升力飞行风洞目前试验速度能够做到马赫数 $0.1 \sim 0.5$,随着推进技术的发展,可望达到更高的速度。该风洞主要在低温下运行,这样既增加雷诺数、降低声速,又相应减小了对模型试验速度的要求和风洞能量的损耗。它将在低速高升力研究领域发挥作用,如用于飞机起降试验,或取代传统的拖槽试验设备用于舰船阻力和尾流的研究等。由于它没有产生噪声的风洞风扇系统且使用静止试验介质,所以更适合有低噪声和低湍流要求的试验。

图 5　高升力飞行风洞示意图[2]

3.2　跨超声速等离子体风洞

等离子体具有隐身、减阻、流动控制等方面的功能。开展等离子空气动力学研究需要等离子体风洞。国外等离子体风洞研制主要有以下几种类型:

（1）微波驱动式等离子体风洞;

（2）电弧式等离子体风洞;

（3）直流放电或射频放电式等离子体风洞;

（4）感应热等离子体风洞。

目前用于等离子体空气动力学研究的风洞受等离子体发生技术的限制,风洞试验段尺寸都非常小,一般只有几英寸。

3.3　高超声速试验与评估风洞(HSTEWT)

美国空军、国防部、NASA 等部门大量的研究表明,无论军事上还是民用上,未来都需要发展吸气推进式高超声速飞行器($Ma = 10 \sim 12$)。而现有的高超声速风洞设备材料不能满足高马赫数、高压、高温试验条件的要求;试验时间太短;试验段气体的化学成分改变,影响流动模拟,因此不能满足该类飞行器需要。

美国早在 20 世纪 90 年代初就开始研究能够满足吸气推进式飞行器研制需要的高超声速试验与评估风洞(图 6),研制高超声速试验评估风洞主要技术难点有 5 个:

(1) 在气流中产生足够的能量;

(2) 在有足够能量的气流中产生正确的空气化学成分;

(3) 气流中正确的熵值;

(4) 足够的风洞运行时间;

(5) 能够承受高马赫数、高压气流的材料和技术。

为了减少或避免喷管喉道的热传导和侵蚀问题,提出了喉道后增能方法,包括电子束、激光以及磁流体动力辅助装置;为了解决极高压的来流压力问题,提出了单级、多模块 100∶1 压力增强概念。美国计划首先研制中等尺度的高超声速试验评估风洞,其试验段 ϕ1.5~2m,长 6m,能够基本满足高超声速巡航弹、吸气式发动机部件等试验需要,并为下一步研制大尺度高超声速试验评估风洞做好技术储备。

俄罗斯在风洞磁流体动力加速、来流压力增加技术研究方面也有实质性进展。

图 6　高超声速试验与评估风洞理论图[3]

4. 结束语

20 世纪早期为了探索空气动力的机理和流动问题,风洞应运而生。风洞使人们更好地认识了空气动力学问题,使飞行器性能实现了大的跨跃。飞行器的发展又对现有风洞性能提出了新的要求,推动风洞技术向更高水平发展。风洞改造、新风洞建设、新概念风洞探索是当今国外风洞建设发展之路。代表未来发展方向的新概念风洞更具有挑战性,更强调了流动模拟的真实性,更注重针对未来有应用前景的新技术。而这些技术的突破,必将使飞行器发展达到一个新水平,同时也将使风洞设计建设迈上一个新台阶。

参考文献

[1] Gamussi R. Experimental characterization of the aeroacoustic behavior of a low speed wind tunnel [R]. AIAA 2000 – 1986,2000.

[2] Alferov V I. Some ways of simulating actual flight parameters in ground test facilities[R]. Aerospace technologies of the 21th century,Berlin,Germany, 2000, 33 – 36.

[3] Best J T. RDHWT/MARIAH II hypersonic wind tunnel program overview and requirements [R]. AIAA 2000 – 2273,2000.

[4] Marion L L. A research program for development of a ture – temperature Mach 8 – 15 medium – scale hypersonic wind tunnel[R]. AIAA 2000 – 0157,2000.

[5] Mcandrew B. Development of a supersonic plasma wind tunnel [R]. AIAA2000 – 0533,2000.

[6] Limbaugh C C. Plasma aerodynamics test techniques[R]. AIAA2000 – 2449,2000.

[7] Mcandrew B. Supersonic vehicle control by microwave driven plasma discharges [R]. AIAA2002 – 0534,2002.

[8] Thomas C C. Application of weakly – ionized plasmas as wing flow – control devices [R]. AIAA2002 – 0350,2002.

[9] Meenart J. Survey of plasmas generated in a Mach 5 wind tunnel [R]. AIAA2003 – 1194,2003.

[10] Staats G E. Magnetogasdynamic experiments conducted in a supersonic plasma ARC tunnel [R]. AIAA2000 – 2566,2000.

[11] Shangs J. Develloping a facility for magneto – aerodynamic experiments[R]. AIAA2000 – 0447,2000.

[12] Solderman P T. Acoustic performance of the 40 – ft and 80 – ft wind tunnel test section deep acoustic lining [R]. AIAA2000 – 1939,2000.

美国 NASA 新亚声速飞行试验平台概述

摘要：美国 NASA 用"湾流 3 号"（G－Ⅲ）商务机改装建设新亚声速研究飞机试验平台（SCRAT）。本文简要介绍 SCRAT 建设背景和目的；综述 SCRAT 改装内容、配备的测试设备和试验能力；给出 SCRAT 建成后进行的飞行试验研究案例，目的是为国内未来飞行平台建设提供参考。

关键词：飞行试验平台；亚声速；飞行试验

引言

飞行试验是航空航天飞行器发展的重要试验手段，是提升先进技术完备性水平的必要过程，也是获取高品质试验数据确认和验证技术、设计和分析工具的重要途径。众所周知，风洞试验是飞行器空气动力学试验的主要方法，但风洞试验会受到模型缩尺效应、雷诺数、噪声和边界层条件等一些试验条件的限制，而飞行试验有"飞行风洞"之称，利用飞行试验平台携带试验部件在空中飞行，可以进行某些空地动力学试验，避免地面风洞试验的不利限制因素，获取更为真实的试验数据。近年来，美国美国航空航天局（NASA）阿姆斯特朗（原：德莱顿）飞行研究中心采购"湾流 3 号"（G－Ⅲ）商务机改装成新的亚声速研究飞机试验平台（SCRAT），用以进行先进运输机技术评估、飞行系统、亚声速空气动力学等飞行试验研究任务。

1. SCRAT 概况

美国国家研究委员会（NRC）对飞行试验能力建设非常重视，2012 年发布了《重振 NASA 的航空飞行研究能力》的报告，提出 NASA 对其所有航空航天计划都应有飞行试验的途径和能力，建议 NASA 发展飞行研究飞行器（飞行试验平台），通过飞行验证创新的航空航天技术。NASA 响应 NRC 的建议，用"湾流 3 号"（G－Ⅲ）商务机（尾号 804）改装成新的亚声速研究飞机试验平台——SCRAT。

SCRAT 由一架由湾流航空航天公司制造的以涡扇发动机为动力的商务机改装而成。飞机采用后掠翼、双发布局，发动机采用英国罗尔斯·罗伊斯公司制造的涡扇发动机,海平面最大连续推力4967kg,具有推力反向装置,能有效降低着陆距离。飞机三视图和飞行包线见图1,主要参数见表1。

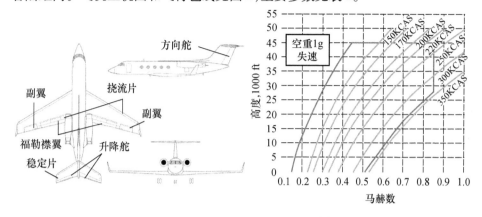

图1 SCRAT 三视图和飞行包线[1]

表1 SCRAT 主要参数

项目	名称	参数
飞机尺寸	长度	25.35m
	翼展	23.72m
	高度	7.43m
	翼面积	86.82m²
	平均气动弦长	3.73m
	展弦比	6:1
	机翼后掠角	36°
飞机重量	空重	17237kg
	最大起飞重量	31616kg
	最大着陆重量	26536kg
飞行性能	最大飞行高度	13700m
	最大飞行速度	175m/s
	最小可控速度	51m/s
	巡航马赫数	0.75
	最大航程	6297km
	续航时间	7h
	加速度极限	−1~2.5g(襟翼收起);0~2.0g(襟翼打开)

为了满足用作飞行试验研究平台的需要,SCRAT对原"湾流3号"商务机进行了改装,主要包括:配备了一套研究用高品质仪器仪表系统;将机载电源系统

改为分布式电源系统;机舱内设置了供研究人员使用的工作区和测量工程师监视飞行试验测量系统的工作区;增加了遥测装置。

NASA 阿姆斯特朗飞行研究中心西部航空试验靶场提供地面飞行支持,主要包括靶场系统工程、试验信息工程、数据处理/显示系统/软件开发。地面控制室研究人员能够监视飞行试验过程、飞行试验参数和试验状态,地面人员可以实时评估飞行数据,判定是否需要重复飞行某个姿态,及时与飞行员沟通改进飞行并确保飞行安全。

开发了 SCRAT 飞行特性工程模拟系统,可以模拟飞行操纵品质、飞行动力学和飞行性能,飞行员能够模拟检查 SCRAT 携带试验件后的飞行品质,熟悉飞行试验任务(图2)。

图2　飞行试验控制室和工程模拟系统[1]

SCRAT 主要用作多学科的飞行试验平台,试验内容包括传感器研发、新飞机系统、气动布局改进、先进座舱显示系统和空域管理等。飞行试验通常划分为两类:①大型飞行研究试验,需要对 SCRAT 结构、气动、系统、仪表或控制系统进行显著的改动,如改变机翼形状或更换不同的控制面等试验;②小型飞行研究试验,不需要对 SCRAT 进行大的改动,如新的外用传感器或 GPS 接收器等试验。

2. SCRAT 配备的测试系统

SCRAT 对驾驶舱进行了改装,主要增加了加速度计、主/副驾驶的笔记本电脑和仪器仪表开关,应急出口的机窗改成了红外光学玻璃,满足红外摄像的要求。

SCRAT 配备的测试系统是构成其试验研究能力的核心,主要包括仪器仪表系统、机载网络、测量传感器、遥测系统、录像系统。

仪器仪表系统用来采集、处理、显示、遥测和记录各种飞行试验数据。数据采集通过 ARINC-429 航空数据总线完成,飞机的许多系统都与之连接。仪器仪表系统记录大约1200个参数,数率范围1~20000Hz。该系统的设计满足与各种试验研究系统和传感器连接的需要。

机载网络可以传输仪器仪表系统采集的各种数据给用户和研究系统使用,该网络有访问限制,不与互联网连接。整个飞机上的内部仪器组(IRIG – B)和网络时间协议(NTP)用同一GPS信号源同步。

测量传感器是SCRAT适航和研究数据的来源,主要包括机翼压力测量传感器、结构加速度计、控制面位置测量传感器、飞行状态信息传感器、大气参数传感器、热膜阵列传感器、光纤光学感应系统(FOSS)、发动机参数传感器、机翼应变测量传感器等(图3)。使用这些传感器数据可以评估SCRAT的气动特性、监视机翼结构载荷、评估飞机的操纵品质和飞行动力学、测量飞机和发动机性能、确定机翼流场特性。

图3　热膜、流向角和翼面压力传感器位置[1]

遥测系统可以发送两个测量脉冲码调制数据流(PMC)和一个视频数据流到控制室。PMC数据流一个是SCRAT本身系统的,另一个是飞行试验研究的。阿姆斯特朗飞行研究中心西部航空试验场(WATR)的C波段异频雷达收发机可以跟踪SCRAT飞行,优化所有传输的无线电频率信号强度并传送到地面控制室。C波段异频雷达收发机接收频率5666MHz,发送频率5585MHz,解码时间7μs,延迟时间2.5μs。数据遥测用两个SOQPSK发射机,L和S波段传输速率1~20Mb/s。视频遥测用C波段发射机,频率4400~4999MHz。每个遥测数据流最大数据量5Mbps,两个数据流共计10Mb/s。

录像系统可以记录11台相机数据,地面控制间可以遥测显示一个标准解析度的视频通道,能显示一个相机的标准数据或按1/4的数据量显示4个相机的数据。在SCRAT上,通过飞机内部网络可以访问所有相机数据,机载工作站都可以访问并用于支持飞行研究。

3. 飞行试验案例

利用SCRAT作为亚声速飞行试验平台开展飞行试验的组织实施流程有四

步:①提出试验任务。客户和试验团队协商,进行概念设计,确定基本条件、时间表和预算,签署试验协议、试验条件、目的和要求文件准备,完成任务概念和系统条件的评估。②试验设计。包括软/硬件基本设计和分析,完成详细设计,进行基本设计和关键设计评估。③试验准备和集成。进行试验部件组装、检验和集成,完成最终分析和软件。④实施飞行试验。开展适航和飞行安全评估,完成飞行试验。完成一项大型飞行研究试验一般需要几年时间,SCRAT项目团队要自始至终与试验方配合,参与对SCRAT大的改动和飞行安全评估。小型飞行试验则可能需要几个月,取决于试验的复杂性,一般只用机载设备就可以完成。

3.1 离散粗糙元层流套试验

离散粗糙元层流套试验是为NASA航空环境影响项目进行的飞行试验,试验在SCRAT的左机翼中段局部加装了试验翼型套(图4),采用离散粗糙元进行层流流动控制研究。该试验目的是验证代表商务机飞行雷诺数条件下的被动层流控制技术。离散粗糙元直径1~2mm、高几微米,分布在试验翼型套前缘,以此控制横向流边界层稳定性。该技术能增加机翼上的层流区,从而能减阻和降低燃料消耗。飞行试验获得的数据可用于设计自然层流翼型。

离散粗糙元层流套试验采用红外照相机获取试验翼型套的层流和湍流图像,同时测量试验翼型套上的压力分布。试验了各种粗糙元布局形式,研究粗糙元保持层流的有效性。SCRAT的翼弦长度、后掠角和飞行包线表明也适合进行代表运输机飞行雷诺数下的离散粗糙元研究。SCRAT的机翼结构、飞控系统和测量仪器能够满足改装和飞行试验要求。

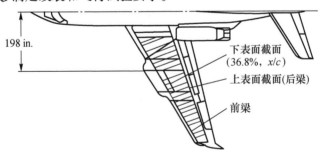

图4 SCRAT离散粗糙元层流套试验[1]

3.2 机翼自适应后缘试验

自适应后缘试验是NASA航空环境影响项目和美国空军研究实验室的一个共同项目,目的是试验验证两种大尺度自适应复合材料襟翼结构。数值计算表明自适应襟翼有利于提高气动性能,但工程应用还面临许多实际问题。该试验是飞机设计和发展自适应结构的中间一环,主要是发展和验证全尺寸结构集成,两种设计构型(图5)在飞行试验中都不进行自适应变化,而是预置在一个事先设定的偏转位置,偏转角范围 −2° ~ 30°。

自适应后缘试验需要拆除 SCRAT 自身的襟翼和扰流板,分别安装两种自适应后缘模型进行飞行试验。拆掉原机扰流板对飞机滚转控制性能有影响,需要事先进行相关的风险降低飞行试验,同时其他一些涉及飞机系统预警的飞机系统也需要做适当改动。飞行员利用工程模拟系统,模拟飞行拆除扰流板的飞机操纵品质和着陆、机动飞行情况,降低实际飞行风险。

2014 年,自适应后缘飞行试验完成。该试验证明了 SCRAT 具有进行创新试验的能力,能够进行一些新的大尺度控制面改装飞行试验。SCRAT 机翼表面的应力测量系统能够实时监视飞行中的机翼结构载荷,确保飞行安全。该试验成功证明了 SCRAT 飞行试验平台能够应对气动力、结构载荷、颤振特性、操纵品质的变化,具有进行复杂飞行试验的能力。

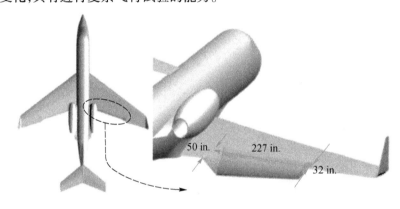

图 5　SCRAT 自适应后缘试验[3]

4. 结束语

在美国国家研究委员会提出加强 NASA 的飞行试验能力建设倡议后,NASA 采购"湾流 3 号"商务机完成了新的亚声速研究飞机试验平台建设,包括地面分析工具和知识库。SCRAT 能为美国提供强大的空气动力学飞行试验研究能力,提升先进技术的技术完备性水平,通过飞行试验获取高品质的研究数据,为验证设计和技术、改进分析工具奠定了坚实的基础。美国 NASA 的做法和经验,对我国未来飞行试验平台建设具有参考和借鉴意义。

参考文献

[1] Ethan B. An overview of NASA's Subsonic Research Aircraft Testbed (SCRAT)[R]. AIAA 2013 –5083, 2013.

[2] Aaron A T. Flexible flight research platform at Texas A&M University Flight Research Laboratory[R]. AIAA2013 –2927, 2013.

[3] Hartshorn F. Computational optimization of a natural laminar flow experimental wing glove[R]. AIAA – 2012 –870, 2012.

大型亚声速风洞试验段设计的新概念研究

摘要：风洞是研究大气中物体与空气相互作用的地面模拟试验设备,大型亚声速风洞在航空航天飞行器、车辆和风工程等研究领域占有重要地位。本文用一个亚声速引导性风洞的研究数据揭示常规开口试验段设计中存在的问题;简述目前采用的一些解决方法;在此基础上,重点阐述国外一种亚声速风洞开口试验段设计的新概念研究,它能使风洞试验段允许的模型堵塞度从 10% 提高到 20% ,大幅度降低风洞的建造和运营成本。目的是为国内未来大型亚声速风洞建设的创新设计提供参考。

关键词：亚声速风洞;风洞设计;试验段

引言

　　大型亚声速风洞在航空航天飞行器研制和车辆、风工程等研究领域有广泛的应用需求。大型亚声速风洞拥有较大的试验段,这意味着风洞试验能够采用更大的模型,其优点在于:能较好地解决雷诺数模拟问题;能更好地模拟飞行器细节,减少模型尺度效应;能满足某些飞行器部件的全尺寸试验要求;大尺度模型有利于模型内安装复杂试验机构,满足某些特种试验技术的需要等。但风洞越大,也意味着风洞的初始造价越高,今后的运营和维护成本越高。例如,美国 NASA 40ft 80ft 亚声速风洞,尽管其被美国国防部认定为具有重要意义的十大航空试验设备之一,但由于运营和维护成本问题曾一度封存停用。20 世纪 90 年代,美国曾制定了一个国家风洞综合试验设备(National Wind Tunnel Complex , NWTC)发展计划,在该计划中就包括建设一个大型开口射流式亚声速风洞,用来提升飞行器高升力、低速技术发展能力。由于各种原因,部分是因为高成本,该设备未建。

　　风洞的成本很大程度上取决于试验段尺寸,而试验段尺寸又取决于预期的试验模型尺寸和试验段允许的堵塞度。长期的风洞设计实践经验表明,闭口试验段允许的试验模型堵塞度约为 5% ,开口试验段允许的堵塞度约为 10% 。国外研究提出的这种风洞开口试验段设计新概念,能将允许的堵塞度提高到 20% ,这将显著降低风洞的建设成本和以后的运行成本。换句话说,使用这种新概念设计,花较少钱建设的较小风洞能与常规更大的风洞相比;花同样的钱,相当于建设了更大的风洞。

1. 常规风洞开口试验段设计问题

大型亚声速风洞试验段有两种形式：闭口试验段和开口试验段。开口试验段常见有全开口和3/4开口，并用一个驻室包裹。尽管开口试验段能允许更大的试验模型，但开口试验段有一种常见的开口射流现象，即射流/收集器干扰，也就是压力变化产生的一种脉冲（pulsing）现象。脉冲现象影响开口式风洞的试验数据和风洞的结构安全，为了研究这个现象，建造了引导性研究风洞，风洞总长约3.4m，试验段来流喷口浸湿面积直径约102mm，试验段有地板，属3/4开口射流试验段（图1）。引导性研究风洞收集器上没有挡板或通气口，根据以往的研究，这些措施可以减小脉冲现象。引导性研究风洞风速40～300km/h测试表明，在试验段上游的收缩段和下游的扩散段，气流沿风洞轴向压差分布规律很好，表明引导性研究风洞可以用来模拟大型风洞设备。

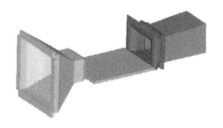

图1　常规开口试验段引导性研究风洞[1]

为了研究开口试验段的脉冲现象，风速按3%递增，在引导性风洞喷口气流外侧约300mm处安装了麦克风，记录声学特性，图2给出了测量结果。由图可见，在5个速度条件下，存在声学共鸣，通过声学能量谱的分析可以确定这些共鸣峰值的频率。

研究表明，共鸣频率随着气流速度的增加而增加，并且随着试验段长度增加，出现共鸣需要更高的气流速度。国外研究了搜集器距喷口距离（试验段长度）与频率的关系，包括DNW风洞和奥迪风洞（全尺寸真实风洞）的共鸣点，这证明该引导性风洞是一个很好的研究风洞。

通过以往的一些研究已经发现，共鸣频率与风洞部位的一些特定尺寸有关，这为我们避开共鸣提供了方法，如：缩短风洞可以提高风洞频率；增加试验段长度或降低风速可以降低激励频率等，但这些方法并不实际。国外在20世纪20-90年代，研究发展了一些技术来减小这种共鸣，如在搜集器上安装可调挡板，或在扩散段开始位置设置可调通气口。这些方法有一定的效果，但需要针对不同的风洞进行一些试验研究来实现。即便风洞的构型经过优化，国外新建的一

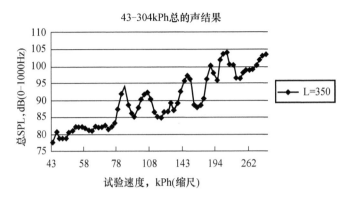

图2 常规开口试验段声学测量结果[1]

些开口射流式风洞表明这个问题仍然存在。

2. 开口试验段的设计新概念研究

近年来,国外通过研究提出了解决开口试验段声学共鸣问题的一种新概念设计。如图3所示,搜集器向前倾斜某个角度,并且上边向上卷起。利用引导性研究风洞对该设计进行了试验研究。

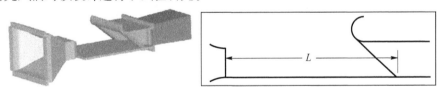

图3 新概念开口风洞试验段设计[1]

2.1 声学特性改进

图4给出了新概念开口试验段与常规试验段声学测量结果的比较,在试验速度范围内,声学共鸣现象消除;如果将试验段包裹在一个驻室内,试验效果同样有效。试验研究了搜集器倾角、试验段长度和喷管出口延伸的影响。结果表明,较长的试验段需要较大的倾角;图5中椭圆圈中的试验是搜集器位置不变,而喷管延伸3/4、1/2、1/4或0倍当量出口直径长的结果,可见喷管出口适当延伸是需要的;搜集器如果倾斜太小,则喷管延伸不能消除共鸣现象。沿图5中虚线,喷管延伸3/4当量出口直径,能够获得没有共鸣的最小倾角和最大试验段长度。

图4给出的是试验段没有驻室包裹的结果。试验研究表明,该开口试验段

187

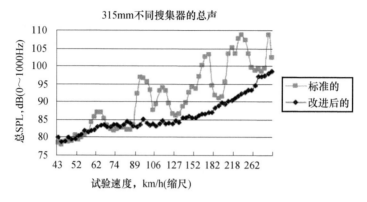

图4 新概念与常规声学结果对比[1]

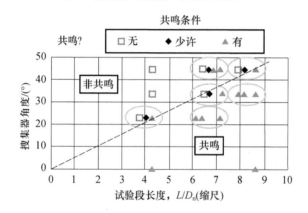

图5 新概念设计参数研究[1]

在有驻室包裹时,总的声学水平将会提高,但试验段原有的声学特性规律没有发生改变。即:常规试验段共鸣现象依然存在,新概念试验段无共鸣现象发生。

2.2 搜集器倾斜对试验段静压影响

试验段静压分布均匀对气动力试验非常重要,如果沿试验段轴向静压梯度过大,则会产生水平浮力,静压梯度对升力的影响则缺乏认知。因此,研究新概念试验段的静压分布情况是非常重要的。

试验研究了搜集器倾角变化对静压的影响。保持开口试验段长度不变,随着搜集器倾角增加,静压在试验段大部分区域没有显著改变,但在搜集器附近静压逐渐增加。

试验研究了开口试验段长度对静压的影响。通过适当的喷管/搜集器设计可以避免共鸣,静压分布从喷管出口到试验段的下游数倍喷管出口直径的地方基本保持不变,但均匀区不会超过整个试验段的长度。

188

试验研究了共鸣对试验段压力分布的影响。常规试验段在发生共鸣的试验条件下,搜集器附近的压力大幅度降低。

试验测量了常规和新概念试验段的静压分布,结果表明,从出口到试验段70%长度,静压没有显著的改变;搜集器倾角变化对静压分布均匀性影响不大,但在搜集器入口附近,倾角增大使压力水平提高。

2.3 模型堵塞度实验研究

如图6所示,采用美国汽车工业研究会(MIRA)汽车模型进行了堵塞度10%、15%、20%的模型阻力测量试验。

图6 模型堵塞度试验研究[1]

试验研究结果表明,对常规设计试验段,试验段长度和出口浸湿直径比一般不能超过3,否则即使采取上述调整片或通气口方法,共鸣现象也无法消除。在模型堵塞度10%时,在风洞试验段中心附近较短的一段范围内,改变模型位置,测量的阻力值不变;而对15%和20%堵塞度的模型,改变模型位置,测量的阻力也随之发生很大变化。因此,常规风洞的模型堵塞度极限为10%,且模型不能离喷口或搜集器太近。按新概念设计的试验段长度和出口浸湿直径比达到了8。模型堵塞度从10%到20%,在试验段大部分区域,改变模型位置,测量的阻力值不变。

2.4 试验段长度对压力损失和风洞功率的影响

开口试验段另一个关心的问题是通过试验段气流的总压损失。总压损失将增加风洞所需的功率,并降低开口试验段构型的吸引力。

利用模型风洞进行了压力损失研究。常规开口试验段长度和出口直径比$L/d = 3$,新概念开口试验段的$L/d = 8$。理论计算和模型风洞试验的结果都表明,较长的新概念试验段比常规试验段总压损失大约增加0.15。

整个风洞的总压损失可以分为试验段总压损失、风洞洞体其他部分压力损失和试验模型压力损失三部分。并且试验研究表明,随着试验段喷管口横截面积增大,试验段引起的总压损失降低;风洞其他部件引起的总压损失基本不变;

如果试验模型尺度不变,模型引起的总压损失也降低。因此,综合分析研究表明,较长的新概念试验段比常规试验段增加的总压损失量并不显著,是可以接受的。

如果将总的损失转换为风洞电机风扇的功率,研究表明,如果试验段横截面积减少50%(从20m²减小到10m²),功率比下降43%;如果试验段横截面积减少75%(从20m²减小到5m²),功率比下降60%。功率比随试验段横截面积的变化近似于线性,但不完全是线性。

2.5 试验段驻室对阻力测量的影响

开口试验段通常都有一个大的驻室包裹,这样,外界环境对开口试验段的影响才可控。因此,需要开展模型风洞增加驻室的试验研究。新概念开口试验段采用堵塞度分别为10%、15%、20%的汽车模型,进行了阻力测量试验。研究表明,驻室横截面积至少为喷口面积的9倍,增加驻室才不至于对风洞试验数据有明显的干扰影响,建议考虑更大的驻室。

而对于常规开口试验段风洞,有资料研究表明,对$L/d=3$,模型堵塞度8%,搜集器上设计通气孔,驻室横截面积至少为喷口面积的4倍,风洞试验数据才不会受到明显的干扰影响。

2.6 对风洞建设成本的影响

如果风洞试验段能够允许较大的模型堵塞度,那么较小的风洞意味着能进行更大模型的试验。以同样大小的试验模型来比较,假设其能在3%堵塞度的闭口试验段中试验,此时,假设闭口试验段风洞所需的占地面积是1,那么,采用10%堵塞度的常规开口试验段风洞所需的占地面积则是0.35,而采用20%堵塞度的新概念开口试验段风洞所需的占地面积仅是0.20。因此,满足同样大小模型风洞试验的能力,新概念开口风洞尺寸最小,相应所需的动力成本也最小。

通常,一座风洞的成本可以划分为三部分:①基本成本,包括天平、测控设备、办公室、设计费等,这部分成本基本与风洞的形式无关;②风洞部件系统成本,包括风扇电机驱动系统、冷却系统、热交换器、声学系统,这部分与风洞形式和大小密切相关,如:据估算3%闭口试验段风洞这部分假设需要3000万美元,那么,10%堵塞度的常规开口试验段风洞则需要1000万美元,而20%堵塞度的新概念开口试验段风洞仅需要570万美元;③风洞占地和风洞洞体的成本。同样,据估算3%闭口试验段风洞这部分假设需要3000万美元,那么,10%堵塞度的常规开口试验段风洞则需要1000万美元,而20%堵塞度的新概念开口试验段风洞仅需要550万美元。

由此可见,对满足同样大小模型风洞试验能力的需要,新概念开口试验段风洞可以建设得最小和最省。换句话说,如果花同样的钱,采用新概念开口试验段设计,可以建设更大的风洞,能满足更大尺寸模型的试验要求。

3. 结束语

以上介绍了国外开口风洞试验段的一种新概念设计。该设计主要针对3/4开口形式进行了引导性风洞试验研究,全开口试验段形式尚未研究;模型气动力测量仅进行了阻力测量,对其他气动力分量的影响也有待进一步研究;由于引导性研究风洞的尺寸较小,雷诺数效应的影响未能考虑。对全开口试验段、飞机模型的试验研究有待进一步研究。该新概念设计研究内容包含在美国专利No. 6748800 等研究资料中。

目前,我国仍处于大型风洞建设时期,本文介绍的开口试验段风洞的新概念设计研究为我们提供了一种国外风洞设计的创新思维。充分挖掘、研究和借鉴国外风洞设计的新概念、新技术,对我们在 21 世纪建设高起点大型风洞具有重要的现实意义。

参考文献

[1] John J L. Concept for reducing the cost of subsonic wind tunnels[R]. AIAA 2004 – 6828,2004.

[2] Jacobs E. Investigation of air flow in open – throat wind tunnels[R]. NACA Report 322,1929.

[3] Manuel G. Effect of collector configuration on test section turbulence levels in an open – jet wind tunnel[R].
    NASA TM – 4333,1992.

试 验 技 术

国外先进风洞测试技术综述

摘要：风洞测试技术可分为广义通用测试技术和狭义个体测试技术。在广义通用测试技术方面，本文介绍美国 AIAA 风洞试验标准体系、风洞试验结果的质量评定和基于现代实验设计（MDOE）的风洞试验新理念；在狭义个体测试技术方面，概述近年来国外在流场、模型姿态、力、压力等基本风洞试验参量方面的测试技术发展。
关键词：风洞试验；测试技术；综述

引言

气动数据广泛应用于航空航天、交通运输、建筑、能源、环境等领域工业产品的研制设计、性能评估和 CFD 验证中，风洞试验是气动数据的主要来源之一，在风洞试验中获取气动数据的能力取决于试验人员所拥有的测试技术。测试技术包含两方面的含义：①测量，即用测量仪器获取试验模型在风洞流场中的某些量值；②试验，即在获取测量值的基础上，试验人员使用一定的分析计算方法和计算机数据处理系统，将测量值转换为所需试验模型有关信息的过程。

鉴于风洞和风洞试验类型众多，所用测试技术覆盖面广、差异大，难以在一篇文章中详尽。本文从风洞试验广义通用测试技术层面和狭义个体测试技术层面，探讨国外先进风洞测试技术发展的某些新理念和新成果。

1. 通用先进测试技术

1.1 风洞试验标准化

风洞试验是一个综合性的测试过程。不同的试验组织、流程、仪器设备选择、方法、实施细节等都会对试验结果产生影响。长期以来，风洞测试始终是一个特殊的行业，其特殊性就在于缺乏完善的、成体系的标准或行业规范。例如，风洞天平是模型气动力测量设备，尽管风洞试验在国外发达国家已有 80 多年的历史，但在 20 世纪 90 年代以前，未见有行业的天平校准标准，这也就意味着风洞天平的校准过程和方法没有统一衡量的准则；对风洞试验测试结果数据质量的评定亦是如此。风洞试验行业只有世界各国各自的经验和习惯做法。

从 20 世纪 90 年代中叶开始,美、欧开始了大型生产型风洞的企业化运营。美国 NASA 兰利中心成立了风洞企业集团(WTE);德国/荷兰以 DNW – LLF 风洞为核心进行了整合,形成了 DNW 风洞联合体;德、英、荷、法四国采用现代企业管理模式,成立了 ETW 风洞股份有限公司。风洞试验管理开始采用工业生产的质量体系认证。风洞试验数据被视为风洞企业的产品,流程规范或标准是保证产品质量的重要手段。工业化生产需要有始终如一的工艺流程规范来保证产品质量的长期稳定,风洞试验产品的质量保证也不例外。基于总结经验、提高质量、方便国际交流与合作等考虑,在 2000 年左右,美国 AIAA 相继制定了多个风洞试验领域的标准,涵盖试验的全过程,基本形成了风洞试验标准体系。主要有:

- 风洞试验——第一部:管理卷(R)
- 风洞试验——第二部:从业者卷(R)
- 空气动力风洞试验的术语和轴系(G)
- 亚声速和跨声速风洞校准(R)
- 风洞试验内式应变天平的校准和使用(R)
- 风洞试验的实验不确定度评定(S)
- 实验不确定度评定——AIAA S – 071 – 1999 标准补充(G)

AIAA 风洞试验标准体系是以美国为代表的发达国家风洞试验的经验总结,是世界一流风洞试验机构规范风洞试验活动、提高风洞试验质量和效率、提高行业内竞争力的重要遵循和指南。

1.2　MDOE 在风洞试验中应用

风洞试验同其他领域科学试验一样,都是通过改变试验系统的一些独立变量,来测量试验对象的定量反应。对风洞试验而言,这些独立变量就是模型姿态参数、模型控制面参数和流场参数,需要定量测量的就是作用在模型上的力和力矩、压力分布和温度分布等。

长期以来,风洞试验普遍采用的试验方法是一次一个参数变化的方法(One Factor at A Time,OFAT),即:调整风洞流场各参数到预定值,然后在只改变模型一个变量(如:攻角),同时锁定试验模型其余姿态变量的条件下,获取随该变量变化的模型气动性能,这种方法称为"传统试验设计"方法。

1997 年,美国 NASA 兰利研究中心开始探索一种新的试验设计来替代OFAT,这就是 MDOE(Modern Design of Experiments,现代实验设计)。

NASA 兰利研究中心开展了两种试验设计方法风洞试验的对比研究。MDOE 方法在风洞校准、天平校准、型号试验等方面得到应用。国外文献研究表明,MDOE 完全替代目前普遍采用的 OFAT 尚需时日。NASA 兰利研究中心认为,MDOE 终将成为风洞试验普遍采用的标准试验设计。MDOE 方法将促进风洞试验设备和测试技术的创新发展。

1.3 风洞试验结果的质量评定

20 世纪 90 年代以前,国内外各行业的试验测量都采用"误差"的概念来评定测量结果的准确度;1993 年,国际标准化组织起草制定了《测量不确定度表示指南》(GUM),"测量不确定度"概念才被国际各有关组织接受并推广应用。

1999 年,美国 AIAA 地面试验技术委员会和标准执行技术委员会颁布了《应用于风洞试验的实验不确定度评定》标准;2003 年,AIAA 又颁布了《评定试验不确定度——AIAA S – 071A – 1999 补充》标准。这为规范风洞试验数据质量评定方法提供了行为准则。

在这两个标准制定中,AIAA 结合风洞试验领域的传统习惯和国际标准化组织的不确定度评定概念,提出了风洞试验结果评定的新理念,如"偏差极限"和"精度极限"概念、简化分析的"首尾"原则、不确定度的两次评定和生产性风洞试验的评定自动化等。我国目前尚无针对风洞试验的不确定度评定国家或行业标准。

1.4 风洞测控系统的通用化和模块化

欧美发达国家的大规模风洞建设主要集中在 20 世纪四五十年代,进入 21 世纪后,很多风洞设备都已经老化。欧洲 DNW 风洞联合体管理运营 11 座德国和荷兰的风洞,在风洞的数据采集和处理系统老化面临改造时,DNW 统筹考虑,为这些风洞研发通用自动控制集成系统(GAIUS)。这一顶层设计做法,减少了重复投资,提高了人员和设备使用的灵活性和互换性,提高了运行可靠性和效率。

现代风洞的主要挑战是如何以灵活有效的方式应对大量不同类型的试验。对于不同类型的试验,模块化有助于为风洞匹配相应系统。这样,系统也更容易维护修理,风洞之间工作人员的交换也更容易。来自德/荷各风洞的专家组成了一个工作小组研究风洞控制、数据采集和处理的标准化问题。通过详细评估和权衡不同方案,最终决定采用通用的自动控制集成系统(GAIUS)。GAIUS 具有模块化、标准化、功能层次化、平台独立化的特点。

1.5 远程试验平台("互联网＋")

传统风洞试验需要技术人员和工程师到风洞现场去获取数据、分析试验结果。型号单位人员需要很长时间才能到得到正式的风洞试验数据。20 世纪 90 年代初,国外开始规划和实施了多种远程试验研究计划,在风洞试验控制、数据采集、数据处理、数据传输、数据存储管理以及风洞试验与 CFD 计算结果、历史数据进行实时对比分析、专家实时讨论、跨国/跨地区/跨部门风洞试验资源共享、支持飞行器型号设计、数据安全管理等方面取得了一系列成果。如：美国空军阿诺德工程发展中心（AEDC）艾格林空军基地建立的远程风洞控制室（RWT-CR），美国 NASA 兰利研究中心建立的试验计划系统（TPS）系统、阿姆斯研究中心在 AEROnet（气动网）基础上建立了 DARWIN 系统，欧洲 DNW 建立了 OpenVMS 系统等。通过上述系统的开发，促进了风洞互联网＋测试技术发展，通过信息化技术转变风洞试验模式，提升风洞试验效率，缩短飞行器系统研制周期。

2. 个体先进测试技术

2.1 模型变形及姿态测量

在一般的风洞试验中，通常认为模型是刚性的，在气动载荷作用下的模型姿态变形通常都被忽略了。风洞试验的精细化发展使我们需要考虑气动载荷引起的模型变形，例如，0.01°的迎角测量误差将给阻力系数带来 0.0001 的不确定度，对大展弦比模型、气动弹性模型、旋翼模型、精准度研究模型试验等精确的模型姿态测量更为重要。

模型变形测量方法主要有：德/荷 DNW 风洞的 OPTOTRAK 光学测量系统；投影格栅法；PIV 测量法；ETW 风洞立体图案跟踪光学测量系统。

传统风洞试验模型姿态变化需要停车进行，试验效率低，风洞模型遥控变姿态技术提高了风洞试验的数据质量、成本和效率（图 1）。模型遥控变姿态测试技术已成为美国 AIAA 风洞试验标准中的推荐先进测试方法，其主要关键技术有角度偏转测量、机械装置设计、控制设计等。

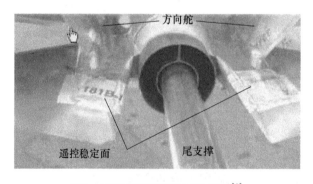

图 1　遥控变姿态风洞试验模型[5]

2.2　模型气动力测量

（1）光纤天平应用。美国和欧洲在亚跨声速风洞中开展了光纤天平应用研究。光纤应变计在抗电磁、化学、大应变和鲁棒性等方面具有优势。光纤应变计有两种类型：

- 法布里—珀罗干涉计（Fabry - Perot Interferometry），如美国 AEDC 光纤研究天平采用的；
- 光纤布拉格光栅（Fiber Bragg Grating），如欧洲光纤天平采用的，国内风洞试验单位也有类似研究。

（2）通用模块化的铰链力矩天平（图2）。荷兰国家航空航天实验室（NAL）发展了模块化的遥控变偏角铰链力矩测量装置。通过模块化，发展适合不同模型、不同铰链力矩天平量程的遥控变偏角模块，使遥控测量装置更加紧凑、通用、可靠，适用于各类飞行器模型的铰链力矩遥控变偏角测量。如此一来，增强了铰链力矩天平的通用性，降低了天平、模型制造成本，试验数据质量可靠、试验效率提高。该模块化的铰链力矩天平在 DNW - LLF 风洞和 ONERA 的 S1MA 两座大型生产型风洞中得到应用。

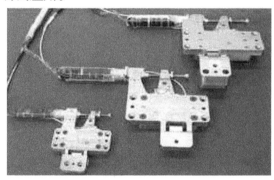

图 2　通用模块化的铰链力矩天平[6]

（3）热喷流试验装置（图3）。先进航空发动机喷管概念研究采用飞行试验或全尺寸发动机喷流试验成本高，而采用喷流测量装置在风洞中进行缩尺模型试验是一种成本相对较低的替代方案。桑迪亚的胜利航天公司为 NASA 的喷流出口试验装置设计了一台新的六分量喷流测量天平，天平最大测量轴力为800lbs，主通气气流 10lbs/s，二级气流 3lbs/s。测量元主要包括推力测量天平、燃烧模块、气流调节和测量站位、试验喷管。

（4）半导体应变片大载荷天平。塞尔维亚军事技术学院开展了半导体应变片在天平中的应用研究。开展半导体应变片研究的主要诱因是，该学院在发展动导数风洞试验技术时，采用的强迫振动技术需要给模型施加一个小振幅的自

图3　NASA航空发动机喷流出口试验装置[7]

由振动,然后测量模型的气动力响应。这种试验装置需要天平具有大的结构刚度和高信噪比。试验中发现开始采用箔式应变片的天平测量信号太弱,甚至难以测出模型振动过程中的气动力。由于半导体应变片的应变片因子是箔式片的70倍,可能更适合在大结构刚度测量元上应用。

(5)静、动态混合天平。为了提高高超声速风洞试验效率,美国马里兰大学和AEDC提出了静、动态测量于一体的混合天平概念,并在AEDC-9号风洞进行了试验研究。该概念在传统的应变天平基础上,通过适配装置,附加压电载荷测量元,达到同时测量一定频率范围内的静态气动力和动态气动力的目的。

(6)先进天平测试技术的其他方面。NASA兰利研究中心国家测力技术项目办公室(NFMTPO)发布了《国家测力技术能力(NFMTC)执行规划》,其中包括无线和数字天平技术;在天平校准中,开展了人工神经网络技术(ANN)、MDOE校准技术研究;天平支杆的振动抑制技术,包括主动阻尼技术和被动阻尼技术,在大型风洞中得到应用。

(7)模型表面摩擦力测量。油膜干涉测量技术广泛应用于国外大型生产型低速、跨超风洞中,成为国外大型生产型风洞实用的定量测量和流动显示工具。油膜干涉测量技术是在传统的油流流动显示技术基础上,结合光学干涉原理创新发展起来的。该技术相对其他一些流动显示技术来说,具有使用方便、成本低、对试验模型和原试验计划无干扰等优点,能够准确地定量、直接测量风洞模型表面摩擦力,据此来分析研究模型表面流动状态、改进型号设计、验证数值计算的湍流模型等。

(8)基于微机电系统(MEMS)剪应力测量。传统的模型表面定常剪应力测量方法(如热线、油膜干涉技术等)的测量不确定度在4%~10%。在许多应用中(如湍流壁面剪应力)需要精确测量随时间和空间变化的剪应力,而非平均的(定常的)剪应力,并且要求测量要有足够的带宽。例如,对高雷诺数情况,空间尺度约为$100\mu m$,带宽约$1000Hz$。基于MEMS的剪应力传感测量技术能够满足此类测量的要求。

2.3 模型表面压力测量

（1）动态压敏漆。为了满足动态试验的需要，国外开始研究压敏漆的频率响应问题，探索压敏漆动态修正技术。进入 21 世纪，随着压敏漆新材料和新测试方法的发展，动态（非定常、快速响应）压敏漆技术逐步完善。AA – PSP、TLC – PSP、PC – PSP 是国外研究较多的三种类型动态压敏漆，AA 和 TLC 压敏漆的响应时间在几十微秒量级，PC 压敏漆相对响应时间较慢，在几百微秒量级。除上述三类外，近年来仍不断有新动态压敏漆配方研究。如：超细陶瓷粉压敏漆（UCP – PSP），可以像常规聚合物压敏漆一样，通过喷涂技术在任何材料的模型表面应用。动态压敏漆测量技术主要有三种：①相位平均法；②实时测量法；③单次激发寿命法，三种方法所用的测量设备不同。

（2）高超声速压敏漆。在高超声速风洞试验环境下，压敏漆技术主要面临三大技术挑战：①高焓流中气动加热非常严重，模型表面的高温导致测量的不确定度很大；②高超声速风洞运行时间短，要求压敏漆具有更快的响应速度；③高超自由流静压很低，因而压敏漆对压力的敏感性要求很高。国外研究主要采取了两个措施解决上述难点：①发展新型压敏漆材料，通过采用多孔材料作为发光体黏合剂材料，开放的多孔结构黏合剂材料能使压敏漆对氧分子的反应更快、敏感性更高；②采用试验前标定和吹风中标定相结合的方法，解决高温带来的影响。

（3）低速压敏漆。压敏漆在低速领域的应用研究在国外风洞试验领域已经取得了一定的进展。在低速大气压力环境下，模型表面压力变化范围很小，如何控制测量误差、提高精度是压敏漆应用的瓶颈。美国、俄罗斯、欧洲等都积极致力于该项技术在低速风洞中的应用研究，并取得了成功。法国 ONERA 已成功将压敏漆技术应用于在 S1MA、S2LCh 等低速风洞中，压力测量的不确定度达到 100Pa。

（4）光纤压力传感器。根据布拉格光栅原理，制成光纤压力传感器测量模型表面压力。例如，法国航空航天研究院（ONERA）在亚声速风洞中进行了光纤压力传感器测压判别转捩的研究。光纤压力传感器测压判别层流、湍流和转捩结果与用热膜传感器测热判别结果吻合较好（图 4）。

（5）模型表面边界层内皮托压力测量。高速边界层转捩研究是一个极为重要的问题。为了测量尖锥边界层，美国 NASA 兰利研究中心发展了低扰动的皮托和热线流动诊断测量试验技术，该技术能在探头对流动干扰极小的情况下进行薄边界层（$\delta \approx 0.5$mm）平均剖面的精确测量，测量的不确定度从以往的 10% 降到了不到 5%，低扰动流动环境条件下动态剖面精确测量技术正在发展中。

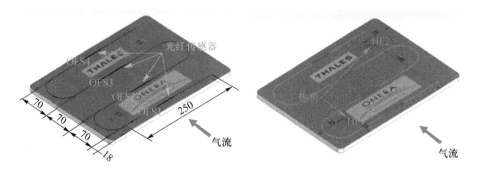

图 4　光纤和热膜压力传感器[8]

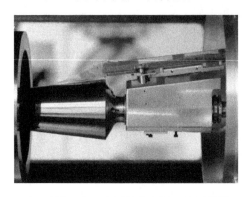

图 5　模型表面边界层内皮托压力测量[9]

2.4　空间流场测量

　　(1) 大型低速风洞中的 PIV 技术。欧洲 DNW – LLF 和日本 JAXA 的大型低速风洞(LWT1)针对大量型号试验需求,PIV 测量技术得到广泛应用,如:大型运输机发动机喷流和绕机翼/机身的外流场干扰问题、运输机增升装置附近流场研究、直升机桨涡干扰噪声问题等。解决了 PIV 测量所需的大功率激光器、示踪粒子和粒子发生器、数据采集处理软件等关键技术。

　　(2) 大型跨声速低温风洞中的 PIV 技术。2010 年,ETW 风洞发展了 PIV 技术,解决的主要关键技术是:①在低温气流中产生适当的示踪粒子;②在复杂的试验段洞体结构中构建光学通路;③低温环境下光学元件的可用性。

　　(3) 大型高超声速风洞中的 PIV 技术。在高超声速领域,PIV 技术已应用于小风洞设备测量脉动速度和雷诺应力。目前,美国 AEDC 正在进行大尺度高超风洞(9 号风洞)上的 PIV 技术发展工作。对 PIV 技术而言,大的风洞尺寸、短的试验时间以及示踪粒子要求等都是很大的技术难点。AEDC 已在 M3 校准实验室开展了前期技术发展工作,待成熟后移植到 9 号风洞。

3. 结束语

从风洞试验测试技术的宏观视角看,国外在现代实验设计(MDOE)、数据不确定度评定、风洞试验的标准化、通用的数据采集系统、远程风洞试验(互联网+)等测试技术方面的发展,正改变着传统的风洞试验模式;从具体的风洞试验测试技术看,在试验模型参数、流场、气动力和压力等最常用的测试方面都有新技术的探索,本文中所述内容只是国外风洞试验测试领域发展的一个缩影。

参考文献

[1] 战培国,杨炯. 美国 AIAA 风洞试验标准汇编[M]. 北京:国防工业出版社,2015.

[2] 战培国. MDOE 风洞试验方法研究[J]. 航空科学技术,2011,(6):7-10.

[3] AIAA S-071A-1999. Assessment of experimental uncertainty with application to wind tunnel testing[S]. AIAA,1999.

[4] David J K. DARWIN—Remote access and data visualization elements[R]. AIAA-96-2250,1996.

[5] Harald Q. Model deformation measurement capabilities at ETW[R]. AIAA2015-2562,2015.

[6] 战培国. 国外风洞天平技术的新概念和新发展[C]//第 11 届全国风洞天平会议,2005,78-81.

[7] Raymond C. Jet exit rig six component force balance[R]. AIAA2012-3319,2012.

[8] Maxime F. Experimental study of an optical fibre-based pressure sensor for boundary layer transition detection[R]. AIAA 2012-2755,2012.

[9] Lewis R O. Off-body boundary-layer measurement techniques development for supersonic low-disturbance flows[R]. AIAA 2011-284,2011.

[10] Jonathan B. Development of non-intrusive velocity measurement capabilities at AEDC tunnel 9[R]. AIAA2014-1239,2014.

2017 年国外风洞试验发展动态综述

摘要：本文从三个方面综述 2017 年国外发达国家风洞试验发展动态：①国家风洞试验设备改造情况；②风洞试验技术情况；③大型风洞开展的试验研究项目。在此基础上，给出风洞试验技术未来发展趋势的分析研究结果。
关键词：风洞试验；风洞试验技术；试验动态

引言

大型风洞试验设备通常被视为国家的战略资源。风洞试验是开展先进飞行器预研、型号设计/评估和 CFD 工具验证的重要手段。透过 2017 年度国外航空航天发达国家风洞试验设备、试验技术和风洞试验情况的发展动态，可以从一个侧面了解和认识国外发达国家风洞试验和飞行器研究的现状，分析其发展趋势，从而为我国风洞设备建设和型号研制提供参考。

1. 加强核心风洞设备改造，提高试验模拟能力

根据 1949 年美国国会颁布的 81 − 415 公共法案，美国国家风洞试验设备主要集中建设于 NASA（美国国家航空航天局）和军方的 AEDC（阿诺德工程发展综合体）。进入 21 世纪以来，美国国家风洞试验设备已完成"去产能"工作，国家资源向国家基本核心风洞集中，以提高资金利用率和风洞更新改造的科学化管理水平。根据 NASA 航空评估和试验能力项目（AETC），2017 年，NASA 完成了对兰利、格林和艾姆斯三个研究中心 12 座核心风洞设备 2016 财年的评估工作，掌握了主要风洞设备现状、可靠性以及满足未来 5 年试验的能力，更新了设备管理数据库，为科学管理风洞维修改造奠定了基础。NASA 格林中心 IRT 结冰风洞采用组合使用标准喷嘴和 Mod1 喷嘴的方式，调试完成 IRT 水滴分布，满足 FAA 25 部附录 O 冻雨（FZDZ）模拟 MVD < 40 的试验模拟要求。

世界最大的全尺寸风洞——NASA 的 NFAC（国家空气动力设施）在经历了 2003 年关停、2008 年交由军方 AEDC 管理运营后，美国国防部投资、由 Jacobs 工程/宇航试验联盟（ATA）负责对其进行了全面恢复和升级改造工作。2017 年，

AEDC完成了安装有27个探头的巨大流场校测排架设计加工工作,并计划对风洞的流场品质和运行包线进行全面校测;另据美国《航空周刊》网站2017年6月19日报道,NFAC在试验中发生壁板脱落事故,导致风洞风扇叶片损坏,处于待维修状态;完成了兼容多操作系统(Windows,Linux,Apple,Android)的实时试验显示系统(realTDS)并投入使用。NASA格林研究中心对2.4m×1.8m超声速风洞升级静态数据系统,升级后的数据系统名为"COBRA",取代现有的 ES-CORT系统;4.6m×2.7m低速风洞进行声学试验段升级改造,目标是使边界层噪声降低5~7dB;3.1m×3.1m超声速风洞进行了旨在提高马赫数能力的研究工作。

AEDC 16T大型跨声速风洞完成动力系统运行模式的改造,填补了该风洞马赫数0.3~0.6之间的运行空白。在高超声速领域,兰利气动热力学实验室(LAL)将气动加热测试(IHEAT)成像软件程序升级为 IHEAT 4.0。H2电弧加热器进行了重大升级,风洞的管式加热器被改造为先进的片式加热器,提升了风洞对热结构和材料的试验能力;封存近10年的S-1弹道靶进行了全面激活检测维护工作,准备承接空间碎片碰撞试验。波音公司 BTWT 大型跨声速风洞设计加工了新的双转轴模型支撑系统。洛克希德·马丁公司投资1200万美元对4.8m×7m低速风洞洞壁回路进行了升级改造,提升了风洞的声学特性,风洞整体声压水平降低了13.6dB。

法国 ONERA(法国国家航空航天研究院)拥有配套的大型风洞试验设备。近年来,法国国防部和民用航空局投资44.5亿欧元加大对这些风洞设备的升级改造。在2016年投资1500万欧元改造各风洞信息系统的基础上,2017年投资500万欧元,对世界最大的跨声速风洞、也是欧洲三座战略风洞(S1MA,ETW,DNW-LLF)之一的S1MA(试验段名义直径8m)风洞进行风扇叶片更新,用新的钢和复合材料混合叶片替代老旧的22片对转桨风扇叶片。改造后,风扇叶片更加坚固耐用,提升了风洞的试验效率。

由法、德、英、荷四国合建并运营的 ETW 风洞是世界最先进的低温高雷诺数风洞。自2014年4月起,ETW发起了一个"实现绿色飞机设计"(GADE)风洞升级改造计划,目的是保持ETW风洞在世界的领先地位。GADE计划将持续进行几年,2017年仍在推进中,目前主要完成了风洞通用控制系统架构、新的试验监视系统、高升力试验空气系统、风洞计算机和软件系统、光纤数据传输系统、空气干燥系统等改造。加拿大 ARC(国家研究委员会)的1.5m三声速风洞更新了软硬件,完成了风洞实时控制和数据采集系统改造。日本 JAXA(国家航空航天探索局)完成了2m跨声速风洞动力和控制系统改造,新驱动电机功率22.5MW,重量小于100t,风洞试验效率得到提升。

在风洞建设上,印度 ISRO(印度空间研究组织)维克拉姆萨拉巴伊航天中心（VSSC）自行设计建设的 1m 尺寸高超声速风洞和 1m 尺寸激波风洞完成调试运行。另外，国外大学也有少量研究风洞建设，如美国伊利诺伊大学建设了一座 250kW 电弧加热超声速和高超声速燃烧风洞设备（ACT－2）；南卫理公会大学（SMU）建设了 0.3m 亚声速风洞等；美国空军与圣母大学开始联合研制 M6 静音风洞，该风洞将建在圣母大学的怀特流体研究设备室（图 1）。

图 1　国外大型风洞设备改造[1]

2. 改进和创新风洞测试技术,提高试验精细化水平

在模型技术方面，美国空军研究实验室（AFRL）探索发展气动弹性风洞模型 3D 打印技术（PAWPrint），通过采用多材料 3D 打印技术更加精确地控制模型外形和局部刚度。AFRL 采用该技术制作了 X－56A 飞翼颤振模型，并在立式风洞中进行了试验。在风洞精细化试验中，模型变形测量对精确分析和处理气动载荷变化原因具有重要意义。模型变形测量国外已经发展了多种光学测量方法，如欧洲 ETW 风洞基于摩尔干涉原理的 MDM 和立体图像跟踪 SPT、NASA 兰利中心的摄影模型变形系统 VMD、AEDC 和法国 ONERA 利用压敏漆的变形测量技术等；2017 年，NASA 艾姆斯中心发展了一套新的模型变形和迎角测量系统（MDM/OAoA），能提供小于 0.1mm 和小于 0.05°的模型变形测量，并计划进一步改进光源和数据处理方法。

在模型表面压力测量技术方面，NASA 的压敏漆技术（PSP）在跨超声速领域已经实用化，为了更好地让用户了解这一技术，NASA 给出了这一技术在统一规划风洞中的用户指南。德国 DLR（德国航空航天中心）对基于生命周期的 PSP 测量方法进行了改进，优化相机和 LED 光源设置，改进数据采集，并应用于

206

TWG 风洞。

在模型气动力测量方面,为满足波音全尺寸垂尾型号试验的需求,美国国家全尺寸风洞空气动力设施(NFAC)发展了半模洞壁干扰修正技术,拓展了 NFAC 风洞模型支撑方式和已有的洞壁干扰修正能力。AEDC 联合美国科研院所研发了二分量表面摩擦力直接测量传感器以及采用压电和应变片的混合静/动态力天平测量系统,并已应用于 AEDC 9 号风洞。NASA 在格林研究中心 $225cm^2$ 超声速风洞开展磁悬挂天平系统进行钝头体动稳定性试验的可行性技术研究;兰利研究中心在新设计的天平校准硬件上发展细化了天平校准技术。

在气动热测量方面,德国慕尼黑联邦武装力量大学采用激光诱导光栅光谱学方法发展了激波风洞高温测量技术,并在 LEHM 高焓激波风洞进行了验证。美国圣母大学发展了基于胶木的温敏漆技术,该温敏漆适宜于高温环境。

在动态试验技术方面,捷克航空研究和试验研究院(ARTI)发展了旋转颤振试验技术。旋转颤振是一种由旋转部件导致的、发生在涡轮螺旋桨推进飞机上的气动颤振不稳定现象。ARTI 设计了一个 W – WING 旋转颤振验证器,建立了试验设备和试验方法。北约(NATO)科学技术组织应用飞行器小组开展了气动弹性不确定度量化研究,在 NASA 兰利中心利用半模超声速运输机(S4T)模型开展了气弹不确定度评估方法研究。意大利、英国、以色列等科研院所在欧盟 GLAMOUR 项目资助下,以欧盟"绿色支线飞机"项目为背景,发展了阵风载荷抑制方法,建立了大尺度全气弹模型风洞试验验证技术。

流动显示技术方面,NASA 艾姆斯中心对应用于统一规划风洞的红外流动显示系统进行了改进,对模型表面涂层、红外相机和在线数据处理进行了改进和优化,能够实时显示模型表面流态,观察边界层转捩、拐角流、激波和涡等流动现象。此外,NASA 还采用"光学流"概念(即由亮度变化导致的一幅图像序列的明显变化)改进基于背景的纹影技术,并应用于跨声速飞行试验和风洞试验。在低温风洞光学测速上,NASA 兰利研究中心发展了飞秒($10\sim15s$)激光电子激发示踪测速技术(FLEET),该技术不需要示踪粒子(只需氮气),它通过跟踪飞秒激光脉冲产生的等离子发光序列图像测量速度,很好地解决了示踪粒子对风洞的污染问题。

在结冰技术方面,加拿大国家研究委员会(NRC)和美国 NASA 格林研究中心研制了新型便携式等动能探头(CIKP),并用于结冰风洞(IRT)和加拿大冰晶风洞)中总水含量的测量,完成了探头风洞校准,并与热线和飞行版本探头进行了对比研究。

美国 NASA 和 AEDC、法国 ONERA 等加强了计算建模和 CFD 辅助风洞试验研究和评估工作,提高了风洞试验的能力和效率(图 2)。

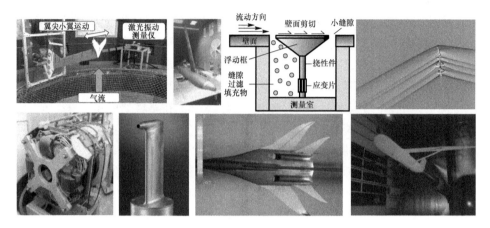

图 2　国外改进或发展的测试技术[2]

3. 大型高品质风洞成为型号试验研究的主力军

美国 NASA 国家跨声速风洞(NTF,试验段 2.5m × 2.5m)和洛·马公司 4.9m×7m 低速风洞进行了缩尺比 4% 混合翼身体(HWB)布局运输机试验研究。该项目是洛·马公司、AFRL、NASA 联合开展的"革命性军用机动作战混合翼身体(HWB)布局运输机"项目,目标是实现军用运输机相比目前节约燃料 70% 。NTF 进行的是半模、高雷诺数性能验证试验研究;低速风洞进行的是全模带动力试验研究。

NASA 艾姆斯研究中心 2.7m × 2.1m 超声速风洞开展了发动机尾流/激波干扰声爆试验研究,目的是为未来民用超声速技术项目(CST)提供技术支撑。格林研究中心 IRT 结冰风洞与加拿大 NRC 的冰晶风洞(ICT)开展了结冰流场总水含量测量对比基础试验研究;IRT 结冰风洞对 FAA 25 部附录 O 冻雨试验模拟条件进行了风洞调试;开展了机翼结冰对风洞壅塞和三维效应研究;对用于热冰防护系统(TIPS)的变高度缩尺方法进行了试验评估。推进系统实验室(PSL)用 NACA0012 翼型开展了冰晶结冰机理研究和混合相模拟试验研究。

NFAC 风洞 24m × 36m 试验段开展了舱伞组合系统(CPAS)试验,目的是研究各种缩尺比的伞稳定性和阻力特性,为全尺寸伞设计提供数据;12m × 24m 试验段开展了全尺寸客机垂尾试验,研究未来客机吹气主动流动控制技术。该试验由波音公司和 NASA 通过"环境负责航空"(ERA)计划合作,目的是为改进未来客机燃料利用率。洛克希德·马丁公司在 NASA 格林研究中心 2.4m × 1.8m 风洞进行了 X - 飞机试验研究,该飞机是洛·马公司利用"安静超声速技术"

（QueSST）设计的。

AEDC 16T 跨声速风洞（试验段 4.9m×4.9m）是美国 3 座大型跨声速风洞之一，该风洞隶属美国军方，长期服务于军事航空研究，由于保密原因，相关试验信息披露少而晚。2017 年 7 月 3 日《高马赫数》（Vol. 64，No13，AEDC 刊）披露了该风洞近年来多幅军用飞机型号改进试验图片，如 A – 10 攻击机压敏漆试验、B – 52 战略轰炸机、F – 35 战斗机外挂分离试验等。

法国 ONERA S1MA（试验段名义直径 8m）进行了通用研究模型（NASA 和波音开发的民机标模）试验，目的是与 AIAA 阻力预测工作组（DPW）CFD 计算结果进行比较；为欧洲"清洁天空"研究计划进行了低阻层流机翼半模（5.2m）、$Ma = 0.74$ 试验，试验雷诺数接近真实飞行条件；F1 风洞（试验段 4.5m×3.5m）开展了模拟大气边界层的进气道试验研究，研究表明大气边界层对发动机运行范围有显著影响。ONERA 的 LAERTE 设备首次进行了等离子体辅助的超声速燃烧试验，为双模态超燃冲压发动机试验研究奠定了基础。

德荷 DNW – HST（试验段 2m×1.8m）为中航工业（CAE）进行了 CAE – AVM 商用运输机试验，目的是验证发展的 CFD 工具。欧洲 ETW 风洞开展了真实飞行雷诺数条件下的空客 K3DY 缩尺比 1:13.6 的半模声学测量试验，研究了马赫数、雷诺数对各种结构声源的影响，开展了基于生命周期的 PSP 试验技术研究（图 3）。

图 3　国外大型风洞部分典型试验[3,4]

4. 几点分析

（1）国外航空发达国家未来或许鲜有大型风洞建设。美国 NASA 和 AEDC、法国 ONERA、德荷 DNW 群、俄罗斯 TsAGI 等国家大型风洞设备数量架构已基本稳定。欧洲确立了 S1MA、ETW、DNW - LLF 三座欧洲战略风洞，美国在 21 世纪初完成了风洞"去产能"工作，许多冗余大型风洞设备被拆除。发达国家型号数量的减少、长期风洞试验数据的积累和 CFD 工具的发展，造成型号研究对大型风洞的需求趋于饱和；另外，大型风洞设备造价高，即使建设新风洞，相比现有风洞，模拟能力并不能实现质的提升，美国在 21 世纪初的多个建设计划并未付诸实施就是很好的证明。因此，未来发达国家或许鲜有大型风洞设备建设。

（2）国外大型风洞设备更新改造将更加常态化和科学化。发达国家大型风洞设备大多建设于 20 世纪 50 - 90 年代，风洞设备尽管在不同时期有过更新改造，但面向未来高品质试验需求和市场竞争压力，采用先进动力系统、计算机和测控技术、改进和提升风洞模拟能力和试验效率将常态化，美国 NASA 在定期进行核心风洞设备评估、加强面向未来的设备改造预测方面迈出了实质性一步。

（3）风洞试验与 CFD 结合将更加紧密。自 20 世纪 70 年代开始，CFD 能否取代风洞试验之争似乎就没有停止过。如今，CFD 工具已经在工程应用中发挥着越来越大的作用。但从现实看，为 CFD 工具发展提供可靠试验数据的大型风洞试验在增多，显然 CFD 工具的发展依然依赖大型风洞试验数据的验证；另外，CFD 辅助大型风洞试验，提高试验效率也已成国外常见做法。因此，在可预见的未来，风洞试验和 CFD 不是取代关系，而是一种更加紧密的依赖或结合关系。

（4）大型风洞设备不仅是生产型设备，更是应用研究设备。在传统观念上，小型风洞设备被认为是研究型设备，大型风洞设备被视为生产型设备。但在现代高性能型号研制和改进中，许多气动现象和工程问题的解决，依赖大尺度模型的细节模拟和大型风洞的试验研究。显然，近年来大型风洞面向工程应用的研究型试验增多。因此，做好大型风洞试验是国家风洞试验机构科研工作的基础，也是开展面向型号应用的工程研究基础。

（5）型号精细化发展和市场竞争需要不断改进和创新试验技术。风洞品质和性能只代表一种再现飞行环境的能力，高品质的风洞设备只有配备有先进、可靠的试验技术，才能发挥大型风洞试验满足型号精细化设计的作用。从国际上型号研制数量减少以及联合研制增多的发展趋势看，风洞试验领域的竞争日益加剧，型号试验正向少数试验能力强、口碑好的风洞集中，风洞试验也将走向"品牌化"。

参考文献

[1] Deidre O. AEDC H_2 arc heater team validating new test capability after upgrades[J]. High Mach,2017,64 (3):1 - 1.

[2] John D. Development and implementation of a hybrid dynamic force measurement system at AEDC tunnel 9 [R]. AIAA2017 - 1593,2017.

[3] Proffitt T H. FY16 facility assessment for the aeronautics evaluation and test capabilities project[R]. AIAA2017 - 3142,2017.

[4] Dale L B. Development of a model double - roll mounting system for a large transonic wind tunnel[R]. AIAA2017 - 0775,2017.

国外风洞天平技术研究进展

摘要：天平是风洞试验气动力测量的核心设备。本文综述近两年国外在风洞天平技术研究方面的新进展，主要包括倾转旋翼天平、磁悬挂天平、动态气动力天平、表面摩擦力天平、混合静动态气动力天平和天平校准技术；探讨新技术在未来天平上的应用。意在为国内风洞天平技术研究提供参考。

关键词：风洞试验；天平；综述

引言

气动力（静态和动态）测量在风洞试验项目中占有很大比重，气动力测量的主要技术是天平技术。天平的测量不确定度是构成风洞测力试验测量不确定度的一个重要因素，是风洞综合试验技术能力的一个重要方面。为了满足航空航天器不断提高的气动性能设计要求，客户对风洞试验数据的不确定度要求越来越高，对天平的技术性能要求、试验环境适应性要求也不断提高。另外，为了满足某些气动力测量的特殊要求、提高风洞试验效率、降低风洞试验成本，也需要天平技术不断创新发展。因此，在概念设计、新材料、加工、应变传感器和校准等方面开展天平技术研究，是风洞试验领域持续进行的一项重要工作。

1. 国外开展的主要天平研究工作

1.1 倾转旋翼天平

位于美国 NASA 艾姆斯研究中心的 NFAC（国家全尺寸空气动力设施）是世界最大的风洞，该风洞在交由美国空军 AEDC 负责运营后，主要侧重于旋翼机大型风洞试验技术的发展。在 20 世纪 70 和 90 年代，NFAC 配备了 RTA（旋翼试验装置）和 LRTA（大型旋翼试验装置），近年来，为了满足未来高性能倾转旋翼机发展的需要，NASA 联合美国陆军和空军，为 NFAC 风洞配套发展了称为"国家重器"（National facility）的 TTR（倾转旋翼试验台，图 1），能够满足旋翼直径 8m、轴向飞行速度 154m/s（300 节）的试验需求。TTR 能够适应铰接、平衡板、柔性和刚性四种连接形式的倾转旋翼试验要求。

TTR 水平安装在风洞地板转盘上,配备有一个旋翼天平和一个挠性耦合测量轴,能够测量旋翼的 6 个载荷分量。旋翼天平拉力 30000lb,旋转平面内剪力 16000lb,俯仰和滚转扭矩组合 149333ft · lb。挠性耦合测量轴偏航力矩量程 22338ft · lb。

2016 年,NASA 在特制的 TTR 校准台上完成了天平校准工作,在校准台上采用 11 个液压作动器施加校准载荷,使用影像测量法确定施加到天平上的力和作用点、以及加载头在载荷作用下的位移或偏转,这也是 NASA 首次采用影像测量法辅助 6 分量旋翼天平校准,为 TTR 试验台进行全尺寸 BA609 旋翼试验做好了准备。

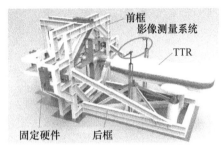

图 1   TTR 在 NFAC 中和校准台上[1]

1.2　磁悬挂天平

2017 年,日本 JAXA 和东北大学、美国 NASA 兰利和格林研究中心都开展了磁悬挂天平试验研究(图 2)。尽管磁悬挂天平系统(MSBS)并不是一个新概念,但国外并没有放弃研究。对静态风洞试验而言,尽管可以精心设计模型支撑,但支撑干扰对试验结果的影响仍不可忽视;对动态风洞试验而言,为了保证模型振动状态测试安全,支杆设计更加粗壮,对非定常气动力和动导数测量影响更为显著。

日本航空航天探索局(JAXA)用磁悬挂天平系统(MSBS)成功进行了类“海盗号”火星舱模型的俯仰动稳定性导数测量。试验数据不确定度约 20% ,而以往此类试验一般采用弹道靶自由飞技术获得,弹道靶试验重复性低,试验不确定度 33% ~300% 。磁悬挂系统能够实现模型轴向旋转 90°,完成水平面俯仰强迫振动,能够精确控制模型运动,保持重心无垂直方向移动,试验具有高重复性。

日本东北大学流体科学学院对 0.1m 量级的 MSBS 进行了静动态校准,在试验段直径 90mm、试验风速 30m/s 的低速风洞中,采用 AGARD – B 标模(带翼模型)进行了静、动态试验,测量了静态气动力,并用强迫振动法测量了动稳定性导数。MSBS 标模试验数据与美国空军的 DATCOM 数据进行了比较,验证了 MSBS 的可信性。

美国 NASA 格林研究中心开展了在 225cm² 超声速风洞(SWT)应用 MSBS 测量再入钝头体动导数的可行性研究,而兰利研究中心也在同步升级 20 世纪 60 年代末由麻省理工学院研制的 MSBS 系统。美国旧多米宁大学也正在开展 MSBS 测量返回舱动稳定性的研究,计划在 NASA 兰利研究中心的 6ft 低速风洞 上进行。

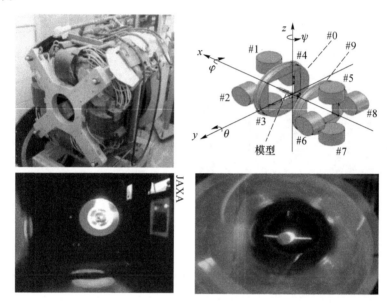

图 2　日本和美国的 MSBS 试验研究[2-4]

1.3　动态气动力天平

2017 年,美国针对抖振开展了动态压敏漆和动态天平测量研究。运载火箭 跨声速抖振载荷破坏性大,准确获得抖振载荷是一个难点。目前估算抖振载荷 的方法一般采用大量(几百个)动态压力传感器和风洞试验。宇航计算公司和 NASA 约翰逊航天中心、艾姆斯研究中心尝试采用 4 分量动态天平测量运载火 箭头部模型上的抖振载荷(图3),试验在艾姆斯 11ft × 11ft 跨声速风洞中进行。 用天平测量振动模型上的非定常气动力和力矩是一个创新,如何去除风洞试验 中非气动载荷引起的振动载荷是一大难点,试验研究了其他振动或非线性结构 模态对抖振数据产生的影响。试验研究表明,天平测量的法向力和侧向力经修 正后量级大致与动态压敏漆结果相当,但俯仰和偏航力矩相差较大。另外,天平 应变片输出与频率响应函数之间的关系仍有待继续研究。

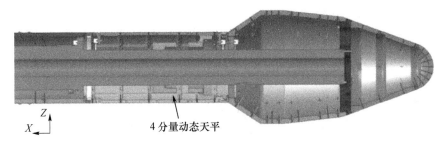

4 分量动态天平

图3 4 分量动态天平在模型中的位置[5]

1.4 表面摩擦力天平

2016 年,美国加利福尼亚综合技术州立大学研制了一种新型表面摩擦力测量片(图 4)。航空航天高速飞行器经常需要测量表面摩擦力。表面摩擦力测量有直接测量法和非直接测量法。常见的非直接测量法,如普林斯顿管、斯坦顿计等,通过测压计算获得模型表面摩擦力。与以往利用测压原理的摩擦计不同点在于,新型测量片不需要表面静压口,扰动压力直接传到到后边的压力测量口。因此,它可以在无法测量静压的表面测量摩擦力。

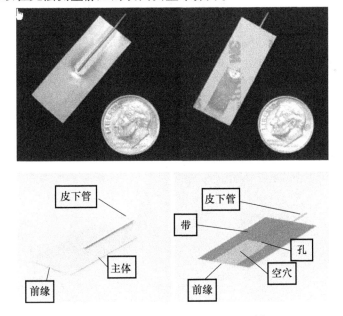

图4 一种新型表面摩擦力测量片[6]

在直接力测量方面,2017 年,美国 Ahmic Aerospace LLC 公司设计制作了一个 2 分量表面摩擦力直接测量天平(传感器,图 5),对天平的静动态响应、温度和压力影响进行校准,并在 AEDC 9 号风洞尖锥模型上进行了马赫数 14、雷诺数

$(1.7\sim12.1)\times10^{6}/m$ 的试验研究,测量了尖锥模型表面层流、转捩和湍流环境下的表面摩擦力系数 $(0.0014\sim0.0065)$。另外,在 CUBRC LENS I 激波风洞上,也进行了类似 2 分量表面摩擦力直接测量天平(尺寸更紧凑,频响更高)的试验研究。

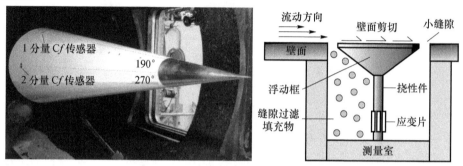

图 5 表面摩擦力直接测量天平[7]

1.5 混合静动态天平

为了提高高超声速风洞试验效率,美国马里兰大学和 AEDC 提出了混合静动态天平概念。该概念在传统的应变天平基础上,通过适配装置,附加压电载荷测量元,达到在一定频率范围内同时测量静态气动力和动态气动力的目的。混合静动态天平包括一个 6 分量应变天平、4 个压电力传感器和 9 个压阻加速度计(图 6)。2017 年,马里兰大学完成了该混合系统的校准工作,并在 AEDC 9 号风洞进行了试验研究。

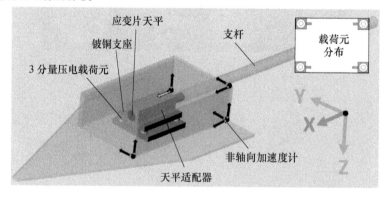

图 6 混合静动态天平[8]

1.6 天平校准技术

风洞天平是一种特殊的力计量设备,其特殊性在于国际上没有统一的计量标定标准。因此，一台硬件就绪的天平采用不同的校准手段、方法，特别是不同的校准载荷表，获得的天平公式是有差异的，并将直接影响未来使用的测量不确定度。2017 年，美国 NASA 兰利研究中心以《AIAA 内式天平校准和使用》标准为基础，对天平校准设计、载荷表载荷点的数量进行了研究，并对多家机构使用的校准表进行了比较分析（表 1），试图回答天平校准需要多少载荷组合、需要算到多少阶、又需要多少点。

表 1　几个天平校准载荷表对比[9]

单位 项目	CCD	BBD	NASA LaRC 5 – Point	NASA LaRC 9 – Point	Triumph	ETW	NASA ARC
点数	63	65	410	738	1063	1631	2082
独特级数	5	3	5	9	13	31	21

2. 未来新技术在天平上应用展望

2.1　设计和加工

风洞天平成本和研制周期是用户关心的重要内容，据美国有关资料估算，平均一台天平造价 7 万美元，研制周期 410 天。创新设计理念和加工技术是降低天平造价和研制周期的有效途径。

（1）创新设计概念。荷兰国家航空航天实验室（NAL）发展了标准模块化的遥控变偏角铰链力矩测量装置。通过标准模块化，使遥控测量装置更加紧凑、通用、可靠，适用于各类飞行器模型的铰链力矩遥控变偏角测量。如此一来，增强了铰链力矩天平的通用性，降低了天平、模型制造成本，试验数据质量可靠、试验效率提高。应用该模块化技术的铰链力矩天平，在 DNW – LLF 风洞和 ONERA 的 S1MA 两座大型生产型风洞中得到应用。又如，国外 Ringel 等人采用轴向力与其他 5 个载荷分量分开测量的概念，设计单独的轴向力天平，该设计俯仰和偏航干扰低，即使在大组合载荷比的情况下线性仍很好，并且法向力与轴向力高达 50∶1 时测量精度依然很好。

（2）增材加工。增材加工特别适合积紧凑、内部构造复杂的零件加工，能够有效降低加工成本和时间。例如，316L（美标）不锈钢粉采用选择性激光熔合系统加工一个悬臂梁，所用时间只是常规加工方法的 1/5；采用增材加工制作一个飞机起落架模型成本是高压冲压成型的 1/40。但目前制约因素还很多，如：增材加工表面粗糙度 $Ra4 \sim 9\,\mu m$，加工精度 0.1mm，天平期望值 $Ra0.8\,\mu m$、精度约 0.025。另外，增材加工在强度、材料特性等方面还有需要解决的问题，但这种加工方法可能会产生新的天平设计概念。

2.2 材料

天平材料通常采用超高强度钢,如:C－300(美标,一种马氏体钢),抗拉/抗压强度、刚度以及可加工性能都比较好。但新材料的研制一直在进行中,发展的AerMet 100 强度与 C－300 相当(表2),但断裂韧性要好1倍。随着人们对天平疲劳寿命的关注,相关技术研究值得关注。

表2　国外几种常见的天平加工材料[10]

材料	杨氏模量/GPa	屈服强度/ksi(GPa)	极限强度/ksi(GPa)	延伸率/%	沙尔皮冲击室温/低温/ft·lb.(J)	洛氏硬度
C－250	27 (186.2)	248 (1.71)	253 (1.74)	10.7	20/10 (27/14)	RC50
C－300	27.5 (189.6)	287 (1.98)	294 (2.03)	10.3	19/10 (26/14)	RC55
A286	29.1 (200.6)	112 (0.77)	159 (1.10)	26	55/50 (75/68)	RC36
MP35N	33.8 (233.1)	285 (1.97)	295 (2.03)	9.4	17/16 (23/22)	RC55
AerMet100	28.2 (194.4)	246 (1.70)	285 (1.97)	14	35/19 (47/26)	RC55

（1）马氏体钢渗氮。马氏体钢进行各种表面渗氮工艺处理,然后与仅进行时效工艺处理的样件对比。研究表明,对应 $2×10^6$ 次弯曲疲劳极限,渗氮处理后试件可承受应力 870±20MPa,仅时效处理的试件能承受应力 600±20MPa,疲劳强度增加45%,但渗氮处理需要考虑变形和尺寸变化。

（2）喷丸处理。对进行过机加、抛光和时效处理的样件进行表面喷丸处理,样件表面最大压缩寄生应力可达 900MPa。经过喷丸处理的样件疲劳裂纹从内部产生,而没有经过喷丸处理的从表面产生。在样件承受高应力的情况下,喷丸处理能显著提高疲劳强度。

2.3 应变片

目前天平使用的电阻箔式应变片已经非常成熟,但探索新的传感器技术,能给天平设计技术带来新的变化。例如,如果有更高应变解析度和精度的应变片,就可以不以牺牲力解析度和精度为代价,提高天平的安全因子和疲劳寿命,并可以简化天平结构设计。

从国外研究看,一些新的应变片正在发展研究中,主要有:半导体压电应变

218

片,它对温度更敏感,可用于温度补偿;压电应变片,其原理与电阻片不同,电荷由压电材料受拉压产生,已用于动态天平;表面声波(SAW)应变片,它结合一种在基材中能产生表面声波的压电材料构成,表面声波的共鸣频率随施加在基材上的应力改变,它的最大优点是能利用无线电脉冲频率进行无线工作;光纤应变片,基于不同的光学原理可以分为三类,即干涉、散射和光栅,目前光栅应变片已在天平上得到应用研究;应变片融合,即采用两类不同性质的应变片,利用其不同的特性,互补短板,改善测量效果。

2.4　数据采集

从安装在风洞模型中的天平采集数据,尽管因风洞不同而有所差异,但原理都是用高精度 DC 电源给天平各载荷元桥路施加一个电压,然后用高精度电压计测量输出,鉴于天平桥路输出导线做了防护和电压计的高输入阻抗,一般允许天平输出导线有几米长,满足从天平到风洞数采系统接口距离的要求。目前这种做法,天平用户使用体验不好,需要仔细梳理导线,环节多。2008 年起,美国NASA 格林研究中心开始发展天平内建集成电路和无线遥测系统。天平内建集成电路能满足 12 个天平桥路、4 个压力传感器桥路、24 个应变片、10 个温度和 7个健康监测电压的需要,系统同步采样,采用 24 位模/数转换器,直接向风洞数采系统无线传输数字天平信号(图7)。

图 7　虚拟旋转天平上的遥测系统[10]

3. 结束语

风洞天平集设计、材料、传感、校准、电子等多学科技术与一体,是一种特殊的精密力测量设备。未来天平技术的发展与相关学科的技术发展紧密相连,天平某一相关学科技术的突破,都有可能对未来天平设计带来重大创新,一些新技术在风洞天平上的应用已经初见端倪。新材料、新工艺、新应变片、数字化无线传输数据和先进校准技术是面向未来风洞天平的研究发展方向。

参考文献

[1] Eduardo S. Photogrammetric deflection measurements for the Tiltrotor Test Rig (TTR) multi – component rotor balance calibration[R]. AHS Technical Meeting on Aeromechanics Design for Vertical Lift, San Francisco, California, January 20 – 22,2016.

[2] Thomasp J. Improving measurement with spinning mirrors, schlieren images and magnetic suspension[J]. Aerospace America,2017,(12) :17.

[3] Oshima R. A development of dynamic wind tunnel test technique by using a magnetic suspension and balance system[R]. AIAA 2016 – 1541,2016.

[4] Sevier A. Blockage testing in the NASA Glenn 225 square centimeter supersonic wind tunnel[R]. AIAA 2017 – 1213,2017.

[5] Christina L N. Inverse force determination on a small scale launch vehicle model using a dynamic balance [R]. AIAA 2017 – 1405,2017.

[6] Brittany R K. A new skin friction gauge[R]. AIAA 2016 – 4031,2016.

[7] Ryan J M. Direct Skin Friction Measurements at Mach 14 in AEDC Hypervelocity Wind Tunnel 9[R]. AIAA 2017 – 3982,2017.

[8] John Draper Ⅲ. Development and implementation of a hybrid dynamic force measurement system at AEDC Tunnel 9[R]. AIAA 2017 – 1593,2017.

[9] Ray D R. Rigorous design and analysis of wind tunnel balance calibration load schedules[R]. AIAA 2017 – 4427,2017.

[10] Devin E B. Review of potential wind tunnel balance technologies[R]. N160009123,2017.

大型跨声速风洞流动显示技术综述

摘要：本文在分析跨声速风洞概念的基础上，探讨大、中、小型跨声速风洞的尺度划分，概述世界大型跨声速风洞发展现状；综述大型跨声速风洞中配备的流动显示技术。在模型脱体流动显示技术方面，主要显示技术有 PIV、PDV、BOS 以及传统的纹影/阴影技术；在模型附体流动显示技术方面，主要应用技术有 IR、OFI 等。

关键词：大型跨声速风洞；流动显示；PIV；综述

引言

跨声速是航空航天飞行器通常会遇到的一个速度区域，该速域飞行存在着许多非定常气动现象，以及气动力与飞行器结构耦合产生的复杂动力学问题。2007 年，美国国防部面向未来武器装备发展需要，对 NASA 众多航空试验设备进行了评估，确定了 12 座重要试验设备，其中，风洞试验设备 7 座，而跨声速风洞就占了 3 座。由此可见，跨声速风洞试验研究在航空航天飞行器设计中的重要地位。跨声速风洞诞生于 20 世纪 40 年代末，当时为了解决"声障"问题，地面风洞试验遇到了跨声速流场难以稳定建立的难题。当时风洞一般采用闭口或开口试验段，在速度接近声速时，闭口试验段遇到了雍塞现象，不能提供马赫数 1 附近的稳定流场；而开口自由射流试验段在试验速度接近声速时，气流脉动非常大，跨声速试验数据不可用。1947 年，美国 NACA 兰利研究中心通过在试验段壁面上开缝技术，建成 0.3m 0.3m 跨声速风洞；1950 年，美国康奈尔航空实验室研究出垂直开孔跨声速风洞；随后，美国空军阿诺德工程发展中心进一步研究发展了倾斜开孔的跨声速风洞。至此，跨声速风洞的设计技术瓶颈得到解决。

1. 世界大型跨声速风洞发展现状

1.1 跨声速风洞概念浅析

顾名思义，"跨声速"是指横跨"声速"附近的某一速度区域。从国内文献资料看，"科普中国"词条编写组认为跨声速 $Ma = 0.8 \sim 1.3$ 或 $Ma = 0.75 \sim 1.2$；在国内主要空气动力学试验研究单位参与、范洁川主编的《风洞试验手册》中，跨

声速 $Ma = 0.8 \sim 1.4$；在原中国空气动力研究与发展中心高速所总工程师恽起麟编写的《实验空气动力学》中，跨声速 $Ma = 0.4 \sim 1.4$。从国外文献资料看，由美国 NASA 航空航天技术办公室 Frank E. P. 等编写的《航空试验设备目录 第1卷——风洞》中，跨声速 $Ma = 0.2 \sim 1.2$；在世界著名智库——美国兰德公司编写的《风洞和推进试验设备——NASA 服务于国家需求的能力评估》报告中（下文简称兰德报告），跨声速 $Ma = 0.6 \sim 1.5$。

综上所述，"跨声速"风洞的速度范围国内外都不明确。笔者更倾向于美国兰德报告中的界定：$Ma = 0.6 \sim 1.5$。主要理由如下：①兰德报告是各领域专家广泛参与编写形成的，包括 NASA、AEDC 和航空航天工业部门等，并征询了国外专家的意见建议，更具广泛性和权威性；②兰德报告发表于2004年，对风洞设备的分类观点最新。在"跨声速"速度范围探讨的基础上，我们可以认为"跨声速风洞"是采用开缝或开孔壁试验段、试验速度 $Ma = 0.6 \sim 1.5$ 的风洞。

1.2 跨声速风洞尺度划分

从国外文献资料看，在美国 Frank E. P. 等编写《航空试验设备目录 第1卷——风洞》中，跨声速风洞按试验段尺寸划分为 3 类：①11ft(3.1m) 以上；②7 ~ 11ft(2.1 ~ 3.1m)；③7ft(2.1m) 以下。美国兰德报告中，11ft 以上跨声速风洞被称为"大型"；国家跨声速风洞(NTF)试验段尺寸为 8.2ft × 8.2ft，被称为"中型"。可见兰德报告对跨声速风洞的尺度划分与 NASA 专家观点一致。

从国内看，大、中、小型风洞的表述是一个模糊概念，尚未见有严格的尺寸界定。笔者认为，风洞按尺度划分是一个相对概念，它取决于划分者的视角和对国内外某类风洞现状的认知。从我国风洞发展现状和与世界一流接轨的趋势看，我们可以采纳美国划分标准。鉴于美国使用英制单位，我们可以算成公制后取整数。即：①大型跨声速风洞为 3m 以上；②中型跨声速风洞为 2 ~ 3m；③小型跨声速风洞为 2m 以下。

1.3 世界大型跨声速风洞发展现状

20 世纪 40 年代，随着风洞试验段开缝和开孔技术的发明，解决了固壁试验段来流在声速附近出现的雍塞现象，为工程应用型大型跨声速风洞建设铺平了道路。美国 NASA 通过对 16TT 风洞试验段(4.7m 正八边形，1941 年)进行开缝改造，使其升级为大型跨声速风洞；50 年代，美国 AEDC 建成 16T(4.9m × 4.9m)、NASA 建成 14ft(4.1m × 4.2m)、UPWT – 11ft(3.4m × 3.4m) 和 TDT (4.9m × 4.9m)大型跨声速风洞。90 年代，美国发起了一个"国家风洞试验设施"(NWTC)项目，其中包括一座亚声速风洞和一座大型跨声速风洞(3.4m × 4.7m)，后两座风洞合并设计为一座多用途风洞(MPWT)，试验段 4m × 4.9m，

Ma =0.015~1.5,由于多种原因,该风洞未能建设。除美国外,俄罗斯和欧洲均无大型跨声速风洞。

进入21世纪以来,美国的航空航天型号研制数量减少,风洞设备老化、运营成本提高。因此,美国NASA进行了"风洞去产能",一些陈旧冗余的大型跨声速风洞被拆除,如NASA的16TT和14ft风洞。目前,世界大型跨声速风洞仅美国拥有3座(表1),它们均为可变压力、连续式风洞,用途各有侧重,16T主要用于推进试验;TDT主要用于动态试验;UPWT-11ft主要用于一般气动力试验。

表1　世界大型跨声速风洞

国家/机构	名称	试验段/形式	*Ma*
美国/AEDC	16T	4.9m×4.9m/开孔	0.05~1.6
美国/NASA	TDT	4.9m×4.9m/开缝	0~1.2
美国/NASA	UPWT-11ft	3.4m×3.4m/开缝	0.4~1.4

2. 大型跨声速风洞流动显示技术

2.1　PIV技术

美国NASA艾姆斯研究中心统一规划风洞(UPWT)中的11ft(3.4m×3.4m)跨声速风洞是一座连续式回流变密度风洞,风洞试验段包裹在一个驻室中,试验时驻室压力变化范围0.5~2atm,试验马赫数范围0.2~1.5。该风洞PIV系统采用2个NewWave Gemini激光器(高速激光器25mJ/pulse,2kHz;另配有大面积激光器450mJ/pulse);2个Corona Viscount 5000粒子发生器,矿物油燃烧冷凝得到烟粒子,粒子直径0.2~1μm,研究证明该粒子直径范围对跨声速流跟随性很好;2个ES4.0照相机;以及照相机、反射镜的移动机构组成,具有多种光路走向设计,满足不同测量位置需要(图1)。

11ft跨声速风洞PIV系统应用的难点和处理办法:①跨声速试验振动对光学系统的影响,采用1in厚的隔振材料(Sorbothane™)对固定在风洞壁上的激光器和相机系统进行隔振处理,并进行相关测试;②光路设计,需要根据风洞结构特点,尽可能利用原风洞视窗设计相关光路机构;③试验时高压环境,人无法进入调整光学系统,需要设计遥控装置;④示踪粒子的引入,油基粒子从试验段后部天花板引入并扩散到风洞流场中,洞壁局部会有沉积污染。

2.2　PDV技术

PDV(平面多普勒测速)也称为DGV(多普勒全场测速),是一种二维平面激

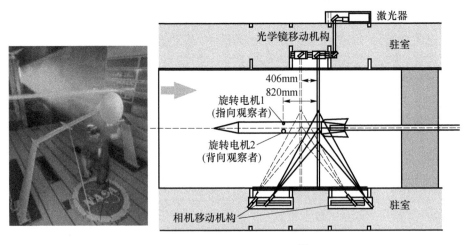

激光器

光学镜移动机构

驻室

406mm
820mm

旋转电机1
(指向观察者)

旋转电机2
(背向观察者)

相机移动机构

驻室

图 1　UPWT – 11ft PIV 系统[1]

光测速技术。2006 年,AEDC 为 16T 大型跨声速风洞专门配套设计了 PDV 测速系统(图 2)。该系统主要包括一个单频脉冲激光器、照相机、粒子注入系统、激光参考频率监视系统等。验证试验表明,脉冲激光器能够提供很好的瞬间解析度,但高能激光脉冲需要通过空间光路转换传入试验段,试验效率和对人眼安全方面都存问题,因此,2008 年以来,AEDC 又对 PDV 系统进行了改进,将脉冲激光器改为连续波(CW)激光器(6W Coherent Verdi V6),增加了 PDV 的实用性;激光传输光路改为相干光纤成像线束,解决了激光传输安全以及片光抖动问题。

针对 16T 风洞的 PDV 系统设计考虑包括:①该系统配置在 HAAS(大迎角自动尾撑)试验段上;②设计了"振动不敏感"粒子(水滴)注入系统;③照相机密封在一个能提供适当空气和水冷的箱子中,因工作环境温度可达 38℃、200psf,同时满足风洞结构安放要求。

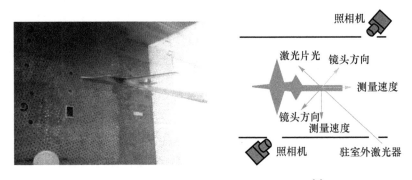

照相机

激光片光　镜头方向

测量速度

镜头方向

测量速度

照相机　驻室外激光器

图 2　16T 风洞 HAAS 试验段中的 PDV 系统[2]

2.3 BOS 技术

BOS(指向背景的纹影)技术是纹影技术与粒子图像处理技术结合的产物,与传统纹影技术相比,其原理不是通过密度强度变化来量化光线折射量,而是通过图像处理技术计算背景斑点偏移量而获得流场光线偏移量。其最大优点是简化了应用环境对光学系统的要求。

近年来,BOS 技术在美国 NASA 兰利研究中心低、跨、超、高超声速风洞进行了应用研究(图3)。TDT 风洞的 BOS 技术可行性研究采用 16 位 LaVision Imager sCMOS 相机,频率 100Hz,尼康 35 – 105mm 镜头(图4)。对 TDT 大型跨声速风洞而言,BOS 技术应用的难点在于从控制间到试验段内要经过三层厚防护玻璃窗,以及低总压试验环境(总压 0.2 ~ 1atm)。在控制间采集 BOS 图像的可行性研究进行了两种方式的试验:①采用 5mW 绿色激光斑做背景,洞壁上覆盖 3M 8830 反射材料;②在试验段内背景前用一个热源研究多种背景材料下对热流的显示情况。可行性研究表明,图案背景要比激光斑好,鉴于 TDT 的低密度环境,应选择更小的照相机视域。

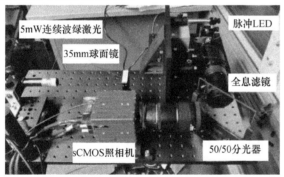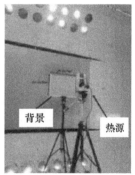

图3 BOS 和阴影(脉冲 LED 光源)系统[3]

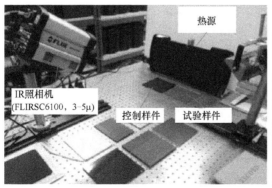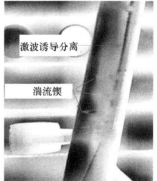

图4 UPWT – 11ft 风洞 IR 涂层标定和流动显示样例[4]

2.4 IR(红外)技术

流动现象会影响模型表面的温度梯度,使用高敏感度(<25mK)的红外照相机、高速数据采集硬件和在线图像处理系统能够实时显示模型表面的流动特征。美国 NASA 艾姆斯研究中心 UPWT – 11ft 大型跨声速风洞配置了先进的生产级 IR 流动显示系统,能够很好地观察边界层转捩、激波冲击、拐角流、颤振等现象。

红外成像系统包括 4 个 FLIRSC8200 中波(3~5μm)IR 照相机及光学硬件,基于 LabVIEW 的数据采集和处理系统。该技术对模型表面处理技术要求很高,既要对红外线具有高发射率,又要具有低热传导特性。模型表面黑色丙烯酸涂层的厚度和粗糙度分别用 ElektroPhysik MiniTest 731 和 Mitutoyo SJ – 210 测量。试验前需要对涂层发射率和响应进行标定。IR 技术在大型跨声速风洞应用需要仔细模拟多个照相机的拍摄范围、协调位置、布置专用红外视窗。

2.5 OFI(油膜干涉测量)技术

油膜干涉测量风洞模型表面摩擦技术是在传统的油流流动显示技术基础上,结合光学干涉原理逐步完善和发展起来的一种实用技术。该技术具有使用方便、成本低、对试验模型和原试验计划无干扰等优点,能够准确地定量、直接测量风洞模型表面摩擦力,据此来分析研究模型表面流动状态等。该技术早期一次车只能进行一个迎角状态测试,后经改进,理论上可以一次车测量多个攻角状态下模型表面的摩擦系数。但在实际风洞试验中,由于油流的耗散,一般一次车测量两个攻角状态。油膜干涉测量技术测量模型表面摩擦系数的不确定度范围为 1%~10%,取决于成像系统的解析度以及风洞试验状态的测量精度。

UPWT – 11ft 大型跨声速风洞使用该技术测量模型表面摩擦力,进行机翼表面转捩位置和分离范围的流动显示研究。试验采用 Haseblad 照相机,带有一个双色窄带滤镜,单色像素 4096×4096;氙闪光灯光波长 546nm,照相机和光源由计算机遥控与风洞试验条件同步采集。

2.6 其他

PSP(压敏漆)技术应用目的在于获取模型表面全场压力数据,一般不以流动显示作为主要应用目标。UPWT – 11ft 风洞和 AEDC 16T 风洞均配备有 PSP 技术,并已从"强度法"发展为更有技术优势的"寿命法"。传统流动显示纹影和阴影技术在大型跨声速风洞中有配置,但相关应用研究的文献比较少见。

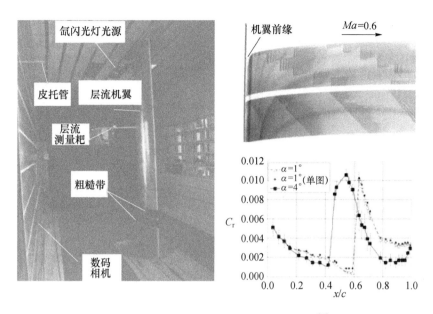

图 5　UPWT－11ft 风洞油膜干涉技术应用[5]

3. 结束语

　　世界大型跨声速风洞只有 3 座,并全部为美国拥有,这些大型风洞奠定了美国在战斗机、运输机等高性能飞行器研究中的领先地位。这 3 座风洞中 2 座为开缝壁试验段、1 座为开孔壁试验段,均为连续式可变压力风洞,但它们的风洞结构设计特点和主要试验用途各不相同,具有很强的应用针对性。3 座大型跨声速风洞流动显示技术的配置是不同的,这与风洞用途和试验类型密切相关。大型风洞试验段结构和流场特性是影响流动显示技术实用化的重要因素。在风洞试验模型脱体流动显示技术方面,大型跨声速风洞主要应用技术有 PIV、PDV、BOS 以及传统的纹影/阴影技术;在模型附体流动显示技术方面,主要应用技术有 IR、OFI 等。

参考文献

[1] James T H. PIV in NASA Ames unitary wind tunnels[R]. AIAA 2011－927,2011.

[2] Joseph A W. Planar Doppler Velocimetry for transonic flow fields in the AEDC 16T wind tunnel [R]. AIAA 2014－2230,2014.

[3] Brett F B. Development of Background－Oriented Schlieren for NASA Langley Research Center Ground Test

Facilities[R]. AIAA 2015 - 1691,2015.

[4] Theodore J. G. Recent advancements in the Infrared flow visualization system for the NASA Ames Unitary Plan Wind Tunnels[R]. AIAA 2017 - 1051,2017.

[5] David M D. Skin friction mearurements using oil film interferometry in the 11' transonic wind tunnel at NASA Ames[R]. AIAA 2004 - 1359,2004.

风洞试验数据的技术风险管理研究

摘要：风洞试验数据已广泛应用于航空航天飞行器、车辆、建筑、风力机等与国民经济密切相关的众多产品中。本文从风洞试验的技术层面出发，分析风洞试验数据产生过程中技术风险蕴藏的环节和产生的根源，研究风洞试验数据不确定度的评定方法，提出风洞试验数据技术风险的管控途径，意在为国内风洞试验的科学发展提供参考。

关键词：风险管理；不确定度评定；风洞试验

引言

随着科学技术的发展，风洞试验已广泛应用于航空航天、交通运输、建筑、能源、环境等领域。目前，大型工业风洞的运营已呈现出工业企业化的管理生产模式，如：美国 NASA 兰利研究中心成立了风洞企业集团（WTE），欧洲建立了 DNW 风洞联合体、ETW 风洞股份公司，并采用工业化的质量体系认证等。在风洞试验领域，国内外普遍的理念是将大型工业风洞视为"工厂"，其"产品"就是风洞试验数据。这些大型工业风洞试验数据被型号部门应用于相关领域工业产品的设计研制、评估和 CFD 验证，如航空航天飞行器、车辆、风力机、高层建筑、桥梁等。由此可见，风洞试验数据的品质直接关系到下游产品的性能、甚至是成败。大型风洞生产试验质量要求高、准备过程长、费用高，风洞试验数据生产过程涉及的技术环节多，试验数据的生命周期长，型号单位（风洞试验数据的用户）采用不同期或不同风洞试验数据对比等方式，质疑风洞试验数据可靠性和质量的情况偶有所闻。在风洞试验运营商业化的今天，如何从风洞试验的技术层面管理试验数据品质，控制风洞试验数据质量可能造成的经济风险和信誉风险，就成为我们不可回避的现实问题。

1. 风洞试验数据的技术风险分析

大型风洞生产型试验是科技人员为获取试验模型的空气动力特性数据而进行的科研试验测量活动，它以获取满足型号单位需要的风洞试验数据为直接目的。通常一项风洞试验任务主要包括以下五个阶段：

（1）按试验任务书（合同）进行试验计划；

（2）风洞试验模型的设计和加工；

（3）风洞试验前的组织和准备；

（4）风洞试验实施；

（5）试验完成后收尾工作。

在风洞试验数据生产过程中，从管理层面看，人为差错产生的风险可以通过强化风洞试验技术人员的技能和责任心、提高风洞试验的科学管理、规范风洞试验流程、加强各试验岗位准备就绪情况检查、数据分析坏值或异常值剔出等措施得以避免。在这方面，美国 AIAA 地面试验技术委员会（GTTC）及其下属的标准执行委员会（SEC）做了很好的工作，分别于 2002 年 7 月和 2003 年 9 月批准颁布了《风洞试验——第一部：管理卷》标准和《风洞试验——第二部：从业者卷》标准，通过制定风洞试验管理标准和从业者标准，指导行业科学管理风洞试验活动，并为一线直接从事风洞试验的工程技术人员提供详细的方法，指导工程技术人员科学从事风洞试验活动，达到提高试验质量、降低风险的目的。

从技术层面上看，风洞试验数据的生产过程是一个复杂的系统工程，其包含的技术因素多，试验数据的误差是客观存在的。误差来源主要包括五个方面：

（1）风洞试验技术。风洞试验技术与试验设计密切相关，目前国内外普遍采用的风洞试验方法是 OFAT（One Factor at a Time）方法，即：一次一个参数变化的方法，也称为"传统设计的方法"。此外，在 20 世纪末，美国 NASA 兰利研究中心开始倡导用一种新的试验方法来替代 OFAT 方法，这就是 MDOE（Modern Design Of Experiments）方法，即现代实验设计方法。我们这里探讨的技术风险是针对传统设计方法而言的，风洞试验技术是试验数据产生误差的一个主要来源，包括：模型的设计和安装，模型部件的结构设计直接关系到试验中模型状态变换的精确度；测量天平或传感器的选择，天平量程与模型估算气动载荷的匹配程度对试验结果有重要影响；边界层模拟技术，为了保证风洞试验中模型表面边界层状态与实际相符，有时需要采用人工转捩技术；数据修正技术，如风洞流场的气流偏角修正、洞壁干扰修正、支架干扰修正等。

（2）模型的保真度。模型是气动数据的来源，也是产生误差的一个重要方面，模型的外形尺寸、公差和表面粗糙度对试验数据非常关键，特别是模型试验时需要变换角度状态部件的重复拆装定位精确程度。

（3）试验流场品质。风洞试验流场品质对风洞试验数据的精确度非常重要，如马赫数、雷诺数、压力、温度等参数的稳定性和均匀性，流场校准的质量等。

（4）测试仪器和数据采集处理。测试仪器和数据采集处理方法是试验测量误差的一个重要来源，风洞试验是一个特殊的领域，其特殊性在于许多仪器仪表的校准、标定没有国家标准，比如测力天平。数据的采集和处理方法对结果有重要影响,因此,这是一个不可忽视的重要环节。

（5）数学模型。在试验数据的生成过程中,有许多计算、修正或对校准方程的描述等都要用到数学模型,因此,数学模型的准确性对试验数据结果也有重要影响。

因此,风洞试验数据的技术风险在于试验预期结果与实际结果的差异,在于风洞试验数据的不确定性,而导致风洞试验数据不确定性存在的原因就在于试验环境条件和所用各种测量技术客观存在的误差。因此,误差是风洞试验数据技术风险的根源,技术风险分析本质上是试验数据的误差分析或不确定度分析,风洞试验数据的不确定度越大,意味着数据品质越差,风洞试验单位的经济风险和信誉风险越大,型号单位应用数据的风险越高。

2. 风洞试验数据的不确定度评定

如上所述,风洞试验数据技术风险的根源在于试验测量的误差,技术风险管理的核心在于科学评定风洞试验数据的不确定度。

2.1 误差与不确定度

长期以来,对测量结果的质量评定,各行各业都采用"测量误差"的概念,直到 1993 年,国际标准化组织起草制定了《测量不确定度表示指南》(GUM),"测量不确定度"概念才被国际各有关组织接受并推广应用。

"误差"的概念与真值(一般难以得到)有关,它表示测量结果与真值的偏离。通常,人们又习惯于将误差分为系统误差和随机误差,而系统误差和随机误差又与无限多次测量(不可能做到)的平均值有关,因此,严格意义上说,误差是一个理想化的概念,在实际应用中很难准确定量评定,只能是估计值,误差的评定方法和表达形式也是多样的。

"不确定度"意味着测量结果正确性的可疑程度,是由于误差的存在所造成测量结果不能肯定的程度,是对被测量量真值所处范围的评定。"不确定度"能够合理地表征某一置信水准下被测量量的结果分散性。如:95% 置信水准下的不确定度(U),意味着 100 次测量中有 95 次,被测量量的真值应该在实验测量值 $x \pm U$ 的区间范围内。不确定度的评定方法是相同的,表达形式也是一样的。用"不确定度"概念来定量评定试验测量数据的质量是误差理论发展的一个重要成果,它更加科学,有利于技术交流和测量品质的评定。

我国目前尚无针对风洞试验的不确定度评定国家标准,但在 1999 年,美国AIAA 地面试验技术委员会和标准执行技术委员会颁布了《应用于风洞试验的实验不确定度评定》标准,这为规范风洞试验领域试验数据的不确定度评定方法,科学评定风洞试验数据质量和控制风洞试验数据的技术风险提供了重要依据。

2.2 风洞试验数据不确定度评定标准

20 世纪 80 年代,北约(NATO)的航空航天研究与发展咨询组(AGARD)组织成员国开展了风洞试验数据品质的评定方法研究并出版了相关报告 AGARD-AR-304,美国 AIAA《应用于风洞试验的实验不确定度评定》标准继承了 AGARD 有关风洞试验测量不确定度评定方法和研究的工作成果,并结合国际标准化组织(ISO)有关测量不确定度的定义和评定标准,考虑了风洞试验领域长期实践的具体情况而制定。该标准是美国和欧洲主要国家风洞试验机构长期实践经验的总结和不确定度评定方法的进一步规范,代表了当今世界一流风洞试验机构的做法。标准的主要精神有以下几点:

(1) 采用"偏差极限"和"精度极限"概念来评定不确定度,而不是简单地沿用国际标准化组织关于测量不确定度更为通用的"A 类不确定度"和"B 类不确定度"概念。这样处理,风洞试验技术人员更容易理解,它保持了系统误差源与随机误差源的区分,而不管这些误差是根据统计方法(A 类)还是其他方法(B 类)得到的。

(2) 定量给出了风洞试验误差源的重要程度。由于风洞试验过程存在大量的误差源,各种误差源对风洞试验结果影响程度不同,因此,确定风洞试验的误差源,并分析这些误差源对试验结果的重要性是正确评定试验数据不确定度的关键,AIAA 标准中定量给出了约百种误差源的重要性评定。

(3) 简化分析,关注重要误差源和"首尾"原则。从抓主要矛盾的观点出发,标准建议要将主要精力放在分析主要误差源上,简化分析,可以采用"首尾"的原则,即:在一个过程中,不需要确定出其中每个影响因素的不确定度,因为实际上这是难以做到的,而只需要根据初始端的不确定度主要影响因素确定出终端结果的不确定度。

(4) 给出了不确定度评定方法,介绍了常规测力和测压试验的不确定度评定样例,指出了该不确定度评定方法适用于风洞试验领域其他方面。例如,天平校准不确定度的评定。

3. 风洞试验数据的技术风险管理

风洞试验数据的不确定度是客观存在的,因此,风洞试验数据的技术风险也是不可回避的,这就需要风洞试验任务承担单位和型号单位相互沟通,建立互信,正确认知,科学防范,将技术风险控制在可接受的范围内。

（1）建立风洞试验单位和型号单位共同认可的风洞试验数据不确定度评定方法。长期以来，风洞试验始终是一个特殊的行业，其特殊性就在于缺乏完善的、成体系的标准或行业规范。例如，风洞天平是测力试验的重要测量设备，但国内没有天平校准的国家标准，这也就意味着风洞天平的不确定度没有统一衡量的准则。同样，我国也没有风洞试验数据不确定度评定的统一方法或行为准则，这也就意味着对风洞试验数据质量的认定没有标准，只有习惯的做法，但这些做法可能是不严谨、不科学或不统一的。例如，我们会用几次重复性试验结果的方差来审视试验结果质量；或者出于节省试验成本的原因，重复性试验也不做，而只用天平校准方差的 3 倍值来估计；也常见用不同时期、同一状态条件下两次风洞试验结果逐点对比来分析等。因此，我们迫切需要一个有共识的不确定度评定方法。

（2）将风洞试验数据的不确定度评定引入到试验过程的始终。通常我们是在风洞试验数据产生后通过一些习惯做法或经验检查数据质量的，由于试验数据已经产生，如果数据存在问题，就会导致风险发生。因此，从风险控制的角度考虑，我们需要改变长期习惯了的风洞试验流程，将不确定度评定融入其中。图 1 给出了美国 AIAA 风洞试验不确定度评定标准中考虑了不确定度评定的风洞试验流程。由图可见，风洞试验数据不确定度的评定，在风洞试验正式开始前就加以考虑，而不只是在试验完成后进行，将不确定度评定融入试验过程中才能确保试验数据的质量，控制试验数据不合格造成的风险。

（3）风险告知，给出风洞试验数据的不确定度报告。风洞试验数据的不确定度和技术风险是客观存在的，作为风洞试验单位，我们需要向委托试验的型号单位客观、科学地告知风洞试验数据的不确定度，这是风洞试验单位规避风险的正确做法。然而，长期以来，风洞试验领域通行的做法是：风洞试验任务完成后，只提交风洞试验报告，没有详细的风洞试验数据不确定度评定分析报告。究其原因，这是由于没有统一的评定方法和标准造成的。有时行业内风洞试验单位之间出于商业竞争的需要或由于采用的试验数据质量评定方法的不统一等原因，可能存在高估试验数据质量的问题，长远来看，这无论是对风洞试验单位还是应用风洞试验数据的型号单位都是一种风险。1999 年 AIAA 颁布的风洞试验不确定度评定标准中规范了试验数据不确定度评定报告的报告内容。

（4）采用与世界一流风洞试验机构接轨的 AIAA 风洞试验行业标准。1871年，英国人 F. H. Wenham 建造了世界上第一座风洞，风洞试验由此而诞生。20世纪 50 年代前后，亚声速、跨声速、超声速、高超声速各类型风洞在世界工业发达国家得到快速发展。80 年代末，除航空航天领域外，随着高层建筑、大跨度桥梁、高速列车、汽车、环境研究等迅速发展，风洞向专业细分方向发展，出现了一

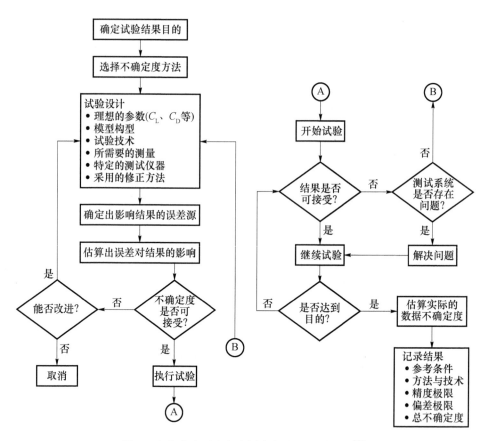

图 1　含有试验不确定度评定的风洞试验流程[3]

些航空领域以外的其他行业专用风洞,如列车风洞、汽车风洞、桥梁/建筑风洞、环境风洞等,如今,风洞试验活动与国民经济建设日益密切。从国际看,20世纪80年代以前,风洞试验标准相对较少,各机构都是按照各自的习惯或经验从事风洞试验。自90年代以来,为了适应发展的需要,美国 AIAA 相继组织编写和颁布了一些风洞试验标准,如风洞试验不确定度标准、天平校准标准、风洞校准标准、风洞试验管理标准、风洞试验从业者标准等。这些标准已成为世界一流风洞试验机构规范风洞试验、提高风洞试验质量和效率、提高行业内竞争力的重要法则。从国内看,我国尚未建立完善的空气动力试验标准体系,还缺乏相关的标准。因此,从标准制定和采用的习惯做法看,我们可以直接采纳 AIAA 的这些标准,与世界一流的国外空气动力试验机构做法接轨。这样做可以达到事半功倍的效果,有利于国际间交流与合作,有利于提高风洞试验数据质量的说服力,从而达到最终降低风洞试验数据技术风险的目的。

234

4. 结束语

进入 21 世纪,生产型风洞试验市场竞争日益激烈,大型风洞的运营向企业化模式发展,风洞试验数据的技术风险管理关系到试验数据的质量,影响型号部门终端产品的性能,也影响风洞试验单位自身的信誉和竞争力。因此,风洞试验需要总结经验并加以规范,需要学习和借鉴 AIAA 制定的相关行业标准,从而达到有效管理风洞试验数据技术风险的目的。

参考文献

[1] Deloach R. Applications of modern experiment design to wind tunnel testing at NASA Langley Research Center[R]. AIAA 98 – 0713,1998.

[2] Deloach R. Productivity and quality enhancements in a configuration aerodynamics test using the modern design of experiments[R]. AIAA 2004 – 1145,2004.

[3] AIAA R – 092 – 1 – 2003. Wind Tunnel Testing – Part 1:Management Volume[S]. AIAA,2003.

[4] AIAA R – 092 – 2 – 2003. Wind Tunnel Testing – Part 2:Practitioners Volume[S]. AIAA,2003.

[5] 李金海. 误差理论与不确定度评定[M]. 北京:中国计量出版社,2003.

[6] AIAA S – 071A – 1999. Assessment of experimental uncertainty with application to wind tunnel testing[S]. AIAA,1999.

[7] Hugh W C. Experimental uncertainty survey and assessment[R]. NASA – CR – 184297,1992.

[8] Hemsch M J. Development and status of data quality assurance program at NASA Langley Research Center—Toward national standards[R]. AIAA 96 – 2214,1996.

MDOE 风洞试验方法研究

摘要：风洞试验方法是风洞试验活动的根本方针，决定着风洞试验的精准度和效率，关系到风洞设备和技术的发展。本文在介绍 OFAT 风洞试验方法和 MDOE 风洞试验方法概念的基础上，探讨研究两种试验方法理念的本质区别；简述 MDOE 风洞试验方法具体实施的三个过程；归纳分析 MDOE 风洞试验方法的应用实例、效能评估和发展前景；意在为国内风洞试验领域科研人员拓展思路、创新方法提供参考。

关键词：风洞试验方法；现代实验设计；风洞试验

引言

　　风洞试验是航空航天飞行器空气动力学研究中普遍采用的主要手段之一。自 20 世纪前半叶风洞大规模建设、风洞试验方法逐步成熟以来，在风洞试验领域至今仍普遍采用传统的风洞试验方法，该方法为人们了解空气动力学知识和飞行器的发展做出了贡献。随着时代和科学技术的发展，以美国为代表的航空航天发达国家已经感觉到，目前普遍采用的传统风洞试验方法的潜能已基本得到充分挖掘。为了满足 21 世纪和未来航空航天飞行器发展的需要，提高风洞试验效率和试验数据的精准度，降低风洞试验成本，缩短飞行器研制周期，需要另辟新径，寻求新的、更为科学的风洞试验研究方法。

1. MDOE（现代实验设计）风洞试验方法

1.1 OFAT 方法和 MDOE 方法

　　风洞试验同其他领域科学试验一样，都是通过改变试验系统的一些独立变量，来获得试验对象的定量反应。对风洞试验而言，这些独立变量就是模型姿态参数、模型控制面参数和流场参数，需要定量测量的就是作用在模型上的力和力矩、压力分布和温度分布等。通过风洞试验获得模型气动特性数据，以便预测真实全尺寸飞行器上的气动载荷。

　　目前，风洞试验普遍采用的试验方法是调整风洞流场各参数到预定值，然后在只改变模型一个变量（如：攻角），同时锁定试验模型其余姿态变量的条件下，获取随该变量变化的模型气动性能,即 OFAT(One Factor At a Time,一次一个参数变化)的方法。该方法是风洞试验领域长期以来普遍采用的方法,通常也称为"传统设计的方法"。

1997 年,美国 NASA 兰利研究中心开始倡导一种新的试验方法来替代 OFAT 方法,即是 MDOE(Modern Design of Experiments)方法。早在 1935 年, R. A. Fisher 就出版了《试验设计》(The Design of Experiments)一书,该书已有多个更新版本。相比之下,NASA 倡导的新方法相对年代较近,并引入了计算机模拟技术等现代科学成果,故称之为 MDOE 方法,即:现代实验设计方法。MDOE 方法包括形式试验设计、试验和试验分析三个过程。

1.2　OFAT 方法和 MDOE 方法本质区别

目前,风洞试验普遍采用 OFAT 方法,它是一种基于数据(data – based)的、以数据为中心(data – centric)的方法。我们普遍的试验理念是风洞被视为"工厂",风洞试验数据则是"产品",有效的风洞试验就是在保证质量条件下,最大限度利用资源,生产最多的风洞试验数据。MDOE 方法的风洞试验理念则将"知识"视为风洞试验研究的基本产品,风洞试验研究的目标是获取对模型气动性能的认知而不是获取大量试验数据。OFAT 方法和 MDOE 方法的本质区别如下:

(1) 风洞试验的理念不同。采用 OFAT 方法的风洞试验是以获取大量试验数据为目标,而 MDOE 方法的风洞试验是以获取特定科学推论为目标,前者关注"数据",后者关注"知识"。

(2) 风洞试验的指导原则不同。OFAT 方法强调组成整个试验研究过程中的单个任务,注重单个数据点的质量和以数据采集率定义的生产率;而 MDOE 方法则是一种以过程为导向的方法,引入了集成研究质量和生产率的概念。

由于两种方法在理念和指导原则上的本质不同,导致了风洞试验的做法不同。传统的 OFAT 风洞试验方法试图通过覆盖面尽可能广的试验参数组合来测量某变量对气动载荷的影响,其看重的是直接大量获取风洞试验数据,强调的是通过改进风洞模拟的真实性和测试手段来提高试验数据的精准度。MDOE 方法则是以形式试验设计为基础,通过做少量必要的风洞试验来建立科学推论。该方法强调通过合理设计试验和精选少量精准度高的试验来提高获取数据的精准度。

1.3　MDOE 方法的三个步骤

MDOE 方法主要包括三个步骤:形式试验设计、试验和试验分析。

1）形式试验设计

风洞试验的形式设计与其他工业试验过程一样,它从输入一些参数开始并由此获得输出结果。形式设计过程的结果就是一个风洞试验运行表。设计过程的输入包括试验目的的清晰陈述,该目的是以需要测量的特定响应变量、需要操控的特定独立变量以及各变量变化的精度范围来表述的;输入包括为达到试验所需精度估算的数据量、定量估算的响应变量的方差、试验需要的解析度和试验研究者的推论风险容忍度(inference risk tolerance);输入也包括一些在设计过程中非常有用但非必需的信息,如:以前的数据、过去的经验以及与自变量和因变量相关的函数关系等。

通常,我们不知道气动力系数随攻角、马赫数、模型控制面偏转角等变化的确切函数关系的形式,也就是写不出准确数学模型的形式。但我们可以在自变量一定的变化范围内,用曲线拟合技术来任意地逼近这个确定的函数关系。

2）试验

设计过程的输出就是一个经过仔细设计的风洞试验运行表,该表就是进行试验过程的输入,试验据此进行。该过程的输出是获得经过确认的自变量和因变量函数关系,由此可以适当地预测因变量对应自变量(一定的范围变化)的响应变化情况。

在该过程中,MDOE 方法和我们目前采用的 OFAT 方法关键的区别在于数据点的采集顺序不同。OFAT 方法的典型做法是顺序设置独立变量变化,通常是等间隔变化,这种做法的弊端是我们得到的响应函数不仅是独立变量的函数,同时也是时间单向增加变化的函数。在复杂的现代化风洞中,许多其他因素随时间也在发生着细微的变化,OFAT 的顺序试验方法没有有效的手段分离这些影响。

鉴于 OFAT 顺序试验方法应对系统偏差和不明误差源的弱点,MDOE 方法采用分块、随机和重复技术的来应对控制误差,而不是 OFAT 方法采用“除一个变量外,保持其他所有都不变”的策略。独立变量表按随机的顺序执行。按照这个误差控制策略,独立变量就不会随时间系统地变化,因此就消除了上述OFAT 方法中时间的影响。另外,MDOE 方法在数据采集阶段拥有更多的量化分析手段和技术。

3）试验分析

由描述设计目标和研究问题的输入,试验设计过程得到风洞试验运行表;依据试验运行表,进行试验过程得到一组自变量和因变量的数学模型;试验分析过程的目的是根据试验获得的数学模型回答最初的研究问题。

对 MDOE 方法来说,精心设计的试验实际上本身就是一个分析。因为在进行试验过程中,伴随已经进行了相当多的分析,并及时进行了必要的修正干预。

MDOE 方法通用的一些分析包括:总响应面分析;导函数分析;干扰分析;图表分析;识别基础模型;多目标优化;设备性能评估。

2. MODE 风洞试验方法应用实例

2.1 MDOE 方法校准风洞

NASA 兰利研究中心 20in M6 风洞是兰利气动热动力学实验室(LAL)主力风洞,OFAT 方法校准风洞需要大量的试验车次(上百次)和费用,为了节约费用,1995 年该风洞只校准了总压/总温包线中右边线的 6 个点。2005 年,该风洞采用 MDOE 方法进行了校准,与过去的校准相比,拓展了风洞运行包线内的校准范围,提高了效率和校准精度,降低了校准周期和成本。MDOE 方法使经常性的风洞校准成为可能。

此外,2001 年,兰利研究中心采用 MDOE 方法对国家跨声速风洞(NTF)壁压进行了校准研究。

2.2 MDOE 方法型号试验

2011 年,NASA 兰利研究中心统一规划风洞(UPWT)对某地空导弹以前试验数据(采用 OFAT 方法)进行复核,研究了采用 MDOE 方法改进导弹类模型风洞试验质量和生产率问题。

风洞试验的数据量取决于试验的性质,典型的测力(力矩)、测压试验通常用 MDOE 方法设计为响应面建模(RSM)试验。通过 RSM 试验,建立独立变量(如:攻角、马赫数等)与响应变量(力、力矩)的数学模型。根据 MDOE 方法的原理进行试验设计,如果已知关于该数学模型形式的任何"知识",那么就可以简化建立该数学模型所需的试验数据。但通常大多数风洞试验,试验前该数学模型是未知的,因此,MDOE 方法常用通用的泰勒级数多项式拟合。

两种方法的试验结果表明,根据 MDOE 方法的质量保证策略,试验数据量可减少 80%,风洞吹风时间减少 50%;MDOE 方法的力和力矩值的标准误差小于单点 OFAT 方法测量的标准误差。

2.3 MDOE 方法校准天平

MDOE 是美国 NASA 兰利研究中心为改进航空航天研究的质量和提高生产率而倡导的一种科学试验方法,已成功运用于兰利中心的许多学科领域,其中包括天平校准。

美国 NASA 兰利研究中心的天平校准装置是一种单矢量加载系统(SVS),

兰利中心根据该校准装置的条件,发展了二次方和三次方校准试验设计方法,通过新集成的硬件系统和应用 MDOE 方法优化校准过程。相比传统的校准方法,MDOE 天平校准方法产生的数据点较少,获得的数据信息品质更高。

德/荷 DNW 风洞的科研人员在其自动天平校准机上,根据 MDOE 原理,开展了天平校准方法研究。在天平校准研究中,传统 OFAT 方法完成一台六分量天平校准,加载矩阵用了 734 个点,而应用加载矩阵点减少到了 103 个点。研究结果表明,传统校准需要的加载量是 MDOE 方法的 7 倍;MDOE 方法校准点和验证点相比,准度较好。

DNW 目标是使 MDOE 天平校准方法成为一种成熟可靠的标准天平校准方法。

2.4　其他

MDOE 方法还被用于优化气动布局、气动数据库建设、噪声试验,意大利航空航天研究中心(CIRA)也用 MDOE 方法进行了高超声速转捩试验研究。

3. MODE 风洞试验方法应用效果分析

NASA 兰利研究中心统一规划风洞(UPWT)进行了某飞机模型试验,试验测量了一定攻角、马赫数、雷诺数范围内机翼扭转角变化产生的气动力结果。图1 是采用 MDOE 方法和 OFAT 方法需要的数据量和吹风时间的比较。同样的试验,MDOE 方法只需要 20 个点,而 OFAT 方法需要 330 个点;同时,MDOE 方法所需的吹风时间大约是 OFAT 方法的 60%。

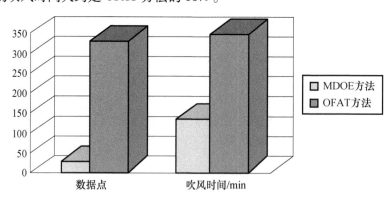

图 1　MDOE 方法和 OFAT 方法风洞试验数据量和时间比较[2]

图 2 是该试验结果精度比较,MDOE 方法在大幅度缩减试验点的条件下,二者结果的精度还是有可比性的,不存在量级上的差别。

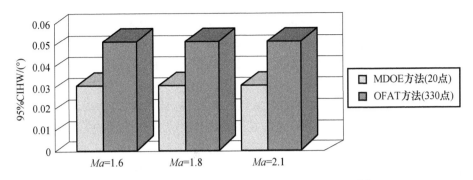

图2　MDOE方法和OFAT方法风洞试验精度比较[2]

图3是采用 MDOE 方法 1 年资源节约量的评估。为了评估,在相同的风洞进行了一系列 MDOE 方法和 OFAT 方法的背对背对比试验,资源的消耗按照吹风时间(分钟)、总数据量、消耗的电能(兆瓦小时)三个指标来量化。评估比较试验在 NASA 兰利中心的 14ft × 22ft 亚声速风洞、16ft 跨声速风洞、统一规划超声速风洞进行,为时 1 年(1997 年 1 – 12 月),进行了 4 个低、跨、超声速对比试验。

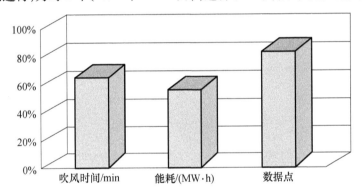

图3　MDOE方法风洞试验平均资源节约量[2]

4. 结束语

(1) MDOE 风洞试验方法更加符合目前我国倡导的科学发展的理念。低碳经济、节能环保、可持续性是当今世界对各行各业生产和发展提出的总要求,航空航天领域也不例外。我们大多数人(国内、国外)的风洞试验观念还处在吹风次数越多越好,MDOE 风洞试验方法已经向目前广泛使用的 OFAT 风洞试验方法发起了挑战。

(2) MDOE 风洞试验方法完全替代目前普遍采用的 OFAT 风洞试验方法尚需时日,但 NASA 兰利研究中心认为,MDOE 方法终将成为风洞试验普遍采用的标准方法。自 20 世纪前半叶风洞试验诞生以来,风洞试验领域至今普遍采用 OFAT 风洞试验方法。尽管 OFAT 风洞试验方法有很多自身无法克服的弊端,但已被人们的"习惯"给"忽略"了。MDOE 方法需要风洞试验从业人员观念的改变、知识技术的更新。

(3) MDOE 方法正越来越多地应用于风洞试验领域的各个方面。检索近年来的国外资料可以看出,MDOE 方法在风洞试验、气动布局研究、模型设计优化、数据库建设、天平校准、计算模拟等方面都有应用,人们对 MDOE 方法的认识逐步提高,用 MDOE 方法的理念处理空气动力试验研究领域问题正在被越来越多的人接受。美国 NASA 兰利研究中心应用现代实验设计方法完成了 100 多例风洞试验。

(4) MDOE 方法将促进风洞试验设备和试验技术的创新发展。目前,风洞试验设备和技术是按 OFAT 方法要求发展起来的,有些方面不能满足 MDOE 风洞试验方法的要求,如风洞运行参数的某些随机变化能力、分析工具等,这就对风洞技术的创新发展提出了要求,必将促进风洞技术的发展和人们知识水平的提高。

(5) 国内风洞试验领域尚未见有 MDOE 方法研究。MDOE 方法是一种科学的方法,是风洞试验方法的一次革命,代表风洞试验方法的发展方向,我们应尽早开展 MDOE 风洞试验方法的应用研究和评估。

参考文献

[1] Deloach R. Comparison of resource requirements for a wind tunnel test designed with conventional vs. modern design of experiments methods[R]. AIAA 2011 - 1260,2011.

[2] Deloach R. Applications of modern experiment design to wind tunnel testing at NASA Langley Research Center[R]. AIAA 98 - 0713,1998.

[3] Rhode M N. Hypersonic wind tunnel calibration using the modern design of experiments[R]. AIAA2005 - 4274,2005.

[4] Underwood P J. National transonic facility wall pressure calibration using modern design of experiments[R]. AIAA - 2001 - 0171,2001.

[5] Luner J J. Modern design of experiments techniques to optimize a leading edge extension[R]. AIAA - 2003 - 0655,2003.

[6] Dowgwillo R M. Using modern design of experiments to create a surface pressure database from a low speed wind tunnel test[R]. AIAA2004 - 2200,2004.

[7] Landman D. A wind tunnel external balance calibration using design of experiments[R] AIAA 2007 - 1604, 2007.

国外光纤应变天平风洞试验研究

摘要：天平是风洞气动力试验的核心测试设备,提高天平测试精准度是天平设计人员的不懈追求。光纤应变测量技术的发展,特别是其与现有箔式应变测量技术相比的高灵敏性、对电磁和温度的不敏感性等优点,使其成为天平未来发展的重要领域之一。

关键词：天平；光纤应变计；箔式应变片

引言

风洞试验的精准度与风洞天平的测量精准度密切相关,天平的灵敏度和刚度是天平研究人员设计时需要考虑的一对矛盾。风洞试验中,模型姿态的变化、分离流的产生等一些极端试验条件下,可能会引起模型的振动,为了能抵御这种振动对天平的影响,需要增加天平的刚度,这样相应地天平灵敏度就降低了;风洞中温度环境(高超、跨超风洞)、风洞中电机等产生的电磁场干扰等对我们现用的箔式应变天平测量精度也有很大影响;近年来,等离子空气动力学、电磁流体力学研究已成为航空航天技术研究的重要领域,在这种强电磁场气体流动环境中,常规箔式应变天平测量技术受到很大制约。光纤应变片在自身尺寸、测量精度和灵敏度、抗电磁和高温等方面与箔式应变片相比,都显示出了很大的优越性,基于光纤应变片的光纤应变天平已成为国外发达国家风洞天平研究的重要课题。

1. 非本征法布里—珀罗干涉计原理

光纤传感技术是利用光纤对某些特定的物理量敏感的特性,将外界物理量转换成可以可直接测量的信号的技术。由于光纤不仅可以作为光波的传播媒质,而且光波在光纤中传播时表征光波的特征参量(振福、相位、偏振态、波长等)因外界因素(如压力、应变、磁场、电场、位移、转动等)的作用而间接或直接地发生变化,从而可将光纤用作传感元件来探测各种物理量。这就是光纤传感器的基本原理。

非本征法布里—珀罗干涉计(Extrinsic Fabry – Perot Interferometry)是应用最广泛的光纤感应技术之一。Fabry – Perot 传感器是在光纤中制造一个空腔

（图1），此空腔称为光纤法—珀腔（F－P腔）。当光束通过光纤入射时，一部分光会在光纤端面反射后沿光纤返回R_1；另一部分光通过空腔后，经反射面反射后也沿原路返回R_2。光束R_1和光束R_2之间的光路程差使两者之间产生干涉，空腔的长度可以表示为折射率的函数。根据这个原理，非本征法布里—珀罗干涉计（EFPI）可以用作应变测量。

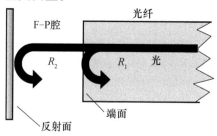

图1　EFPI光纤干涉计原理图[1]

2. 光纤应变计与常规箔式应变片比较

2.1　光纤应变计

　　基于非本征法布里—珀罗干涉计（EFPI）原理的光纤应变计已经商业化，它利用法布里—珀罗干涉计（EFPI）技术测量两根光纤之间的位移，典型的此类光纤应变计由带有聚酰亚胺涂层的基本光纤和第二光纤组成（图2），两根光纤分别从一个石英管的两端插入，两根光纤端部空腔的距离约55μm，在石英管端部用黏合剂将光纤与石英管固定。石英管长度和两根光纤间空腔长度决定了该应变计的某些性能参数。

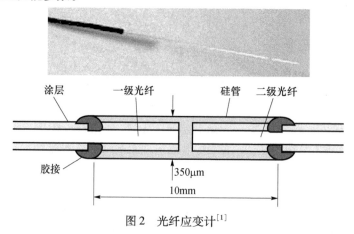

图2　光纤应变计[1]

244

基本光纤用作光传输/接收光纤,第二光纤用作反射通过空腔的光束,这样在返回的光路中就有两束反射光。当石英管受到应变作用,两根光纤之间就会产生位移,从而导致两束反射光相位差的改变,产生一系列干涉条纹图案,它们是空腔位移的函数。利用干涉技术通过干涉条纹就可以确定应变量。

2.2 光纤应变计调制/解调系统

光纤应变计的调制/解调主要有基于光强和基于光谱的两种解调方法,后者又称为白光干涉技术。如图3所示,宽带白光源由光纤经耦合器传输到光纤应变计,光线经F–P腔调制后经耦合器返回到衍射光栅,并被按不同的波长分开,然后由电荷耦合装置(CCD)获取读数。CCD获取的光谱经傅里叶变换,就可计算获得F–P腔位移,从而获得所需测量的应变值。用研制的光纤扫描设备,可以将F–P腔位移量转换为电压值,便于和其他电信号参数一起进行数据处理。

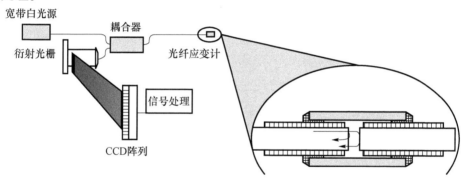

图3　光谱干涉解调系统原理[1]

2.3 光纤应变计与常规箔式应变片试验比较

根据非本征法布里—珀罗干涉计(EFPI)原理设计的光纤应变计有多种形式,如:嵌入式EFPI应变计和外伸式EFPI应变计(图4)。二者的主要不同在于两根光纤在石英管中的固定方法以及应变计使用时的粘贴方式不同。嵌入式EFPI应变计设计采用环氧树脂将两根光纤封在石英管中,使用时也是将整个应变计与被测量件用环氧树脂整个粘贴在一起;外伸式EFPI应变计的光纤在石英管中不固定,与被测量件的粘贴采用点式粘贴。

施加0~35kN周期载荷的试验结果如图5所示。试验结果表明,嵌入式EFPI应变计具有最好的测量精准度,其测量分辨率为0.002%,测量精度为0.8%;常规箔式应变片测量分辨率为0.01%,测量精度为1%

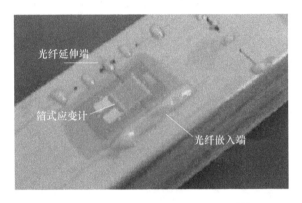

图4　光纤应变计与常规箔式应变片[1]

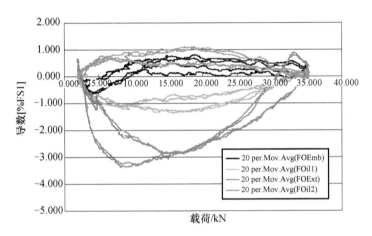

图5　光纤应变计与常规箔式应变片实验结果[1]

3. 光纤应变天平风洞试验研究

　　美国阿诺德工程发展中心(AEDC)等科研机构,为了适应等离子和电磁条件下的空气流动控制研究需要,选择了在一个现有的杆式箔式应变天平上进行光纤应变计应用研究(图6),并进行了风洞测力试验。

　　为了不影响原有天平应变片工作,由于天平上空间有限,因此只在天平的前部和后部粘贴了两个俯仰力矩光纤应变计,并进行了俯仰力矩和法向力的对比风洞试验。首先对天平进行了有限元应力分析,找出了天平上应变与俯仰力矩单元箔式应变片处应变值接近的部位,粘贴了两个俯仰力矩光纤应变计,设计了光纤应变单元简单的校正装置,并进行了俯仰力矩单元校正。

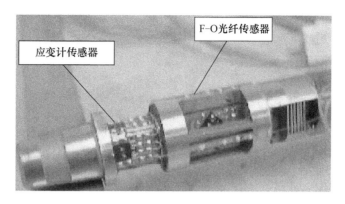

图6 光纤应变研究天平[1]

在弗吉尼亚技术学院 0.23m × 0.23m 跨/超声速风洞中进行了圆锥模型测力试验,结果表明二者有较好的一致性,光纤较箔式片测量值偏低(图7)。

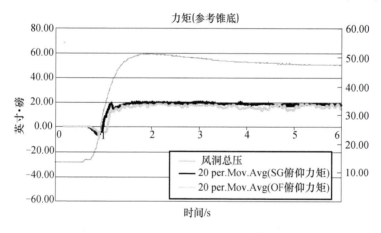

图7 俯仰力矩测量值比较[1]

4. 结束语

光纤应变天平具有高灵敏度和精准度,具有抗电磁干扰和高温的特性,在等离子和电磁空气动力学研究中具有很大优势。另外,光纤应变计尺度小,易粘贴,对粘贴位置要求低,甚至可以置入测量单元内部。这些特性都为天平设计小型化、结构简单化、加工便宜化等创造了条件。光纤应变计在国内其他工程领域已经获得应用,如桥梁应力监测等,各类光纤传感器也得到很大发展。光纤应变天平在未来风洞试验中的应用前景值得引起风洞试验研究单位的重视,尽早开展光纤应变天平技术的研究,使风洞天平技术发展上一个新台阶。

参考文献

[1] David A H. Characteristics of Extrinsic Fabray – Perot Interferometric (EFPI) fiber – optical strain gages
[R]. NASA/Tp – 2000 – 210639 ,2000.

[2] Madoka N. Development of a film – type pressure sensor using optical fiber with multiple fiber bragg gratings
[R]. AIAA 2008 – 3040 ,2008.

油膜干涉测量技术在大型风洞中的应用

摘要:油膜干涉测量技术是传统油流技术和现代光学技术结合的产物。通过定量测量试验模型表面的摩擦力来分析研究模型表面流动状态、改进型号设计、验证数值计算的湍流模型等。该技术在工程上具有较高的易用性和准确性,因而在国外大型生产型风洞中得到不断发展和广泛应用。

关键词:油流;光学测量;风洞实验

引言

大型生产型风洞实验中模型表面的流动观察,对分析试验数据、改进气动设计具有重要意义,具有广泛的使用需求。但在国内大型生产型风洞中,由于传统的油流、丝线技术只能定性观察,不能定量分析,型号单位一般不愿使用;而一些现代光学测量技术有的设备调试准备过程复杂,有的尚不具备在大尺度风洞中应用的条件。此外,生产型试验和研究型试验不同,客户时间进度、试验计划已确定,通常也更看重经济效益,因此不愿为试验中碰到的一些突发试验现象增加过多的试验变更和成本,因此,有些对试验部件表面边界层状况的定量分析研究不得不放弃。

油膜干涉测量风洞模型表面摩擦技术是在传统的油流流动显示技术基础上,结合光学干涉原理逐步完善和发展起来的一种实用技术。该技术相对其他一些流动显示技术,具有使用方便、成本低、对试验模型和原试验计划无干扰等优点,能够准确地定量、直接测量风洞模型表面摩擦力,据此来分析研究模型表面流动状态、改进型号设计、验证数值计算的湍流模型等,近年来已广泛应用于国外大型生产型低速、跨超风洞中,成为国外大型生产型风洞随时备用的流动显示技术。

1. 油膜干涉测量技术原理

处于流动气流中的模型表面由于剪切力的存在,会使涂抹在模型表面的离散油滴流动变薄,变薄的速率与模型表面剪切力成正比。早期的油流显示技术就是基于此原理定性观察分析模型表面的流动变化。油流技术在大型风洞试验中简单易用,具有很高的工程实用性,但由于只能是定性观察,所以尚不能满足科研人员对模型表面流动状态定量分析的期求。如何既保持油流技术简单易用的优点,又能改进其测量的精准度,实现定量测量,一直是国外风洞试验科研人员研究的课题,经过多年试验研究这个问题已经得到解决。

涂有油滴的模型表面因气流剪切力而形成油膜后,利用光学干涉原理,当油膜用单色光照射时,光线在油膜的上表面(油膜与空气接触面)和下表面(油膜与模型接触面)都会产生反射光,反射光产生干涉的结果能使我们看到油膜上黑白相间的干涉条纹,见图1。干涉条纹的宽度与油膜的厚度有关,据此可以计算油膜的厚度以及剪切力。

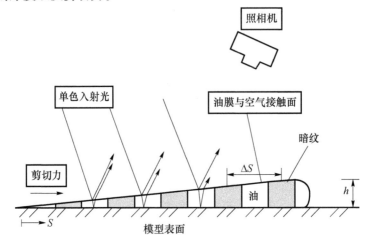

图 1　油膜干涉条纹测量原理[1]

$$\tau_w = \frac{s\mu_0}{ht} \tag{1}$$

式中,s 为油膜流动距离;h 为对应 s 流动距离的油膜厚度;t 为试验时间;μ_0 是油的黏性系数。

由于硅油对温度变化不敏感,通常试验采用硅油。

在此基础上,经过大量实验研究,推导出了模型表面摩擦系数计算公式(2),它只与流动最后状态油膜厚度分布有关,并且摩擦系数与油膜干涉条纹间距 Δs 成正比,通过分析研究模型表面摩擦系数变化,可以了解模型表面流动状态。

$$C_f = \frac{\tau_w}{q_\infty} = \frac{(2n_0/\lambda)\cos(\theta_r)(\Delta s)}{\displaystyle\int_{t_n}^{t_{n+1}}(q_\infty/\mu_0)\,dt} \tag{2}$$

式中,n_0 为油的折射率;λ 为照射光的波长;θ_r 为光线射入油膜的折射角;Δs 为干涉条纹的间距;q_∞ 为气流动压。

2. 风洞中试验装置的建立及技术发展

油膜干涉测量技术中干涉条纹的形成需要采用单色光从各个不同的角度照射所需观察的模型表面,这就要求有一个大范围的光源系统来照射模型,这一点与其他光学流动显示技术通常只需采用点光源不同。解决大范围光源问题的方法是在模型周围安装反光板,用点光源照射反光板,通过反光板再将光线从各个不同方向反射给模型。也可用可移动的手提光源在试验完成后,局部照射模型上的油膜。

根据此原理,在大型生产型风洞中,通常利用面对模型观察面的风洞洞壁来安装反光板。NASA 艾姆斯研究中心 12m×24m 风洞、12ft 压力风洞中均采用此方法,见图2。由图可见油膜干涉测量技术试验装置在风洞中安装简单,成本低,易于在风洞试验需要时随时实施。

图 2   NASA 12ft 压力风洞中光源系统建立[1]

生产型风洞需要考虑试验效率,提高生产率。油膜干涉测量技术通常的应用是一次车对应一个模型攻角状态测量一次,获得一条测量结果。近年来,该技术经过研究有了进一步发展,实现了一次车测量模型两个攻角状态。首先试验流场稳定后,在 t_1 时间拍摄模型第一个攻角状态油膜干涉照片,经过一段时间后,在 t_2 时间第二次拍摄油膜干涉照片,然后将模型攻角调整到下一个攻角状态,重复上述过程拍摄得到模型第二个攻角状态间隔一定时间的起始和结束两张油膜干涉照片。利用式(2)演变而来的式(3),通过 t_m 和 t_{m+1} 时间对应的干涉条纹间距差($\Delta s_{m+1} - \Delta s_m$),计算模型表面摩擦系数。

$$C_f = \frac{\tau_w}{q_\infty} = \frac{(2n_0/\lambda)\cos(\theta_r)(\Delta s_{m+1} - \Delta s_m)}{\int_{t_m}^{t_{m+1}}(q_\infty/\mu_0)\,\mathrm{d}t} \tag{3}$$

理论上，该方法可以一次车测量多个攻角状态下模型表面的摩擦系数。但实际风洞试验中，由于油流的耗散，只能一次车测量两个攻角状态。

油膜干涉测量技术测量模型表面摩擦系数的不确定度范围为 1% ～ 10%，取决于成像系统的解析度以及风洞试验状态的测量精度。

3. 在大型生产型风洞中的应用

近年来，油膜干涉测量技术已广泛应用于大型生产型风洞试验中，既有低速风洞试验，也有跨超声速试验，对分析研究生产试验中模型表面流动现象、改进型号设计发挥了应有的作用。该技术应用主要有以下几个方面。

3.1 了解模型转捩带效用

风洞试验中，由于模型试验雷诺数与真实飞行雷诺数相差较大，模型表面的流态可能不能反映真实飞行时的情况，采用转捩带改变模型表面流态是常见做法。应用转捩带后模型表面流动情况改变如何是人们所关心的，应用油膜干涉测量技术测量模型表面摩擦力，可以分析判断流动转捩情况。

图 3 是超声速运输机前体应用转捩带后拍摄的油膜干涉照片和计算数据。该试验是在 NASA 艾姆斯中心 12ft 压力风洞中进行的，实验马赫数 0.24。对层流流动，表面摩擦系数 C_f 一般不大于 0.003，大于这个数字也就意味着流动可能是湍流了。

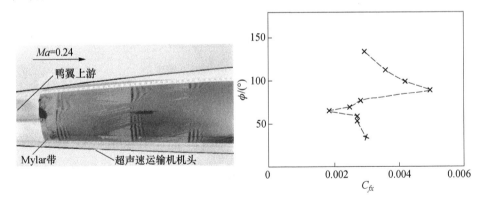

图 3　油膜干涉技术测量机身前体[1]

3.2 研究前缘缝翼上转捩

图 4 是亚声速气动声学研究（STAR）模型在 NASA 艾姆斯研究中心 40ft × 80ft 风洞中。试验中发现当模型攻角从 6°变到 10°时，前缘缝翼的后缘声激励

发生改变,需要了解前缘缝翼上流动是层流还是湍流。这个情况发生在试验过程中,如果采用其他流动观察方法,需要很长的准备时间,油膜干涉测量技术的工程易用性这时就发挥了出来。从测量结果可以看出,攻角6°时,前缘缝翼上是层流流动;攻角10°时,前缘缝翼上发生了转捩。

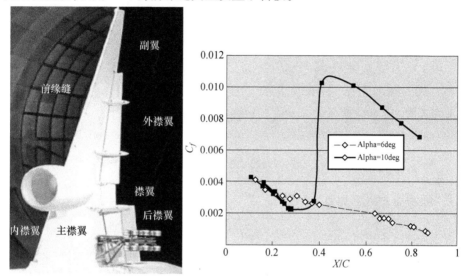

图4 油膜干涉技术测量前缘缝翼[1]

3.3 机翼全表面流态测量

图5是NASA高速研究(HSR)模型在7ft×10ft风洞拍摄的油膜干涉照片及由此计算获得的摩擦系数矢量图。模型表面涂了上百个离散油滴点,通过测量不仅确定了粗糙带在机身前体的有效粘贴位置,机翼的全表面测量也为验证CFD提供了有益测量结果。

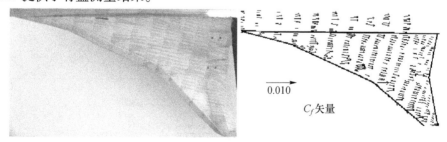

图5 油膜干涉技术测量全机翼[1]

3.4 全机测力伴随机翼全表面流态测量

图2是运输机全机在NASA艾姆斯研究中心12ft压力风洞中试验情况,可

以看出干涉测量设备在风洞中的安放位置,在模型测力试验的同时进行油膜干涉测量,为分析试验数据提供了有利参考。机翼的油膜干涉照片及由此计算的机翼表面摩擦见图6。

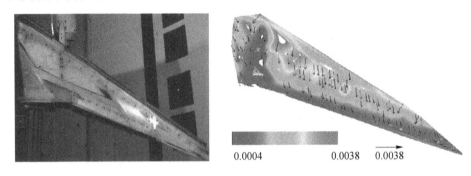

图6　全机测力同时进行油膜干涉测量[1]

3.5　车辆表面流态测量

在大型风洞中经常进行车辆的实车气动力测量试验,通常采用烟流技术定性观察车辆表面的流态。利用油膜干涉测量技术可以方便地进行定量测量,改进车辆外型设计,也可以在实车上涂好油后,通过一段时间的实际驾驶,停车后用手提式可移动光源照射油膜,测量油膜的干涉条纹间距,并据此计算表面摩擦系数(图7)。

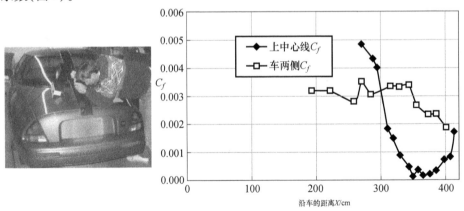

图7　油膜干涉测量技术应用于车辆[1]

除以上应用实例之外,油膜干涉测量技术还广泛用于机翼前缘层流分离泡和后缘分离研究,用于激波/边界层干扰、涡流观察研究等。

4. 结束语

油膜干涉测量技术业已证明具有可靠的理论基础。大量的应用实例表明，该技术在大型风洞生产试验研究中，对流场、吹风计划进度无干扰，设备简单成本低，易于随时实施，具有很强的工程实用性。国外应用经验证实，正确实施该技术，其定量测量的不确定度要低于大多数其他测量技术。借鉴国外油膜干涉测量技术，提高我国大型生产型风洞的试验能力是十分必要的。

参考文献

[1] Driver D M. Application of oil film interferometry skin – friction to large wind tunnels[R]. AIAA 2004 – 2113,2004.

动态压敏漆技术研究综述

摘要： 压敏漆技术是航空航天飞行器风洞试验大面积测压和流动显示的重要工具,动态压敏漆技术则是近些年来国外压敏漆技术的拓展方向之一。本文在简述动态压敏漆原理的基础上,介绍动态压敏漆配方种类,归纳动态压敏漆的三种测量技术方法,概述动态压敏漆的风洞试验应用情况。意在传播国外新技术,为国内流动显示和测量技术发展提供参考。

关键词： 动态压敏漆技术;压力测量;动态测量技术

引言

在风洞试验中,获取模型表面压力数据对深入研究飞行器气动力机理有很大帮助,同时,高空间分辨率的压力数据对气动载荷测量和 CFD 验证具有重要意义。传统的压力传感器受自身体积、模型复杂外形以及成本等因素限制,使其不适合于高空间分辨率的压力测量。20 世纪 80 年代初,Peteson 等人发表了以荧光氧猝灭为基础的表面流态显示技术,开启了压敏漆(PSP)的研究工作。压敏漆能够大面积定量测量和显示模型表面压力分布情况,其响应时间为 1 ~ 10s 量级,这种稳态(定常)压敏漆技术现已成熟并在工业生产型风洞试验中得到较广泛的应用。20 世纪 90 年代中叶,为了满足动态试验的需要,国外开始研究压敏漆的频率响应问题,探索压敏漆动态修正技术。进入 21 世纪,随着压敏漆新材料和新测试方法的发展,动态(非定常、快速响应)压敏漆技术逐步完善,其响应时间为几十微秒量级,应用研究日益广泛,已成为动态压力测量和流动显示的一个重要工具。

1. 动态压敏漆技术原理简述

压敏漆由发光体材料和粘结材料构成。当漆受到某种 UV 光或可见光照射时,漆中的发光体分子吸收光子被激活至高能状态,高能状态的发光体分子一方面通过放射出一种较照射光波长更长的光而衰减回到其原始状态,另一方面,它也通过与周围氧分子的碰撞释放能量(图 1)。因此,发光强度与漆中的氧分子含量成反比,这就是"氧猝灭"(oxygen quenching)光物理现象。漆中的氧分子含量与大气中的氧分压有关,所以,通过测量压敏漆发射出来的光强可以计算出漆表面的空气压力。

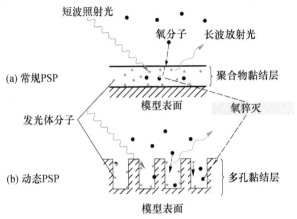

图 1　常规和动态 PSP 原理对比[2]

根据亨利定律,漆层中氧的密度与其表面空气中氧分压成正比(空气中氧的含量约为 20%),由此可以建立 Stern – Volmer 方程:

$$\frac{I_0}{I} = 1 + K_q P_{O_2} \tag{1}$$

式中,I 为实测发光强度;I_0 为没有猝灭(即缺氧时)的发光强度;P_{O_2} 为氧分压;K_q 为 Stern – Volmer 常数。

压敏漆凝结材料中氧分子扩散达到稳态的响应时间可以表示为

$$\tau \propto \frac{h^2}{D} \tag{2}$$

式中,h 为漆层厚度;D 为氧气扩散系数。

压力响应时间与压敏漆层厚度的平方成正比,与氧气扩散系数成反比。

由于降低漆层厚度的余地很小,因此压敏漆的响应时间主要受制于发光衰减寿命和黏结材料氧气扩散率。通常可以选择寿命足够短的发光体材料,这样,压敏漆响应时间就仅取决于黏结材料特性。一般典型的聚合物黏结材料压敏漆的响应时间是 1 ~ 10s 量级,即常规的稳态压敏漆。动态压敏漆技术则采用多孔材料作为黏结材料来提高氧扩散特性,使压敏漆的响应时间缩减到几十微秒量级,利用高速照相机,就可以捕获非定常流动现象,实现动态压力测量。

2. 动态压敏漆材料研究

20 世纪 90 年代中叶,国外开始探索压敏漆应用于动态测量的技术,早期主要途径一是通过研究压敏漆频响特性,建立动态修正技术[2];二是优化漆层厚度,但成效不明显。降低漆层厚度,会导致发光减弱,从而降低信噪比,可用的动态频率也较低(几十赫兹)。因此,动态压敏漆材料研究主要转向了增加黏结材料氧气扩散率。近年来,国外研究的动态压敏漆材料主要有:

(1)阳极氧化铝压敏漆(AA‐PSP)。该压敏漆是由阳极氧化铝层和发光体组成,它不含聚合物凝结材料。阳极氧化铝层是一种在硫磺酸中通过电化学阳极化过程得到的多孔铝氧化层,阳极氧化铝表面由含有大量小孔的蜂窝状单元组成,因此其表面积很大,发光体就直接吸附在多孔的铝表面上,发光体采用的是二氯化三钌([Ru(dpp)₃]Cl₂)。阳极氧化铝吸附了发光体后再进行疏水处理,在阳极氧化铝压敏漆表面做硬脂酸涂层处理,这样可以延迟其老化并降低其对温度的敏感性。AA‐PSP 的应用限制主要在于它只适合于铝制模型。研究表明,阳极氧化铝压敏漆具有极高的快速响应特性,在 $10 \sim 40 \mu s$ 量级(图2)。

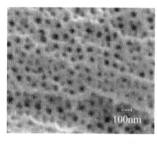
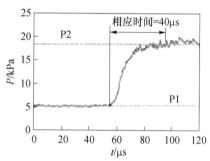

图2 某压敏漆表面显微图及响应时间[3]

(2)聚合物/陶瓷压敏漆(PC‐PSP)。由黏结材料聚合物和多孔分子材料构成,聚合物将陶瓷微粒附着于模型表面,而陶瓷微粒起吸附发光体分子的作用。两种材料的配比对压敏漆动态特性有重要影响。Sakaue 等人研究了 PC‐PSP 信号水平、压力敏感度、温度依赖度和响应时间,这些都取决于聚合物含量。通过从10%到90%变化聚合物含量响应时间可分为5个量级。

(3)多孔薄层层析片压敏漆(TLC‐PSP)。TLC(thin‐layer chromatography)可由奥尔德里奇化学物质(Aldrich Chemicals)制得。将 TLC 置于含有 Bathophen ruthenium 的溶液中,使 Bathophen ruthenium 附着于 TLC 表面。TLC 压敏漆比较脆,不适合于复杂表面。

AA‐PSP、TLC‐PSP、PC‐PSP 是国外研究较多的三种类型动态压敏漆,AA 和 TLC 压敏漆的响应时间在几十微秒量级;PC 压敏漆相对响应时间较慢,在几百微秒量级。三种类型压敏漆主要特征比较见表1[5]。

表 1　三种主要类型动态 PSP 比较

项目	AA – PSP	TLC – PSP	PC – PSP
发光体	极化发光体	可选范围广	可选范围广
黏粘材料厚度	可调	不可调	可调
制备过程	多个步骤	最简单	多个步骤
模型应用	• 复杂外形 • 直接镀 • 模型为铝材	• 简单外形 • 粘或贴 • 任何模型材料	• 复杂外形 • 粘、贴或喷 • 任何模型材料

　　除上述三类外,近年来仍不断有新动态压敏漆配方研究。如:超细陶瓷粉压敏漆(UCP – PSP),它是由易挥发的有机化合物与超细陶瓷粉构成,可以像常规聚合物压敏漆一样,通过喷涂技术在任何材料的模型表面形成多孔的压敏漆层。压敏漆中含有二氧化硅粉(直径 25nm)和含少量扩散剂的甲苯,不含任何聚合物和黏结剂,发光体采用的是二氯化三钌($[\mathrm{Ru(dpp)}_3]\mathrm{Cl}_2$)。不同涂层厚度的超细陶瓷粉压敏漆压力响应时间在 $25 \sim 100\mu s$。又如:超级疏水压敏漆,压敏材料是 PtTFPP,疏水材料是 PTFE,黏结材料是 X40 – 2327,三者在扩散剂中的混合比例为 0.007 w%(PtTFPP),6 w%(PTFE),6 w%(X40 – 2327)。该压敏漆可喷在模型表面,克服了多孔材料的吸潮问题,具有抗潮湿的特性。

3. 动态压敏漆数据采集技术

3.1　相位平均法

　　需要分辨时间的动态压敏漆数据最早采用相位平均技术测量,LED 光源发出的脉冲与模型表面压力振荡的相位被锁定,类似于频闪测量仪技术。某一相位的压力是多个振荡周期(由相机快门时间控制)该相位压力测量的平均值。业已证明,相位平均法是一种用于增加非定常压敏漆测量信噪比的方法,该方法适用于周期现象主导的流动。然而,如果流动中存在多个特征频率,相位锁定一次只能选择一个频率。在流动现象中锁定某一特征频率很重要,因为触发信号中的电子干扰可能引起频率波动,频率波动会在光学仪器中产生错误脉冲计数。另外,光源信号必须采取强带通过滤以避免错误触发。频率波动和缺乏足够带通过滤是相位平均法的主要测量误差源。

　　相位平均法已广泛应用于周期流动现象的测量,如射流振荡器、声学共鸣空腔、流经方柱的流场、半球顶模型等。

3.2 实时测量法

实时数据采集方法需要使用高速照相机,其拍摄帧频能满足捕获压敏漆快速脉动变化的需要。尽管该方法避免了相位平均法需要的复杂触发调控仪器设备,但相机拍摄每帧图像的曝光时间极短,需要具有连续激发高能量密度的光源,以克服照片曝光时间短、信噪比差的缺点。在极短的时间里采集流场的瞬间现象,可以避免温度变化效应和光降解效应,但这些好的特性也伴随着信噪比低的缺点以及高拍摄速率使空间解析范围减小的问题。

克服信噪比低问题国外有采用有条件图像采样技术的研究;高速拍摄对存在大压力梯度、吹风时间短的激波管或高超风洞试验研究非常重要。在低速方面,利用高速照相机和先进的频率分析技术研究了圆柱体涡脱落非定常压力问题。

3.3 单次激发寿命法

压敏漆测量应用的是放射测量法,通常以模型无风条件做参考,如果试验模型位置在吹风条件和无风条件有显著的位移,那么该方法将会导致很多问题。当模型在一个不均匀的照明场中发生位移,在捕获图像的过程中就会产生显著的照明误差。单次激发寿命技术采用自参考,即参考信息与压力信息同时采集。在激光源的一次激发寿命过程中,相机先采集第一幅图像作为参考图像,延迟一定时间后,采集第二幅图像作为压力测量图像,通过一个光强度比值,参考信息中能消除照明误差。

图3是该技术的原理图,在门1采集参考图像,门2采集测量图像。门1和门2内的时间选择需要经过优化,以便保持较高的压力敏感度和信噪比。单次激发寿命法需要高强度的激发光以便产生足够的光强。

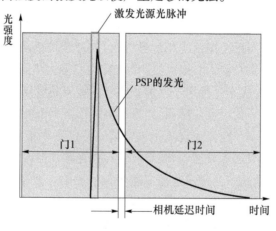

图3 单次激发寿命技术[9]

260

美国俄亥俄大学和空军研究实验室开展了动态 PSP 测试方法的对比分析研究,试验在空军研究实验室的跨声速气体动力学设备($TGF, Ma = 0.3 \sim 3.0$)进行,试验模型是一个半球模型,对上述三种方法进行了对比分析和不确定度评定[9]。

4. 典型的动态压敏漆技术研究案例

4.1 直升机旋翼叶片压力测量

美国陆军气动飞行动力学董事会联合研究计划办公室和 NASA 亚声速旋翼项目合作发展用于旋翼压力测量的 PSP 技术。该项工作自 2003 年开始概念验证,2008 年完成测压旋翼制作和相关试验,在此基础上,发展了用于旋翼机叶片压力测量的新 PSP 系统,2011 年该系统应用于 NASA 兰利研究中心 4.4m × 6.6m 亚声速风洞旋翼试验,测量采用单次激发寿命法,PSP 与压力传感器结果比较差异在 10% 范围内(图 4)。

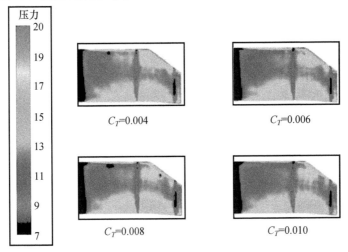

图 4 某旋翼动态 PSP 风洞试验结果[10]

4.2 火箭整流罩非定常压力测量

日本航空航天探索局(JAXA)发展了基于实时测量法的动态 AA - PSP 测量设备和校准测量技术,在 2m × 2m 跨声速风洞得到应用。2012 年,在跨声速非定常气动力基础研究中,应用动态 PSP 技术测量了火箭整流罩肩部非定常压力,测量结果与压力传感器结果等其他测量手段结果进行了比较,PSP 数据用于 CFD 的验证数据(图 5)。

261

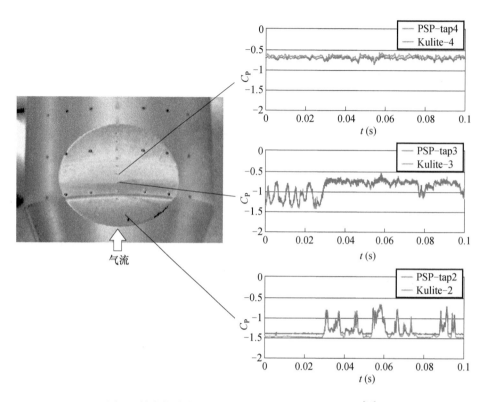

图5 某火箭动态压力传感器与动态 PSP 试验结果[11]

4.3 AEDC 16T 风洞 PSP 计划

16T 是美国 AEDC 16ft(4.9m)大型跨声速推进风洞,自 1993 年开始发展 PSP 技术,在 2001 年前,主要采用光强技术,该技术需要采集同一模型状态的吹风和不吹风数据,对大型生产型风洞而言,该方法的生产能力和数据的不确定度都受到制约。自 2003 年开始,AEDC 实施了 PSP 计划,采用了多孔快速响应压敏漆和单次激发寿命法,使 16T 风洞的 PSP 技术得到改进,进行了航天飞机模型 PSP 压力测量,结果与 NASA 艾姆斯研究中心 9ft×7ft 超声速风洞的早期试验结果进行了比较,能够为 CFD 技术提供有效的验证数据(图6)。

4.4 机翼颤振研究

日本航空航天探索局(JAXA)航空航天科学研究所(ISAS)联合一些大学在其 0.6m×0.6m 跨声速风洞进行了后掠机翼模型有限周期颤振(LCO)试验研究,机翼振荡主导频率为107Hz,一级模态为弯曲模态,试验 $Ma = 0.93$。试验时,分别从试验段顶部和试验段侧面观察窗用高速照相机对模型进行了压敏漆

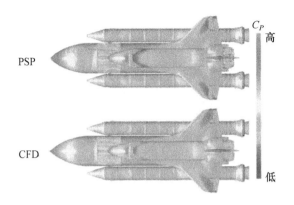

图6　AEDC 16T 风洞航天飞机 PSP 试验结果[11]

图像记录,并与模型上安装的动态压力传感器和应变片测量数据进行了对比分析,结果表明,AA – PSP 具有较好的快速响应特性,能够很好地显示机翼表面非定常激波和压力变化(图7)。

此外,在低速风洞试验方面,日本航空航天探索局还应用动态压敏漆技术测量了 NACA 0012 二维翼型低速脉动压力和三维立方柱体的脉动压力。

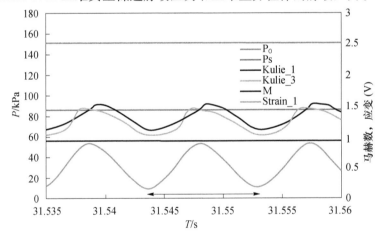

图7　PSP 和各种传感器测量结果比较[11]

4.5　高超声速风洞中的应用研究

高超声速风洞吹风时间短、环境温度高是制约 PSP 技术应用的主要因素,动态压敏漆的快速响应特性使其在高超风洞试验方面有优势。日本东京大学在高超声速高焓风洞,利用高速照相机和 AA – PSP 进行了高超声速风洞的 PSP 试验,研究高超声速环境下压敏漆校准以及温度影响的剔除方法。

5. 结束语

国外动态压敏漆技术的发展拓展了压敏漆技术的应用空间,为风洞模型动态试验增添了一种新的大面积压力测量和流动显示手段。尽管动态压敏漆技术的发展目前还不尽完善,如:TLC - PSP 比较脆,还只能应用于平板模型;AA - PSP 只能通过电化学手段应用于铝材模型;PC - PSP 对压力的敏感性相对较低;动态压敏漆对湿度和温度的影响也比较敏感;动态压敏漆的定量分析方法尚有待进一步研究。此外,与动态压敏漆技术相配套的风洞试验设备和不同类型的动态试验技术也有待进一步完善。但从国外压敏漆技术发展现状看,动态压敏漆是压敏漆技术的重要拓展方向,并正在从试验技术研究走向工业生产应用,成为风洞动态试验大面积测压的重要测量工具。

参考文献

[1] 杨祖清. 流动显示技术[M]. 北京:国防工业出版社,2002.

[2] Winslow N A. Frequency response of pressure sensitive paints. AIAA 96 - 1967,1996.

[3] Schairer E T. Optimum thickness of pressure - sensitive paint for unsteady measurements[J]. AIAA Journal, 2002,40(11):2312 - 2318.

[4] Tani T. Response time characterization of polymer - ceramic pressure - sensitive paint for short duration testing and unsteady aerodynamic measurements[R]. AIAA 2013 - 3126,2013.

[5] Masaharu. Unsteady measurement of a transonic delta wing flow by a novel PSP[R]. AIAA2008 - 6418,2008.

[6] Hirotata S. Fast response time characteristics of anodized aluminum pressure sensitive paint[R]. AIAA 2000 - 0506,2000.

[7] Kodama H. Development of spray - able superhydrophobic pressure - sensitive paint for unsteady aerodynamic applications[R]. AIAA 2013 - 3125,2013.

[8] Gregory J W. Characterization of the microfluidic oscillator[R]. AIAA Journal, 2007,45(3):568 - 576.

[9] Shuo Fang. Comparison of unsteady pressure - sensitive paint measurement techniques[R]. AIAA Journal, 2012,50(1):1120 - 1122.

[10] Watkins A N. Deployment of a pressure sensitive paint system for measuring global surface pressures on rotorcraft blades in simulated forward flight[R]. AIAA 2012 - 2756,2012.

[11] Kazuyuki N. Unsteady PSP measurement of transonic unsteady flow field around a rocket fairing model[R]. AIAA 2012 - 2758,2012.

结冰风洞结冰云参数测量方法综述

摘要: 结冰风洞是研究飞行器等结冰和防冰的重要地面试验设施,水滴中间体积直径(MVD)和液态水含量(LWC)是风洞试验中结冰云模拟的两个重要参数,准确测量流场结冰云参数是结冰风洞开展飞行器结冰试验研究的前提和基础。本文归纳总结国外结冰风洞中测量 MVD 和 LWC 的常用方法。

关键词: 结冰风洞;结冰风洞校准;结冰参数测量

引言

在大气层中飞行的飞行器可能会碰到飞行器部件结冰的现象。结冰影响飞行器的飞行安全和飞行性能,没有安全就没有效益,没有优良的性能就会影响战斗力的发挥。综观世界各国,凡有能力独立研发飞行器的国家,大多具有研究、评估飞行器结冰和防冰的试验研究平台——结冰风洞。随着我国综合国力的增强,结冰风洞建设已提上议事日程。

在结冰风洞人造结冰云中进行飞行器模型结冰研究,意味着人造结冰云必须和飞行器在空中遇到的结冰云状态相同,准确测量人造结冰云中水滴中间体积直径(MVD)和液态水含量(LWC)是结冰风洞试验的前提条件。通常这两个参数对结冰风洞试验模型上结冰的冰型影响很大。因此,准确、有效地测量结冰风洞流场中结冰云 MVD 和 LWC 是结冰风洞校测面临的难点和基础研究工作之一。

1. 结冰风洞中水滴中间体积直径(MVD)的测量方法

飞行器在低于 8000m 高度的云层中飞行时,某些部件表面会出现结冰现象。结冰能导致飞行器性能下降、部件损坏甚至机毁人亡。飞行器产生结冰现象是由于飞行中遭遇结冰云环境,即在飞行高度上遭遇含有超冷小水滴的云层;在低空大的超冷小水滴(即冻雨)也会导致结冰;空中的雪、冰颗粒也会对飞机上某些部件(如发动机)性能产生影响。结冰云环境下的大气环境参数在美国联邦航空规范(FAR)的第 25 部分附录 C 中已有界定,这些参数被用于飞行器的设计和适航认证试验。规范中各种高度云的温度、液态水含量(LWC)、中间体积直径(MVD)涵盖了自然界云层中99%可能出现的情况。

国外用于结冰风洞流场中MVD测量的方法主要有三种:

(1) 前向散射分光测量仪(FSSP)测量法;

(2) 光学阵列测量仪(OAP)测量法;

(3) 相位多谱勒粒子分析仪(PDPA)测量法。

1.1 前向散射分光测量仪(FSSP)测量法

前向散射分光测量仪(Forward Scattering Spectrometer Probe,FSSP)由美国粒子测量系统有限公司(Particle Measuring Systems Inc.)制造,该设备常被用于人造或自然结冰云中小水滴直径的测量。

前向散射分光测量仪测量粒子直径的原理:当粒子通过测量仪激光束时,粒子会产生光的散射,通过测量粒子散射光的强度就能够计算出粒子的直径。较大的粒子会产生较强的散射光,测量仪记录每一个通过测量区的粒子,经过一段时间就可以获得粒子数量对应粒子大小的柱状图,仪器的数据分析程序根据这个原始记录就可以计算出被测量粒子的一些分布特性,包括中间体积直径等。

前向散射分光测量仪的校准有三种方法:

(1) 小玻璃球法。用已知直径的小玻璃球做粒子标定前向散射分光测量仪。

(2) 等弥散粒子发生器法。这也是一种商品化的振动粒子发生器,广泛用于前向散射分光测量仪标定。该装置能够产生已知单一直径的粒子流。

(3) 旋转针孔装置法。这是NASA结冰风洞研发的一种新方法,对实验室和外场都适合。该装置旋转标定用针孔使其通过前向散射分光测量仪的激光束测量区,通过已知直径的针孔进行标定。

前向散射分光测量仪FSSP – 100型粒径测量范围为$2 \sim 47 \mu m$。图1为该设备安装在NASA结冰风洞(IRT)中的情况。

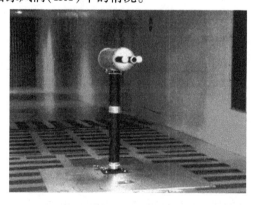

图1 NASA结冰风洞(IRT)中的前向散射分光测量仪[1]

1.2 光学阵列测量仪(OAP)测量法

光学阵列测量仪(OAP)也是由美国粒子测量系统有限公司制造的一种光学粒子测量设备。

光学阵列测量仪原理:当一个粒子通过光学阵列测量仪测量激光束时,测量仪的镜头系统将这个粒子的影像传输到一个线性阵列影像探测器上。粒子的影像通过阵列影像探测器时,光强度减弱。通常假设光强度减弱大于 50% 时,则认为影像探测器处于粒子的阴影中。当粒子通过激光束后,感受光强度减弱大于 50% 的影像探测器的数量被统计出来,这个数量正比于粒子的直径。

同前向散射分光测量仪一样,为保证测量精准度,光学阵列测量仪激光束也有一个有效测量空间区域,只有在该区域的粒子才能被正确测量。光学阵列测量仪通过判定粒子影像聚焦程度来确定粒子是否在测量有效空间区域内;同时通过阵列两端的两个探测器确定粒子是否超出测量范围。

光学阵列测量仪校准采用一种旋转十字刻线装置,该装置关键部件是一个直径 100mm、厚 3mm 的玻璃圆盘,玻璃圆盘上有 64 个镀铬小圆盘,其直径 10 ~ 640μm。该装置已经商业化。

光学阵列测量仪 OAP – 200 型粒径测量常用范围为 15 ~ 450μm。

1.3 相位多谱勒粒子分析仪(PDPA)测量法

相位多谱勒粒子分析仪(PDPA)由美国气体测量有限公司(Aerometrics Inc.)制造,它通过粒子的散射光同时测量粒子的运动速度和大小。相位多谱勒粒子分析仪(PDPA)的光学系统与典型的激光多谱勒测速仪(LDV)基本一致。

相位多谱勒粒子分析仪粒径测量原理:粒子通过两束激光束的相交处散射光,并在远场产生边缘干涉图形,这些边缘的空间大小与粒子直径成反比。相位多谱勒粒子分析仪(PDPA)接收器使用 3 个探测器测量边缘的空间大小。3 个探测器产生 3 个相位偏移的多谱勒信号,相位的偏移与粒子大小可以用一个线性关系描述,第 1 个和第 3 个探测器的相位偏移足以测量粒子的大小。为了增加粒子测量范围并保持测量相位偏移的解析度,使用了第 2 个探测器,它能确认第 1 个和第 3 个探测器之间的相位偏移,同时它也能够在信号确认逻辑中提供一个独立的粒子大小测量参数。

2. 结冰风洞中液态水含量(LWC)测量方法

液态水含量(LWC)是结冰风洞试验的另一个重要参数,它影响冰的形成速度、结冰的类型以及在结冰防护区外向后流动的水是否会冻结。因此,液态水含

量对遭遇结冰环境的飞机性能影响很大。测量液态水含量的方法有多种,归纳起来有4种类型的方法:

(1) 冰生长测量法;

(2) 热线测量法;

(3) 粒径测量/计数测量法;

(4) 超声波测量法;

2.1 冰生长测量法

冰生长测量法常见的测量设备有冰刀或旋转圆柱装置。

冰刀构型简单,它是一个长152.4mm、宽3.175mm、厚19.05mm 的铝片。冰刀置于风洞中心线上,冰刀前面有一个防护罩。当结冰风洞流场稳定后,冰刀前的防护罩移开,152.4mm × 3.175mm 的冰刀迎风面被置于来流中一定的时间,这样就有冰生成,通常冰刀暴露时间要以冰的生成厚度小于5.08mm 为宜。冰刀应用的适宜环境温度为 −18℃,以保证结冰的类型是冰霜型,提高冰收集效率。根据冰刀上冰厚度可以计算液态水含量(LWC)。

$$LWC = \frac{C\rho_{ice}\Delta S}{E_b vt} \tag{1}$$

式中,C 为常数;ρ_{ice} 为冰的密度;ΔS 为冰刀上冰的厚度;E_b 为冰刀的冰收集效率;v 为气流速度;t 为冰刀暴露时间;

旋转圆柱长 1828.8mm、直径为 38.1mm,旋转速率 60r/min,使用温度环境同冰刀一样。将旋转圆柱装置置于风洞流场中一定的时间,通过测量结冰后圆柱的直径可以获得冰的厚度,用式(1)同样可以计算得到 LWC。

2.2 热线测量法

热线测量法常用的测量设备有 J – W 测量仪(Johnson – Williams)、CSIRO – King 测量仪、Nevzorov 测量仪。

J – W 测量仪也称为云技术探测头(Cloud Technology Probe)。其主要工作原理:在一个平衡的电桥中含有两根热线,主感应线直径 0.55mm 并垂直于来流安装,通过施加一个恒定的电压使热线温度保持在水的沸点以上。当来流中小水滴碰到热线就会蒸发,热线温度降低并导致其电阻降低,阻值的变化使原来平衡的电桥失去平衡,根据桥压的变化可以计算出液态水含量。另一根热线平行于气流安装,并有防护以免于接触来流中小水滴,它连接于电桥的另一边,用来补偿来流温度、密度和速度的变化。

CSIRO – King 测量仪主要含有一个传感器,传感器长 38.1mm、直径 1.9mm。传感器由缠绕在一个小空管上的三个线圈构成,主线圈的两端各有一个次线圈,两个次线圈串联以便最大限度地减小主线圈产生的纵向热传导。与上述 J – W 测量仪不同,CSIRO – King 测量仪是一个恒温装置。线圈的总热传导率由保持线圈温度恒定所需的电能可以计算出。热传导率由两项组成,一项是气流速度、密度、温度的函数,这些参数与水无关,通常形象地称为"干项";另一项是气流速度和 LWC 的函数,通常称为"湿项"。根据这个关系式就能计算出需要测量的 LWC。

Nevzorov 测量仪同上述 CSIRO – King 测量仪一样,也是一种恒温装置。它由两个分离的热线感应系统组成,两个感应系统被安装在一个风标样的装置上,以保证与气流方向一致(图 2)。Nevzorov 测量仪可以分别测量液态水含量(LWC)和总水含量(TWC),总水含量是液态水和结冰水含量的总和。每个热线感应系统都含有两根热线,一根是感应热线、另一根是补偿热线。测量液态水含量的感应热线直径 1.8mm,设置在风标的前缘,补偿热线在风标的后缘。总水含量感应热线安装在一个底径 3mm 的圆锥内,补偿热线缠绕在绕圆锥的槽内。两个热线感应系统由独立的检测系统控制。

图 2   Nevzorov 测量仪[1]

2.3   粒径测量/计数法

美国粒子测量系统有限公司制造的前向散射分光测量仪(FSSP)和光学阵列测量仪(OAP)是两种常用的光学粒径测量设备。

FSSP 是通过测量粒子经过激光束散射光强度来测量粒子的直径;OAP 则是通过测量粒子经过激光束产生的阴影大小来测量粒子的直径。这两种设备都能通过测量一定时间范围内粒子的数量和大小,可以计算出 LWC,为了获得满意的测量采样,FSSP 采样时间一般要 50s,OAP 采样时间则一般要 100s。

2.4 超声波测量法

近年来,国外有人开始研究和探索含大水滴结冰云的液态水含量测量新技术——超声波测量技术。超声波发射器和接收感应器垂直于气流安置。其测量原理:当超声波通过含有水滴的气流时,波的强度会因水滴的散射和吸收而减弱,通过分析计算超声波接收感应器接接收到的波振幅和频率特性可以获得 LWC。

$$\text{LWC} = \frac{M}{HWv} \tag{2}$$

式中,M 为测得的喷水质量;H 为超声波接收感应器直径;W 为超声波穿过的长度;v 为气流速度。

3. 结束语

结冰风洞流场中中间体积直径(MVD)和液态水含量(LWC)是结冰风洞流场校测的两个重要参数,准确校准测量对结冰试验结果的可靠性至关重要。由于各种测量仪器测量原理的不同以及风洞温度、速度特性不同,影响测量的因素较多,这就决定了风洞结冰参数校准测量研究工作是开展结冰风洞试验的前提和基础,采用多种测量手段,分析校准结冰参数是必要的。我国结冰风洞建设正处在酝酿阶段,结冰试验对我国来说是一个薄弱的领域,研究和借鉴国外结冰风洞测量结冰云参数所使用的技术和经验是有益的。

参考文献

[1] William O. Survey of aircraft icing simulation test facilities in north America[R]. NASA – TM81707,2008.

[2] Pierre M. Icing test facilities and test techniques[R]. AGARD – AR – 1227,2005.

[3] John M A. Analytical and physical modeling program for the NASA Lewis Research Center's Altitude Wind Tunnel[2]. NASA – TM86919,2009.

[4] David W H. The Cranfield University icing tunnel[R]. AIAA2003 – 901,2003.

[5] Kamel A K. Mixed phase icing simulation and testing at the Cox icing wind tunnel[R]. AIAA2003 – 903,2003.

[6] Ludovico V. An overview of the CIRA icing wind tunnel[R]. AIAA2003 – 900,2003.

[7] David W S. Lessons learned from the construction of upgrades to the NASA Glenn icing research tunnel and re – activation tesst[R]. AIAA2001 – 02331,2001.

[8] Ai – Khalil K. Development off the Cox icing research facility[R]. AIAA98 – 0097,1998.

[9] Seetharam H. Fan drive system for the Boeing research aerodynamic icing tunnel[R]. AIAA94 – 2490,1994.

[10] Ceman D L. Phase doppler droplet sizing – scattering angle effects[R]. SAND 90 – 0050C,1990.

国外风洞天平校准技术研究进展

摘要：风洞天平是感应和测量作用在风洞试验模型上气动力和力矩的重要测量装置。风洞天平校准技术直接影响天平校准的效率、成本和质量，影响风洞试验数据测量的精准度。本文在简述风洞天平校准原理的基础上，归纳分析国外风洞天平校准台的主要类型及特点；阐述美国、欧洲在风洞天平校准技术方面的发展理念和开展的关键技术研究。意在为国内风洞天平校准技术的创新发展提供参考。

关键词：风洞天平；天平校准；天平校准台

引言

　　风洞模型试验是航空航天飞行器研制过程中了解飞行器性能、降低飞行器研制风险和成本的重要手段之一，风洞天平则是直接感应和测量作用在模型6个自由度上气动力和力矩的高精度测量装置。风洞天平技术涉及天平材料、结构设计分析、加工制造技术、应变传感器技术和天平校准技术等。通常，天平校准可细分为静态校准和动态校准，静态校准是依据天平校准原理，利用天平校准装置，按照一定的校准方法，建立天平测量信号与所受气动载荷关系的过程，即获取天平公式和天平其他性能参数的过程。动态校准则是在静态校准的基础上，利用标模，在风洞中进一步校验天平性能的过程。由于风洞天平静校决定着天平校准的效率和天平公式的准确性，关系到天平未来应用中模型气动数据测量的精准度，所以，天平静校被认为是天平设计过程中最重要的环节。因此，本文所探讨的国外风洞天平校准技术是指天平静态校准技术。近年来，美国、欧洲等发达国家在不断追求风洞试验数据精细化的过程中，天平校准技术也有新的发展和进步。

1. 风洞天平校准概念简述

　　风洞天平是一种能感应和测量试验模型上所受载荷的传感测量装置。风洞天平在结构上设计有感应特定载荷作用下产生应变的结构弹性元，如升力元、阻力元等。在这些结构弹性元上，粘贴有电阻应变片，并组成惠斯通电桥，每个电桥都主要针对一个自由度上的载荷，根据各电桥的电信号输出，可以计算得到作用在试验模型上的气动力和力矩。这种风洞天平测量的基本原理产生于 20 世纪 40 年代,至今没有改变。近年来,已有光纤应变片在风洞天平上进行应用研究。

由于作用在风洞模型 6 个自由度上的气动载荷大小差异较大,尽管现代天平在结构设计时利用计算机,采用了有限元分析、优化等先进设计技术,充分考虑天平各结构弹性元对其他载荷的抗干扰性,但由于天平空间尺度相对较小、结构复杂,各结构弹性元间的载荷干扰或多或少都存在着。因此,必须通过天平校准来建立精确的天平公式、确定天平的精准度和不确定度等性能参数。

天平校准是一个设定自变量(施加的载荷),测量因变量(天平的输出响应)的过程,校准数学模型是基于一个多项式方程,其中,天平的输出响应看成是自变量的函数。例如,假定自变量个数 $k = 2$,多项式方程可以写成

$$f(x,\beta) = \beta_0 \qquad \qquad \text{(截距)}$$
$$+ \beta_1 x_1 + \beta_2 x_2 \qquad \qquad \text{(线性项)}$$
$$+ \beta_{12} x_1 x_2 \qquad \qquad \text{(交叉干扰项)}$$
$$+ \beta_{11} x_1^2 + \beta_{22} x_2^2 \qquad \qquad \text{(二次项)}$$
$$+ \beta_{111} x_1^3 + \beta_{222} x_2^3 + \beta_{112} x_1^2 x_2 + \beta_{122} x_1 x_2^2 \qquad \text{(三次项)}$$
$$+ \beta_{1111} x_1^4 + \cdots \qquad \qquad \text{(四次项)}$$
$$+ \cdots \qquad \qquad \text{(其他)}$$

根据 AIAA 发布的《风洞试验内式天平使用和校准推荐做法》报告,在天平校准中,该数学模型一般都取到二次项,但在有些情况下,需要增加纯三次项。例如,在美国 NASA 兰利研究中心,天平校准采用取到二次项的做法;在欧洲 ETW 风洞,天平校准则采用增加纯三次项的做法。因此,对于一个 6 分量天平,校准模型取到二次项就有 27 个系数需要确定;如增加纯三次项,就有 33 个系数需要确定。

天平校准及校准误差评估在一定的载荷范围内进行,通常是在天平设计的正和负满量程范围内确定校准施加的载荷,所有的这些校准载荷组合在一起,就构成了一个校准载荷表。校准载荷表的设计涉及天平校准的效率、精准度和数据分析方法等,校准载荷表及加载方法均是国外天平校准技术研究的重要内容。

2. 美国、欧洲风洞天平校准加载装置

为了给天平施加校准载荷,测量天平被校准元的信号输出,需要研发天平校准加载装置。国外天平校准加载装置主要有以下三种类型:

(1) 单分量人工砝码加载天平校准台;

（2）6 分量自动天平校准机；

（3）单矢量人工砝码加载天平校准台（SVS）。

单分量人工砝码加载天平校准台是国外较早广泛采用的天平校准装置,美国 NASA 兰利研究中心自 20 世纪 40 年代开始使用这种天平校准台。该校准台主要由水平调整系统、加载头、砝码等机械部件组成。利用该装置能够进行天平各元的逐一校准（即：OFAT,一次一个变量的方式）和多分量校验。其最大的优点是：构造简单、方法准确、校准精度高。因此,美国 NASA 兰利研究中心认为,单分量人工砝码加载天平校准台是其他类型天平校准装置比较参照的"标准"。尽管单分量人工砝码加载天平校准台优点突出,但其校准过程相当繁琐（对每个校准点,天平轴系相对参考轴系都需要进行水平调整）,劳动强度大、校准周期长,校准一台天平大概需要三四周时间。此外,近年来国外开始研究基于现代实验设计（MDOE）的新校准方法,该装置也无法满足新方法对多分量加载校准的要求。

为了克服单分量人工砝码加载天平校准台的缺点,20 世纪八九十年代,国外开始研发 6 分量自动天平校准机（图 1）,现已得到广泛应用。如：美国航空航天联盟（Aerospace Testing Alliance）的自动天平校准系统（ABCS）；德国达姆施塔特技术大学（TUD）为欧洲跨声速风洞（ETW）设计的天平校准机；英国皇家航空航天研究院（RAE）的 QinetiQ 天平校准机（BCM）等。不同的自动天平校准机工作原理不尽相同,但总的来说,自动天平校准机是在模拟人工校准的过程。以 ETW 风洞的天平校准机为例,其工作时是将天平的测量端与参考轴系固联,这样天平轴系和参考轴系就是同一轴系,因此,每次载荷变动不需要重新进行水平调整；天平校准机具有自动加载机,可以实施多元同时加载,对加载机只要求能够施加稳定的校准载荷,但载荷的大小不需要非常准确,因为该天平校准机还包含一个载荷测量机,由它准确测量作用在天平上的载荷大小。自动天平校准机在数天或数小时内即可完成一台天平的校准,能够满足基于现代实验设计（MDOE）的新校准方法的要求。

图 1　美国和欧洲的自动天平校准机

美国 NASA 兰利研究中心对以上两种天平校准装置进行过评估,认为其都存在一些缺点。单分量人工砝码加载天平校准台效率低、劳动强度大并且可能产生系统误差的环节多;自动天平校准机机械结构复杂、成本高,不利于广泛使用。此外,这两种天平校准装置的硬件系统都是基于传统的 OFAT 校准要求设计的。为了克服这些缺点,同时强调校准的品质和效率,在 21 世纪初,NASA 发展了基于 MDOE 校准方法的单矢量人工砝码加载天平校准台。该装置的关键部件包括一个非测量端定位系统、一个多自由度的力定位系统、一个三轴正交加速度计系统和校准砝码(图2)。其创新点在于通过单矢量加载,就能获得天平校准轴系中所需的 6 个校准载荷分量。该校准装置结构简单、系统误差源少,校准精准度和效率高,成本低。

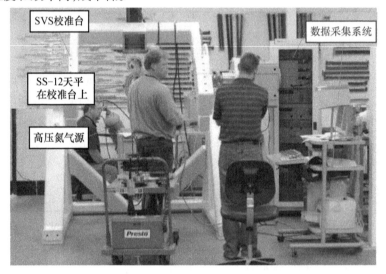

图2　NASA 单矢量人工砝码加载天平校准台

3. 风洞天平校准技术研究

从 20 世纪 40 年代开始,风洞天平校准从使用单分量人工加载天平校准台发展到 6 分量自动天平校准机,逐步形成了当今风洞天平校准普遍采用的硬件装置和逻辑方法。为了满足高性能航空航天飞行器研制对风洞试验精细化提出的更高要求,随着科技的发展,国外对风洞天平校准技术已有新的认识和发展。

3.1　校准装置改进

自动天平校准机自 20 世纪八九十年代应用以来,根据使用经验或针对存在的问题,国外进行了升级改进。如德国 TUD 大学在为欧洲跨声速风洞(ETW)

设计制造的自动天平校准机基础上，2007 年，为本校风洞设备设计制造了第二代自动天平校准机。该机优化了框架的质量和刚度分布，扩展了校准载荷范围，使校准机内部结构变形最小化。同时，通过采用压力控制器和高品质数据采集系统，简化了校准机的校准载荷发生器系统，通过改进降低了自动天平校准机的制造成本。

NASA 兰利研究中心对单矢量人工砝码加载天平校准台也计划进行进一步的完善工作。如：硬件系统完善包括更高的校准载荷加载范围；自动化方面的完善包括非测量端定位、载荷点定位和校准载荷施加；为研究新校准方法，增加温度和压力干扰因素模拟手段等。

3.2　校准装置不确定度评估研究

天平校准装置中各环节的误差将传导到天平校准结果中，为此，美国、欧洲都开展了对天平校准设备的不确定度评估分析研究工作，确定了各自拥有校准设备的误差源和不确定度。美国 NASA 兰利研究中心的研究认为：在标准的校准应用中，需要自动校准机与简化的人工校准二者相结合，这样校准将更加有效可靠。

3.3　基于 MDOE 的天平校准方法研究

MDOE 是美国 NASA 兰利研究中心为改进航空航天研究的质量和提高生产率而倡导的一种科学试验方法，它是试验设计、执行和分析的集成。MDOE 方法已成功运用于兰利中心的许多学科领域，其中包括风洞试验和天平校准。

美国 NASA 兰利研究中心针对其单矢量人工砝码加载天平校准台，完成了MDOE 方法所需的软件和技术研究，发展了二次方和三次方校准试验设计方法，通过新集成的硬件系统和 MDOE 方法应用，优化天平校准过程。

DNW（德/荷风洞联合体）仪器仪表和控制部的科研人员在 6 分量自动天平校准机上，开展了基于 MDOE 的天平校准方法与传统 OFAT 校准方法的对比研究。在天平校准研究中，用传统 OFAT 方法完成一台 6 分量天平校准，加载矩阵用了 734 个点；应用 MDOE 方法，加载矩阵点减少到 103 个点，加载按随机和有序两种方式实施。研究结果表明，传统 OFAT 校准需要的加载量是 MDOE 方法的 7 倍；从校准精度看，似乎传统的方法较好，二者差异在天平满量程的 0.01% 量级，均满足天平的校准精度要求；校准点和验证点结果比较，MDOE 方法的准度较好。该研究只是 MDOE 方法在减少校准点数量方面的一个应用例子，在天平校准中还有很多环节可以应用 MDOE 方法，这也是 DNW 后续研究和努力的方向，DNW 的目标是使 MDOE 天平校准方法成为一种成熟可靠的标准天平校准方法。

3.4 校准载荷表研究

校准载荷表的设计直接影响校准的效率和校准的精准度。因此,针对所用的校准设备,构建最有效的校准载荷表是天平校准技术研究的重要内容。近年来,DNW仪器仪表和控制部开展了这方面的研究,对比分析了三种校准载荷表:①OFAT校准载荷表,即固定天平其他元载荷,每次只变化一个校准元,其最大的缺点就是需要的加载校准点多,校准天平各元的组合变化多;②单矢量校准载荷表,这是美国NASA兰利中心单矢量校准台校准天平所采用的;③设计优化校准载荷表,这是DNW研究的利用计算机自动生成校准载荷表,目的是使校准系数的方差最小化和使各元载荷共线性最小化,以便获得最大的校准效率和最优的校准精准度。

3.5 其他因素影响下的天平校准方法研究

如前所述,一般天平校准方法(数学模型)都是针对载荷进行的,对于其他因素的影响,如温度效应,传统做法是对测量桥路进行温度补偿。近年来,NASA兰利研究中心针对某高超声速风洞特种通气天平,开展了含有温度和压力影响天平校准方法(数学模型)的研究。为此,他们为单矢量校准台增加了给被校准天平加热和模拟通气压力的辅助装置,发展了天平校准方法(数学模型),能够对稳态温度和天平空腔中施加压力影响下的天平进行校准,该方法是天平校准技术的一个新发展。

4. 结束语

综上所述,可以看出,国外风洞天平校准技术在硬件装置、建模方法等方面都有了新的认识和发展,新的校准技术方法已在风洞天平校准中得到应用,提高了天平校准效率和精准度,降低了校准成本。通过研究分析不难看出,在风洞天平校准台技术、MDOE方法应用和考虑其他因素影响下的校准方法研究方面,美国NASA兰利研究中心都有创新发展,引领了天平校准技术发展的方向。国外风洞天平校准技术的研究和发展,为我们了解天平校准技术发展走向,拓展视野,提供了很好的借鉴作用。

参考文献

[1] Keith C Lynn. Thermal and pressure characterization of a wind tunnel force balance using the single vector system[R]. AIAA2011-950,2011.

[2] Ulbrich N. Combined load diagram for a wind tunnel strain – gage balance[R]. AIAA 2010 – 4203, 2010.

[3] Raymond B. An experimental comparison of different load tables for balance calibration[R]. AIAA2010 – 4544, 2010.

[4] Klaus H. The 2nd generation balance calibration machine of Darmstadt University of Technology (TUD) [R]. AIAA2007 – 148, 2007.

[5] Parker P A. A single – vector force calibration method featuring the modern design of experiments[R]. AIAA2001 – 0170, 2001.

风洞试验模型技术新发展综述

摘要：风洞模型试验是航空航天飞行器研制的重要环节之一。风洞模型的设计制造关系到风洞试验的数据质量、效率、周期和成本。本文归纳研究近年来国外风洞模型技术的最新发展，分析快速成型技术在风洞试验模型制造中的发展和应用；阐述欧洲、美国遥控风洞模型技术的发展理念、关键技术和应用研究；概述风洞试验模型采用的新材料、抑振和变形测量技术。意在为国内未来风洞模型设计制造和试验技术的创新发展提供参考。
关键词：风洞模型；模型快速成型；遥控风洞模型

引言

　　风洞模型试验是航空航天飞行器研制过程中了解飞行器性能、降低飞行器研制风险和成本的重要手段之一。风洞模型的设计制造直接影响模型的质量、加工周期和成本，影响风洞试验的数据质量、效率、周期和成本。众所周知，风洞试验首先要设计加工试验模型，传统的跨超声速风洞模型通常采用全金属材料，通过车、铣、刨、磨、钻或电加工等工艺制造；低速风洞模型一般采用非金属（如：木材、树脂或复合材料）等或金属与非金属结合制造。风洞试验中，模型状态的变化，如：襟、副翼等角度变化需要风洞停车，人工拆装；试验中，风洞模型通常被视为刚性模型，模型的振动或变形的影响一般被忽略。随着 CFD 技术和计算机网络技术的发展，飞行器研制周期缩短，人力资源和能源成本提高，使人们对风洞试验的效率、风洞模型设计制造考虑更为精细。传统的风洞模型技术在某些方面已不能满足现代飞行器研制技术发展的需要，因此，国外风洞模型技术已呈现出新的发展态势，以弥补传统风洞试验模型的不足。

1. 模型快速成型技术

　　现代飞行器设计技术的进步使飞行器的研制节奏加快，飞行器气动性能设计中计算流体动力学（CFD）技术应用增多，CFD 的模拟计算结果或某些设计思想需要得到风洞试验的验证。为了加快飞行器研制速度，工程上需要在计算模拟和风洞试验验证之间建立一种无缝连接，模型快速成型（RP）技术就是其间的一个桥梁，它能使设计者的思想或计算模拟的结果迅速以实物模型在风洞中得到验证。

传统模型制造是从零件毛坯去除多余部分成型组装而成,模型快速成型(RP)技术与之相反,它是一种用材料逐层或逐点堆积出模型的制造方法,它采用计算机辅助设计及制造技术、逆向工程技术、分层制造技术(SFF)、材料增加成型(MAP)技术等来制造模型。通俗地说,快速成型技术就是利用三维 CAD 的数据,通过快速成型机,将一层层的材料堆积成实体原型。

目前常见的几种快速成型技术如下:

1.1 立体光固化(SLA)

该方法是目前世界上研究最深入、技术最成熟、应用最广泛的一种快速成型方法。SLA 技术原理是计算机控制激光束对光敏树脂为原料的表面进行逐点扫描,被扫描区域的树脂薄层(十分之几毫米)产生光聚合反应而固化,形成零件的一个薄层。工作台下移一个层厚的距离,以便固化好的树脂表面再敷上一层新的液态树脂,进行下一层的扫描加工;如此反复,直到整个原型制造完毕。

1.2 熔积成型(FDM)

在熔积成型法(FDM)的过程中,龙门架式的机械控制喷头可以在工作台的两个主要方向移动,工作台可以根据需要向上或向下移动。FDM 工艺的关键是保持半流动成型材料刚好在熔点之上(通常控制在比熔点高 1°C 左右)。FDM 喷头受 CAD 分层数据控制,使半流动状态的熔丝材料从喷头中挤压出来,凝固形成轮廓形状的薄层,一层叠一层最后形成整个零件模型。

1.3 选择性激光烧结(SLS)

该法采用 CO_2 激光器作能源,目前使用的造型材料多为各种粉末材料。在工作台上均匀铺上一层很薄的粉末,激光束在计算机控制下按照零件分层轮廓有选择性地进行烧结,一层完成后再进行下一层烧结。全部烧结完后去掉多余的粉末,再进行打磨、烘干等处理便获得零件模型。

1.4 叠层制造(LOM)

叠层制造工艺将单面涂有热溶胶的纸片通过加热辊加热粘接在一起,位于上方的激光器按照 CAD 分层模型所获数据,用激光束将纸切割成所制零件的内外轮廓,然后新的一层纸再叠加在上面,通过热压装置和下面已切割层粘合在一起,激光束再次切割,这样反复逐层切割/粘合/切割,直到整个零件模型制作完成。

除上述几种常见快速成型制造技术外,直接金属加工(DMM)是近年来快速成型技术的一个新发展,它在直接利用快速成型装置生产高强度部件方面具有很大的潜力。目前国外已有能够生产金属部件(不锈钢、铝、钛等)的小型制造系统。

　　国外利用上述技术制造的各种模型总量(用体积标示)随年度的发展变化趋势见图1。美国空军实验室飞行器部分别采用立体光固化(SLA)和选择性激光烧结(SLS)技术加工了无人战斗机 UCAV X-45A 和空中攻击机(Strike Tanker)风洞试验模型(图2、图3),并在空军实验室亚声速风洞进行了试验。

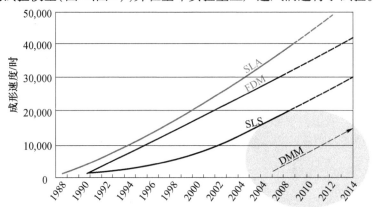

图1　国外某些快速成型技术的历年加工量[1]

图2　SLA技术加工的 UCAV X-45A 模型[1]

　　快速成型技术应用存在的主要问题有:①材料问题。快速成型技术中成型材料的成型性能大多不太理想,快速成型材料的价格都比较贵,造成生产成本高。②设备价格。快速成型技术是综合计算机、激光、新材料、CAD/CAM集成等技术而形成的一种全新的制造技术,设备的价格较贵。③功能单一。快速成型机的成型系统都只能进行一种工艺成型,而且大多数只能用一种或少数几种材料成型。④成型精度和质量问题。由于快速成型的成型工艺发展还不完善,成型零件的精度及表面质量尚需提高。⑤软件问题。快速成型软件系统不但是实现离散/堆积成型的重要环节,对成型速度、成型精度、零件表面质量等方面都

图 3   SLS 技术加工的 Striker Tanker 模型[1]

有很大影响,软件问题是快速成型技术发展的关键问题。

目前,国外快速成型研发的重点是快速成型技术的基本理论、新的快速成型方法、新材料的开发、模具制作技术、金属零件的直接制造等。

2. 风洞试验模型遥控技术

大型风洞生产型试验需要获取各种状态下飞行器气动特性,由于飞行器模型各种控制面组合变化多,模型试验状态变化多,因此,风洞模型技术直接关系到风洞试验的数据质量、成本和效率。例如,国外某风洞试验研究表明,采用传统的常规风洞飞机模型,其人工变换升降舵状态 1 次,需要 7 ~ 10min,包括风洞停车、模型舵片调整(1 ~ 1.5min)、状态确认检查、风洞重新开车到试验状态条件的时间。如果模型采用遥控电动升降舵,同样的模型变化只需要 0.25min。由此不难看出,在能源、人力资源成本高企的今天,采用风洞模型遥控技术能够大大缩短风洞模型占洞试验时间,遥控定位模型气动力控制面能提高试验效率,并降低试验成本。

早在 20 世纪 70 年代中叶,美国阿诺德工程发展中心(AEDC)就在发展的"捕获飞机试验"技术中采用了模型遥控技术。"捕获飞机试验"是一种在风洞中直接模拟飞机机动的试验技术。F - 15 飞机模型遥控平尾获得的纵向机动风洞试验数据与飞行试验数据吻合很好。几十年来,通过改进测试技术、发展先进控制算法、采用旋转数字编码器、小型化遥控元件、降低控制面偏转角漂移等,该技术已不断完善,被广泛应用于风洞试验。图 4 给出了美国 JSF 战斗机和 X - 38 空天飞机采用遥控舵面模型在跨超声速风洞中的试验场景。

在欧洲,世界著名的德/荷 DNW 大型低速风洞(LLF)能够进行运输机的多种类型试验,如飞机的操控品质、地效和发动机喷流效应、声学试验等。在该风洞中,飞机试验模型一般翼展可达 7m,能够较好地满足运输机外形详细模拟的需要。由于风洞运行占洞成本高和模型尺寸大、造价成本高，大型风洞试验模型的设计更需要综合考虑。

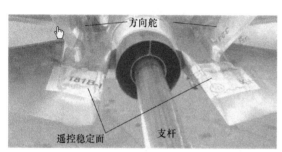

图4　JSF 和 X – 38 遥控舵面风洞模型[3]

为了满足运输机定型生产试验需要，DNW 研究制造了大尺度、多功能、全遥控运输机风洞试验模型（图5），应用该模型除完成常规气动力试验外，还完成了发动机喷流效应试验、推力转向试验、地效试验、操控品质试验、结冰试验、声学试验。通过使用多功能、全遥控模型，减少了所需模型的数量，提高了试验效率、降低了飞机研制试验成本。

图5　DNW 研制的大尺度、多功能、全遥控运输机风洞试验模型[6]

风洞模型遥控关键技术主要有以下三点：

1）角度偏转测量

模型各种舵面的角度偏转测量主要通过光学编码器将运动转换成一系列数字脉冲，这些脉冲再被转换成相对或绝对位置测量数据。准确测量偏转角度是模型控制要求所必需的。

2）机械装置设计

风洞试验中,如果控制面位置不能精确设定和保持,准确的角度偏转测量将是没有意义的,因此需要控制面位置被固定在一定的容差范围内。名义上控制面在俯仰或滚转变化到预定位置后,不期望遥控控制面在气动力的作用下有位置漂移,因此,如果编码器感应到变化,控制系统将修正这个漂移。

3）控制设计

一个拥有高品质驱动机构和精确位置测量能力的遥控模型系统不仅能移动控制面到固定位置,而且能提供发展先进风洞试验技术的机会。AEDC 已经发展了一种当模型运动时主动配平(零值)3 分量气动力矩的试验系统,飞行器的控制极限能够快速准确地获得。

3. 风洞试验模型的其他技术

科学技术的发展使现代飞行器的设计思路更为广阔,飞行器研制对风洞试验数据精准度要求提高,这促进了风洞试验模型技术的发展。

3.1 风洞模型新材料技术

随着飞行新概念和流动控制新技术在飞行器研制中的应用,为了满足模型模拟的需要,风洞模型材料也有新的发展。如:变形体飞机(morphing aircraft)是一种允许飞机在飞行中重构其气动布局的先进概念飞机,它能以最优布局执行两个或多个不相容的任务。为了在风洞中开展变形体飞机试验,需要研发新型模型材料,实现机翼蒙皮无缝连接变形。美国洛克希德·马丁公司开展了形状记忆聚合物(SMP)和增强硅树脂弹性橡胶研究,制作了可折叠翼变形体模型,在NASA 兰利研究中心跨声速动态风洞(TDT)进行了试验(图 6)。

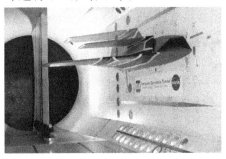

图 6　采用形状记忆聚合物制作的变形体飞机风洞模型[8]

目前,NASA 积极致力于具有结构重构能力的高温形状记忆合金(SMAs)研究。NASA 格林研究中心与波音、NASA 兰利研究中心、德克萨斯州的 A&M 等联合成立了一个新机构,加速发展和认证基于高温形状记忆合金的重构航空结构;在 NASA 40ft 80ft 风洞,波音、空军、NASA、陆军、麻省理工和马里兰大学等在全尺寸旋翼上验证了智能材料控制的调整片;佛罗里达大学演示验证了离子聚合合金用于飞行中致动的可行性。德国宇航中心将粗纤维复合材料(MFC)做为致动材料融合于叶片蒙皮,设计加工和试验了主动扭转叶片。图 7 给出了部分模型新材料。

      金属橡胶   自展聚合物制作的记忆机翼模型   压电致动模型部件

图 7　新材料在风洞模型中的应用[8]

3.2　风洞模型试验的抑振技术

在风洞模型试验过程中,由于气流的脉动、风洞动力系统的振动、噪声、模型结构及其产生的气动力等因素的共同作用,很容易观察到模型在风洞吹风试验中存在的振动现象,大展弦比飞机模型更为明显,如运输机、类似美国"全球鹰"的高空侦察机模型等。模型振动影响风洞试验数据质量,严重时将使试验无法进行。为了抑制模型的振动,仅在模型设计过程中考虑模型自身的一些特性是不够的,必须采取抑振技术,保持模型稳定,提高风洞试验数据的可靠性。

美国 NASA 兰利研究中心国家跨声速风洞(NTF)研制了模型动态阻尼系统,有效降低了风洞试验时模型的振动,扩大了试验迎角范围。该系统主要包括 12 个 11000lb 压电陶瓷作动器,作动器分 4 组,每组 3 个正交分布(图 8),由驱动放大器驱动。2010 年 1 月成功进行了风洞试验。试验表明,不使用阻尼器,由于运输机模型的振动,模型试验最大迎角只能做到 6°;使用阻尼器后,模型试验最大迎角提高到了 12°。

3.3　风洞模型变形测量技术

风洞试验精细化的发展要求,使我们不能再简单地将风洞试验中的模型视为毫无变形的刚体。对动态试验,风洞试验中模型姿态的精确测量对数据处理有重要影响。如:颤振试验中,为了比较非定常表面压力和计算结果,需要精确测量机翼运动。因此,国外发展了模型姿态/变形光学测量技术。其中,已经商

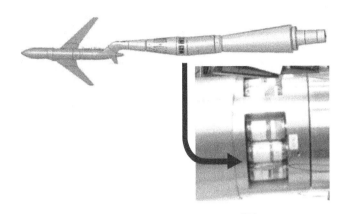

图 8　风洞模型试验抑振技术[10]

业化的是加拿大北方数字公司生产的 Optotrak® 系统，它已成功应用于波音公司和 NASA 艾姆斯研究中心的风洞中，用于模型气动弹性变形和迎角测量。

模型姿态/变形光学测量技术主要有两类：

（1）基于光线莫尔干涉条纹原理的技术。莫尔干涉条纹的技术研究始于 20 世纪 70 年代，现已用于定量测量气动载荷作用下的风洞模型变形。德国宇航中心（DLR）最早开发了一套模型变形测量系统（MDMS）。美国 NASA 兰利研究中心开展了投影波动干涉测量（PMI）技术研究，已经在 TDT 和 UPWT 等风洞中应用。

（2）基于摄影测量基本原理的技术。目前光学测量技术大部分依据摄影测量原理研制，如 Optotrak® 系统。视频模型变形测量系统（VMD）研究始于 20 世纪 80 年代，通过精确测量布置在模型上的标识点，计算出扭转、弯曲和迎角。美国 NASA 兰利研究中心 NTF、TDT 等风洞和艾姆斯研究中心 12ft 压力风洞都建立了专用的 VMD 测量系统。

4. 结束语

进入 21 世纪以来，国外风洞模型技术和风洞试验理念已经发生了很大变化。模型快速成型技术为飞行器新概念设计或修改、CFD 验证和风洞试验验证之间架起了桥梁；模型遥控技术不仅使风洞试验的效率、成本、周期和数据的精准度得到改善，而且使风洞试验能耗和劳动强度降低；风洞模型新材料、新技术的发展和应用拓展了风洞试验技术创新发展的途径，有力地促进了风洞试验的精细化发展，降低了飞行器研制的成本和风险，为飞行器的发展提供了可靠的地面试验模拟支持。

参考文献

[1] Charles T. Evaluation of rapid prototyping technologies for use in wind tunnel model fabrication [R]. AIAA2005 – 1301 ,2005.

[2] Hildebrand. Development of a low cost, rapid prototype, lambda – wing/body wind tunnel model[R]. AIAA 2003 – 3818 ,2003.

[3] Paul F C. Methods for increasing wind tunnel testing effectiveness[R]. AIAA2008 – 1655 ,2008.

[4] Aghanajafi C. Integration of three – dimensional printing technology for wind – tunnel model fabrication[J]. Journal of Aircraft, 2010 ,47(6) :77 – 81.

[5] Andreas U. Remotely controlled movable surface motorization of an industrial used wind tunnel model[R]. AIAA2010 – 4338 ,2010.

[6] Thomas G I. Validation of the Lockheed Martin morphing concept with wind tunnel testing[R]. AIAA 2007 – 2235 ,2007.

[7] Tcheng P. Effects of yaw and pitch motion on model attitude measurements[R] ,NASA – TM – 4641 ,1995.

[8] Rueger. The use of an inertial – gyro system for model attitude measurement in a blow – down wind tunnel [R] ,AIAA 2005 – 7643 ,2005.

[9] Fuykschot P H. Stall flutter of sting – supported wind tunnel models[R]. AIAA 2004 – 2198 ,2004.

[10] Stroud. Automated preliminary design of simplified wing structures to satisfy strength and flutter requirements [R]. NASA TN D – 6534 ,2010.

[11] McCullers L A. Composite wing design for aeroelastic requirements[R]. AFFDL – TR – 72 – 130 ,2014.

[12] Sandford M C. Development and demonstration of a flutter – suppression system using active controls[R]. NASA TR R – 450 ,2015.

国外大型风洞中的粒子图像（PIV）技术发展

摘要：PIV 技术已成为大型工业风洞重要的流动测量和显示工具。本文综述 PIV 技术在典型亚声速、跨声速、超声速和高超声速工业风洞中的发展情况；研究国外 PIV 技术在不同类型风洞中应用遇到的难点和解决办法；探讨 PIV 技术在大型风洞中应用需注意的问题。意在为国内大型风洞中 PIV 应用提供参考。

关键词：PIV；流动显示；大型风洞试验

引言

流动显示(测量)是认知飞行器与空气相互作用机理、分析气动现象、改进气动设计的重要试验研究手段，也是发展和验证数值计算工具(CFD)的重要工具。长期以来，在风洞试验领域，人们发展了多种定性或定量的表面和空间流动显示技术，20 世纪 70 年代末，计算机、光学、激光、图像处理等技术迅速发展，涌现出多种非接触测量技术，如 PIV(粒子图像测速)、PTV(粒子跟踪测速)、LDV(激光多普勒测速)、PDV(平面多谱勒测速)、LLS(激光片光)等，在这些基于粒子示踪的光学测试技术中，PIV 在功能和测量适应性上优势显著，逐步脱颖而出，技术不断发展完善，发展了二维/二分量、二维/三分量、全息/三分量、解析时间、微型等多种 PIV 测量形式，形成了多种品牌的 PIV 商业化产品，如美国的 TIS、德国的 Lavision、丹麦的 Dantec 等，它们的测量精准度介于传统热线测量(1%)和 LDV(0.1%)之间。从 20 世纪 90 年代后期开始，国外 PIV 应用开始从小研究型风洞进入大型工业生产型风洞，主要应用形式是二维/二分量和三维/三分量 PIV，主要应用对象是飞行器复杂流场诊断和 CFD 工具验证，如大型运输机发动机喷流和绕机翼/机身外流场的干扰、运输机增升装置附近尾流、直升机桨涡干扰等，提升了大型工业风洞试验评估能力和飞行器精细化设计水平。

1. 大型亚声速风洞中的 PIV

1.1 美国 NASA 国家全尺寸空气动力设施(NFAC)

美国国家航空航天局(NASA)艾姆斯研究中心的 NFAC 具有回流和直流两

种试验回路(各一个试验段),回流回路中的试验段尺寸为12m(高)×24m(宽)×24m(长),最大试验风速150m/s。PIV已成为该风洞的标配测量设备(图1)。PIV系统主要包括:激光器Spectra - Physics PIV - 400 laser(Nd:YAG),350mJ/脉冲,15Hz;同步器TSI Model 610035;示踪粒子,4个MDG MAX 5000 HO粒子发生器,矿物油燃烧产生的烟粒子直径0.5~0.7μm。相机TSI PowerView Plus 11Mp,像素4008×2672;计算软件Insight 3G(TSI),proVISION(IDT);双平面校准板,面积2.4m×1.2m。

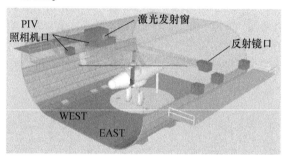

图1　NFAC PIV测量系统设置[1]

该风洞洞体窗口较少,试验段尺寸较大,通过合理设计光路,激光从激光器到对面风洞壁上的反射镜(水平轴和俯仰轴方向可调),经反射后投送到测量区。采用4个高容量粒子发生器满足大空间粒子浓度需要。作为风洞标配测量设备,建立了完善的遥控测量和试验安全监视体系,试验段入口和激光器设备箱通道具有自动切断激光保护装置;激光器设备箱内外、试验段门口和PIV数据采集处都有应急激光切断开关;位于稳定段的粒子发生器由红外摄像机监视。为了提高试验效率,PIV系统具有遥控调整能力。

1.2　德荷DNW-LLF风洞

德荷风洞群(DNW)中的低速风洞包括一座6~9m量级的LLF和两座3m量级的LST、NWB风洞,试验风速范围60~150m/s,三座风洞的结构形式相似,均为连续式回流大气压力风洞,因此,PIV在三座风洞中的应用环境基本一致。由于LLF风洞尺寸更大,风洞利用率更高,20世纪90年代中期开始发展和应用PIV技术(图2)。

DNW-LLF风洞PIV系统由4个Nd:YAG激光器、2个CCD相机、雾化发生器、播撒格栅、数据采集处理系统组成。激光器两个组成一组,运行更可靠,应变能力更强,波长532nm,脉冲能量600mJ,频率10Hz,脉冲持续时间6ns,产生的光片厚度2mm;CCD相机像素1024×1024,观测区0.4m×0.4m,示踪粒子采用无毒的橄榄油,雾化粒子粒径1μm,播撒格栅位于稳定段中,距离试验段入口 22m。

在实际应用中,DNW 将 PIV 与 LLS 相结合。试验时,首先用 LLS 快速观察确定复杂流场需测量的区域,然后用 PIV 进行详细的空间流场测量,提高大型风洞试验的效率。

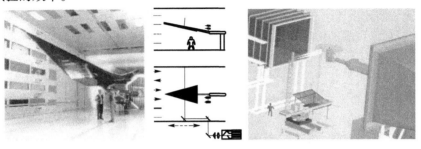

图 2 DNW 风洞闭口/开口试验段 PIV 系统设置[3]

1.3 日本 JAXA LPT1 风洞

日本航空航天探索局(JAXA)6m 量级大型低速风洞(LWT1)是一座连续式回流大气压力风洞,最大试验风速 75m/s。日本在该风洞 PIV 系统的发展中,兼顾了未来在跨超声速风洞中应用的可移植性问题。

LPT1 风洞 PIV 系统主要由大功率激光器、两台单色 CCD 相机、一台用于装置控制及数据处理的微机和 PIV 软件、三维校准目标遥控移动装置、粒子发生器等组成(图 1)。激光器为两腔双脉冲钕/钇铝石榴石(Nd:YAG),重复频率 10Hz,最大脉冲能量 1J/脉冲。示踪粒子材料是双乙烷基己基葵二酸盐(Di - Ethyl - Hexyl - Sebacate),直径 1μm。这种材料对人体无毒,并且在几小时后就会挥发,不会严重污染风洞和模型。粒子发生器(LSG - 500)是由德国航空航天研究院(DLR)研制。CCD 相机型号为 TSI PIVCAM 13 - 8,像素 1280 × 1024,帧频 8Hz,激光脉冲和 CCD 相机图像采集的时间间隔由激光/脉冲同步器(TSI Model 61034)协调控制。三维校准目标遥控移动装置有两个,一个面积 500mm × 400mm,另一个 200mm × 200mm,供不同试验段尺寸的风洞使用。由于校准目标在 6.5m × 5.5m 大型低速风洞(LWT1)中距风洞地板 3m 高,因此从安全和方便考虑,设计了 6 自由度目校准标移测机构。机构水平沿风洞轴线移动为手动,其余 5 个自由度为遥控。三维 PIV 数据处理软件采用商业软件 TSI Isight ver. 3.34。

1.4 美国 NASA 12ft 压力风洞

NASA 12ft(3.7m)压力风洞是一座连续式回流增压风洞,风洞试验段包裹在一个直径 9m 的球体中,试验时最高驻室压力可达 6atm,试验马赫数范围

0.05~0.55。该风洞 PIV 系统采用 He: Ne 激光器,型号为 New Wave Gemini,脉冲能量 120mJ;粒子发生器型号为 Corona Viscount 5000,矿物油燃烧冷凝产生的粒子直径为 0.3~0.8μm。

12ft 压力风洞 PIV 系统应用的难点和处理办法:①高压环境,需要为 PIV 系统的光学装置设计耐压防护装置,并且这个防护装置体积不能太大;②光路设计,需要根据风洞结构特点,尽可能利用原风洞视窗设计相关光路机构;③试验时高压环境,人无法进入调整光学系统,激光器等主要光学装置都置于高压驻室内,需要设计遥控装置;④示踪粒子的引入,烟管从试验段换气孔插入,向后倾斜45°,便于粒子吸入风洞气流中。

2. 大型跨、超声速风洞中的 PIV

2.1 NASA 11ft(3.4m×3.4m)跨声速风洞

美国 NASA 艾姆斯研究中心 11ft(3.4m×3.4m)跨声速风洞是一座连续式回流变密度风洞,风洞试验段包裹在一个驻室中,试验时驻室压力变化范围 0.5~2atm,试验马赫数范围 0.2~1.5。该风洞 PIV 系统采用 He: Ne 激光器,型号为 New Wave Gemini;粒子发生器型号为 Corona Viscount,矿物油燃烧冷凝得到烟粒子。

11ft 跨声速风洞 PIV 系统(图3)应用的难点和处理办法:①跨声速试验振动对光学系统的影响,采用 1in 厚的隔振材料(Sorbothane™)对固定在风洞壁上的激光器和相机系统进行隔振处理,并进行相关测试;②光路设计,需要根据风洞结构特点,尽可能利用原风洞视窗设计相关光路机构;③试验时高压环境,人无法进入调整光学系统,需要设计遥控装置;④示踪粒子的引入,油基粒子从试验段后部天花板引入并扩散到风洞流场中,局部洞壁有一定的沉积污染。

图3　NASA 11ft 跨声速风洞 PIV 系统设置[8]

2.2 欧洲 ETW 风洞

欧洲跨声速风洞 ETW 是一座低温、增压连续式跨声速风洞,试验段尺寸 2.4m×2.0m,马赫数范围 0.15~1.35,温度变化范围 110~313K,试验压力可达 4.5atm。2005 年,ETW 风洞采用全场多普勒测速(GDV)技术首次进行了流场定量测量,该技术只能测量时间平均的速度场,且需要较高的示踪粒子密度,这对于用冰粒子做示踪粒子的 ETW 风洞,有导致试验段结冰的风险。2010 年,ETW 风洞发展了 PIV 技术,其中需要解决的主要关键技术是:①在低温气流中产生适当的示踪粒子,油基粒子难以彻底清除,对风洞隔热防护层和部件会产生影响,不宜使用;②在复杂的试验段洞体结构中构建光学通路、隔振处理和遥控装置;③低温环境,光学元件需做保温防护。

激光器采用 INNOLAS 公司生产的 Spitlight 1000(Nd:YAG),能量 500mJ,脉冲频率 15Hz。示踪粒子在风洞外采用"低温升华"方法制成的冰粒子,水的雾化由 Laskin 水滴发生器产生,然后在混合区与低温氮气混合形成冰粒子,再通过管道从位于第二喉道前的模型支撑立柱上的喷嘴喷出。相机型号为 PCO - 1600,像素 1600 1200。PIV 系统运行由风洞外控制间的三台计算机控制完成,其中两台用于数据图像采集,确认分析,另一台用于系统控制和监视。

2.3 NASA 9ft 7ft(2.7m×2.1m)超声速风洞

美国 NASA 艾姆斯研究中心 9ft×7ft 超声速风洞是一座连续式回流风洞,试验马赫数范围 1.5~2.5。该风洞 PIV 系统采用 He:Ne 激光器,型号为 New Wave Gemini;粒子发生器型号为 Corona Viscount,矿物油燃烧冷凝产生的粒子直径为 0.3~1μm。

9ft×7ft 超声速风洞 PIV 系统应用(图4)的难点和处理办法:①超声速气流

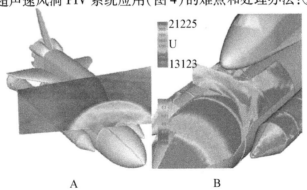

图4　NASA 9ft×7ft 超声速风洞 PIV 应用[9]

冷凝现象(静温约 –130℃),气流冷凝产生的水汽会导致瑞利散射,影响 PIV 数据采集,风洞需要采用干燥空气运行;②光路设计,需要根据风洞结构特点,设计光路机构并进行隔振处理;③示踪粒子播撒,风洞动力系统(6 级压缩机)后气流温度约 200℃,油基粒子运动到此处将挥发,因此需要在热交换器后设置粒子播撒装置,持续播撒粒子。

3. 大型高超声速风洞中的 PIV

PIV 在 $Ma=5\sim7$ 的高超声速小研究风洞中有不少成功研究案例。美国德克萨斯农业和机械大学在试验段 76mm × 76mm 的 M5 高超风洞中用 DOP(酞酸二辛酯)和 TiO_2 粒子进行了脉动速度测量;普林斯顿大学在试验段直径 229mm 的 M7.4 高超风洞中用 TiO_2 粒子测量了平板湍流脉动等。由于高超声速气流总温高(500~600℃),流速快,示踪粒子的可用性和对流动动力学的响应能力是制约 PIV 在高超声速风洞应用的技术瓶颈。

美国阿诺德工程发展综合体(AEDC)在 9 号超高速风洞(试验段直径 1.52m, $Ma=7\sim14$)制定了 PIV 测量发展战略(图5),首先在 M3 校准实验室研究装置上完成概念验证研究,然后将技术移植到 9 号超高速风洞。应用目标是测量边界层内瞬间速度分布,柱/裙构型拐角的激波边界层干扰。

初步的研究成果如下:采用 Nd:YAG,激光器,型号 LPY 742 – 200,脉冲能量 100mJ,频率 200Hz;示踪粒子材料为 Polyalphaolefins 4 cSt(PAO 4,液体),粒子直径 0.25μm,通过试验段喷管前壁面注入,雾化器型号为 TSI Model 9306;相机型号为 LaVision Imager(或 IDT Model Y7),像素 1900x1080,帧频率 100fps。数据处理方面,相关算法要解决大流向速度/小法向速度问题、边界层内流向速度变化问题,计算软件为 DaVis 8.0 或 WIDIM 9.3。

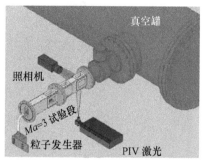

图5　AEDC 9 号超高速风洞 PIV 研究[11]

4. PIV 在大型风洞中应用的几个问题

（1）PIV 测量的不确定度。通常认为 PIV 测量精度介于 1% ～ 0.1%，这只能视做是 PIV 产品测量精度的名义值。由于 PIV 测量系统在大型工业风洞中应用环境和测量对象的差异，PIV 测量的不确定度需要根据大型风洞的实际情况评定。PIV 测量的不确定度评定应考虑 4 个主要误差来源：设备、粒子动力学、采样、图像分析。

（2）示踪粒子的可用性。示踪粒子是影响该技术应用效果的一个关键因素。涉及示踪粒子主要有 4 个方面的问题：①粒子的可用性，包括对环境的影响、成本、如何产生并引入气流中；②粒子的统计偏差影响；③对流动动力学的响应能力；④对空间的解析力。油基类粒子对大型工业风洞设备和其他涉及光学测量试验的影响是一个不可忽视的问题，美国空军技术研究所和创新科学解决方案公司提出了无污染的干冰（CO_2）示踪粒子，解决油基粒子对大型超声速风洞污染问题。

（3）PIV 的商品化与大型风洞的差异化。尽管 PIV 技术已经成熟并商品化，但在大型工业风洞应用仍面临许多挑战。对大多数大型工业风洞而言，在设计建造的过程中没有考虑 PIV 系统应用的要求，风洞结构可能对 PIV 光路产生制约，粒子的有效播撒途径也是难点，复杂的流场测试环境和测试目标影响 PIV 测量可用性。因此，尽管 PIV 已经商品化，但在大型工业风洞中应用仍需要进行针对性的设计和应用研究。

（4）PIV 与传统流动显示技术。PIV 在大型工业风洞应用是一项复杂的工作，大型工业风洞需要考虑可靠性、成本和效率，因此，需要 PIV 与传统流动显示技术相结合。PIV 主要用于复杂流场的测量，通常不仅仅是为了传统意义上的"显示"，而是为了细化型号设计、验证和发展 CFD 工具。大型工业风洞型号试验和飞行器精细化设计对 PIV 技术有应用需求，同时，方便实用的传统丝线、油流、纹影、阴影等流动显示工具仍将在大型工业风洞中发挥重要作用并不断创新发展，如油膜干涉测量、基于背景的纹影等。

5. 结束语

PIV 技术在国外各类大型工业风洞中的普遍应用提升了风洞的试验能力，利用 PIV 技术，科研人员能够更好地观察和分析飞行器的绕流流场，优化和改进飞行器的气动设计，提高飞行器的精细化设计水平。PIV 技术在国外大型工业风洞中应用的经验表明，PIV 系统虽已形成商品并商业化，但实际应用需要结合具体风洞结构和流场特征设计相关光路和软/硬件系统,需要根据不同风洞特点选择和设计粒子发生器及引入位置。因此,大型工业风洞 PIV 工程技术人员和 PIV 产品开发商的结合对 PIV 技术的顺利应用至关重要。

参考文献

[1] Wadcock A J. PIV measurements in the wake of a full – scale rotor in forward flight[R]. AIAA 2011 – 370, 2011.

[2] Watanabe S. Stereo PIV applications to large – scale low – speed wind tunnels[R]. AIAA2003 – 0919,2003.

[3] van der Draai R K. Application of PIV in (local) supersonic flows in DNW wind tunnels[R]. AIAA 2005 – 4082,2005.

[4] Kooi J W. Application of PIV in the large low speed facility of DNW[R]. CF – 12312,2008.

[5] Eitelberg G. Some developments in experimental techniques of the DNW[R]. AIAA2000 – 2643,2000.

[6] Konrath R. Flow field measurements by PIV at high reynolds numbers[R]. AIAA 2013 – 0869,2013.

[7] Jurgen Q. Accepting a challenge – the development of PIV for application in pressurized cryogenic wind tunnels[R]. AIAA 2011 – 3726,2011.

[8] Mark P W. Application of stereo PIV on a supersonic parachute model[R]. AIAA 2009 – 70,2009.

[9] James T H. PIV in NASA Ames unitary wind tunnels[R]. AIAA 2011 – 927,2011.

[10] Konrath R. Flow field measurements by PIV at high Reynolds numbers[R]. AIAA 2013 – 0869,2013.

[11] Jonathan B. Development of non – intrusive velocity measurement capabilities at AEDC tunnel 9[R]. AIAA 2014 – 1239,2014.

[12] Brian T L. Particle size control for PIV seeding using dry ice[R]. AIAA 2010 – 1033,2010.

[13] Bartt G G. Characterizing dry ice particle response for clean seeding PIV applications[R]. AIAA 2008 – 3714,2008.

[14] Eli L. A practical approach to PIV uncertainty analysis[R]. AIAA 2010 – 4355,2010.

[15] Steven J B. Pulse – burst PIV in a high – speed wind tunnel[R]. AIAA 2015 – 1218,2015.

国外等离子体流动控制风洞试验技术研究

摘要：等离子体是一种由大量电子、离子和中性粒子组成且总体上呈中性的物质聚集体,它不同于物质的气态、液态和固态,而被称为物质的第四态。等离子体在航空航天器隐身、降噪、推进及空气动力学等方面的应用一直是国外发达国家的重点研究领域之一。本文归纳总结国外研究的主要等离子体风洞形式和等离子体发生器形式;探讨低、跨、超声速风洞模型上等离子体作用机理和产生的现象,介绍在等离子体流动控制方面开展的风洞试验技术研究。
关键词：等离子体风洞;等离子体发生器;风洞试验技术

引言

等离子体是一种由大量电子、离子和中性粒子组成且总体上呈中性的物质聚集体,它不同于物质的气态、液态和固态,而被称为物质的第四态。等离子体的应用领域非常广泛,如电子、加工、材料等。在航空航天领域,等离子体具有隐身、助燃、降噪等功用,近十几年来,等离子体在空气动力学中的应用研究一直是研究的热点,如等离子体增升减阻、流动控制、电场体力推进等。等离子体流动控制与目前传统的常规流动控制相比,潜在的优势有:①不需要活动的气动控制面;②流动控制响应快;③流动控制位置灵活,飞行器上任何需要的位置都可以布置。

开展等离子体空气动力学研究主要有两条途径:①研制等离子体风洞,建立等离子体流场试验环境;②研制小型等离子体发生器,将其安装在试验模型中,用于常规风洞试验研究。

1. 国外等离子体风洞

为了研究超声速流中可控等离子体的形成及其对流场的影响,研究等离子流场环境下运动物体的空气动力特性,国外探索研究的途径主要有三种:①激波管(shock tube)或声激励管(acoustic discharge tube)试验;②弹道靶(ballistic range)试验;③风洞试验。前两种方法试验的时间一般在微秒到毫秒量级;风洞试验与前两种方法相比,可以获得较长的稳定运行时间。国外近几年研制的等离子体风洞主要有以下4种类型。

1.1 微波驱动式等离子体风洞

美国普林斯顿大学设计和建造了一座超声速等微波驱动式离子体风洞,用以研究等离子体对流动机理等方面的影响。该风洞试验段尺寸 51mm × 51mm,试验马赫数为 3,试验段静压 5600Pa,静温 110K。等离子体由频率 2.45GHz、脉冲 1ms、50kW 的微波辐射产生并导入超声速流场。微波由安装在洞壁上侧的微波窗口引入,通过反射板使其偏转 90°成水平方向。然后,微波与气流一起流过喷管,自诱导形成等离子体超声速流场,反射板上开有直径 6.4mm 的密布小孔,以便能在反射微波的同时允许气流通过。

1.2 电弧等离子体风洞

美国斯维尔德鲁普技术有限公司(Sverdrup Tdchnology, Inc.)和空军阿诺德工程发展综合体(AEDC)研制了超声速电弧等离子体风洞。该风洞将盖尔丁型(Gerdien - type)等离子发生器电极的正极镶嵌于 15 的风洞锥形喷管喉道中,试验气体(氩气)流经电弧并通过喷管膨胀后,射入直径 178mm、长 1219mm 的耐热玻璃管试验段。整个风洞安放于直径 914mm、长 2438mm、压力为 112Pa 的圆柱形试验舱中。研究表明,这种形式的风洞构型在喷管和试验段中的等离子体均匀、稳定。等离子体发生器工作参数为:电压 28V;电流 300A;功率 8.4kW;弧室压力 4.8×10^4Pa;气体流量 1.68g/s。该风洞已用于钝体的磁流体动力学研究。

1.3 直流放电或射频放电式等离子体风洞

俄亥俄州立大学为了研究超声速冷气流中激波流动控制问题,近年来研制了小尺度、非平衡等离子体风洞,试验 $Ma = 2$,风洞中的等离子是通过喉道处直流放电电极或试验模型前射频放电电极产生。它与电弧式等离子风洞不同的是 90% 的电能转变成了气体的振动能,而对气体直接加热的能量很少。风洞喷管采用二维变膨胀比平面超声速喷管,喷管出口高 4mm,宽 30mm。喷管由透明丙烯酸塑料制作,试验段带有玻璃窗,以便更好地对试验进行光学观察。试验段后经过一个简单的扩散段与真空罐相连。

美国空军研究试验室与莱特州立大学联合,应用直流放电或射频放电原理,在莱特·帕特森空军基地建立了一座 $Ma = 5$ 的等离子研究风洞。该风洞为下吹、自由射流式低密度高超声速风洞,矩形试验段长 386mm、宽 74mm、高 178mm,气体介质为空气。当试验来流总压在 $2.2 \times 10^4 \sim 6 \times 10^5$Pa 范围内时,来流不会产生冷凝现象。当总压 10^5Pa 时,试验段内风速 703m/s、空气密度 0.0064kg/m³、静温 49K,质量流量 0.043kg/s,单位雷诺数 1.4×10^6。等离子直接由安装在风洞试验段中的平板式电极电离产生。

1.4 感应热等离子体风洞

感应热等离子体(plasmatron)风洞是通过高频电发生器感应耦合将亚声速或超声速射流加热到极高温度(5000~10000℃),此时气体被电离,它主要用于航天器防热研究。冯·卡门流体力学研究所设计建造了一座世界最大的1.2MW感应热等离子体风洞。来流滞止压力500~17500Pa时的驻点热流率为350~1200kW/m^2,风洞在亚声速和超声速条件下可运行25min,对直径50mm的试验模型,表面温度可以达到1000~2000K。风洞具有两个可更换的等离子炬(plasma torch),直径分别为80mm和160mm。

2. 常规风洞试验模型中的等离子发生器

从上述近几年国外发展的等离子风洞不难看出,应用于气动力流动控制研究的等离子风洞仍处于探索研究阶段,风洞试验段尺寸很小,主要用于风洞机理、等离子环境流场测量、诊断等基础研究。因此,在目前使用的常规风洞中,要探索研究等离子体对空气动力的影响、研究流动控制技术,需要研制能应用于试验模型中的小型等离子体发生器。

2.1 薄膜式辉光放电等离子体发生器

为了在低速风洞中研究等离子对模型表面流动的影响,国外许多科研单位对薄片式辉光放电等离子体发生器进行了大量机理研究。美国研制的此类等离子发生器最薄,其电极由高0.025mm、宽6mm的铜箔带粘结在厚0.1mm、宽250mm的基底上构成,两个电极上、下反对称布置,下面的电极接地,上面电极方波电压的幅值为10^2~10^5kV,频率1~3kHz(图1)。薄膜式辉光放电等离子体发生器可以方便地粘贴在试验模型表面,已应用于低速风洞翼型的增升减阻研究。

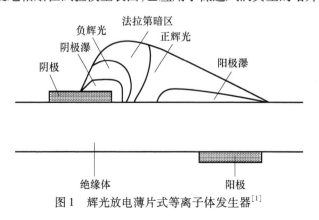

图1 辉光放电薄片式等离子体发生器[1]

2.2 小型电弧等离子体发生器

美国多年来一直在发展用于航天器太空推进和超燃点火源用的小型电弧等离子射流器(Arcjets),阿诺德空军基地已将其用于跨超声速风洞试验模型中。现已研制成功直径小于25mm的电弧等离子体射流器(图2),并且射流器的直径还还可以进一步减小。限制电弧等离子射流器(<3kW)尺寸减小的瓶颈是射流器供电系统和喷管冷却系统需要安装空间。

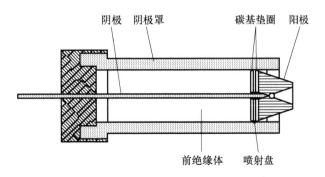

图2 电弧式等离子体射流器[2]

2.3 交流高压放电等离子体发生器

俄罗斯中央航空流体动力学研究院(TsAGI)用于风洞模型中的等离子发生器的核心部件是一个能产生高频、高压输出的变压器(图3)。变压器输出电压5kV,最大电流0.7A,载波频率0.8MHz,调幅频率100Hz。等离子体由与变压器线圈相连的电极放电产生。针状电极由铜制成,长30~40mm。该类型等离子发生器已用于直径40mm的跨、超声速风洞试验模型中。

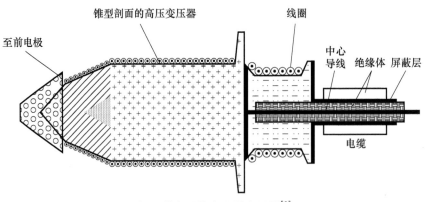

图3 等离子体发生器变压器[3]

2.4 燃料型等离子体发生器

燃料型等离子体发生器采用微型固体火箭发动机的基本结构,主要由喷管、燃烧室和点火装置等组成。燃烧室内填装专门研制的特种固体燃料,燃料燃烧形成具有一定电子密度的高温高压燃气,燃气从发生器喷管喷出,形成等离子体喷流。此类等离子发生器主要应用于高超声速试验研究。

3. 等离子体流动控制试验技术研究

等离子风洞和等离子发生器的研制成功,为开展等离子环境下的空气动力特性研究提供了手段。等离子体技术的应用对未来飞行器的发展将产生重大影响。发达国家都积极致力于这一领域的研究,如美国阿诺德工程发展中心启动了等离子体空气动力学试验技术项目(PATT),俄罗斯也开展了等离子环境下激波干扰、增升减阻研究等。目前,国外的研究大致可分为以下三个方面。

3.1 等离子体流动加速机理研究

在接近一个大气压的低速气体流动环境中,辉光放电等离子体的流动加速机理源自 Roth 提出的动量传递理论,即:离子通过洛伦兹碰撞将能量传递给周围的中性气体。Roth 理论主要由离子捕获、顺电场效应、离子迁移动量传递、蠕动效应组成。

离子捕获是离子沿电场线做受限的周期性振荡。射频电压驱动离子按施加的频率在电极间振荡,这样离子就能通过电极间的间距。满足离子捕获的驱动电压频率为

$$f = \frac{ZVe}{\pi M d^2 f_{0i}} \quad\quad (1)$$

式中,f 为离子捕获所需的射频电压频率;Z 为离子所带的电荷;V 为射频驱动电压;e 为电子电量;M 为离子质量;d 为电极间距;f_{0i} 为离子与中性粒子的碰撞频率。

顺电场效应是电荷顺磁性的静电模拟,它源自作用于离子的静电体力,静电体力向电场梯度增加的方向加速离子。由顺电场效应引起的中性气体运动可以用洛伦兹碰撞解释,离子或电子通过碰撞将它们从电场获得的动量传递给了中性气体,由此诱导的中性气体加速的大小和方向可由洛伦兹动量传递理论确定,离子按从低到高的电场梯度方向运动,通过碰撞带动中性气体一起运动。诱导速度可表示为

$$v_0 = E\sqrt{\frac{\varepsilon_0}{\rho}} \tag{2}$$

式中,E 为电场电动势;ε_0 为电介质常数;ρ 为气体密度。

在 1atm 条件下,理论计算诱导速度可达 10m/s。

离子迁移动量传递。试验研究表明,离子或电子能够在有布满条状电极的平板表面沿水平直流电场迁移,离子和电子迁移的方向相反,通过洛伦兹碰撞,离子的动量传递主导了中性气体的速度。由离子和中性气体动量传递诱导的气体速度可表示为

$$v_{oi} = \frac{eE}{M_0 f_{0i}} \tag{3}$$

式中,M_0 为中性气体质量,f_{0i} 为离子与中性气体碰撞频率。

中性气体蠕动加速效应在美国专利 No. 5669583 中有所叙述,在一排连续的电极间施加递增一定相位角的射频电压,这样就会产生沿电极表面运动的静电波(图4),离子迁移诱导的中性气体运动的速度可表示为

$$v_{0i} = \frac{ev_0}{M_i f_{0i}} \cdot \frac{2\pi}{NL} \tag{4}$$

式中,M_i 为离子质量;v_0 为静电波的速度;N 为一个静电波周期内电极数量;L 为相邻电极间距。

适当选择上述参数,理论计算诱导的气体速度可大于 100m/s。

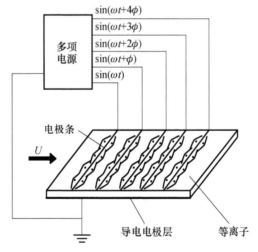

图 4　施加多相电压的离子蠕动加速[5]

在跨超声速方面,俄罗斯、美国的流动控制机理研究主要集中在等离子体/激波/模型的干扰研究,研究采用了类似飞机头部的锥体模型和平板模型。研究表明,在模型上放电产生等离子体的模式有 4 种:弥漫型、窄长型、表面型及其混

合型,这些不同形态等离子体的形成与电流的强弱和流场气流压力参数变化有关;其中弥漫型减阻效果最好,可达6%以上。

3.2 等离子体环境测试技术研究

国外在等离子体风洞测试技术方面也处于探索研究阶段。美国阿诺德工程发展中心(AEDC)在空军科研办公室的资助下,开展了等离子体空气动力学试验技术项目(PATT),目的是验证和发展能用于可控等离子体环境下空气动力性能评估的风洞试验技术。

3.2.1 流场诊断和显示

由于等离子体具有极高能量,这将影响试验气流介质的分子结构、改变空气的化学特性,朗缪尔测量仪(Langmuir probe)用来测量电子或离子的密度以及温度;紫外线拉曼散射流动显示技术也将用于弓形激波区的定量密度谱测量,测量数据可以验证流场变化以及等离子体射流穿入激波的情况;发射光谱学也将用于诊断研究其能量分布构成。常规流动显示技术如纹影、激光纹影、阴影等仍将使用(图5)。

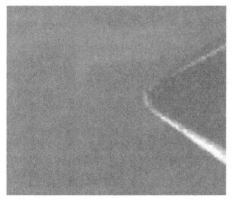

图5 等离子体发射前、后阴影流动显示($Ma=4$)[8]

3.2.2 气动力测量

目前试验研究采用的天平是常规箔式应变片测力天平,试验前,需要在风洞中对等离子环境下的电噪信号对天平应变片的影响进行测试,并给出解决办法。为了解决电干扰,提高测量精度,AEDC已完成以光纤作为应变感应器的3分量光纤天平研制,6分量光纤天平也在研制中。天平光纤传感器是利用天平元件受力后,光纤感应器光路改变而产生光束干扰的原理。

3.2.3 模型表面压力测量

用测压片测量模型表面压力,并换算成气动力与天平测量值进行比较。与测力试验相同,试验首先还是在于验证常规应变传感器在等离子体环境下的电干扰问题。光纤压力传感器也将用于试验评估研究。

3.3 等离子体流动控制应用研究

美国空军学院低速风洞等单位进行了翼型增升减阻试验研究。安装有该等离子体发生器的 NACA0009 翼型在空军学院低速风洞进行了风洞试验。试验翼型弦长 202mm，展长 417mm，试验风速 15.2 ~ 30.4m/s（Re_c：1.8×10^5 和 3.6×10^5）。等离子发生器安装在翼型 $x/c = 0.72$ 处，沿整个翼展布置，电极由高 25μm、宽 6mm 的铜箔带粘结在厚 100μm、宽 250mm 的基底上构成，两个电极上、下反对称布置，下面的电极接地，电极间方波电压的幅值为 $10^2 ~ 10^5$kV，频率 1 ~ 3kHz（图 6）。

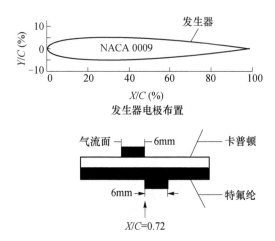

图 6　流动控制应用研究[9]

试验结果表明，等离子体发生器能使局部流动加速，在失速迎角范围内，等离子体的作用能使升力和阻力同时增大，这与电极的布置方式以及等离子体产生的静电体力有关，静电体力是电磁场的函数。DPIV（数字粒子图像测速技术）流场显示说明，阻力增加是由于等离子体发生器后气流在等离子体作用下有离开翼型表面向上运动的现象发生（图 7）。为了研究这一现象，沿翼型弦向从 $x/c = 0.6$ 到后缘布置 4 排等离子体发生器，试验结果表明，阻力增加消除。

在跨超声速风洞等离子体流动控制试验技术研究方面，美国、俄罗斯都针对飞行器头部，开展了锥柱体及球柱体模型等离子体射流环境下的离子体/激波/模型干扰研究、气动力测量研究研究和流动显示研究。测力和流动显示结果表明，等离子体射流可以改变激波形状，大幅度减小阻力。

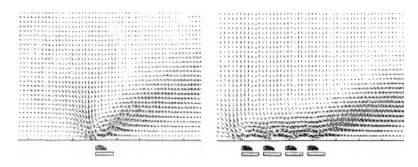

图 7　等离子发生器表面流场[9]

4. 结束语

人类飞行百年以来,随着人们对流动认识的深入以及技术的进步,航空器实现了从低速到跨、超声速的飞行。目前,等离子在空气动力学领域的研究已显示出对未来飞行器发展的巨大应用潜力,很有可能会带来飞行器布局或性能质的飞跃,如取消传统的气动控制面、用假流线对飞行器流场进行修型、蠕动加速对飞行器的推进等。国外在等离子风洞试验技术方面的大量研究,表明等离子体空气动力学是风洞试验研究发展的方向之一。国外的研究成果和经验值得我们学习和借鉴。

参考文献

[1] Mcandrew B. Supersonic vehicle control by microwave driven plasma discharges［R］. AIAA2002 – 0534,2002.

[2] Staats G E. Magnetogasdynamic experiments conducted in a supersonic plasma ARC tunnel［R］. AIAA2000 – 2566,2000.

[3] Merriman S. Shockwave control by nonequilibrium plasmas in cold supersonic gas flows［R］. AIAA2000 – 2327,2000.

[4] Meenart J. Survey of plasmas generated in a Mach 5 wind tunnel［R］. AIAA2003 – 1194,2003.

[5] Klimov A. Influence of a Corona discharge on the supersonic drag of an axisymmetric body［R］. AIAA99 – 4856,1999.

[6] Beaulieu W. Plasma aerodyntimic WT tests with 1/6 scale model of nose part of F – 15［R］. AIAA 99 – 4825,1999.

[7] Limbiugh C C. Plasma aerodynamics test techniques［R］. AIAA2000 – 2449,2000.

[8] Mcandrew B. Development of a supersonic plasma wind tunnel［R］. AIAA2000 – 0533,2000.

[9] Thomas C C. Application of weakly – ionized plasmas as wing flow – control devices［R］. AIAA2002 – 0350, 2002.

微型飞行器风洞试验问题研究

摘要: 微型飞行器的发展研究尚处于初始阶段,我国还缺少开展低雷诺数条件下小尺度微型飞行器气动问题试验研究的平台。本文介绍微型飞行器的主要特征和布局形式,分析发展微型飞行器所需的风洞试验技术,探讨满足工程发展要求的微型飞行器风洞设计应考虑的主要问题。

关键词: 微型飞行器;微型飞行器风洞;微型飞行器试验技术

引言

　　微型飞行器(MAV 或 μUAV))是 20 世纪 90 年代中期发展起来的一种新型飞行器。对微型飞行器而言,人类如能认识掌握其飞行机理、建立设计法则,它将是 21 世纪航空器发展的一个里程碑,并可以与 20 世纪初莱特兄弟实现人类带动力飞行的伟大壮举相提并论。正如美国国防高级研究计划局(Defense Advanced Research Projects Agency,DARPA)微型飞行器项目负责人 Richard Wlezen 所说:"对于微型飞行器,我们正处在莱特兄弟时代"。这意味着该领域充满机遇与挑战。

　　微型飞行器具有自主飞行、携带载荷执行特定任务的基本特征。与常规无人飞行器相比,微型飞行器具有体积小、重量轻、成本低的优势,它操纵方便、机动灵活、噪声小、隐蔽性好,无论是在军事领域还是在民用领域,都有十分诱人的应用前景。

　　微型飞行器尺寸的微型化给研制带来了许多困难。近年来,国内外在微型飞行器飞行机理、布局、推进等方面研究十分活跃,在风洞试验和计算方法研究方面也有一定的进展。尽管与常规飞行器研究相比,满足微型飞行器试验要求的风洞很少,试验数据也不多,但随着人们对微型飞行器认知和研究的深入,微型飞行器专用风洞及其风洞试验技术的发展,已经引起了国外该领域研究人员的关注。

1. 微型飞行器特征和典型布局形式

　　根据美国国防高级研究计划局提出的要求,微型飞行器基本参数指标是:

飞行器各向最大尺寸:150mm	巡航速度:15m/s
重量:10~100g	续航时间:20~60min
载荷:20g	飞行高度:150 m
最大航程:1~10km	成本:1500 美元

由于微型飞行器处于开发研究的初始阶段,美国国防高级研究计划局提出的指标带有一定的前瞻性。因此,目前国内外研制的某些微型飞行器在尺度和重量上并不一定完全满足此条件,有观点把翼展或机体直径不超过600mm 的飞行器也称为微型飞行器。

从国外微型飞行器布局研究看,可以分为4类(图1):固定翼(刚性或柔性)微型飞行器、旋翼微型飞行器、扑翼微型飞行器、环翼微型飞行器。

1.1 固定翼(刚性、柔性、可变形)微型飞行器

林肯实验室的微型飞行器、AeroVironment 公司的 Black Widow、桑德斯公司和通用电气公司联合研制的 MicroSTAR 等代表了目前研究的较高水平。以色列军方目前正在研发一种被称作"Skylite"的远程遥控无人飞行器,它只有一只黄蜂那么大。

1.2 旋翼微型飞行器

旋翼微型飞行器与微型固定翼飞行器相比,其最大的优点是:能够垂直起降和悬停,适宜于在比较狭小的空间或复杂地形环境中使用。日本开发成功当今世界上最轻的微型飞行器 μFR – Ⅱ。该机采用二重反转式螺旋桨,可以按照程序设计路线自主飞行,携带微型摄像机并可以将拍摄到的图像情报迅速传送回地面。

1.3 扑翼微型飞行器

扑翼微型飞行器是一种模仿鸟类或昆虫飞行的飞行器。与微型固定翼和旋翼飞行器相比,其主要特点是将举升、悬停和推进功能集成于一体,具有很强的机动性和灵活性,如加利福尼亚大学开始研制的"机器蝇"扑翼微型飞行器。美国国防部对"机器蝇"极为重视并一直大力资助。

1.4 环翼微型飞行器

环翼布局有许多独特的优点:①翼展小;②重量轻;③抗振性好;④机动性好。

环翼在微型飞行器上也有重要应用。美国的 iSTAR 就采用环翼布局,它既能高速水平飞行也能空中旋停,具有很高的机动能力。

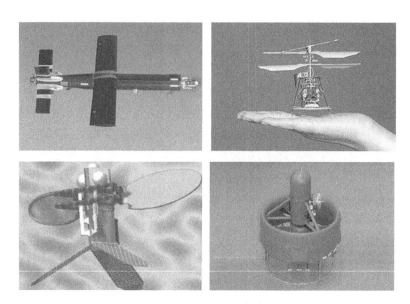

图1　四种形式的微型飞行器[1]

2. 微型飞行器对风洞试验技术的需求

2.1　气动力试验

风洞试验最常用来测量力、力矩系数和静动态导数。典型的此类试验包括风洞模型固定在某攻角、滚转角和侧滑角,然后测量对应一系列速度的力和力矩系数。因此,需要有一个自动模型支撑装置能按预定的程序移动。动态试验包括这些参数的快速连续变化。测量用内式或外式6分量天平,它需要有足够的精度和刚度。

这些试验在常规飞行器模型中很常见,但应用到非常小、速度很低的微型飞行器上可能面临一些新挑战,如:小的力和力矩准确测量问题。

2.2　机动/非定常效应

由于柔性结构在未来微型飞行器上应用具有很大前景,非定常空气动力学和结构响应很可能是未来研究的焦点。这需要同时应用几种试验技术,如:主动(和动态)模型定位、天平测力、高速PIV流动测量和动态VIC结构测量。

2.3　稳定性试验

获得了微型飞行器动态特性,就可以设计控制面和发展控制方法理论,通过进行风洞动态试验,能够研究和改进试验飞行器在一个或几个轴上的稳定性。这需要具有一个或多自由度的模型支撑装置。

2.4　自由飞行前的硬件试验

在进行实际自由飞之前,为了降低风险提高成功率,可以利用风洞在模拟飞行条件下进行各种硬件试验,如:传感器或新颖控制方法试验。也可与虚拟现实实验室相连,动态模拟微型飞行器飞行的可视环境。例如,一个微型飞行器在风洞中模拟自由飞,机载照相机实际放在虚拟现实实验室,实时给出一个人造环境。

2.5　自由飞

除了模拟上述的自由飞,将来的研究包括在风洞内真实自由飞,包括线拴的和无线拴的自由飞。试验段的尺寸将限制进行过分的机动,但仍能进行许多试验,如:

- 拉起/俯冲
- 旋停到前飞转换或相反变换
- 定位系统评估(微机动)
- 无支架干扰气动力评估
- 许多不同流动区内的持久试验

2.6　阵风/扰动响应

在自由飞的极端情况,自主飞行系统对准确定义的流动扰动响应可以在风洞试验段中通过线拴或无线拴自由飞模型来试验。例如,通过在风洞稳定段内的一个调整片改变来流,这对控制机理有极苛刻的要求。对室内飞行非常慢的飞行器,也可以在实验室静止空气中飞行,穿过试验段射流来模拟强侧风。

3.　微型飞行器风洞的设计考虑

目前,为微型飞行器专门设计建造的风洞还很少见,美国空军研究实验室根据微型飞行器发展,对微型飞行器风洞试验能力提出的要求是:

- 全尺寸微型飞行器空气动力特性
- 静态气动力和力矩测量
- 动态飞行特性
- 微型飞行器自动导航发展和评估
- 微型飞行器闭环硬件模拟能力

- 在可控飞行环境中微型飞行器闭环硬件试验
- 全尺寸微型飞行器反馈飞行控制试验

微型飞行器风洞试验模型参数范围:

- 翼展:150~300mm
- 速度范围:0~25m/s
- 柔性结构、固定翼、扑翼等
- 各种推力产生装置
- 巡航、悬停和栖息的能力

据此对微型飞行器风洞的设计考虑如下:

1) 风洞尺寸

风洞中类似飞机构型的静态试验通常将模型翼展限制在小于风洞宽度的80%内。最好选择正方形或圆形截面,试验段直径大约1m似乎比较合适。

2) 流动速度范围

风洞最大风速至少应该在20m/s。事实上,可以认为主要技术挑战将在低速,正是由于这个原因,主要精力放在低速范围。在低转速设置时,电机风扇控制器运行具有极好的稳定性是非常重要的,能够相当快地改变流动速度来模拟机动也是非常有益的。

3) 空气压力

为了能模拟结构对气动载荷的正确响应,静、动压必须精确再现。这意味着风洞在大气静压下运行。然而由于低流动速度,实际上滞止压力就是大气压(导致静压低于大气),这与可以接受的大约600m高度的自由飞行条件类似。但模拟海平面条件更可取。

4) 流动品质

由于飞行器上会发生重要的转捩,必须要在试验模型上再现自由飞行条件下转捩。对低流动速度,这是一个困难的条件(即便对专用风洞),但在较高的速度,0.1%典型湍流水平是可以达到的。这对期望的风洞中试验已足够,因此推荐作为目标值。另外,风洞应当符合好的流动均匀度。典型地,在核心区范围(约80%),流动速度的变化(方向和量级)应该在平均值的一个很小百分比内。

5) 几何外形

风洞中要用的大多数仪器都基于光学观察,许多装置、支杆和平台都要用到。因此,风洞不要施加太多的限制在流场上,无论物理的还是光学的。更期望采用开口射流布局,这对未来试验研究有更大的灵活性。

6) 稳定段

根据流场品质的要求,典型的稳定段直径选择是3倍的试验段直径,产生的收缩比9:1。除了流场品质产生的限制,稳定段也是流动显示粒子引入的位置并且任何装置都可能引入扰动。因此,稳定段比常规考虑的长些是有利的。

7) 风洞的关键设计指标

- 试验段直径:1 ~ 1.2m,圆或正方形
- 开口试验段
- 速度范围:0 ~ 20(或25)m/s
- 低速极好的可控性
- 湍流度:0.1%(10 ~ 20m/s)或更好
- 核心区流动均匀性好于±1%

4. 两种微型飞行器风洞设计方案

方案1:吹气式微型飞行器风洞

如图2所示,该设计特点是风扇在试验段上游,风扇后边跟着是稳定段。风洞相对较低的速度要求使我们可以采用大直径风扇。试验段是大气环境,不需要其他封闭条件。试验段上游没有扩散段和直流布局对提高流动品质有利。然而,该设计主要缺点是风扇后面形成高品质流动困难,这可能需要在风扇前和后安装调整片,在稳定段中需要有效的流线矫直和蜂窝屏装置。该设计另一个困难是大直径风扇,所以需要非常细致的专门设计。

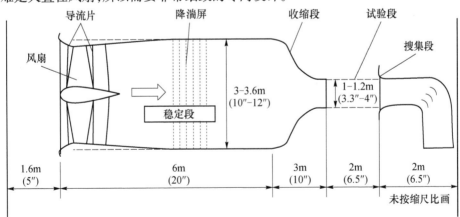

图2 吹气式微型飞行器风洞设计方案[3]

方案2:吸气式微型飞行器风洞

如图3所示,这个设计结合了许多方案1的设计,具有更常规的吸气布局。这个方案比方案1更容易获得高品质的流场。产生高品质气流对风扇的要求也

不高,可使用较便宜的普通工业用风扇。该设计主要缺点是绕试验段需要一个气密室,试验段的开敞欠佳,并能产生附加的不确定度。

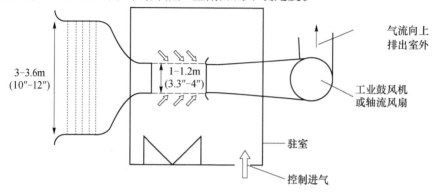

图3　吸气式微型飞行器风洞设计方案[3]

5. 启示和建议

（1）微型飞行器在学术研究上的前沿性和挑战性,以及未来的军、民应用价值,是其成为航空领域研究热点的重要原因。

（2）微型飞行器研究需要发展专用风洞,发展专用试验装置和试验技术。如微型飞行器试验需配备的可视图像相关(VIC)系统,它能详细分辨柔性体的变形,用来定量测量微型飞行器柔性表面变形。

（3）微型飞行器尺度虽小,但从未来工程发展需要的试验技术和试验项目的复杂性考虑,风洞试验段要有足够的空间,应避免认为微型飞行器风洞是微型风洞的设计建设误区。

（4）国外文献资料建议的两个微型飞行器风洞方案均采用直流布局,这是因为受可用空间限制,如采用回流式设计流场品质会更好。

（5）我们可以根据微型飞行器试验特点要求,借鉴国外的经验,对某些利用率不高的1m量级低速风洞进行必要的改造,为微型飞行器提供一个良好的试验平台。

参考文献

［1］Mueller T J. Fixed and flapping wing aerodynamics for micro air vehicle applications［R］. AIAA2001 – 1980,2001.

［2］Anthony M D. Experimental investigation into the aerodynamics properties of a flexible and rigid wing micro air vehicle［R］AIAA2004 – 2396,2004.

[3] Zhang X. A low power, high capability GNC system of micro unmanned aerial vehicle[R]. AIAA2005 – 6285, 2005.

[4] Dong H. Wake structure and performance of finite – ratio flapping foils [R]. AIAA2005 – 0081, 2005.

[5] Parker K. hrust measurements from a finite – span flapping wing[J]. AIAA Journal, 2007, 45 (1): 786 – 792.

大型运输机结冰试验技术研究综述

摘要: 结冰是影响运输机飞行安全的重要因素之一。本文在简要介绍结冰研究手段、结冰试验设备类型的基础上,探讨结冰风洞试验相似准则和缩尺模型试验相似参数对结冰试验的影响问题,研究数值模拟技术在运输机结冰研究中的应用。

关键词: 结冰;结冰风洞;数值模拟;运输机

引言

运输机在云层中飞行时,某些部件表面会出现结冰情况,如机头驾驶舱区域、机翼、尾翼等(图1)。结冰会导致飞行器性能下降、部件损坏甚至机毁人亡。国外对飞机结冰的研究始于20世纪20年代末和30年代早期,40年代,飞机结冰问题受到进一步关注并建造了结冰风洞,开始进行结冰风洞试验研究。六七十年代,飞机结冰研究已融入到飞机设计和认证中。70年代以后,飞机全天候飞行的要求以及对飞行安全要求的提高,引发了发达国家对飞机结冰研究的高度关注。1978年NASA和FAA在NASA刘易斯中心(即目前的格林中心)全面系统地开展了飞行结冰动力学方面问题的研究,开展了地面和飞行试验、结冰机理分析、数值模拟、结冰防护、结冰对空气动力性能和飞行性能的影响研究。同期欧洲AGARD也有大量的结冰研究。八九十年代,人们对结冰的认识不断深入,结冰的试验、预测、计算方法都有了很大进展。近些年来,结冰研究成果使人们认识到低空大的超冷水滴(即冻雨)也会导致结冰;雪、冰颗粒以及以上情况

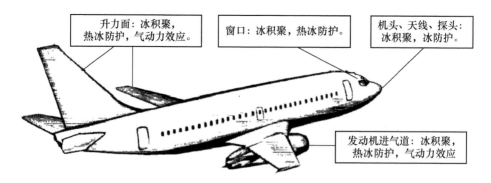

图1 运输机结冰研究的主要区域[1]

312

的混合状态对飞机飞行安全的影响也不可忽视。尽管飞机结冰研究取得了很大进展,但由于结冰条件的多样性、过程的复杂性,至今人们对结冰的流动热交换机理还没有完全认识,对结冰过程中的各种现象还在不但探索中。

1. 运输机结冰研究的主要技术手段

结冰研究主要采用地面结冰风洞试验、数值模拟计算并辅之以飞行试验来进行。

20世纪40年代NASA格林(当时称为刘易斯)研究中心建造了IRT结冰风洞,开展了现代结冰研究项目,重点是测量结冰对翼型升力和阻力的影响或对整个飞机性能参数的影响。从美国联邦航空规范(FAR)所界定的结冰条件范围看,某一结冰试验设备要覆盖整个FAR规定的结冰条件是困难的(图2)。为满足不同试验对象的结冰试验研究要求,国外发展了多种航空结冰试验设备,主要有以下4类:

(1)结冰风洞。主要有为结冰试验而建造的专用结冰风洞和具备结冰试验能力的常规风洞两种形式。

(2)发动机结冰试验设备。有自由射流式和直接连接式两种形式。

(3)低速结冰试验设备。分室内、室外两种形式;在试验物体前,用风扇吹雾滴发生装置形成散布的小水滴。加拿大渥太华的室外直升机结冰试验台就属此类设备。

(4)飞行试验设备。由飞机或直升机携带人造喷雾系统在空中飞行,被试验飞行器紧随其后进行飞行试验;飞行试验也可以在高空真实云层中进行。

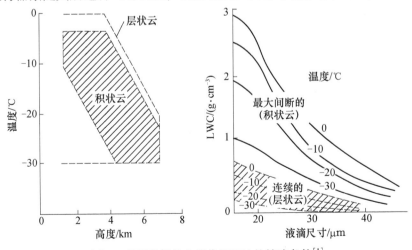

图2　美国联邦航空规范(FAR)的结冰条件[1]

计算机和数值计算技术的发展,使计算流体力学(CFD)成为飞机结冰研究的另一主要手段,利用数值模拟技术开展结冰翼型空气动力学研究,发展了结冰数值计算方法,数值计算能提供详细的结冰流场模拟、结冰空气动力数据以及结冰飞机的性能变化模拟。

2. 运输机结冰风洞试验技术研究

2.1 两座有代表性的结冰风洞

世界上大大小小的结冰风洞有 20 多座,其中最有代表性的是美国 NASA 历史悠久的 IRT 风洞和意大利航空航天研究中心的现代结冰风洞。

(1)美国 NASA 格林研究中心 IRT 结冰研究风洞(图3)。该风洞 1944 年建成,是一座回流式固定试验段风洞,试验段长约 6.1m、宽 2.7m、高 1.8m;气流温度 4.4 ~ -29℃;最高风速约 179m/s;平均水滴直径 10 ~ 270μm,近年来,1000μm 的超大水滴模拟能力也在研究中。风洞建成后进行过多次更新改造,1986 年更新驱动电机;1992 年安装了洞壁西半部隔热层;1993—1994 年,安装了洞壁东半部隔热层;安装了新的木制桨叶,提高了试验风速;1996—1997 年,安装了新喷雾杆子系统并升级了控制系统;1999 年更换新的平板式热交换器,风洞洞体进行了较大改造。

图3　NASA IRT 结冰风洞[3]

(2)意大利航天研究中心结冰风洞(图4)。该风洞建成于 20 世纪末,是一座拥有 3 个可更换试验段、1 个开口试验段的回流式风洞。风洞主试验段宽 2.35m,高 2.25m,最大马赫数 0.4,最低温度 -32 ℃;第 2 个试验段宽 2.35m,高

1.15m,最大马赫数0.7,最低温度-40℃;第3个试验段宽2.35m,高3.60m,最大马赫数0.25,最低温度-32℃;开口试验段宽2.35m,高2.25m,最大马赫数小于0.4。风洞结冰模拟高度7000m,平均水滴直径5~300μm。风洞具有发动机进气道模拟系统,流量范围1.5~55kg/s。试验段壁面透光率达到80%,便于结冰观察。由于试验段低温可到-32℃,压力可到1.45atm,以10%试验段面积平方根为参考长度的雷诺数可达$5×10^6$。意大利航天研究中心的结冰风洞设计先进,功能完善,是一座多功能的结冰风洞;风洞气流压力可调,试验雷诺数范围大;采用了可更换多试验段构型,这些特点大大增强了风洞综合试验能力。

图4   意大利航天研究中心结冰风洞[6]

2.2   结冰风洞试验的相似准则

在相似条件下,对飞机表面主导结冰的规律进行研究,需要分析以下3个主要物理现象:

(1)水滴在物体表面的附着机理;

(2)物体表面水滴附着结冰的分布;

(3)结冰条件下物体表面的热平衡。

如果空气水和冰之间的热力学交换、小水滴轨迹、结冰云中液态水含量以及这些云团的跨度区间、流场等方面的诸多条件都给予满足,那么飞机与风洞模型之间的相似性就能得到保证。结冰风洞试验主要有以下4个相似条件要求:

(1)气动力相似;

(2)热力学相似;

(3)水滴轨迹相似;

(4)积冰相似。

2.3   缩尺模型试验的相似参数及其对结冰试验的影响

结冰风洞受制冷能力的限制,通常风洞试验段的尺寸都不大,因此大量的运输机结冰试验是采用缩尺模型进行的,缩尺模型结冰试验的缩尺法则至今仍为完全建立。因此,缩尺模型结冰试验的相似参数问题一直是结冰试验研究的重要内容。

国外开展风洞结冰试验已经有很长的历史,目前,对于采用缩尺模型进行风洞结冰试验,人们已经认识到至少有 6 个基本的相似参数需要考虑,即由 Langmuir 和 Blodgett 提出的修正的惯性参数 K_0;积聚参数 A_c;冷冻率 n;水能量传递参数 ϕ;空气能量传递参数 θ 和相对热因子 b。参数 n、ϕ、θ 是源自 Messinger 的分析研究。参数 b 是由 Tribus 定义的。Charpin 和 Fasso 最早将这些影响参数联合起来应用于地面试验设备中缩尺模型结冰试验。

除上述 6 个相似参数外,近年来的一些研究表明,还有一些因素需要考虑,如模型表面水在被冷冻前的聚集情况。对于霜冰,小水滴被直接冷冻成冰,所以模型表面没有水膜。而透明冰模型表面动力学就与水膜有关。虽然目前对水膜表面的机理尚不很清楚,但确定有关表面效应的相似参数是有意义的,包括:表面张力数 N_{cap},韦伯数 We 以及基于水膜厚度的韦伯数 We_c,来流雷诺数对水膜流动也有一定影响。

3. 运输机结冰研究的数值模拟研究

美国 NASA 格林研究中心拥有世界著名的 IRT 结冰研究风洞,该中心的结冰部门(the Icing Branch)是美国结冰研究的核心机构,是连接航空工业界和政府航空认证机构的一个纽带。长期以来,结冰部门有一个发展结冰计算模拟方法的综合计划,工作的范围从结冰基础机理研究、软件开发、试验验证到终端用户应用、维护。该计划既包括 NASA 内部开展的结冰研究工作,也有与其他科研机构的合作工作。其最终目标是要为工业界发展一个结冰、防冰设计的实用工具,为政府航空管理机构提供一个飞机结冰评估和认证的工具。

NASA 格林研究中心结冰部门的结冰基础研究包括:结冰的计算模拟、结冰缩尺问题、结冰模拟试验技术(风洞试验和飞行结冰试验)和结冰飞机稳定性和控制问题。结冰的计算模拟工作主要有 3 个关键领域:冰增长的数值模拟,冰防护系统数值模拟和结冰对飞机空气动力学影响的数值模拟。

3.1 冰增长研究的数值模拟

NASA 开发的模拟飞机表面冰增长的数值工具是 LEWICE 和 LEWICE 3D,并已广泛应用于从飞机设计到认证分析的许多工程环境中。对这些程序仍在做的工作是扩展适用范围和增强程序修改、确认等过程的严密性。LEWICE 和 LEWICE 3D 两个程序是按照独立开发、内部相关的思路进行的。

316

LEWICE(2D)中使用的冰增长模型是基于 Messinger 描述的公式。该模型是将一维稳态热动力控制的体积分析法应用于有限时间段物体表面离散位置形成的。对大多数结冰条件,这个模型能很好地估算飞机表面的冰增长。进一步发展 LEWICE(2D)软件系统的工作有两方面内容:①增加程序的可靠性;②软件增加结冰机理新认知的扩展能力。

LEWICE(3D)是 NASA 为满足用户对三维冰增长模拟需求开发的。这个软件是基于 LEWICE(2D)二维冰生长模型的扩展,耦合三维流场和水滴轨迹计算形成的。该软件已成功用于评估水滴撞击形成的图案以及飞机从发动机进气道、雷达罩、机翼到整个飞机构型上冰生长的形状。

3.2 冰防护系统数值模拟

飞机设计机构和认证机构对冰防护系统性能的评估都有应用需求。为了确定一个给定设计在防冰和除冰工作模式的能力,有必要将冰防护系统性能的估算与冰增长的估算结合起来。NASA 为此扩展了 LEWICE 程序,使它能模拟一些类型热冰防护系统。

在 LEWICE 的最新版本中,增加了几个子程序,用户利用它能模拟电热或热空气冰防护系统。两种情况下,无论植入电加热元件还是模拟被加热体内壁热空气热流,都需要知道热流比值。此外,还有采用非热手段除冰,主要是机械系统和化学系统方法。机械系统方法采用其他技术来分离冰和飞机表面。化学系统方法是通过渗出一种液体,降低飞机表面的冰点来防止冰的形成,并使冰点低于大气条件。机械和化学系统的建模,NASA 也已经考虑。

3.3 结冰对空气动力学和飞行影响的数值模拟

当有代表性的冰型建立后,就要评估其对飞机部件空气动力学的影响。进行这样计算遇到的困难是冰型不规则的几何形状和与冰型相关的复杂流动性。

NASA 用结构网格的 N－S 程序进行结冰飞机空气动力学模拟。第一步是创建网格,它将产生一系列复杂问题,大多数这些问题围绕怎样适当处理反映冰型特征的粗糙度量级。由于冰粗糙度已足够大,这些特征放在几何条件文件中输入网格生成软件。在许多情况下,冰增长的特征是弯度很大的小表面粗糙元,或凹或凸。大多数结构网格方法(甚至非结构网格方法)在这种形状上生成网格很费时间。为了减少网格生成方面的工作,NASA 一直在进行自动网格生成方面的工作。一旦网格建立,就能进行结冰对翼型/机翼性能影响的数值模拟。

为了进一步发展这类气动分析的准确性和可靠性,必须进行湍流、粗糙度和转捩模拟的进一步开发工作并建立验证这些模拟的适当试验数据库。这些方面的工作不仅对性能模拟有用,而且对冰增长模拟也有用。

冰增长对飞机性能的影响也能用考虑了冰几何形状性质的计算程序模拟。NASA 以结冰对部件空气动力特性影响数值模拟为基础,结合适当的结冰风洞和飞行试验数据,开发了飞行员飞行结冰模拟器软件,使飞行员在飞行结冰模拟器上能感受结冰对飞行操控的影响,提高飞行员处理飞行结冰的能力。

4. 结束语

综上所述,我们对大型运输机结冰研究有了一个初步的了解。由于结冰研究的复杂性以及对飞行安全的重要性,决定了结冰研究将是一个长期的工作,需要统筹规划,建立长效机制。我们要继续跟踪和研究国外结冰研究的经验和成果,建立我国结冰研究的机制和体系。

参考文献

[1] NASA. Aircraft icing hand book[R]. ADA238041,2001.

[2] William O. Survey of aircraft icing simulation test facilities in north America[R]. NASA – TM81707,2005.

[3] Pierre M. Icing test facilities and test techniques[R]. AGARD – AR – 1227,1999.

[4] David W H. The Cranfield University icing tunnel[R]. AIAA2003 – 901,2003.

[5] Amel A K. Mixed phase icing simulation and testing at the Cox icing wind tunnel [R]. AIAA2003 – 903,2003.

[6] Ludovico V. An overview of the CIRA icing wind tunnel[R]. AIAA2003 – 900,2003.

[7] David W S. Lessons learned from the construction of upgrades to the NASA Glenn icing research tunnel and re – activation tesst[R]. AIAA2001 – 02331,2001.

试 验 研 究

美国 NASA 在飞机适航领域的气动研究工作

摘要：飞机适航管理是以民用航空器为对象的强制性、法规性和技术性飞行安全管理。本文简述美、欧等世界航空大国飞机适航管理体系及适航规章；研究美国 NASA 在飞机适航领域开展的气动研究工作；探讨我国国家空气动力试验机构服务于适航工作的途径。

关键词：适航；适航规章；风洞试验；国家风洞试验机构

引言

　　飞机是当今世界上最安全快捷的运输工具之一。飞机的高度安全性来自其严格的设计生产标准体系、质量保证体系和适航管理体系。通常，一种型号的飞机要在某个国家的市场上销售，就必须取得该国民航管理部门颁发的适航证或该国认可的世界权威机构颁发的适航证。取得适航证是一种型号的飞机走向市场、投入运营的标志和最后一步工作。但是适航取证工作是复杂的，只有贯穿于整个飞机型号的研制、设计和生产过程中，才能保证取证工作的顺利进行。因此，适航取证工作与型号的研制和生产活动密切相关。我国适航研究工作起步较晚，经验不足，对国家气动试验研究机构如何参与适航工作、服务于适航工作研究较少，本文从这个角度出发，研究思考美国 NASA 的做法和对我们的启示。

1. 美国、欧洲等国适航管理体系及规章

1.1　适航

　　适航即适航性，它是指航空器各部件及子系统的整体性能和操纵性在预期运行环境和使用限制下安全性和物理完整性的一种品质，该品质通过适航认证与管理来实现。由此可见，适航取证过程是型号研制部门证明其飞机产品安全可靠的过程，是政府监管部门监管民用飞机产品性能安全、适合航行的过程。

　　适航管理分为两种：

　　（1）初始适航。在航空器交付使用前，适航部门依据各类适航标准和规范，对民用航空器的设计和制造所进行的型号合格审定和生产许可审定，以确保航

空器和航空器部件的设计、制造是按照适航部门的规定进行的。初始适航管理是对型号设计和制造的控制。

（2）持续适航。在航空器满足初始适航标准和规范、获得适航证、投入运行后，为持续保证它在设计和制造时所达到的基本安全标准适航水平，使其始终处于安全运行状态而进行的管理。持续适航管理是对民用航空器的使用和维修的控制。

适航是针对民用飞机而言的，适航管理是以保障民用航空器的安全性为目标的技术管理，是国家对民用航空产品实行的一种强制性产品合格审定制度，是政府适航管理部门在制定的各种最低安全标准的基础上，对民用航空器的设计、制造、使用和维修等环节进行的科学统一的审查、鉴定、监督和管理。它以安全运营为核心，出发点和落脚点都是"安全"。适航管理的对象大到飞机整机，小到飞机上的一颗螺丝钉。适航管理对象分为民用航空器产品和零部件产品两大类（图1）。本文讨论的飞机适航指的是初始适航，属于民用航空器产品。一个飞机型号要投入市场营运，必须取得适航审定部门颁发的三证，即：型号合格证（TC）、生产许可证（PC）、适航证（AC）。

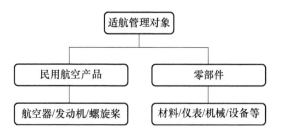

图1　适航管理的对象

1.2　国家适航管理和认证机构

适航一般归国家专门的民用航空政府管理部门管理，该部门负责制定各种适航最低安全标准，对民用航空器的设计、制造、使用和维修等环节进行科学统一的审定、管理和监督。在世界民用航空器市场上，美国和欧洲占据主导地位，其适航认证管理机构也最具权威性，其颁发的适航证在各自的势力范围内得到较多国家的认可。世界上最主要的民用航空器适航认证机构是：

（1）美国联邦航空管理局（FAA）。成立于1958年，隶属美国运输部，负责民用航空的管理工作，是世界上认可度最高的民用航空器适航认证机构。

（2）欧洲航空安全局（EASA）。1990年，欧洲为了应对美国在民用航空适航管理上设置的门槛和适应民用航空市场竞争的需要，参照FAA的职能，成立了欧洲联合航空局（JAA）。随着欧洲一体化的进程，2002年，根据欧盟委员会

1592/2002法案,欧盟成员国成立了具有法律约束力的欧洲航空安全局(EASA)。随后EASA逐步全面取代了JAA的职能,成为与美国FAA并驾齐驱的民用航空器适航认证机构。

除此之外,俄罗斯、中国等也都建立了政府适航管理和认证部门,制定有各自国家的民用适航法规,但相比美国、欧洲的适航认证而言,国际市场上的认可度较低。

1.3 适航认证法规体系

国家政府部门的适航管理主要有3个内容:

(1) 制定适航法律法规。适航部门根据《民用航空法》统一制定颁布与安全有关的技术和管理适航标准、法规、规则、指令和通告等,这些都是对民用航空器的最低安全性要求,必须满足。

(2) 颁发适航证件。在民用航空器的设计、制造、使用和维修过程中,通过依法审定和颁发各种适航证书的形式来检验执行程度或标准要求的符合性,它是合法资格的凭证。

(3) 监督检查。适航部门通过颁证前的合格审定及颁证后的监督检查手段,促使从事民用航空活动的单位和个人自觉满足规章要求。

世界主要适航规章(或称为条例、标准)有:

(1) 美国FAA颁布的《联邦航空规章》(FAR),FAR的主要内容包括:行政法规、航空器、航空人员、空中交通管制、一般运行规则、运行合格审定、学校及经合格审定的其他部门、机场、经济与市场管理、航空安全信息与事故调查、航空安全保卫等。

(2) 欧洲EASA颁布的《合格审定规范》(CS)/(前JAA颁布的《联合航空规章》(JAR))。

(3) 俄罗斯的《民用航空规章》。

(4) 英国民用航空管理局(CAA)颁布的《英国民用适航性要求》(BCAR)。

(5) 中国民用航空局(CAAC)颁布的《中国民用航空规章》(CCAR)。

(6) 国际民航组织(ICAO)颁布的《国际民航组织适航协定》(ICAOAA)。

美国FAA的适航规章体系最完整、系统、严密,上述其他国家/国际组织的航空规章在很大程度上都仿照了它的编排形式和内容,其他国家政府也有直接采用或参考的。除上述规章外,法规体系还包括其他文件形式。例如,美国FAA的法规体系还包括:特殊联邦航空规章、专用条件、联邦航空规章修正案、适航指令、技术标准规定。非法规性文件有指令、咨询通告、规章制定建议通知、使用问题报告。

2. 美国 NASA 在适航领域开展的工作

2.1 适航符合性验证

美国 FAA 颁布了各种适航规章(编号:FAR - XXX),例如,运输类飞机对应的适航规章是 FAR - 25;正常类/实用类/特技类和通勤类飞机则为 FAR - 23;零部件则为 FAR - 21 等。适航规章给出了适航审定的最低安全要求,适航申请人必须设法证明其产品满足对应的规章要求,对运输类飞机而言,适航证申请人必须设法证明其飞机符合 FAR - 25 所规定的飞行安全品质(A - I 九个部分约 399 条)规章要求。要证明验证对象符合适航规章各条款,就需要研究符合性验证方法,进行符合性验证试验,也就是说,用某种手段或方法来证明飞机符合适航条款的要求。鉴于飞机的复杂性,适航符合性验证除飞行试验外,还包括地面试验、数值仿真、过程审查等在内的各种验证手段和方法。通常,有以下 10 种符合性验证方法可用来证明满足适航条款:

(1) 符合性声明(MC0),用图样、技术条件和工艺说明书等;

(2) 说明性文件(MC1),用文字说明、分析或用与类似设计的对比或使用经验;

(3) 分析/计算(MC2),用适航当局批准的计算方法、认可的经验公式或经考核的分析程序;

(4) 安全评估(MC3),用可靠性分析、故障概率分析、故障后果分析和故障排除措施分析;

(5) 试验室试验(MC4),包括元器件、结构件、设备、系统的性能特性和疲劳强度、刚度和振动试验,缩尺或全尺寸模型风洞试验等;

(6) 地面试验(MC5),飞机在地面静态或滑行条件下进行设备、系统和机械装置、操作系统的性能特性试验;

(7) 飞行试验(MC6),飞行条件下飞机性能、飞行品质、过载和各系统的性能特性试验;

(8) 航空器检查(MC7),适航审定官员目视检查及利用设备仪器进行的各种检查和测试;

(9) 模拟器试验(MC8),利用模拟器对飞机的爬升、巡航、下降、进场和着陆故障等进行符合性验证;

(10) 设备合格性(MC9),外购机载设备、材料、部件的适航合格证。

由此可见,适航审定过程就是飞机符合适航规章条款的说明验证过程。飞机适航审定取证不仅仅是飞机型号单位的飞行试验验证活动,飞行器气动研究机构能够、也应该发挥自身优势,在飞机适航过程中发挥应有的作用。

2.2 美国 NASA 在适航领域开展的工作

根据美国国会颁布的 81 - 415 公共法案,美国国家民用航空试验设备主要建设在 NASA。国家主要大型风洞试验设备建设在 NASA 的兰利、艾姆斯和格林三个研究中心。因此,气动研究工作就成为 NASA 科学研究和试验工作的一部分。在适航方面,NASA 利用风洞试验、数值计算和飞行试验的综合气动研究优势,与 FAA 适航规章制定部门和 FAA 技术中心建立有战略伙伴关系,通过与 FAA 联合开展研究的方式,参与适航有关的气动研究工作,为飞行事故分析、适航规章制定/修订提供科学依据。

1) 飞机结冰/防冰研究

(1) 结冰气象条件研究。FAA 联邦航空规范(FAR - 25)附录 C 界定了适航结冰气象条件包线,NASA 为此做了大量数据收集和试验研究;20 世纪 90 年代,NASA/FAA 又联合开展了超冷大水滴(SLD)研究计划(SLDRP),NASA 采用"双水獭"结冰研究机采集 SLD 数据,丰富 FAA 数据库,为 FAA 适航规章界定 SLD 结冰适航气象条件范围提供了科学依据。

(2) 结冰风洞试验研究。20 世纪 40 年代,NASA 建设了大型结冰研究风洞,并以此为核心构建了多种地面结冰试验研究设备和飞行研究设备,制定了结冰研究发展规划,为企业飞机防冰、除冰设计提供了重要技术支撑,使航空制造企业型号产品得以顺利通过适航验证。

(3) 数值模拟工具开发。NASA 结冰研究始终面向解决航空安全问题,通过试验研究开发可供适航认证部门和型号研制单位使用的结冰评估或防冰设计工具。如:结冰数值模拟工具 LEWICE 软件包,包括二维和三维冰生长模拟软件、SMAGGICE 翼型表面建模和网格生成软件。用户超过 200 家,覆盖美国政府部门(如 FAA)、航空工业和科研院校。

(4) 参与飞行结冰事故分析,为适航规章修订提供科学依据。1994 年,美国 ATR 72 飞机失事事故调查使超冷大水滴(SLD)结冰问题得到 FAA 关注,NASA 联合 FAA、工业界和科研院校,制定了解决 SLD 结冰问题的技术路线图,经过十多年的努力,主要解决了 SLD 适航气象条件定义、测试仪器、试验方法、设备、数值评估/设计工具 5 个方面的问题。最近,FAA 在联邦注册报上发布了超冷大水滴(SLD)结冰适航的 25 - 140 号修正案。此外,NASA /FAA 联合开展了飞机平尾结冰研究。

(5) 开发了结冰飞行训练模拟器。NASA 利用结冰研究成果,除开发了适航当局和企业界广泛使用的结冰评估/设计软件包(LEWICE)外,还开发了结冰飞行训练模拟器供飞行员培训使用。

2）开展与未来适航规章修订相关的其他新技术研究

美国联邦适航规章 FAR 是处于动态不断修订中的，目前，由于超声速声暴问题，FAA 禁止民用超声速飞机飞行。面向未来，FAA 发起了下一代航空运输系统（NextGen）计划，加快环保型飞机技术的发展，目的是持续降低能耗、排放和噪声，民用超声速飞行也是选项。面向未来民机环保/噪声/超声速飞行等可能的适航规章修订，NASA 积极参与开展新型涡扇发动机风洞试验、超声速飞行声暴问题研究。

3）为型号单位和适航部门提供分析工具、研究方法和数据库

NASA 拥有大量世界一流的大型风洞设备，如世界独一无二的 4.9m 跨声速动力学风洞（TDT），建立了大尺度、高保真民机颤振的试验评估能力；有阿姆斯特朗飞行研究中心飞行试验设备的飞行数据，建立了气动数据库，为飞行事故、飞行品质等提供分析工具和研究方法，为适航符合性验证提供技术支撑。

4）空中安全管制和机场飞机起降安全研究

开展了飞机起降尾涡干扰研究，通过预测飞机起降尾涡特性及其衰减情况，确定机场安全容量。如果能准确和安全可靠地预测尾涡衰减特性，在其他机场设施不增加的情况下，机场容量可提高 12% ~ 15%。研究采用机场实测、风洞试验模拟等方法收集数据，建立模型，验证大气分析软件；开展了风切变探测研究，提供安全飞行依据；开展了空中交通管制软件开发，更好地管理空中飞机间距，减少飞机飞行过程中高度变化等变量，达到节省时间、燃料和减排的目的；开展声暴、噪声、鸟类撞击发动机等研究。

5）开展飞机老龄化研究，为持续适航规章修订提供技术支撑

持续适航是对飞机初始适航所达到的安全标准的一种持续管理，是对飞机使用和维护的一种过程控制。飞机老龄化涉及飞行性能、品质和效益，识别、鉴定和退役是飞行安全管理的重要方面。

3. 国家空气动力试验研究机构服务于适航工作的思考

与发达国家相比，我国适航相关研究工作起步较晚。中国民用航空局的适航管理体制基本参照美国 FAA 建立，适航规章 CCAR 是根据美国 FAR 翻译、修改和逐步修订而成，在规章编号上也与其保持了一致，如：CCAR - 25 对应 FAR - 25，其他国家或组织的适航规章也类似。因此，美国 NASA 在适航领域的做法对我国国家气动研究机构在适航领域的作用发挥有重要的参考和借鉴作用。

（1）适航审定不仅仅是一个飞行验证的过程，更是一个庞大的系统工程，这为国家气动试验研究机构作用的发挥提供了舞台。适航审定工作表面上看是型号研制单位和政府民航管理部门的工作，但深入研究就可以发现，从政府部门的

适航规章条款制定角度出发,国家气动力试验研究机构能够在飞行安全适航规章的技术研究和修订方面发挥作用,适航飞行安全条款需要有科学严谨的研究数据为依据;从型号研制单位角度看,适航需要通过各种符合性验证方法向政府审定部门证明飞机符合适航条款,符合性验证方法不仅包括飞行试验,也包括风洞试验、数值计算、分析评估等。因此,国家气动力试验研究机构可以利用其在气动领域的权威性和技术优势,在适航涉及飞行安全品质的众多方面发挥作用。

(2)开展联合研究是国家气动研究机构发挥作用的有效途径。国家气动力试验研究机构应加强与政府适航规章制定部门及其技术部门、航空型号单位标准化研究所(301所)沟通,建立合作伙伴关系。国外的实践经验表明,一个飞机型号要顺利取得适航证,适航工作需要前置融合于型号研制和生产的标准体系和质量保证体系中。国家气动力试验研究机构需要有将自身的标准体系和质量保证体系融合于大的航空标准体系中的理念。这就需要我们加强与中航集团标准化研究所的合作,加强与中国民用航空局适航司和各适航审定中心的联系。另外,只有采用联合研究的模式,才能发挥相关部门和单位的特长和优势。

(3)国家气动研究机构在风洞试验、数值计算和模型自由飞方面的核心能力为参与适航领域工作奠定了基础。国家空气动力研究机构拥有国内一流的风洞试验设备和试验技术,拥有先进的数值计算能力和空气动力技术人才,并且在长期的试验研究活动中积累了丰富的经验和各类型号气动数据库。所有这些都能为适航符合性验证方法研究、适航相关规章制定、飞行安全评估分析、适航需要的各种软件工具开发提供技术服务和支撑。

(4)随着自主知识产权的适航规章逐步增加,国家气动研究机构将在适航规章修订中发挥更大的作用。中国民用航空规章(CCAR)源自美国联邦航空规章(FAR),CCAR的修订也基本参照FAR发布的修订案进行,而规章条款的修订或增加,都是以往安全事故分析研究的结果。随着我国民用航空器和适航事业的发展,具有自主知识产权的规章条款会逐步增多,而不再是简单地照搬国外。因此,未来政府适航部门自主知识产权的规章制定或修定,需要国家气动研究机构提供技术研究支撑。

4. 结束语

从国际上适航领域的发展经历看,适航工作与一个国家或地区民用航空器的发展水平密切相关,它规范、管理和服务于民用航空器的发展,并随着民用航空器的技术发展而不断更新完善。我国拥有巨大的民用航空器市场,民用航空器自主研发尚处于初级阶段,适航规章基本采纳美国FAA的规章体系。整体来说,我国航空领域对适航的认识、研究和经验都和美、欧有很大的差距,未来我国民用航空器走向世界的进程必将促进适航技术的完善和成熟。促进这一过程的快速发展,需要政府适航管理部门、型号研制单位、国家气动力研究试验机构等相关单位的密切合作和共同努力。

参考文献

[1] Marwitz J. A forecast and verification experiment for supercooled large dops (SLD) [R]. AIAA96 – 0931,1996.

[2] Shaw R J. The NASA aircraft icing research program[R]. N88 – 15803,1988.

[3] Reinmann J J. NASA's aircraft icing technology program[R]. N91 – 20120,1991.

[4] Kreeger E. Overview of icing research at NASA Glenn[R]. N20130011558,2013.

[5] Bond T H. Overview of SLD engineering tools development[R]. AIAA2003 – 386,2003.

[6] Ratvasky T P. NASA/FAA tailplane icing program overview[R]. AIAA – 99 – 0370,1999.

[7] Jose A R. Contributions of transonic dynamics tunnel testing to airplane flutter clearance[R]. AIAA 2000 – 1768,2000.

[8] FAA – 2005 – 22997. Airworthiness standards:transport category airplanes [S]. Federal Aviation Agency, 2008.

美国边界层转捩和飞行试验研究综述

摘要：边界层转捩是影响飞行器飞行性能和飞行安全的重要问题之一。本文阐述边界层转捩飞行试验的必要性；归纳边界层转捩飞行试验的三个关键技术（飞行平台、试验设计和测试技术）；给出近年来美国在亚、跨超声速和高超声速领域的典型边界层转捩飞行试验案例，目的是为我国边界层转捩飞行试验研究提供参考。

关键词：飞行试验；边界层转捩；综述

引言

在航空航天领域，风洞试验、飞行试验和数值计算被称为飞行器空气动力学研究的三种手段。风洞试验通常利用人工模拟流场和缩尺模型进行，具有试验测试方便、成本和风险相对较低的优点；数值计算作为计算机科学、数学、流体力学和航空航天工程学多学科综合发展的产物，具有比风洞试验成本更低、效率更高的优点。然而，在飞行器发展过程中，有些气动问题研究对试验模拟的真实性非常敏感，在风洞试验环境下，受流场品质、洞壁干扰和模型缩尺等因素限制，难以取得正确的数据。同时，由于这类气动问题的机理尚未完全掌握，数值计算手段的研究建立以及验证需要大量可靠试验数据的支撑。因此，飞行试验就成为研究这类气动问题的首选和基础，飞行试验数据是验证风洞试验、发展数值计算工具的重要依据。本文探讨的边界层转捩飞行试验就是这类气动问题的一个典型代表。

1. 边界层转捩和飞行试验

对航空航天飞行器设计而言，边界层转捩研究是一个极为重要的问题。在美国基础航空计划中，超声速项目和高超声速项目都包含边界层转捩研究的专项。对常规飞机而言，边界层转捩研究主要是为了减阻降噪和流动控制，以便获得更好的飞行性能；对高超声速飞行器而言，由于湍流边界层和层流边界层的表面加热可以相差5倍之多，边界层转捩预测直接关系到高超飞行器防热设计，因此，边界层转捩问题影响飞行器设计的全局、直接关系到飞行器成败。

鉴于边界层转捩问题对飞行器设计的重要性，长期以来，研究人员一直在探索转捩发生的过程和机理,期望能掌握基于物理学的转捩预测能力,这样就能开发出转捩预测工具(数值计算)应用于各种布局的飞行器设计。尽管目前已经发展了一些基于理论的、经验的或数值的计算方法,如 e^N 法、直接模拟法、抛物面稳定方程法等,但边界层转捩问题十分复杂,这些预测计算方法还不够准确可靠,人们对转捩过程的认知、物理过程建模等方面仍没有突破性进展,建立实用、通用的边界层转捩预测工具仍是人们为之奋斗的长远目标。

　　风洞试验通常是研究空气动力学问题的主要手段,然而,为了研究亚、跨、超声速和高超声速边界层转捩问题,常规风洞试验数据难以令人满意,主要原因是边界层转捩对模型和许多流动环境因素非常敏感,例如,风洞试验段噪声、洞壁反射激波干扰、马赫数、雷诺数、湍流度等。为了能更好地研究边界层转捩问题,美国发展了"静音"风洞,如兰利马赫 3.5、马赫 6 静音风洞等,但这类风洞数量非常少,而且这类风洞的综合流场环境和试验条件也还是难以真实再现飞行试验条件。20 世纪七八十年代,美国 NASA 利用具有大量风洞转捩试验数据的 10°尖锥进行飞行(F-15 飞机)转捩试验,目的是用飞行试验结果检验各风洞试验数据的可信度,结果表明,边界层转捩的风洞试验结果不能令人满意。因此,尽管飞行试验成本高,也受一些飞行条件、测试技术等不利因素限制,但长期以来,美国仍将飞行试验作为边界层转捩试验研究的现实选择和基础。

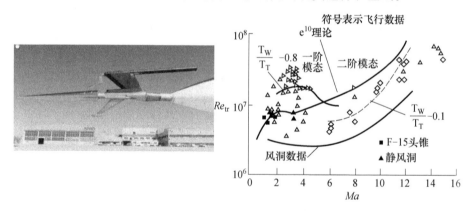

图 1　10°尖锥飞行、风洞试验和理论计算转捩结果比较[3]

2. 边界层转捩和飞行试验技术

2.1　飞行试验平台

　　美国的国家风洞试验设备主要集中在 NASA 的兰利、艾姆斯、格林三个研究中心和美国军方的 AEDC(阿诺德工程发展综合体);美国的国家飞行试验平台集中在 NASA 的阿姆斯特朗飞行研究中心,飞行试验平台亦有"飞行风洞"之称。按用途和性质,飞行试验平台可以归纳为 3 类:①试验研究平台;②概念技术验证平台;③模型自由飞平台。除此之外,美国空军研究实验室、陆军研究室和高校等也有少量飞行试验平台。

边界层转捩飞行试验平台主要根据转捩试验对象的飞行条件要求选用,模型自由飞平台可用于低速/低雷诺数的转捩研究;大多数转捩研究采用试验研究平台,高高空有 White Knight 飞机;亚声速有 Gulfstream Ⅲ、Cessna O - 2 飞机;超声速有 F - 15、F - 18 飞机;高超声速有空射火箭、各种运载能力的地面探空火箭系列,等等。

2.2 转捩试验设计

边界层转捩飞行试验通常采用全尺寸或大尺度模型部件进行,根据试验对象的真实飞行环境(速度、高度)选择飞行试验平台。由于边界层转捩对飞行环境的敏感性,合理的试验设计是试验成功的关键。首先,需要仔细考虑模型在飞行平台上的安装方式,无论采用飞行试验平台挂载还是利用飞行试验平台进行局部改装,都需要避免飞行试验平台对试验模型产生干扰。其次,边界层转捩的影响因素很多,试验设计应尽量针对一种研究因素,隔离可能产生影响的其他因素,以便更好地分析研究试验结果。最后,为了确保飞行试验安全,需要对挂载飞行试验模型或改装后的飞行试验平台进行飞行安全评估或飞行性能试飞检查。

2.3 转捩飞行试验测量技术

边界层测量探头(耙)和普雷斯顿管可测量边界层内速度剖面和当地表面摩擦力;模型表面压力测量采用压力传感器或压敏漆,通过分析压力变化研究边界层转捩情况,诺斯罗普·格鲁曼公司基于测速和测压研制了飞行专用边界层特性测量装置,称为"边界层数据系统"(BLDS)。表面剪应力感应膜(S3F)贴于模型表面,通过测量表面剪切应力,分析获得边界层转捩位置;红外线测量采用红外照相机(FLIR SC - 8100)对试验模型表面进行气动加热测量,由此分析模型表面边界层状态和转捩的发生位置;热膜传感器或热电偶阵列贴于模型表面,分析研究边界层转捩。液晶测量可以显示模型表面流态,不同的边界层状态液晶的散射光不同呈现出不同的颜色,拍摄记录并分析。

3. 典型的边界层转捩和飞行试验案例

20 世纪中叶至今,美国在航空航天各种型号发展和基础研究中进行了大量边界层转捩飞行试验,试验模型包括各种尖锥、钝锥、平板、机翼等,试验速度范围涵盖亚声速、超声速和高超声速,试验的目的主要是针对基础理论研究和不同时期潜在型号中的应用。美国普渡大学 Steven P. S. 教授对 20 世纪美国超声速和高超声速边界层转捩的飞行试验数据做了综述研究。以下介绍 21 世纪以来的几个典型案例。

3.1 用于高高空长航时飞机的层流机翼边界层转捩研究

传感器飞行器(SensorCraft)是美国空军实验室针对未来提出的一种高高空长航时 ISR(情报/监视/侦察)平台,美国波音、诺·格和洛·马公司都给出了飞行器的不同布局方案(图 2 中左上图为诺·格公司方案)。此类飞行器的高高空飞行续航能力与机翼表面层流区范围密切相关,因此,准确的转捩测量并用于改进机翼设计是提升飞行性能的关键。诺·格公司以 White Knight 高高空飞机为试验平台,开展了飞翼布局 SensorCraft 30°后掠翼的边界层转捩特性研究和翼型设计。首先,根据其 SensorCraft 的飞行任务剖面确定了飞行试验马赫数和雷诺数 Re,设计全尺寸雷诺数的机翼飞行试验模型部件,并对 White Knight 飞行平台进行必要的试验模型挂载改装,确保干扰最小(图 2 中左图);然后,进行了飞行安全检验试飞;最后,在飞行高度约 10000m 和 13000m(分别对应 $Re_c = 9.7 \times 10^6/6.5 \times 10^6$)、$Ma = 0.52$ 条件下,采用普雷斯顿管和红外测量技术进行了边界层转捩测量,飞行试验结果与 e^N 法计算结果进行了比较(图 2 的中图和右图)。

(a)下表面   (b)上表面

图 2　SencorCraft 30°后掠翼飞行转捩试验及结果[9]

3.2 后掠翼飞行试验计划(SWIFT)边界层转捩研究

在现代飞机设计中,后掠翼是一种常见的机翼布局形式,后掠翼表面转捩研究是研制高性能飞机的重要内容。大量研究表明,引起后掠翼表面流动从层流向湍流转捩的不稳定因素主要有 4 种类型:T – S 波、离心不稳定性(Gortler 涡)、再附线污染和横向流动。

美国 A&M 大学使用 Cessna O – 2 飞机作为飞行平台开展了亚声速后掠翼上横向流主导的转捩研究。首先,在试验设计上,通过试验模型修型(使最小压力在 $x/c = 70\%$ 处)保持 T – S 波稳定;通过控制翼型前缘弯曲度保持离心不稳定性稳定;通过模型设计使其具有自由端,避免再附到湍流边界层。这样就能利用在模型前缘设计的离散粗糙元(可变高度)、针对横向流动主导的转捩开展研究。飞行试验模型迎角范围 -0.5° ~ -5.5°,采用压力扫描阀(±5psid,16 位)测量表面压力;使用红外热涂、热膜、表面应力感应膜技术测量和显示模型上的转捩(图3);飞行试验前进行了载荷评估、应力分析、颤振和飞行控制等飞行安全评估。

在超声速方面,采用类似的试验设计理念和测试技术,设计试验模型,使用 F -15B 飞机作为试验模型挂载飞行平台,开展了后掠翼上横向流主导的转捩研究。

图3　亚声速后掠翼转捩飞行试验[12]

3.3　高超声速边界层转捩飞行试验

高超声速领域,在飞船、航天飞机、NASP 计划、Hyper - X 计划等各个历史时期,边界层转捩始终是研究的重要内容。例如,1988 年,用探空火箭做运载发射平台进行了 10 次 HYFIRE 飞行试验,采用圆锥模型研究了 Goertler 涡、T - S 波的 1 阶 2 阶模态和横向流主导的转捩问题;1991 - 1992 年,使用探空火箭开展了 FLARE 和 HYFLEX 飞行试验,研究了锥/裙构型的边界层转捩和激波边界层干扰问题;1992 年,采用机载空中发射"飞马"火箭开展了机翼模型的高超边界层转捩研究等。2000 年以来,开展了 HyBoLT、HyTEx、航天飞机("哥伦比亚号"事故调查)、HIFiRE 等高超声速边界层转捩飞行试验。

HyBoLT 是 2008 年开展的一次高超声速边界层转捩飞行试验,目的是研究横向流转捩和验证航天飞机边界层转捩预测工具。试验模型设计成尖楔型(锲角12°),尖锲体的 A 面为平面,采用自然转捩,用于研究横向流转捩;B 面上设计有凹槽和菱形凸起物,用于研究航天飞机防热瓦脱落形成的凹槽和离散引起的转捩。飞行试验使用 ALV X - 1 火箭改装作为飞行试验平台。测量仪器主要包括密布的热电偶、高频薄膜传感器、专门设计的横向流传感器、边界层测量耙和自由流动压探头等。美国 NASA 对 HyBoLT 项目的投资不包括 ALV X - 1 运载火箭为 1700 万美元。

4. 结束语

美国拥有世界一流的常规和静音风洞试验设备和试验技术,开展过大量边界层转捩风洞和飞行对比试验研究。实践表明,在飞行器边界层转捩研究中,飞行试验数据是甄别风洞试验数据、发展和验证数值计算方法的重要依据,是边界层转捩数据库的重要数据来源。飞行试验成本高、风险大,科学合理的试验设计、可靠实用的测试技术是保证试验成功和后期数据分析研究顺利进行的关键。文献资料研究表明,美国已经完善了用于边界层转捩研究的各种飞行平台建设,积累了一些边界层转捩研究的试验设计经验,并把地面风洞试验所用的一些转捩测试技术拓展为机载测试技术,这些经验和做法对我国该领域的研究具有重要借鉴意义。

参考文献

[1] Dougherty N S. Boundary layer transition on a 10 – degree cone:wind tunnel/flight data correlation[R]. AIAA – 80 – 0154, 1980.

[2] 战培国. 美国空气动力学飞行试验平台综述[J]. 飞行力学,2015,33(5):385 – 389.

[3] Marvin L M. Swept – wing laminar flow control studies using Cessna O – 2A test aircraft [R]. AIAA 2008 – 1636, 2008.

[4] Anne M B. Application of the Boundary Layer Data System on a laminar flow swept wing model in – flight [R]. AIAA 2010 – 4360, 2010.

[5] 范洁川. 飞行中附面层转捩的流动显示与测量技术[J]. 飞行力学,1998,16(1):80 – 84.

[6] Steven P S. Flight data for boundary – layer transition at hypersonic and supersonic Speeds [J]. Journal of spacecraft and rockets, 1999, 36(1):8 – 20.

[7] Aaron D. Flight testing of a 30 – degree sweep laminar flow wing for a high – altitude long – endurance aircraft [R]. AIAA2010 – 4571, 2010.

[8] Aaron A T. Flexible Flight Research Platform at Texas A&M University Flight Research Laboratory[R]. AIAA2013 – 2927, 2013.

[9] Scott A B. Recommendations for hypersonic boundary layer transition flight testing [R]. N20110013235, 2011.

[10] Matthew J W. Receptivity measurements on a swept – wing model [R]. AIAA2011 – 3882,2011.

[11] Andrew C. In – flight receptivity experiments on a 30 – degree swept – wing using micron – sized discrete roughness elements [R]. AIAA2009 – 590,2009.

[12] Saric W S. Flight Testing of Laminar Flow control in High Speed Boundary Layers [R]. RTO – MP – AVT – 111/RSM, 2005.

微纳卫星专用发射运载器发展趋势研究

摘要：微纳卫星低成本、快速专用发射运载器是近些年来航天运输领域人们研究关注的问题之一。本文在简要介绍国外微纳卫星发展现状及趋势的基础上，分析微纳卫星发射运载器市场及供求关系，研究专用发射运载器研发及概念技术发展趋势，探讨专用发射运载器在民用和军事领域的发展前景。

关键词：微纳卫星；微小型运载火箭；发射

引言

微纳卫星是指重量在 10 ~ 100kg 的微小卫星（Micro - satellite）和 1 ~ 10kg 的纳卫星（Nano - satellite）的总称。通常微纳卫星大多发射运行于 185 ~ 300km 的低地球轨道（LEO），根据任务需要也有进入极地或太阳同步轨道的。相比传统大卫星，它们具有体积小、重量轻、对用户需求反应迅速、研制周期短、成本低、使用寿命较短等特点。由于微纳卫星已能部分承担大卫星的任务，因此，在通信、对地遥感、星际探测、科学研究和技术试验等方面的应用迅速增长，受到越来越多国家的重视。

目前，世界范围内尚未形成成熟的微纳卫星低成本、快速专用发射运载器市场，微纳卫星通常是作为常规运载火箭的二级载荷搭载发射，或采用常规运载火箭一箭多星发射。微纳卫星搭载发射费用较低，但这种发射方式的时间灵活性受限，期望获得的最佳卫星轨道可能受限，某些快速发射（如军事应急发射）需求也受限。因此，随着世界范围内对微纳卫星应用量的增长，如何发展低成本、快速发射入轨低地球轨道的微纳卫星专用发射运载器成为卫星发射领域人们研究关注的问题之一。

1. 微纳卫星发射运载器现状

1.1 微纳卫星的发射需求

微纳卫星的发射需求决定着发射运载器的需求。根据美国联邦航空组织商业太空运输办公室 2010 年发布的预测，有效载荷质量小于 100kg 的太空发射将有可能成为一个新兴的太空发射市场。美国 Futron 公司太空活动电子实验室数据库检索数据表明:2000—2010 年,世界范围内 10~100kg 级别的微小卫星发射年平均大约为 12 颗;除此之外,2005—2010 年小于 10kg 级别的纳卫星成功发射了 54 颗以上。

图 1(a)给出了 2000 年至 2009 年,微纳卫星(1~50kg 级别)应用中在民用、军事、商业、政府机构的占比;图 1(b)给出了美国商业太空组织(SpaceWorks Commercial)1~50kg 级别微纳卫星发射数量统计及预测,2012 至 2014 年预计 50~60 颗,并呈现出较快的增长趋势。另据该组织统计数据,2000 和 2011 年,51~100kg 级别微小卫星发射年平均不到 5 颗。

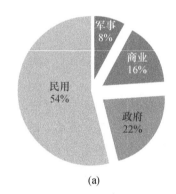

(a)

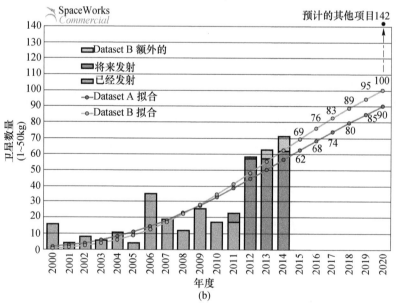

(b)

图 1　微纳卫星应用领域及市场预测[2]

国外文献统计数据表明,微纳卫星市场遍及五大洲24个国家60多个不同的各类卫星运行组织,这些组织包括民用和军用政府机构、大学、研究所、盈利和非盈利组织等,微纳卫星用户分布非常分散并且大多经费预算不高。

1.2　微纳卫星发射运载器

目前,微纳卫星发射使用的主要运载火箭见表1。分析可见,微纳卫星发射运载器主要以大、中、小型常规运载火箭为主,微纳卫星发射所需的专用发射运载器(运载能力100kg左右)极少。通常,微纳卫星采用大中型运载火箭作为二级载荷搭载发射或一箭多星发射是微纳卫星发射的主要途径。由于商业市场的大中型运载火箭成熟可靠,信誉好,因此,微纳卫星的这种发射模式有利于提高成功率并降低发射成本。例如,2004年,法国曾用"阿丽亚娜"5G运载火箭一箭七星发射1颗主星"太阳神"2A,同时搭载发射4颗"群峰"卫星、1颗"太阳伞"和1颗西班牙的微纳卫星。2013年,印度用PSLV一箭七星发射国外微纳卫星等。

表1　微纳卫星发射使用的运载火箭

运载火箭名称	国家	投入使用年代	LEO 能力/kg	发射价格 /(百万美元/次)
Cosmos	俄罗斯	1967	1400	13
START 1	俄罗斯	1993	632	9.0
Dnepr	俄罗斯	1999	4400	15.0
Volna	俄罗斯	2001	120	0.3
Minotaur – 1、2	美国	2000	640	12.5
Pegasus	美国	1994	445	22.5
Taurus	美国	1994	1450	19.0
Ariane	法国			
LM2("长征"系列)	中国	1975/1999	2500/3500	15.0 ~ 25.0
PSLV	印度	1993	3700	30.0
VLS	巴西	1997	380	6.6
Rokot	德/俄	1994	1800	15.0
M 5	日本	1997	1800	40.0
Shavit 1	以色列	1988	225	12.5

图2给出了2004—2010年世界200kg以上运载能力的火箭实际发射次数

和能提供的发射次数。由图可见,能提供的发射次数超出实际发射次数近1倍。因此,尽管按照图1(b)未来微纳卫星需求预测将有较大增长,但按照现行微纳卫星的主流发射模式和发射能力看,微纳卫星可用的运载火箭发射能力将远超发射需求。

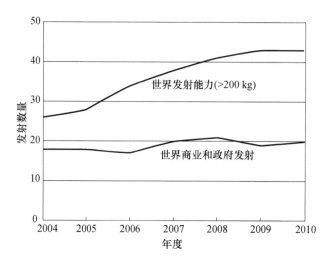

图2　世界200kg以上发射能力运载火箭的供求关系[3]

2. 微纳卫星专用发射运载器发展

微纳卫星发射除了价格因素外,某些快速发射需求(如:美国作战响应空间概念就需要微纳卫星快速进入太空)是促使微纳卫星专用发射运载器发展的驱动力。

2.1　专用微小型陆基运载火箭

目前,世界上微纳卫星专用微小型陆基运载火箭研制情况见表2。由表可见,世界微纳卫星专用微小型运载火箭研制主要集中在美国,且多处于调研、发展和概念研究中。美国陆军太空和导弹防御司令部以及陆军力量战略司令部的多用途微纳导弹系统较为成功,能够提供20kg左右有效载荷的低地球轨道轨道快速发射,能够与现有的陆军战术导弹系统和多用途发射火箭系统发动机相适应和匹配,可用于执行除发射微纳卫星外的多种任务。

为了激发微纳卫星专用发射运载器的市场开发热情,美国NASA的一个"纳卫星快速发射挑战"机构设立了200万美元奖金,奖励在一周时间内能2次将微纳卫星送入近地轨道的发射运载器研制。

表 2　微纳卫星专用运载火箭

运载火箭名称	国家	发展状况	LEO 能力/kg	市场目标
待定	美国	创新奖	大于 1kg,一周 2 次	"立方星"应用
Aldebaran	法国、德国、西班牙	概念研究	小于 300kg	非商业的、政府科技验证任务
MLV（微小卫星运载火箭）	加拿大	市场调研	小于 150kg	
MN（多用途纳导弹）	美国	2011 年	约 23kg	军事,作战相应空间
Neptune 30	美国	发展中	30kg	大学、非盈利机构
Scorpius/Mini – Sprite	美国	设计阶段	225kg	军事、民用和教育机构
Virgin Galactic /SSLV	美国	发展中	100kg	科学研究
Swords	美国	发展中	25kg (750km)	军事
Nano – Launcher	日本	概念研究	100kg	学术、政府任务
KT1（"开拓者"1 号）	中国	2002 年	100kg	商业

2.2　未来微纳卫星专用发射运载器

1）空基挂载专用火箭运载器

母机挂载空射火箭发射是空中快速机动发射微纳卫星的一种形式,主要采用现役飞机和专用火箭发射器组合,发射有效载荷为几十千克低地球轨道的微纳卫星(图 3)。母机主要有两种类型:①采用大型飞机,如 B – 52、波音 747;②采用战斗机,如 F – 15、Su – 27 类。其关键技术主要涉及火箭发射器在母机上的挂载方式;箭、机空气动力学干扰问题;机、箭分离时母机飞行状态参数的确定等。

高空气球挂载空射火箭发射也微纳卫星空射的一种形式。气球是轻于空气的近空间飞行器的一种形式,其飞行高度可达 20km 以上并可回收,可用作低成本微纳卫星发射平台。

2）天基载星发射运载器

微纳卫星载星(SatCarrier)。这一概念是将多个微纳卫星存储于载星,并将载星预先发射于较高的轨道上运行(图 4)。当需要微纳卫星时,遥控载星释放

339

图3 美国运输机和F-15战斗机空射研究[8]

微纳卫星并转移到低地球轨道。美国空军开展了微纳卫星载星概念的任务、用途、轨道设计管理等相关研究。微纳卫星载星可专用设计,也可用在较高轨道上长期运行的其他卫星兼任,系统方案及概念原理见图4。其关键技术是微纳卫星存储器的日常运行轨道选择及控制、微纳卫星推进技术及快速部署时的轨道转移控制等。

图4 美国空军微纳卫星载星(SatCarrier)概念[9]

3)混合新技术运载器

美国波音公司开展了部分可重复使用超燃吸气式飞行器小卫星发射概念研究,发射重量45kg。美国国防部国防高级研究计划局(Defence Advanced Research Projects Agency,DARPA)发起了可负担起的小货物快速进入太空项目,有效载荷110~180kg。美国国家航空航天局(NASA)兰利研究中心开展了部分可回收重复使用两级运载微小卫星发射系统研究,有效载荷150kg。这些微纳卫星发射概念或技术研究均属于混合新技术运载器,其设计特点是采用多级推进和新动力系统,第一级可重复使用。

3. 微纳卫星专用发射运载器发展前景

(1)微纳卫星的市场需求具有较大的波动性。微纳卫星造价相对便宜,其用户群体在卫星市场大多属于低购买力者,且分布广。1998 年,美国联邦航空组织曾预测 1998—2010 年非地球同步轨道商业卫星将发射 1202 颗(403 次发射),但到 2003 年,该组织将预测修改为 2003—2010 年商业卫星将发射 80 颗(51 次发射),这期间军事和政府的需求下降相对较小。因此,分析微纳卫星未来需求增长,需要考虑其波动性大的特点。

(2)商业微纳卫星专用陆基发射微小型运载火箭发展前景不容乐观。制约专用微小型运载火箭发展的因素很多,成本控制问题仅是其中的重要因素之一。卫星发射是太空运输,属运输范畴,无论是从陆地运输还是航空运输的发展经验看,采用单个、快速专用运输工具的运输成本普遍要高于采用集合、慢速运输工具的成本。其次,卫星发射是一个高风险的领域,运载火箭的可靠性、成功率和声誉是一个积累的过程,也是赢得发射市场的另一重要因素,高可靠性意味着质量、意味着成本。另外,降低发射成本需要提高运载火箭使用率,如前所述,微纳卫星的市场分布广泛,具有国际性且受政治等因素影响,其客户群体已经形成了固有的惯性。因此,专用陆基微小型运载火箭要从微纳卫星作为二级载荷搭载或一箭多星发射的大运载火箭中瓜分市场份额难度较大,未来的商业发射仍将以大运载火箭搭载和一箭多星为主。

(3)军用快速发射需求是微纳卫星专用发射运载器发展的主要驱动力。美国提出了"作战响应空间"概念,设想了未来的战场需要提供"微小战术卫星快速入轨"的能力,需要发展能负担得起的快速发射运载器,这一潜在军事需求是国外开展各种微纳卫星发射新技术研究的动力。

(4)利用现役弹道导弹改装是降低专用微小型运载火箭发展成本的主要途径。在表 1 所列的目前常用的运载火箭中,许多都是基于已有的弹道导弹转化而来。如:俄罗斯的"Dnepr"源自 SS‐18 弹道导弹,"Rockot"源自 SS‐19 弹道导弹,美国"Minotaur 4"源自"和平护卫者"弹道导弹等。美国陆军积极致力于微纳卫星的开发应用,其发展专用微小型运载火箭的思路也是最大限度利用已有导弹系统硬件和发射设施,研发多用途微小导弹系统,它既可用作微纳卫星快速发射,也可用作其他用途,如导弹防御目标飞行器、红外和雷达感应练习飞行器等。

(5)快速发射是微纳卫星军事应用的需求特点。通常微纳卫星从军方用户提出需求、卫星和火箭集成装配到入轨提供使用需要 1 周至 6 个月的时间。美国空军微纳卫星载星概念将微纳卫星存储在较高的地球轨道上,需要时释放微纳卫星到较低的低地球轨道。该方案从军方用户提出需求到入轨提供使用仅需 1h 至 1 天时间,是一种天基快速部署方案。

(6)美、俄、法规划了微纳卫星发射运载器的发展路线图。近期,主要是发展空射快速响应运载火箭;中期,主要是发展混合运载火箭,第一级可重复使用,二、三及以上级抛弃;远期,发展类似飞机的运载器,水平起飞,两级入轨,第一、二级可重复使用,以上级抛弃。

4. 结束语

微纳卫星应用的快速增长使航天小载荷运输市场浮现出一个新的发展商机,人们开始探讨发展微纳卫星专用发射运载火箭,试图使微纳卫星发射从传统的大运载火箭搭载发射市场中分离出来。但是,商业卫星发射市场是一个高成本、高风险的市场,其制约因素很多,微纳卫星专用发射运载火箭的商业市场不确定性很大,目前的搭载发射或一箭多星发射仍将是微纳卫星发射的主流。在军事应用领域,可负担得起、快速响应发射是微纳卫星专用发射运载器的发展方向,美国陆军利用军方现役成熟导弹硬件系统改装发展多用途微小导弹系统的做法,以及空军的微纳卫星载星天基快速部署概念都是降低发射成本和实现快速响应的较好思路。

参考文献

[1] Jeff F. Small launch vehicle services:supply and demand through 2010[R]. AIAA 2004 – 6000, 2004.

[2] Dominic D. Analysis of the earth – to – orbit launch market for nano and micro – satellites[R]. AIAA 2010 – 6705,2010.

[3] Yoram C I. Responsive tactical space using micro satellites and aerial launching:the perspective of a small nation[R]. AIAA – RS4 – 2006 – 3002,2006.

[4] Rusch. Estimating the demand for launch vehicle services[R]. AIAA2000 – 1121,2000.

[5] John R. Army tactical nanosatellites[R]. AIAA – RS – 2011 – 1001,2011.

[6] Robert Y F. Microsatellite deployment on demand[R]. AIAA2003 – 3001, 2003.

[7] Stuart E. Angels and demons:cooperative and non – cooperative formation flying with small satellites[R]. AIAA – RS6 – 2008 – 2003,2008.

[8] Chang R M. A concept of operations for satellite carriers[R]. AIAA – RS7 – 2009 – 2003,2009.

[9] David A Y. Responsive access small cargo affordable launch(RASCAL) independent performance evaluation [R]. AIAA 2005 – 3241,2005.

[10] Nesrin S K. Air Launching Earth – to – Orbit Vehicles:Delta V gains from Launch Conditions and Vehicle Aerodynamics[R]. AIAA 2004 – 872,2004.

[11] Bandu N P. Ascent, stage separation and glideback performance of a partially reusable small launch vehicle [R]. AIAA 2004 – 0876,2004.

[12] Dino A L. Rapid construction, launch,and on – orbit operation of two AIS satellites[R]. AIAA – RS8 – 2010 – 7001,2010.

[13] Kevin G B. Responsive and affordable launch of small satellites:a reusable air – breathing concept[R]. AIAA – RS – 2012 – 5001,2012.

[14] Matsuda S. Affordable micro satellite launch concepts in Japan[R]. RS6 – 2008 – 5004,2008.

国外近空间飞行器发展综述

摘要：近空间飞行器是21世纪航空航天研究中的一个新领地,其关键技术研究的突破,将使其逐步实用化,最终必将影响和改变未来的战争模式,具有重要的军事战略价值。本文介绍国外平流层气球、平流层飞艇、高高空无人机、吸气式高超声速飞行器4种主要近空间飞行器的发展情况及其关键技术。

关键词：近空间;近空间飞行器

引言

　　近年来,在航空航天研究中,人们把处于普通飞机飞行的最高高度和卫星运行轨道的最低高度之间的空域称为"近空间"(near space),即距离地球表面20~100km之间的空域。"近空间"大致包括大气平流层区域、中间层和部分电离层区域。"近空间"有别于目前国际公认的航空和航天范畴,该空间在监视、通信以及远距离快速投送等军事领域有广阔的发展前景,近空间的战略价值已引起了世界发达国家的重视,正处于开发和利用的前夜。

　　近空间飞行器是指以距地球表面20~100km范围为主要飞行空域的飞行器。按飞行方式和飞行原理,近空间飞行器可划分为轻于空气的飞行器、重于空气的飞行器以及新概念组合式飞行器(图1)。轻于空气的飞行器主要包括平流

图1　各种近空间飞行器[1]

343

层气球、平流层飞艇;重于空气的飞行器主要包括高高空无人机、吸气式高超声速飞行器。随着近空间飞行器研究的发展,研究人员又提出了升浮一体化飞行器、升浮组合式飞行器等新概念。

1. 平流层气球

通常20～24km高空的气球称为平流层气球,30km高空的气球称为同温层气球,它们都是国外近空间飞行器研究的项目之一。平流层气球是一种飞行在平流层高度的无动力飞行器,具有飞行高度高、成本低、准备周期短、易于灵活实施等特点。平流层气球系统由气球、球伞分离装置、回收伞、结缆和吊舱组成。吊舱内除了装有有效载荷外,还装有遥测遥控设备、电源、压舱物等。平流层气球主要采用排气阀和抛压舱物来调整气球的升速和高度,并综合利用平流层的风向变化控制其航行轨迹。

1.1 平流层气球发展概述

早在20世纪60年代,美国空间探测计划就包括把载人气球送入同温层。1961年5月4日,美国海军2名飞行员驾驭气球到达了前所未有的34668m的高度。2002年2名英国气球飞行专家身穿宇航服,乘QinetiQ 1气球进行同温层飞行试验,飞行高度40233m。在试验中,气球作为通信中继,在地面站和飞行器之间转发信号,试验还将气球平台作为模拟的卫星,对其用作导航系统的情况进行了试验。

20世纪90年代以来,平流层气球的研究进入新的发展阶段。美国、日本、法国等发达国家纷纷进行平流层气球研究和试验。1997年,NASA开始进行一项ULDB(Ultra Long Duration Balloon,超长滞空气球)项目,目的是研制能够在高空长时间停留的气球(图2);2000年,NASA对该项目气球的材料、制造、能源、温度控制、姿态控制、数据通信等问题进行了研究,还探讨了气球在近空间飞行的国际外交方面的问题。

除美国外,北约的防空计划中也包括了在西欧几个国家发展气球载雷达预警系统的规划。日本1998年开始实施一项"天网"计划,研究发展平流层气球载通信系统,用来进行媒体和移动通信以及地球观测。计划由多达100个定位在20km高空的气球平台构成,在日本上空可提供高数据率、多媒体通信和移动通信服务。

1.2 平流层气球关键技术

平流层气球开展的主要关键技术研究有:

图2　NASA超长滞空气球项目[4]

1）气球的材料和形状研究

平流层气球在20km以上高度长时间滞空,对气球表皮的材料要求非常高。首先要求重量轻,因为平流层气球的体积巨大,所以材料重量是不可忽视的一个重要因素。其次要抗辐射和耐高温,这就要求气球的材料要坚韧,能经受高空强烈的辐射和温度变化考验,具有较高的抗拉强度、抗冲击和抗撕裂强度。气球的外形对于气球的负载和浮力都有一定的影响。有不同椭圆度形状的,也有飞艇形状的。气球吊带与球体之间的连接方式对气球表皮扩张、承重能力有影响。

2）无动力控制方法研究

根据平流层特性,空气密度约为海平面的5%,平均风速10m/s左右,最大风速40m/s。在平流层,低层的风为东风,高层的风为西风,中间有一个气流相对稳定的气流层。2000年NASA在进行的ULDB(超长滞空气球)项目中,采用了TCS(Trajectory Control System)轨迹控制系统来控制气球的飞行(图3)。TCS就是悬挂在气球下方数千米的一个"翼",当风吹过"翼"时,就产生水平方向的推力,拉动气球向既定方向前进。通过改变"翼"的角度,就可以改变力的大小和方向。

图3　轨迹控制系统[3]

3）定位技术

与飞行器的定位方法类似,平流层气球也可以采用惯性系统与导航星相结合的方法进行定位。导航星可以采用 GPS、GLONASS 或双星定位系统。由于处于高空,接收导航星信号干扰较小,可以获得较高的定位精度。

2. 平流层飞艇

平流层飞艇主要由艇囊、能源系统、推进系统、舱载荷、艇首和艇尾结构、控制系统等组成,依靠浮力驻空,太阳能供电,并带有推进系统,能携带数吨重的有效载荷实现定点、主动控制和机动。它与平流层气球最大的区别在于具有推进和控制飞行状态的装置。平流层飞艇能长时间定点驻空,时间长达数月或数年,非常适合作为新型信息平台,用来进行高精度对地观测、通信中继、区域预警、导航等。

2.1 平流层气球发展概述

美国、俄罗斯、英国、韩国、日本、以色列均有平流层飞艇研究方案。各国研制的平流层飞艇方案较多,其中比较典型的有美国导弹防御局的高空飞艇项目、日本的平流层平台项目、韩国的平流层飞艇项目、美国空军天战实验室的"攀登者"项目、美国侦察办公室的先进高空航空体(AHAB)项目等。美国导弹防御局高空飞艇项目 2004 年 11 月进入演示验证阶段(图 4)。韩国平流层飞艇研制计划 2003 年 11 月进入样机研制阶段。目前国外研究的这些近地空间飞行器的预定留空时间从几天到 1 年不等,设计有效载荷搭载能力从几十千克到 2000kg 之间。美国瑞温工业公司研制的"高空哨兵"(HiSentinel)飞艇于 2005 年 11 月成功进入近地空间,留空达 5h,成为继美国"攀登者"之后成功进入近地空间的第二艘平流层飞艇。

图 4　美国平流层飞艇示意图[3]

2.2 平流层飞艇自主控制特点和关键技术

飞艇是目前在研平流层飞行平台的主要形式之一。其自主控制特点如下：

（1）作为被控制对象的平流层飞艇平台结构尺寸巨大，因而惯量大、时间延迟长、机动性差。

（2）平流层飞艇是轻于空气的，升力主要来源于空气的静浮力，而非空气动力。

（3）工作环境复杂，在放飞、回收和定点阶段，平流层飞艇要经过地面、对流层和平流层，这就增加了控制的难度。

（4）控制舵面的作用微弱，主要通过压力调节来改变浮力，控制质心的定点高度，调整俯仰姿态角。

（5）飞艇的推进系统是由无刷电机驱动的，主要用来抵御风力，以保持定点。其所需的动力由太阳能电池、燃料电池等储能装置提供。

（6）平流层飞艇自主控制的目标就是在外部扰动情况下，控制飞艇在指定的范围内保持相对地面静止。

基于上述特征，平流层飞艇的自主控制可以分为压力控制、定点保持控制、姿态控制、动力控制和温度控制等方面。

3. 高高空无人机

高高空长航时无人机主要用于执行战略战役侦察任务，可替换人造卫星。目前，高高空长航时无人机已成为无人战略侦察机的主要机型，也是世界近空间飞行平台发展的重点。高高空无人机如美国的"全球鹰"无人机和"太阳神"无人机，飞行高度可以达到20km以上，飞行时间可达数天或数月，它们都具有高升力的机翼或气动布局、高效的推进系统。

"太阳神"的飞行高度已达到过30km（图5）。2003年6月，"太阳神"在验证燃料电池技术的试飞过程中突然遭遇强湍流，引起整个机翼诱发严重的俯仰振荡，飞机空中解体。这次失败后，航空环境公司正在寻求"太阳神"无人机的进一步发展。

从目前发展看，高高空长航时无人机有以下特点：

（1）高高空长航时无人机是目前高空无人战略侦察机的一个主要发展方向，续航时间为20~80h，有时其飞行高度可达30km以上，续航时间可达几天甚至更长。

（2）高高空长航时无人机需要提高飞行高度和续航能力，关键是动力装置，需要研制一种低油耗率与高效率的适于高高空工作的可靠长寿命的发动机。高

图5 "太阳神"无人机[3]

高空长航时无人机的巡航速度和动力装置类型密切相关。

（3）不断增大任务设备装载量和容积,任务设备装载量已由约100kg发展到800kg,与之相应的设备容积也在增大,这为长航时无人机装载多种任务设备、执行多种任务创造了条件。

（4）飞机机翼的展弦比很大(15以上),为制造大展弦比机翼,采用强度大、重量轻的新型复合材料和新型结构形式。

（5）不断提高无人机的隐身能力,如大面积采用复合材料和雷达吸波材料;在外形上,避免使用大而平的垂直及形状/轮廓巨变之类的不连续结构;在气动布局上采用遮掩或消除措施。装多余度自动着陆系统,使无人机自动起飞和着陆。

（6）采用可靠性和精度高、功能多的导航控制系统,在飞机上装多余度数字飞控系统,对飞行故障能自动检测和切换;对所获信息能进行实时传输或中继实施传输。

高高空长航时无人机由于高空飞行,空气稀薄,飞行动压小,巡航升力系数必须大些,从而导致高升力问题;由于长航时飞行,不仅要求发动机油耗低,机内储油空间大,而且要求巡航阻力小,这就要求采用大展弦比、厚翼型机翼。于是,在小迎角下,翼面上就可能出现超声速区,从而导致跨声速问题;在20km高度巡航的无人机,典型的飞行雷诺数为1.0×10^6,在气动研究中,一般将低于1.0×10^6的雷诺数归于低雷诺数范围,因此,又带来了低雷诺数问题。从国外资料看,高高空长航时无人机主要气动问题研究集中在机翼研制和布局研究上,研制满足高空长航时飞行要求的高气动效率翼型。由于高空长航时无人机其翼型不同于以往研制的用于其他机型的翼型,它要能在相对较低的雷诺数条件下产生相当高的升力系数。

4. 吸气式高超声速飞行器

20世纪60年代,美国X-15验证机采用火箭发动机实现了首次高超声速飞行,之后经历了半个多世纪的多次跌荡起伏,直到2004年美国X-43A验证机飞行成功,利用超燃冲压技术的吸气式高超声速飞行器才取得突破性进展。国内外的论证都表明,超燃冲压技术的应用目标是研制适应未来高技术战争的高超声速导弹和高超声速飞机,实现低成本、长时间近空间飞行的目标。

吸气式高超声速飞行器是一种飞行马赫数5以上、采用吸气式超燃冲压发动机为推进动力的飞行器,能够在近空间区域长时间飞行（图6）。20世纪90年代以来,美国、俄罗斯、法国、德国、日本、印度和澳大利亚等国在超燃冲压高超声速飞行平台方面经过不懈努力,技术上陆续取得重大突破,并相继进行了地面和飞行试验。超燃冲压高超声速飞行技术已经从概念和原理探索阶段进入了以高超声速巡航弹、高超声速飞机、跨大气层飞行器和空天飞机等为应用背景的先期技术开发阶段。

图6 吸气式高超声速飞行器[2]

高超声速飞行器的关键技术主要是超燃冲压吸气式推进技术、一体化设计及多学科优化和材料/结构技术。美国NASA和空军2000年签定协议联合发展高超声速技术。2001年,NASA和美国国防部联合提出了国家航空航天倡议（NAI）,建议美国发展高超声速飞行器分三步走:

（1）近期致力于打击关键目标的超声速/高超声速巡航导弹的研究;

（2）中期发展能够全球快速到达的高超声速轰炸机；

（3）远期发展经济上可负担得起可重复使用的太空运载器。

以超燃冲压发动机为核心的吸气式高超声速技术将在未来高超声速导弹、高超声速飞机、空间作战飞行器和空天飞机研制方面发挥重要作用。吸气式高超声速技术虽然取得重大进展，但作为能试验运行飞行器还有许多技术问题需要研究突破。关键技术包括6个方面：碳氢燃料超燃冲压发动机、氢燃料超燃冲压发动机、空气动力学、热防护、机体/推进一体化、高温材料。其中核心问题是发动机(冷却结构与燃料)和机体/推进一体化(有足够推力加速飞行器)技术。发展吸气式高超声速技术大致要经历以下4个步骤：

（1）通过地面试验和数值计算手段发展高超声速飞行器方法理论；

（2）研制所需要的数值和试验工具，这是最重要的基础；

（3）把研究获得的方法应用于试验飞行器；

（4）通过系列试验飞行器，验证发展的设计方法理论。

5. 结束语

目前，近空间作为空天过渡段的结合部仍是军事力量的真空区，它将是未来空天一体作战模式中必不可少的重要组成部分。如何开发近空间资源、保卫国家安全受到了世界越来越多国家的普遍重视。

近空间飞行器技术是当前航天航空科技的发展前沿，是航空航天与其他多学科技术高度集成与融合的领域，必将带动其他相关学科的发展。近空间飞行器技术的突破将成为21世纪航天航空技术发展的又一里程碑。

参考文献

[1] Colt R Wallace, Michael J Cook. StratoLink:Giving Students of all Ages Access to Near Space[R]. AIAA2004 – 5966,2004.

[2] Edward B T. The paradigm shift to effects – based – space:Near – space as a combat space enabler[R]. NASA – TP – 0234,2005.

[3] Eric R M. Technical feasibility of loitering lighter – than – air near – space maneuvering vehicles. Thesis [R]. AFIT/GSS/ENY/05 – M03,2004.

[4] Norman H Olson. High altitude balloon experiment[R]. AIAA – 97 – 1415,1997.

高空长航时无人机风洞试验研究综述

摘要：高空长航时无人机属飞机家族中的新成员，在近年来的世界局部战争中，它发挥侦察、监控、通信中继的重要作用。本文在广泛搜集国外风洞试验研究资料的基础上，介绍高空长航时无人机在翼型设计、气动力测量、边界层测量方面的风洞试验研究方法。

关键词：无人机；长航时；层流翼型；风洞试验

引言

20世纪80年代，由于能够执行通信中继、气象监测、预警、为巡航导弹提供目标信息等其他军事和民用任务，高空长航时无人机引起了世界发达国家的重视，各科研机构在这一时期围绕高空无人机开展了大量相关试验研究。从国外资料看，主要气动研究集中在机翼研制上，即研制满足高空长航时飞行要求的翼型。由于高空长航时无人机其翼型不同于以往研制的用于其他机型的翼型，它要能在相对较低的雷诺数条件下产生相当高的升力系数。风洞试验技术主要围绕精细测量二元翼型升阻特性、力矩特性、研究翼型表面层流气泡分离、湍流再附特性，以及整个机翼的气动力、机翼颤振、结构气动弹性变形等问题开展。

1. 国外高空长航时无人机翼型的设计

翼型设计通常是根据飞机所给的设计指标，从现有的翼型数据库中选择能够近似满足飞行任务条件的翼型，然后利用现代翼型设计技术，结合机身，在各种设计条件下对翼型数据进行匹配修改逼近，最终满足飞机设计任务指标的要求。

例如，某高空、长航时无人机设计条件是：翼展 $=25\mathrm{m}$；毛重 $=19600\mathrm{N}$，空重 $=9800\mathrm{N}$；载荷 $=1500\sim4900\mathrm{N}$，飞行高度 $=20000\mathrm{m}$；续航时间 $=90\mathrm{h}$；航程 $=32000\mathrm{km}$。基于以上飞机设计条件，可以计算出机翼雷诺数（Re）范围，在最大高度，翼尖雷诺数为 0.3×10^{6}；在海平面高度，翼根雷诺数 5×10^{6}。翼型的设计可简化为如图1所示的极曲线。其低阻力范围的上限对应最大续航飞行时间，此时 $C_L=1.5$，$Re=0.7\times10^{6}$；低阻力范围的下限对应高速俯冲飞行状态，此时 $C_L=0.4$，$Re=2.0\times10^{6}$。翼型设计的目标就是要在满足关键飞行设计点升力系

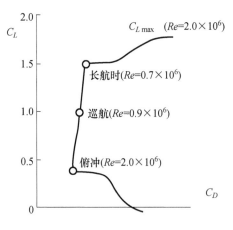

图 1　高空长航时无人机翼型设计点[1]

数要求的条件下,使翼型阻力最小,也就是期望将翼型极曲线尽可能左移。但由于在低雷诺数飞行时,翼型表面难以获得高升力所需大面积的压力恢复条件,因此主要矛盾表现为满足最大续航时间的设计条件,其次考虑获得所需起飞、降落要求的最大升力系数条件。要满足最大飞行续航时间必须使 $C_L^{3/2}/C_D$ 取得最大值,这个参数通常称为长航时参数,但是考虑到机翼面积、垂尾等飞机部件的影响,以及在实际设计中需要考虑起飞、降落的因素,因此最大长航时参数通常表示为 $\dfrac{C_{Lmax}}{C_D'}$。C_D' 是最重要飞行设计点处升力系数 C_L 对应的阻力,如 $C_L=1.5$ 就是对应长航时的升力系数,C_D' 就是 $C_L=1.5$ 对应的阻力系数。

　　高空长航时的设计条件要求该类飞行器具有最高的气动效率,国外研究的经验表明,此类飞行器的质量 M 与机翼面积 $S^{\frac{3}{2}}$ 成正比。

2. 低雷诺数翼型的风洞试验评估

2.1　翼型边界层的流动测量方法

　　在低雷诺数条件下,为了能设计出更高性能的高空长航时无人机的翼型,气流绕机翼的流动机理有待研究。其中一个重要问题就是弄清机翼前缘层流分离泡的流动机理。影响层流分离泡的主要参数有翼型几何参数、攻角、翼弦雷诺数和自由来流扰动状况。

　　通常层流分离泡被划分为"长"型或"短"型,"长"型分离泡可以占到翼弦长的 20% ~30%,随攻角增大而变长,导致升力线斜率下降,对翼型性能产生不利影响;"短"型分离泡一般只有翼弦长的百分之几,随攻角增大而变短,对翼型性能产生有利的影响。对翼型表面流动特性的分析研究采用的试验测量方法主要有以下几种：

（1）翼型表面边界层内的速度剖面用边界层测量耙测量，用热膜条测量层流分离泡位置、Tollmierr – Schlichting 频率、和湍流分离涡脱落。

（2）波音公司研制了一套低速高升力翼型的边界层测试设备。它的新颖之处是一个位置精度很高的自动移动排管，而它引起的流动扰动很小，该排管配备有好几种流场传感器，其中包括一个皮托管、两根 X 热线以及一个能够同时记录边界层平均流量和湍流数据的复式分离薄膜传感器（能够测量边界层内的平均速度和流向角），复式分离薄膜传感器由一根直径 0.15mm 的镀铂石英棒构成，石英棒与气流垂直。

（3）采用热线测量翼型表面边界层内的速度剖面。

（4）采用激光多谱勒光学测速系统。

（5）红外测量技术。该系统主要由激光（或其他加热方式）热源、用于数据采集的红外照像机和用于数据存储的全景摄像机组成。在低速风洞试验时，可在很宽速度范围内做点测量来检测转捩的发生，可与已建立的热膜测量（同时进行实验）作比较，来证实所测流动状态的准确性。现已证明，与以前使用运动摩擦热的红外方法不同，现在这种技术对低速边界层转捩是很敏感的。这种技术的优点是容易使用，不需要在制造模型时就加传感器，除了要求模型表面有高的反射度外，无其他特殊要求，该法有利于观测翼型表面大范围的流动特性。

为了研究翼型气动力特性的机理，人们在不断探索边界层内的流动测量技术。在这方面所用过的试验技术有烟迹显示、油流显示、丝线法、化学升华法、热膜法、热线法、相变漆法、液晶漆法、测压法、激光多谱勒测速、红外技术等，试验技术从定性了解到定量测量分析，从有干扰接触测量到无干扰光学测量，人们仍在探求更加方便、准确、工程适用的局部或大面积测量分析方法。我们可以根据试验研究的性质和需要，选择适当的流动测量方法。

2.2 翼型气动力的试验测量方法

高空长航时无人机在飞行时，机翼通常处于低雷诺数（5×10^5 左右）条件下，机翼表面的边界层流动对自由流扰动环境十分敏感，因此，要在风洞中研究低雷诺数机翼气动特性，必须建立满足要求的试验环境，在风洞试验条件难以满足要求时，有时还要采用飞行试验的办法。通常要求来流湍流度小于 0.1%，并且要采取减小风洞噪声和振动等措施。国外对 Wortmann Fx 63 137 低雷诺数翼型（展弦比为 8 的翼段）进行的风洞试验研究表明，当来流湍流度为 0.02% 时，其升力迟滞环要比湍流度为 0.2% 时大得多；而噪声和振动对此也有较大影响，随噪声和振动频率增大升力迟滞环增大。下面介绍关于低雷诺数翼型的国外几种风洞试验装置。

1）美国圣母大学（University of Notre Dame）

圣母大学航空实验室 0.61m×0.61m 低湍流度风洞的湍流度为 0.05%，在试验段中安装有一对薄铝端板，下端板可以移去，以便做不同展弦比的三维机翼试验。支杆支撑在机翼 1/4 弦长处并被整流罩罩住（图 2）。机翼与端板之间的缝隙大约 0.8mm。试验研究表明间隙在 0.1～1.4mm 之间时，对试验结果没有影响，进一步的研究结果表明间隙应小于 0.005b（b 为翼展）。

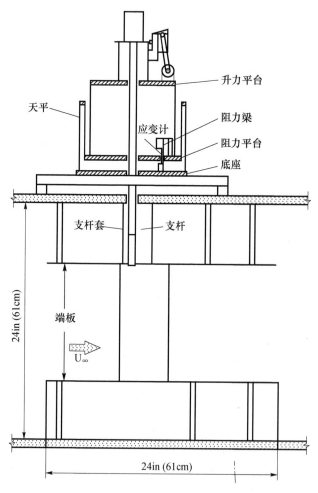

图 2　风洞中翼型测力装置[2]

用 3 分量外式应变天平测量二元翼型上的气动力和力矩。天平和模型的安装示意图如图 1 所示。为了研究端板上的边界层与翼型模型端部的相互干扰，使用了另一种分段模型,翼型模型被分成三段,顶段和底段与端板连接,中段用穿过模型顶部小孔的一个支杆与外部天平相连,中段翼型与两端部翼型的间隙0.8mm。应变天平的信号直接传输到应变放大器上,由于升、阻力差别大,所以天平设计的升力放大增益与阻力放大增益是不同的。

2)伊利诺伊大学(University of Illinois)

为了确保风洞流场品质,美国伊利诺伊大学0.85m×1.22m亚声速风洞在风洞稳定段安装有100mm厚的蜂窝器和4层减小湍流度的降湍屏,风洞试验雷诺数范围内湍流度小于0.1%。

二元翼型风洞试验装置及天平测力装置如图3所示。翼型两端为了减小洞壁边界层干扰,安装有一对10mm厚、1830mm长的隔板,模型与隔板之间间隙1.3mm,模型的一端能自由旋转并安装有α攻角位置测量仪;另一端沿支杆能够上下做高精度移动,伺服反馈控制测力天平限制模型的移动并测量产生的升力,在升力传输装置中装有轴承以减小摩擦影响。阻力的测量采用尾迹动量法,尾迹测量位置在距翼型后缘25倍弦长的地方。每个垂直尾涡截面上含有20~80个压力测量点,这取决于尾涡的厚度,其间隔距离2mm。由于沿翼展尾迹的不均匀性,沿翼展设定4个测量剖面,间隔100mm,最后取4个剖面平均值为某一攻角下的测量值。试验测量的升力、阻力、攻角都做了固壁堵塞、流线变形修正。

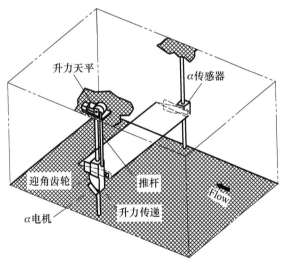

图3 翼型测力装置示意图[5]

升力系数试验值总的不确定度估计为1.5%。阻力的误差主要有3个来源:①数据采集系统的精度;②测量的重复性;③4个尾迹测量剖面的位置。按照McGhee等的误差分析方法,仪器不确定度误差小于1%,测量重复性不确定度误差小于 1.5%。

3）NASA 兰利中心

NASA 兰利中心低湍流度压力风洞（LTPT），试验段 2.3m×0.9m，压力变化范围（0.1~10）×10⁵Pa，风洞稳定段安装有 9 层阻尼网。NASA 之所以选该风洞为发展低雷诺数试验技术的设备，就是因为该风洞具有良好的流场品质、高精度的压力测量设备以及可变压力的试验能力。

在该风洞中 NASA 进行 Eppler 387 低雷诺数翼型的试验研究，其试验马赫数为 0.03~0.13，基于弦长的雷诺数为 60 000~460 000，翼型升力和力矩是通过翼型表面测压获得的，阻力是通过尾迹测量法获得的，并且进行了油流流动显示研究，以确定翼型表面的层流分离位置以及湍流再附位置。

为了提高研究精度，利用热线对试验段内进行了湍流度测量，随总压降低，对某一恒定单位雷诺数，湍流度增加，如：在单位雷诺数 200 000 时，当压力从 1.03×10⁵Pa 降至 0.2×10⁵Pa 时，湍流度从 0.06% 增加至 0.18%。

尾迹测量耙装有 7 个总压探头、2 个盘式静压探头和 2 个钳式流向角测量探头。尾迹测量位置在距翼型后缘 1.5 倍弦长处。

获得翼型的精确风洞试验数据，关键在于风洞流场品质与测量小力和小压力差的试验技术。在高雷诺数条件下成功使用的技术，如测量阻力的尾迹测量法，在低雷诺数条件下使用的可靠性尚有待研究，原因是尾迹大小不同，并且尾迹特性是非定常的。另外，在低雷诺数时出现展向流结构，所以尾迹移位的展向位置也会对测得的阻力产生明显影响。使用应变天平测力时，必须仔细考虑所有的干扰效应，尽管这些干扰效应不大，但由于翼型上阻力极小，所以在低雷诺数条件下，它就是误差的重要因素。

3. 大展弦比机翼的风洞试验技术

高空长航时无人机全机风洞试验技术国外除新闻式的报道外，未见有公开发表的文献资料，其主要原因可能有两点：①这类飞行器主要是用于军事目的，属于飞行器家族中新成员，国外对于这类飞行器的相关研究热起始于 20 世纪 80 年代，全机风洞试验涉及飞机构型的具体参数，因此尚处于保密阶段，限制公开发表；②高空长航时无人机的性能如何，以及这类飞机气动设计的最大特点（难点）在于层流翼型和大展弦比机翼的设计。因此，针对翼型设计研制以及大展弦比机翼突出的气动问题，国外进行了大量研讨，而对全机测力、测压等风洞试验，虽然有大展弦比模型的尺度限制困难，但可以在大型风洞中采用半模、多点支撑或变展弦比机翼模型进行试验，然后用结合数值计算修正的方法加以解决。

3.1 全机试验

有国外文献介绍某小型无人机在 NASA 兰利中心 9m×18m 全尺寸风洞中的全机带动力和无动力的测力试验,研究了全机纵横向气动特性、舵面控制效率以及动力的影响。

大展弦比飞行器机翼气动弹性问题较为突出,在低亚声速飞行时,容易产生颤振,导致机翼翼根疲劳损坏。例如,国外某型试验飞行器在风洞测力试验时,突然发生机翼根部断裂,为了弄清原因,在马赫数 0.5～0.9 范围内,在风洞中开展了应力测量、材料分析、颤振、流动显示等方面的试验研究。研究表明,在试验攻角范围内的多个离散攻角位置,都会激发一阶扭转颤振模态,它与翼根部应力及振动周期数一起造成了机翼疲劳断裂,并且颤振发生的速度范围也很广。

3.2 增升研究

高空长航时无人机要求飞机有大的升阻比,除设计合理的翼型外,从国外资料看也开展了相关增升研究。如采用翼尖小翼,其安装位置、形状对巡航状态升阻比有较大影响。试验和计算结果表明,翼尖小翼安装角(与水平线夹角)越小,沿弦向位置越靠后,增升效果越明显。

涡发生器、格尼翼板是翼型增升的重要研究方案,涡发生器安装在翼型上表面距前缘 17% 弦长处,涡发生器对最大升力系数有益,但最大升力系数后却产生突然失速和迟滞环;格尼翼板也能有效提升最大升力系数,并且失速特性与光翼型相比基本一样。

3.3 颤振和气动弹性研究

高空长航时大展弦无人机机翼结构是非线性的,它将产生弯、扭耦合变形。美国杜克大学在 0.7m×0.53m 的低速风洞中进行大展弦比细长机翼的气动弹性、颤振试验研究,试验测量了在临界颤振边界时机翼静气动弹性变形,研究了机翼的有限周期振荡响应(LCO)。试验研究表明,机翼结构非线性的影响取决于机翼沿翼展方向和弦向弯曲刚度之比,对于相对较小的这个比值,由结构非线性和颤振临界静气动变形引起的颤振不稳定边界变化很小,有限周期振荡的产生取决于失速气动力和结构非线性力的匹配。

3.4 下雨对机翼气动特性影响研究

长航时无人侦察机滞空时间长,飞行时会遇到各种气象条件,下雨便是常见情况之一。因此,下雨对翼型气动性能的影响也是此类飞机研制需要考虑的重要因素之一。剑桥马萨诸塞工学院在 0.3m×0.3m 低湍流度风洞中对 Wortmann FX 67 – K170、NACA 0012、NACA64 –210 低雷诺数翼型进行了 $Re = 3.1 \times 10^5$、降雨量 1000mm/h 条件下的雨试,研究下雨对翼型气动特性影响的机理。试验结果表明,在小攻角条件下,不同翼型受雨影响气动特性变化差异很大,Wortmann 翼型受影响最大。在大攻角时,由于雨水减小了边界层分离,NACA 的两种试验翼型性能反而有所提升。随时间变化的气动力测量和流动显示结果表明,下雨造成翼型气动性能下降主要有两个原因:①下雨造成前缘边界层过早转捩;②翼型上表面雨水的倒流改变了翼型表面几何形状。

4. 风洞试验评估应注意的问题

由于低雷诺数条件下机翼表面边界层内流动对自由流流动状态十分敏感,因此,风洞试验评估对试验段内流场有较高的要求。影响试验段内流场环境的因素主要有 3 个:

(1) 自由流湍流度,即来流的速度脉动;自由流湍流度主要取决于来流通过风洞稳定段、阻尼网、收缩段的流动历程。

(2) 声学现象,即:压力脉动。声学现象与试验段侧壁湍流边界层激发的噪声、非定常分离流动区域、风扇和动力驱动系统有关。

(3) 机械振动。机械振动主要由风扇动力系统与洞壁的刚性耦合以及模型支撑系统等引起。

尽管影响扰动环境的这些因素能够加以控制和减弱,但不能完全消除,并且不同的风洞由于设计加工不同,它们的扰动环境也差异很大。除流场因素外,风洞试验模型的精确加工对试验评估也至关重要。因此,国外试验研究的经验表明,在低雷诺数下,对于同样外形的模型,相同的试验条件,在不同风洞中的试验结果可能会有较大的差异。美国圣母大学航空实验室 0.6m×0.6m 风洞承担了大量低雷诺数翼型的试验评估工作,该风洞利用热线风速仪和声压分析仪进行了风洞湍流度和声压影响的研究;同时,为了减小风洞动力系统振动的影响,风洞在试验段和扩散段之间采取了隔振措施。

5. 结束语

(1) 高空长航时无人机的飞行状态条件,决定了此类飞机设计的重点在于大展弦比机翼和翼型,机翼的内段、中段和外段可能采用不同的翼型,或同一翼型做局部的修型。在没有现成可用翼型的条件下,主要是采用已有翼型,根据设计条件修型、不断逼近、优化,最终获得满足设计飞行任务的翼型。从国外资料看,在这方面进行了大量研究并建立了层流翼型设计计算程序和翼型数据库。

（2）风洞试验是检验评估翼型设计优劣的重要手段。大展弦比、低雷诺数、层流流动是风洞试验模拟的难点。由于层流翼型在低雷诺数条件下，对噪声、湍流度等扰动敏感，因此要准确测量翼型气动力，必须要建立满足要求的试验环境，否则，试验数据会相差很大。

（3）翼型升力、阻力量级差别大，阻力的精确测量是难点。国外开展了多种试验方法的试验研究，建立的试验方案可供我们参考；也可以根据国外此类翼型数据及试验结果做验证性试验，研究我们的试验方法、结果的可靠性，为型号研制打下基础。

（4）改善和提高层流翼型的气动性能，要求我们分析研究其表面的层流、分离流特性。国外在早期开展的此类翼型研究中，既有采用传统的或改进的接触式测量方法，也有采用现代的光学等无接触测量方法，两种方法各有优劣，在工程应用中，可以根据实际情况选择适用的测量方法。

参考文献

［1］Mark D M. Design and experimental results for a high – altitude, long – endurance airfoil［J］. J. Aircraft, 1989, 43(5):577 – 581.

［2］Alain P. Effect of endplates on two – dimensional airfoil testing at low reynolds number［J］. J. Aircraft, 2001, 56(7):1223 – 1230.

［3］Brendel M. Boundary layer measurements on airfiol at a low reynolds number in an oscillating freestream［J］. AIAA J. ,1988, 67(6):35 – 40.

［4］William G. Spanwise vibration of laminar separation bubbles on wings at low reynolds number［J］. J. Aircraft, 1986, 56(4):67 – 70.

［5］Marchman J F. Areodynamic testing at low reynolds numbers［J］. J. Aircraft, 1987, 60(4):44 – 50.

［6］Brune G W. Boundary layer instrumentation for high – lift airfoil models［R］. AIAA 82 – 592, 1982.

［7］Nakayama A. Measurements of separating boundary layer and wake of an airfoil using laser Doppler velocimetry［R］. AIAA 85 – 0181, 1985.

［8］Jansen B J. Experimental studies of the boundary layer on an airfoil at low reynolds numbers［R］. AIAA 83 – 1671, 1983.

国外平流层飞艇关键技术研究

摘要：平流层飞艇是近空间飞行平台研究的重要内容之一。本文在简述国外主要平流层飞艇研制情况的基础上,分析研究平流层飞艇的结构、材料、空气动力学、动力系统和飞行控制等关键技术问题。

关键词：平流层飞艇;近空间飞行器;关键技术

引言

　　飞艇是一种可操控的轻于空气的飞行器,它一般是靠密封在气囊内的氢气或氦气提供浮力,将其悬浮在空中。1852 年法国人吉法尔制造的飞艇第一次实现了载人飞行。1911 年意大利将飞艇用于军事用途。随后,飞艇在第一次世界大战期间得到较大发展和应用,但第二次世界大战期间,由于飞机的快速发展,飞艇研制热迅速降温。20 世纪 80 年代以来,人们又开始重视飞艇的研制和发展,特别是近年来随着"近空间"概念的提出,平流层飞艇作为近空间飞行平台的重要形式之一,受到了世界众多国家的关注,平流层飞艇已成为世界航空航天领域研制的热点之一。

1. 平流层环境

　　平流层空间环境是平流层飞艇设计必须考虑的重要因素。平流层是对流层顶端(海平面上约 18km)到海平面以上约 50km 处之间的大气层,平流层空气质量约占大气总质量的 1/4。平流层中几乎没有水汽凝结,没有雷雨等气象,也没有大气的上下对流,只有水平方向的流动。

　　平流层温度变化从海平面以上 20km 处的大约 214K 随高度增加而增加,在平流层顶达到约 269K。平流层大气压力在海平面以上 20km 处约为海平面的 7.2%,并随高度增加而快速下降,使之成为一个影响平流层飞艇设计的重要因素。平流层大气密度变化与压力类似,海平面以上 20km 处密度约为海平面的 7.2%,并随高度增加而下降;在海平面以上 35km 处,约降为 0.5%。

　　在平流层中,氧气分子受太阳光紫外线作用会产生臭氧。氧气与臭氧相互转化的动态平衡过程导致形成臭氧层。臭氧层位于平流层中下部 15～30km,集中了大气层中约90%的臭氧。臭氧浓度大约在海平面以上20km处达到峰值，之后随高度增加而下降，在海平面以上35km处大约降为峰值的15%。臭氧层可吸收紫外线，引起温度上升。臭氧对尼龙、橡胶和一些纤维材料具有腐蚀性，对长时间滞空的平流层飞艇有很大的影响。

2. 国外平流层飞艇发展概况

美国、欧洲、俄罗斯、日本、以色列、韩国等均有平流层飞艇研究计划，各国研制的平流层飞艇方案较多。目前，国外研究的这些平流层飞艇的滞空时间从几天到一年不等，设计有效载荷搭载能力从几十千克到2000kg之间。

美国的平流层飞艇研制计划比较多，技术上处于领先水平，如：美国导弹防御局的高空飞艇项目（HAA）、美国空军天战实验室的"攀登者"和"黑暗空间站"项目、美国国防高级研究计划局的"海象"项目、美国NASA的长驻高空平台（HALE）项目等。美国瑞温工业公司研制的"高空哨兵"（HiSentinel）飞艇于2005年11月成功进入平流层空间，滞空达5h，成为继美国"攀登者"之后成功进入近空间的第二艘平流层飞艇。

日本制定有平流层飞艇开发研究计划。2003年日本航空航天技术研究所和海洋科学技术中心使大型飞艇成功飞行到16.4km的高度，为实现建设通信和地球观测平流层平台构想奠定了基础。日本文部科学省正在实施平流层平台构想，按计划将使250m长的飞艇飘浮到20km的高空，进行高精度的图像摄影和低功率通信。日本计划2010年完成长150m量级、飞行高度为18km的验证艇的研制工作；2013年完成长200m量级、飞行高度为20km的实用艇的研制工作。

欧洲航天局联合德国宇航公司、英国兰德斯特朗气球公司和荷兰代尔夫理工大学开展了平流层飞艇的方案评估，研制"哈尔"平流层飞艇，主要用于通信、对地观察、大气和天文研究。德国卡尔·戈莱伏特飞艇公司和斯图加特大学都开展有研制平流层飞艇的高空飞行平台项目。

俄罗斯浮空器飞行学会、航空静力学公司、阿夫古尔飞行中心等多年来都在致力于飞艇的研究，目前也有平流层飞艇研制计划，俄罗斯空军部门对此也非常关注。

以色列飞机工业公司也提出了一种新颖的平流层飞艇概念，这种充有氢气的太阳能飞艇有望成为卫星的一种高效费比替代品，用于执行侦察和通信等任务。这种太阳能飞艇可在离地面高约21km的位置悬停。

韩国、加拿大等国也都有平流层飞艇开发规划，近期目标是研制平流层飞艇的原型机，在低空探索所需的关键技术。

3. 平流层飞艇关键技术问题

平流层飞艇主要由艇囊、能源系统、推进系统、舱载荷、艇首和艇尾结构、控制系统等组成,依靠浮力驻空,太阳能供电,并带有推进系统,能携带有效载荷实现定点、主动控制和机动。

3.1 结构和材料

目前国际上平流层飞艇处于关键技术研究和演示验证阶段,飞艇总体设计技术主要包括:平流层飞艇总体、气动、结构一体化设计技术;多学科优化设计技术;系统可靠性设计;低成本研制技术等。非刚性的飞艇结构是靠包层内的气体压力维持飞艇形状的,产生升力的气体体积取决于飞艇所处高度和气体温度。由于平流层飞艇体积巨大,在大气层中飞行高度环境跨度大,人们对平流层环境下飞艇结构、空气动力学、空气静力学和飞行力学等方面还缺少深入的研究。

结构设计技术主要包括:大跨度轻质结构、材料、工艺一体化设计技术;飞艇结构布局形式和囊体层压复合材料结构优化设计技术;结构实时、自适应故障监测和诊断技术。

平流层飞艇的蒙皮材料必须采用高强度、阻氦气渗漏性能佳、耐气候性好的轻质材料。一般飞艇的蒙皮材料主要由耐气候层、阻氦层、主结构层、黏贴层等组成。现代外气囊膜多为层合式复合材料,见图1。

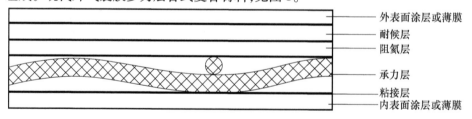

外表面涂层或薄膜
耐候层
阻氦层
承力层
粘接层
内表面涂层或薄膜

图1 典型层合膜构造[1]

(1)承力层。作为主结构的承力层纤维材料有合成纤维、织物纤维、聚酯尼龙、聚乙烯等。

(2)阻氦层。阻氦层、抗老化层和表面层都可用涂层浸泡或薄膜复合材料。常用的有聚亚胺酯、聚乙烯、聚酯等。

(3)粘接层。粘接层是用于飞艇材料内承力结构的粘接、纤维基布各涂层以及面层之间的胶黏剂胶合层,胶黏剂胶合的主要化合物有聚亚胺酯和聚碳酸酯等。

(4)耐气候层(防老化层、耐环境层)。耐气候层主要是防紫外线辐射,目前还没有非常理想的防老化材料。高分子氟化物是目前耐环境最好的材料,但它必须添加防老化剂,以避免紫外线通过氟化层伤害到艇膜的内层材料。

(5)飞艇的内气囊材料。飞艇的膜材包括外气囊和调节飞行高度艇体平衡的内气囊,两者具有不同的要求。外气囊膜材应具有高的强度与面密度之比、高模量、高比刚度(模量与密度之比),具有抗老化力强、抗撕裂、抗氦渗透和低蠕变特性。而飞艇内的调节气囊应具有极高的阻氦气渗透能力,柔韧抗弯、耐磨性好、轻质、强度适中。

3.2 空气动力学

平流层飞艇气动设计技术主要包括:飞艇低阻力外形优化技术;柔性表面飞艇减阻技术;飞艇附加质量特性研究。日本在平流层飞艇项目研究中,进行了大量风洞和水槽试验研究(图2)。空气静力的扩张对于设计和制造平流层飞艇也有很大影响。

图2 平流层飞艇风洞和水槽试验模型[2]

3.3 飞艇的动力推进系统

平流层飞艇所在的工作高度空气密度低,需要进行高空推进螺旋桨空气动力研究;俄罗斯近年来发展了一种组合式高空风洞试验设备,可模拟30km的高空,主要用于直径6m的高空螺旋桨推进系统研究。

平流层飞艇滞空时间长达数月或一年之久,持久的动力系统是飞行控制和机载设备必需的。平流层飞艇能源系统采用混合能源系统,主要构成有太阳能电池、再生燃料电池、锂离子电池以及能源管理单元。

(1)太阳能电池。太阳能是平流层飞艇在飞行期间能够从空中获取的唯一能源,太阳能转换装置中的太阳能电池是影响平流层飞艇整体性能指标的重要部件。电池的重量是飞艇设计中需要考虑的重要参数,具有高能量密度的柔性薄膜太阳能电池是首选。薄膜太阳能电池按材料结晶状态分为结晶材料膜式和非结晶膜式两大类。

(2)再生燃料电池。可再生太阳能——氢燃料动力系统是一种将水电解技术与氢氧燃料电池技术相结合的可充放电池。太阳能白天给飞艇提供动力并分解水产生氢和氧,晚上氢和氧又反应产生动力并合成水,可持久解决飞艇所需动力问题。

美国 NASA 提出的分体式再生燃料电池的主要指标包括:比能量:600W·h/kg;燃料电池输出功率:5kW;电解器消耗功率:小于 15kW。

(3)锂离子电池。锂离子电池作为再生燃料电池的补充电源,可在特殊需要的情况下单独供电,并作为再生燃料电池的启动电源。在能源不足情况下,可以与其他能源联合供电。锂离子电池按电解质分类,可分为有机电解质电池、无机电解质电池和水溶液电池等。

3.4　遥控和机载测量系统

平流层飞艇的自主控制可以分为压力控制、定点保持控制、姿态控制、动力控制和温度控制等方面。

压力控制系统的主要作用有:①外形保持。平流层飞艇是充气的柔性体,必须通过压力控制,建立飞艇内外压差,从而保持整个飞艇的外部形状。②升力/浮力控制。平流层飞艇的主要升力源是它所受的浮力,外形压力保持系统使飞艇外形始终不变,飞艇所受浮力主要取决于此高度的空气密度。

(1)定点控制。平流层飞艇可以分为两种工作状态:一种是对流层的起飞和降落阶段,这段范围干扰因素多,飞行情况比较复杂;另一种是平流层的定点阶段,这时需要充分考虑平流层大气环境对飞艇定点的影响。定点控制是指在长期滞空过程中,使飞艇在指定的范围内保持相对地面静止。在滞空期间,飞艇受到的扰动包括水平方向风的扰动、来自下方热气流的影响和昼夜温度变化对飞艇升力的扰动,这些扰动还会引起飞艇内部结构参数的变化。因此必须研究昼夜温度、压力和风速、风向变化对飞艇姿态、位置和稳定性的影响,并提供相应控制对策。

在平流层中,保持飞艇在预设目标点附近的飞行控制和制导技术是平流层飞艇系统的关键技术之一。日本进行了飞艇低空定点飞行试验研究,目的是验证平流层飞艇的飞行控制技术。日本研究的飞艇定点控制技术包括两种控制模式:①目标点制导模式的飞行轨迹;②风向制导模式的飞行轨迹。

(2)姿态控制。姿态控制包括对浮心的调整、舵面的调整以及左右发动机推力配平。飞艇姿态控制手段有:控制前后副气囊实现飞艇浮心以及俯仰角的改变;控制水平/垂直舵角,实现俯仰/偏航角的改变;调整电机电流和改变推进器方向,用来抵御风的阻力等。

(3)动力控制。平流层飞艇要实现长期定点,需要太阳能、燃料电池等装置存储和提供能量,并利用电机替代航空发动机作为动力源带动螺旋桨,以对抗风的扰动。

（4）温度控制。平流层昼夜温差很大，这会引起气压变化，从而影响平流层飞艇的外形和所受的浮力。由于压力差正比于温度差，因此除了利用压力控制系统进行调节之外，温度控制也是一项关键技术。通过对艇内的气体进行温度控制，可以抵御温度变化引起的气压变化。

（5）平流层飞艇机载监测设备也是研制的重点。美国海军特别重视发展飞艇载超高光谱传感器系统。在2006年的飞艇载超高光谱传感器系统试验中，飞艇非常准确地发现并跟踪了在佛罗里达州海岸附近游弋的鲸鱼。试验证明艇载超高光谱传感器系统具有优越的传感侦察性能。这个系统是1999年美海军投资5000万美元开始研制的，它能探测隐藏在树叶之下的其他探测装置、伪装物等。飞艇载超高光谱传感器系统能分辨250条彩色光带，而人眼睛仅能分辨3条光带。

3.5　放飞和回收

平流层飞艇的放飞、回收过程除了与飞艇的净浮力、气动系数、风场特性、热力学参数、升空姿态等因素相关外，还与飞艇的总体布局形式和综合保障条件有关。平流层飞艇设计概念有多种，主要有以浮力为主的布局形式、带升力翼的升浮一体形式、升力体形式和自适应体形式。不同形式的飞艇设计其放飞和回收方法也不相同。

放飞平流层飞艇主要有两种方式：垂直放飞和水平放飞。垂直放飞上升快，飞艇的上升阻力较小，能够以较快的速度穿越对流层顶端的激流区，但由于平流层飞艇纵向尺度比较大，在激流区要承受较大的风剪切力，如果风切变很大，容易造成结构失稳以至破坏。水平放飞要求平流层飞艇艇头迎风，保持飞艇迎风面积较小的状态，因而飞艇受风载影响小，但上升过程阻力大，到达平流层需要的时间长。相对垂直放飞，水平放飞的姿态控制技术要成熟些。

4. 结束语

平流层飞艇是近空间飞行器的主要形式之一，其军事应用价值主要体现在信息对抗和空间攻防两个方面。由于平流层飞艇具有可持续对同一地区进行不间断覆盖的优点，在区域情报、监视、侦察、通信中继、导航和电子战等方面具有独特的优势。目前，平流层飞艇仍有许多技术有待研究和突破，但新材料、新能源、计算机等技术的发展和试验研究手段的提高为平流层飞艇技术的突破创造了条件。我们要密切跟踪国外平流层飞艇技术进展，有针对性地开展关键技术的预研。

参考文献

[1] Maggiore P. Innovative unmanned airship: avionics and power supply development [R]. AIAA2005 – 7341,2005.

[2] Takashi K. Contral and guidance of low altitude stationary flight test vehicle[R]. AIAA2005 – 7406,2005.

[3] Maekawa S. On the structures of the low altitude stationary flight test vehicle[R]. AIAA2005 – 7407,2005.

[4] Masaaki N. Development and flight test of SPF – 2 low altitude stationary flight test vehicle[R]. AIAA2005 – 7408.

高空长航时无人机布局研究概述

摘要：高空无人飞行平台长期以来一直是发达国家重要的军事研究项目之一。美国继"全球鹰"高空长航时无人机研制成功后,新的高空长航时无人机也在研究中。本文通过对高空长航时无人机布局分析研究,介绍其气动力测量评估试验研究应注意的问题。

关键词：无人机;气动布局;风洞试验

引言

　　高空长航时无人机能够执行通信中继、监测、预警、为巡航导弹提供目标信息等军事和民用任务,已呈现出巨大的军事和经济应用前景。高空无人飞行平台长期以来一直是发达国家重要的军事研究项目之一。美国在"全球鹰"高空长航时无人机研制成功后,仍在继续对其进行改进。同时一种新概念高空长航时无人机构想,长期以来也一直在研究中。此类飞行器同其他种类飞机相比,其飞行环境、布局和翼型设计都有许多自身的特点。

1. 较低雷诺数飞行器布局应满足的一般规律

　　高空长航时无人机为了追求长滞空飞行能力,决定了其必然要追求最大的气动效率和最低的燃料消耗。在雷诺数 $10^4 \sim 10^6$ 范围内的飞行物体,其翼型需要更高的气动效率,它们的最大气动效率与速度的关系见图1。

　　为了获得最大的气动效率,翼型设计是布局研究的重要内容之一。在较低雷诺数($Re < 10^6$)条件下,翼型边界层分离和转捩的相关流动问题仍是一个难点。翼型的性能主要取决于边界层特性,即:层流、转捩或湍流。而边界层特性又取决于雷诺数的量级。自然的和人造的飞行物翼弦雷诺数与飞行速度和马赫数的关系如图2所示。

　　在自然界中,几乎所有的飞行物(昆虫、鸟类等)雷诺数都低于 10^6;另外,许多大型高速飞行器的飞行控制面、增升装置等在起飞和着陆时,都在较低的雷诺数下工作;飞机的涡轮风扇发动机压缩叶片、风力机叶片等雷诺数也远远低于 10^6。

　　因此,弄清较低雷诺数(10^6)条件下的流动问题,对研制这些飞行器是十分

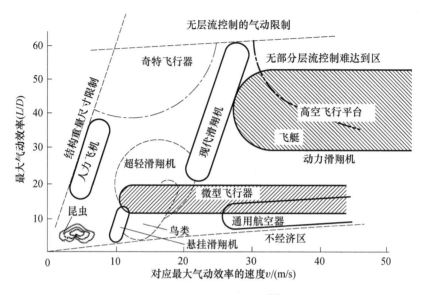

图 1　飞行物体气动效率[1]

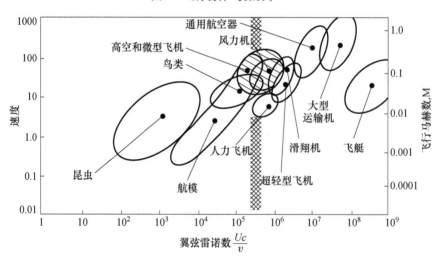

图 2　飞行物翼弦雷诺数与飞行速度和马赫数的关系[1]

必要的。在这种状态下,翼型边界层内的层流分离或转捩到湍流,对整个飞行器性能具有非常大的、有时甚至是难以预测的影响。

　　如果考虑高空无人飞行平台等多种应用环境,设计需要的条件覆盖很广。几乎所有的低雷诺数飞行器最终目标都要具有较高的气动效率。飞行器的重量与机翼面积的关系如图 3 所示。对于我们关注的高空无人机或小型无人机,质量 M 与面积 $S^{3/2}$ 关系曲线反映了二者关系的主要趋势。高空无人飞行器飞行速度、雷诺数和长航时条件相对小型无人机要高一些,尽管其在巡航高度上气候条件较近地面要好得多,但它们从起飞到巡航高度也 要经受全天候的考验。因此,此类飞行器低雷诺数翼型的设计,要求对剪切风、阵风以及降雨雪引起的表面不平度等不太敏感。

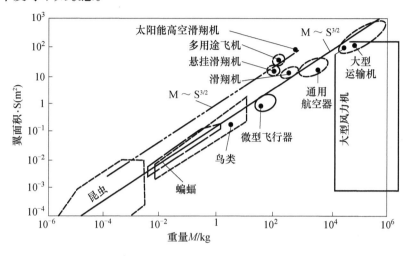

图3　飞行器重量与翼面积关系[1]

2. 低雷诺数的流动问题

　　作用在飞行器上气动力和力矩的大小和方向在很大程度上取决于翼型边界层,而边界层内的重要区域是机翼前、后缘发生转捩的分离区。分离和转捩对雷诺数、压力梯度和环境扰动十分敏感,二者对边界层的发展起着关键作用,边界层的发展又决定和影响整个翼型的性能,进而影响机翼和整个飞行器的静、动态和气动弹性特性。

　　决定低雷诺数飞行器边界层性能的关键是在层流分离发生前边界层内是否发生从层流到湍流的转捩。一旦层流分离发生,层流自由剪切层是非常不稳定的,很难出现从层流到湍流的转捩。在低雷诺数条件下,边界层流动状态主要有3种形式:

　　(1)大攻角时,靠近前缘处发生层流分离,这时翼型会完全"失速";或者在小攻角状态下,层流边界层在靠近前缘处在合适的压力梯度下保持附着,当流过翼型最大厚度后,在逆压梯度作用下发生分离。这两种情况下,都会产生非定常的振荡尾迹并降低翼型的性能。

　　(2)在边界层到达最大逆压梯度位置前,层流边界层转捩为湍流。这种边界层流动状态是低雷诺数条件下最期望获得的,它将获得很好的翼型性能。湍流边界层具有较高的能量，能够在翼型上保持附着状态流过逆压梯度区。这种不是由分离泡引起的"自然"转捩，将使翼型保持较高升力和较低的阻力。

（3）边界层流动状态可以看作是层流分离情况的延伸。层流边界层在短暂的分离后，边界层再附或转变为湍流。理论预测层流分离泡的产生和位置以及试验研究分离泡的性能是国外这个领域研究的重点。层流分离泡分为两类：短泡和长泡。长泡的出现将在很大程度上改变翼型压力分布的理论形状。

3. 高空长航时无人机布局形式

美国空军研究实验室（AFRL）长期以来一直在进行可行飞行器概念和气动力技术发展验证工作，其主要目的是研制新的高空长航时（HALE）概念飞行器，这种飞行器称为监测飞行器（SensorCraft），它能在更广的区域长时间滞空，完成指挥、控制、探测、确认、跟踪、中继和目标锁定等任务，是美军整个情报、监视、侦察（ISR）计划中的空中飞行器，它将整个 ISR 中的天空、太空和地面各组成部分有机地统一起来。

3.1 机翼－机身－尾翼（WBT）常规布局

"全球鹰"高空侦察无人机是这类机型一个典型的成功范例。为了提高气动效率，采用了大展弦比机翼、光滑的机身，将发动机置于机身背部兼顾隐身要求；由于设置雷达的需要，因而设计了一个融入了仿生学概念的机头造型。图 4 为常规布局的"全球鹰"和监测飞行器（SensorCraft）。

全球鹰　　　　　　　　　　　　　　　　　　监测飞行器

图 4　常规布局的高空长航时无人机[3]

3.2 飞翼（BWB）布局

飞翼布局较常规布局有许多优点，美国无论是在无人机还是未来的大型运输机上，都对这种布局形式寄予厚望，并已经进行过飞行试验。20 世纪 80 年代，美国 NASA 的专家认为，未来远距离大型运输机仍会有较大的市场需求，这个预测导致了未来运输机的布局研究。根据实际设计目标的不同，一种有潜力的布局形式就会演变反映在不同的机型上,所以飞翼布局作为高空长航时无人机的一种布局形式也就不足为怪了。

从空气动力的角度看,在相同机体体积条件下,飞翼布局与常规布局相比,有较小的浸湿面积以及较低的干扰阻力,据估算最大升阻比可增加20%。图5所示为飞翼布局的"暗星"。

图5 飞翼布局的长航时无人机"暗星"[3]

3.3 连接翼(JW)布局

连接翼(JW)布局同飞翼布局一样,是美国在未来运输机和高空长航时监测飞行器(SensorCraft)计划中的后选方案之一(图6)。

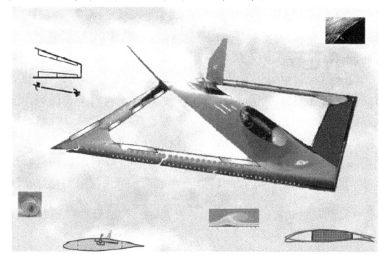

图6 连接翼布局的长航时无人机 Sensorcraft[3]

早期的飞机设计者已经认识到双翼机有更多升力面能够提供更多升力的优

点,但上、下翼间支撑杆产生了大量型阻抵消了升力面产生的升力优势,最终双翼机被单翼机所取代。时至今日,新材料和新结构概念的出现,使双翼机不再受额外型阻的困扰。由双翼机演变而来的布局形式之一就是连接翼(JW)。连接翼刚度大,结构布局更为合理,并且减少翼尖涡脱落,有助于减小诱导阻力。另外。连接翼能够提供更多的位置安装控制面,飞机更容易控制,稳定性更好。高升力、高稳定性、低阻力使该布局更适合于在此类飞行器上应用。

飞翼和连接翼布局对未来大型运输机和高空长航时无人机都展现出很好的应用前景,大量的国外资料表明,美国空军、大型飞机制造公司、科研院校等在这方面都进行了长期不懈的研究,投入了大量人力和财力。

4. 气动布局研究

常规布局、飞翼和连接翼布局是高空长航时无人机布局研究的主要代表形式。高空长航时、低雷诺数、较高的巡航马赫数是此类飞机的工作环境。为了提高飞行效率,无论哪种布局,都无现成可用的翼型,因此翼型设计是其设计优劣的关键环节之一。

4.1 翼型设计方法研究

翼型设计通常是根据飞机所给的设计指标,从现有的翼型数据库中选择能够近似满足飞行任务条件的翼型,然后利用现代翼型设计技术,结合机身,在各种设计条件下对翼型数据进行匹配修改逼近,最终满足飞机设计任务指标的要求。

翼型的设计可简化为如图 7 所示的极曲线。其低阻力范围的上限对应最大续航飞行时间,低阻力范围的下限对应高速俯冲飞行状态,翼型设计的目标就是要在满足关键飞行设计点升力系数要求的条件下,使翼型阻力最小,也就是期望将翼型极曲线尽可能左移。但 由于在低雷诺数飞行时,翼型表面难以获得高升力所需大面积的压力恢复条件,因此主要矛盾表现为满足最大续航时间的设计条件,其次考虑获得所需起飞、降落要求的最大升力系数条件。要满足最大飞行续航时间必须使 $C_L^{3/2}/C_D$ 取得最大值,这个参数通常称为长航时参数,但是考虑到机翼面积、垂尾等飞机部件的影响,以及在实际设计中需要考虑起飞、降落的因素,因此最大长航时参数通常表示为 $\dfrac{C_{L\max}}{C_D'}$,其中 C_D' 是最重要飞行设计点处升力系数 C_L 对应的阻力。

美国 NASA、空军研究实验室和一些科研机构都针对翼型设计发展了一些设计软件,如:XFOIL,6.94 版本;MSES,2.8 版本等,并开始建立此类翼型的数据库。

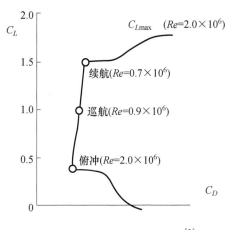

图7 高空长航时翼型设计点[2]

4.2 优化设计研究

低雷诺数翼型设计重要的是控制翼型表面边界层的转捩、分离和再附,处理好升力和阻力的关系,这些控制目标的相互关系如图8所示。

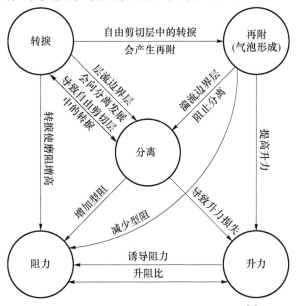

图8 翼型表面流动控制目标的相互关系[5]

为了在滞空能力、飞行高度、发动机效率、动力等方面有一个最好的平衡,高空长航时飞行器针对3种布局开展了多目标优化设计研究。在考虑最佳的布局结构和气动力效率时,不可忽视机载雷达尺寸和发动机动力等条件限制。

飞翼和连接翼布局与常规布局相比,布局优化问题要突出得多。两种布局优越性的发挥、效益的取得是建立在气动力外形设计的细心优化的基础上,如:连接翼作为高空长航时监测飞行器候选布局,进行了飞机重量估算和气动弹性设计;进行了线性气动力设计优化;进行了平面布局的修型研究等。对飞翼布局,由于存在大量设计不确定度以及飞行动力学与结构的耦合问题,飞翼布局的气动力外形设计,优化问题显得尤为突出,也是国外此类布局研究的重要内容之一。

4.3 提高气动效率研究

为追求最大气动效率,在布局方面开展了增升减阻研究,如:采用翼尖小翼、格尼板、扰流板等。风洞试验研究表明,这些增升装置并不是在各种飞行条件下都是有利的。在低雷诺数时,大多数翼型的上表面都会产生层流的分离泡。随着雷诺数的降低,分离泡增大,导致翼型性能变差,如升阻比下降等。理论上讲层流分离泡及其转捩可以通过在翼型适当部位施加某种扰动加以人工控制,如带条、粗糙带、吹除等手段。这些被称为"湍流器"装置的安装位置和类型以及它们对翼型边界层的实际效用仍有待研究。

另外,为了使新一代高空长航时监测飞行器气动效率有质的跃升,一些新的概念和方法正在研究中。如:利用主动分离控制技术,提高最大升力,抑制阵风效应;激波诱导边界层分离控制技术;等离子体层流控制和虚拟外形生成技术;主动控制机翼结构应变和变形技术;满足多点优化需要,翼型形状可变技术等。

5. 布局研究对风洞模拟条件的要求

布局研究通常采用理论设计计算、风洞试验评估、再修正计算方法等多次循环。风洞试验评估的准确性对设计修正是至关重要的。由于低雷诺数条件下机翼表面边界层内流动对自由流流动状态十分敏感,因此,此类飞行器风洞试验评估对试验段内流场有较高的要求。需要重点关注的因素主要有3个:

(1)自由流湍流度,即来流的速度脉动。自由流湍流度主要取决于来流通过风洞稳定段、阻尼网、收缩段的流动历程。

(2)声学现象,即压力脉动。声学现象与试验段侧壁湍流边界层激发的噪声、非定常分离流动区域、风扇和动力驱动系统有关。

(3)机械振动。机械振动主要由风扇动力系统与洞壁的刚性耦合以及模型支撑系统等引起。

尽管这些影响扰动环境的因素能够加以控制和减弱,但不能完全消除,并且不同的风洞由于设计加工不同,它们的扰动环境也差异很大。除流场因素外,风洞试验模型的精确加工对试验评估也至关重要。因此,国外试验研究的经验表明,在低雷诺数下,对于同样外形的模型,相同的试验条件,在不同风洞中的试验结果可能会有较大的差别。美国圣母大学航空实验室 0.6m×0.6m 风洞承担了大量低雷诺数翼型的试验评估工作,该风洞利用热线风速仪和声压分析仪进行了风洞湍流度和声压影响的研究;同时,为了减小风洞动力系统振动的影响,风洞在试验段和扩散段之间采取了隔振措施。

翼型选型研究通常采用大尺度模型在具有高空模拟能力的低湍流度风洞中进行。俄罗斯拟新建高空风洞,该风洞以 TsAGI 的大真空罐为基础,真空罐直径 13.5m,长 30m,模拟高度 0～30km,以满足该类飞行器的研制要求。

美国"全球鹰"高空无人机的翼型试验研究也是在具有高空模拟能力的可变压力、低湍流风洞中进行的。

6. 结束语

常规布局、飞翼和连接翼布局是国外高空长航时飞行器的主要在研布局形式,特别是后两种有很好的发展前景。国外的经验表明无论哪种布局都需要以开发新翼型为基础,并且除空气动力因素外,此类飞行器布局研究与可用的飞行器动力系统和机载雷达系统尺寸密切相关。理论计算和试验评估相结合是目前通常采用的方法。风洞模拟的真实性对此类飞行器性能评估影响很大,我国现有风洞模拟的真实性基本不能满足高空长航时飞行器发展的要求,发展具有高空模拟能力的压力风洞和低湍流风洞是非常必要的。

参考文献

[1] KASIM B. Spercritical airfoil design for future high – altitude long – endurance concepts[J]. J. Aircraft, 2004,77(5):344 – 350.

[2] Mark D M. Design and experimental results for a high – altitude, long – endurance airfoil[J]. J. Aircraft, 1989,43(5):577 – 581.

[3] Brendel M. Boundary layer measurements on airfiol at a low Reynolds number in an oscillating freestream [J]. AIAA J.,1988,67(6):35 – 40.

[4] William G. Spanwise vibration of laminar separation bubbles on wings at low Reynolds number[J]. J. Aircraft, 1986,56(4):67 – 70.

[5] Jansen B J. Experimental studies of the boundary layer on an airfoil at low Reynolds numbers[R]. AIAA 83 – 1671,1983.

[6] Qin N. Aerodynamic study for blended wing body aircraft[R]. AIAA 2002 – 5448,2002.

[7] Pambagjo T E. Aerodynamic design of a medium size blended wing body airplane[R]. AIAA 2001 – 0129,2001.

美国陆军先进高超声速武器气动问题分析

摘要：高超声速飞行器是近空间飞行器研究的主要类型之一。本文简要介绍美国陆军先进高超声速武器(AHW)计划背景和试验飞行器构型；探讨和分析 AHW 的弹道设计、气动布局特点；跟踪美国类似气动布局构型的气动试验研究开展情况。意在为国内相关高超声速领域的研究提供参考。

关键词：高超声速武器；气动热力学；边界层转捩

引言

美国为了达到能从本土出发迅即到达世界各地,完成远程攻击、人员或装备投送、情报/监视/侦察等任务,开展了一系列高超声速技术发展演示验证计划。如:美国海军和国防预研局(DARPA)联合开展的高超声速研究计划 – TATTLRS 计划(高速打击);美国空军和 DARPA 开展的"猎鹰"计划(Falcon Program);美国空军的 X – 51A 飞行演示验证计划、"黑雨燕"高超声速飞行试验计划;以及 DARPA 发布的"一体化高超声速空气动力学"(Integrated Hypersonics,IH)计划。美国陆军则开展了"先进高超声速武器"(AHW)计划,并成功地进行了飞行试验。

1. 美国陆军的 AHW 计划

1.1 AHW 计划的发展背景

AHW 计划是在国防部迅即全球打击办公室(OSDPGS)的资助和指导下开展的,是美国陆军航空和导弹研究发展工程中心(USAAMRDEC)和桑迪亚国家实验室(SNL)合作研究的成果,桑迪亚国家实验室负责助推系统和滑翔飞行器,陆军航空和导弹研究发展工程中心负责飞行器的热防护系统。AHW 计划是美国国防部投资 6 亿美元的"常规迅即全球打击计划"(CPGS)的一个子项,其目标就是要使美国具备用常规攻击武器 1h 内打击全球任何地方的能力。AHW 计划的目标是要发展一种能飞行 35min、打击 6000km 处目标的导弹,落点打击精度 10m 以内。

1.2　AHW计划试验飞行器

AHW计划试验飞行器主要包括两个部分：

（1）助推发射部分。助推发射系统由桑迪亚国家实验室的战略靶弹系统（STARS）承担,该系统曾多次用于反导试验的靶弹助推,技术成熟稳定。STARS系统主要包括三级固体火箭助推器、导航控制系统和头部包裹试验飞行器的整流罩组成（图1）。其中三级火箭助推器的第一级和第二级使用的是已经退役的"北极星"A3火箭,第三级为Orbus 1a火箭。STARS总长10.37m,直径1.5m,总重16330kg。

（2）高超声速滑翔体（HGB）。HGB设置在STARS系统头部整流罩内,在到达预定高度后,从整流罩内分离出来,进行高超声速滑翔飞行。HGB布局采用了头部钝度很小的"锥+裙+十字翼"的气动布局（图2）。HGB的结构材料和内部搭载的主要设备见表1。

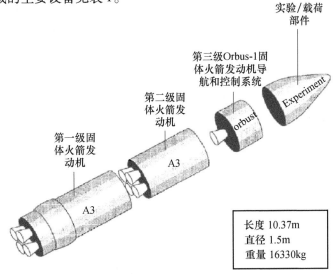

实验/载荷
部件

第三级Orbus-1固
体火箭发动机导
航和控制系统

第二级固
体火箭发
动机

第一级固
体火箭发
动机

| 长度 10.37m |
| 直径 1.5m |
| 重量 16330kg |

图1　AHW计划用的战略靶弹系统（STARS）[1]

图2　AHW计划的高超声速滑翔体（HGB）气动布局[2]

表 1 高超声速再入滑翔体(HGB)的系统性能

气动布局	锥 + 裙 + "十字"尾翼
结构材料	铝、钛、钢、钽、钨、碳纤维、硅以及其他合金,包括大约 1.81kg 铬和 4.67kg 镍
通信系统	5~50W 功耗的发射机,最高 400W 的射频脉冲
电源系统	2 台锂电池,5 台镍锰氢化物电池,单台质量为 1.4~27.2kg;1 台锂粒子 200V 驱动器电池,重约 27.2kg
推进系统	约 1.4kg 的压缩氮气
其他	10 个小型 C 级电爆设备用于机械系统运行

2. AHW 计划的助推 - 滑翔弹道分析

AHW 计划的核心是验证高超声速滑翔体(HGB)技术。美国桑迪亚国家实验室负责高超声速滑翔体(HGB)研究。

20 世纪 80 年代美国能源部与国防部共同开展了桑迪亚国家实验室的"桑迪亚有翼高能再入飞行器试验"(SWERVe)计划。SWERVe 是马赫数 12~14 的细长锥体外形机动再入体,锥角为 10.5°,配备小尺寸机翼和升降副翼。SWERVe 分别在 1979、1980 和 1985 年进行过飞行试验,飞行高度为 30~70km,速度达 7km/s(马赫数 20.6)。

采用类似于 AHW 计划中双锥气动布局的还有 1957—1959 年发展的"助推滑翔"导弹(Alpha Draco)与 1962—1968 年发展的"助推滑翔再入飞行器"(BGRV)。其中,BGRV 在 1966—1968 年先后进行了 4 次飞行试验。试验时,该飞行器被送到 122km 的亚轨道,以接近马赫数为 20 的速度开始高超声速滑翔,在大约 45min 内飞行了 8047km。试验证明双锥体是一种稳定的气动布局。

20 世纪 30 年代,德国科学家 Eugen Sanger 设想了一种能以马赫数 10 进行滑翔飞行、称为"银鸟"的有翼空间飞行器,1944 年,他发表了《火箭助推远程轰炸机》的报告,论证了这种远程助推—滑翔飞行器的飞行原理、推进系统、气动布局、飞行任务剖面、导航和作战模式等,该机由助推火箭发送到地球亚轨道,然后沿大气层上边缘以高超声速跳跃滑翔飞行。此研究处于第二次世界大战时期,最终只停留在学术层面。但他最早提出了"跳跃滑翔"概念,也就是目前所称的"Sanger 弹道",并得到美国、苏联等国的重视,如:第二次世界大战后,美国获得其研究资料,50 年代,贝尔采用火箭助推研制跳跃滑翔轰炸机,后来又有"Bomi 计划"、"Dynasoar 计划"等。

1948 年,钱学森在美国火箭学会年会上做了火箭助推—再入大气层滑翔机动飞行的洲际高速运输系统报告,报告中设想火箭飞机被助推到 300km 高度后

Sanger"银鸟"

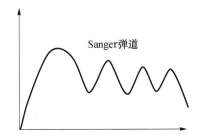

Sanger弹道

图 3　Sanger 飞行器及弹道示意图[4]

再入大气层,火箭飞机借助空气动力实现远距离滑翔飞行,由此提出了另一种几乎没有大幅跳跃的再入平衡滑翔弹道,即"钱学森弹道"(图 4)。

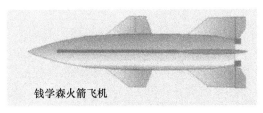

钱学森火箭飞机

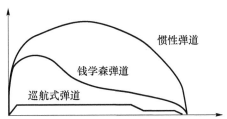

惯性弹道

钱学森弹道

巡航式弹道

图 4　钱学森飞行器及其弹道示意图[4]

　　AHW 计划中 HGB 的弹道未见文献披露。HGB 与 STARS 第三级助推器分离位置约在整个飞行路程的 1/3 略远处,采用常规"锥 + 裙 + 十字翼"布局的 HGB 的滑翔能力似乎没有图 3 中示意的那么大。有报道称分离高度可能在 100km 左右,分离前第三级助推器上的冷气姿态控制系统(ACS)调整飞行器到一个适宜的姿态,然后 HGB 分离,开始靠自身气动力和控制面进行飞行试验。从表 1 可见,HGB 上主要携带的是舵面控制机电系统,带有的压缩氮气可能是用于辅助的姿态调整。因此,AHW 计划中 HGB 的飞行弹道应是类似于 Sanger 或钱学森弹道的一种滑翔弹道,由于仅靠自身气动力,"锥 + 裙 + 十字翼"布局的 HGB 跳跃幅度不会很大。具体的滑翔弹道取决于 HGB 的气动性能(L/D)、热防护能力,以及飞行试验计划想验证的制导技术和获取的测试数据等。

3. AHW 计划的气动布局分析

AHW 计划的目标是要发展一种能飞行 35min、打击 6000km 处目标的导弹,落点打击精度 10m 以内。由此可见,它既要具备洲际弹道导弹射程远、飞行速度快的优点,又要克服弹道导弹飞行中段弹道固定、易于被拦截的缺点;也可以说,它要吸收巡航导弹升阻比高、机动能力强的优点,而克服其飞行高度低、速度慢的缺点。因此,AHW 计划需要研究的就是兼具二者优点的一种新型全球迅即打击导弹。由此分析,AHW 计划中的 HGB 应具备马赫数 10 左右的飞行速度和防热要求,具有较高的升阻比和一定的容积,满足飞行距离、飞行弹道和姿态调控所具备的气动性能。

高超声速助推—滑翔概念不是一个新概念,自德国 Sanger 的研究资料被美国获得后,美国高超声速滑翔飞行器研究一直在进行中。如:1957 年,美国空军的"Dyna - soar 计划",采用"大力神"运载火箭发射,滑翔体为带动力三角翼布局;20 世纪 60 年代开展"空天飞机计划";90 年代又有"Hypersoar 计划",飞行器采用乘波构型,跳跃弹道,以及美国空军航天司令部(AFSPC)提出的"通用航空飞行器(CAV)计划",NASA、波音公司、洛马公司等提出并研究了多种气动布局方案,进入 21 世纪,CAV 计划被纳入 DARPA 和空军的"猎鹰"计划,进行了 HTV 无动力高超声速滑翔飞行验证试验(图 5)。

图 5　各种高超声速滑翔飞行器气动布局[6]

HGB 为了获得适应高超声速飞行的构型和满足滑翔所需的较高升阻比需要,气动布局设计研究主要有 4 种:

（1）升力体；

（2）锥导乘波体；

（3）吻切锥导乘波体；

（4）锥体加翼类。

由此可见,锥体是高超声速飞行的基本构型,也是可见高超声速试验研究文献最多的一种构型；锥体及由其在一定高超声速条件下产生的激波型面构成了锥导乘波体的设计控制面,而吻切锥导乘波体设计则是一种局部的修正,布局设计需要调整各种参数满足升阻比、构型容积、容积率的需要。

AHW 计划中 HGB 气动布局与 HTV – 1 和 HTV – 2 采用的乘波体布局不同,采用了更为常见的"锥 + 裙 + 十字翼"布局。该构型相对技术更为成熟,类似的布局在其他类型的导弹中有应用,如美国"潘兴"II 战术洲际弹道导弹。AHW 计划中的 HGB 气动布局国外资料未见详细参数描述,但从一些报道的外形看,它采用了适合较高高超声速马赫数飞行的尖锥,头部钝度较小,锥体尾部适度向外扩展形成"锥 + 裙"弹体构型（图 6）,这样既增大了弹体容积,也有利于提高飞行稳定性。在此基础上,在弹体中后部设计有相对较长的 4 片"十字"布局的三角翼,有利于提高整个构型的升阻比,三角翼尾部可偏转,这样,更有利于大气层内远程滑翔和机动飞行。

图 6　AHW 计划中的 HGB 气动布局[6]

4. 类似 HGB 构型的气动特性研究

20 世纪六七十年代以来,国外进行了大量的"尖锥、双锥、锥 + 柱 + 裙"以及锥体表面附加控制翼或凸起物的高超声速构型风洞和飞行试验研究,积累了大量锥体布局高超声速气动试验数据。而近 10 年来,CFD 技术的迅速发展,也为研究此类相对简单锥体布局的气动特性问题提供了有利支撑。空气动力学问题研究主要涉及基本的气动力测试、边界层转捩对气动特性、稳定性和控制特性的影响、转捩对气动热的影响、激波－边界层干扰和流动分离等。

4.1 气动力研究

（1）弹翼呈"＋"或"×"飞行状态的6分量气动力研究。AHW计划中HGB滑翔体要依靠自身在大气层中飞行产生的气动力进行滑翔和姿态、弹道调整，充分研究HGB滑翔体的气动特性，如不同飞行姿态的升阻比、弹翼偏角改变对气动力的影响等，对设计飞行弹道和飞行距离，研究HGB滑翔能力、弹道调控能力是必不可少的。

（2）锥表面的边界层转捩研究。边界层转捩对高超声速飞行至关重要，它影响滑翔体的气动力和气动热性能，国内外对此都有长期、大量的研究。

（3）锥和裙拐角处的流动分离和激波边界层干扰研究；锥体与裙体的交界拐角处流动现象较为复杂，出现分离激波，产生分离区，边界层的分离和再附、激波边界层干扰等复杂流动现象需要研究。

（4）弹翼和锥体激波边界层干扰研究。为了增加滑翔和弹道变化机动能力，弹翼的加入也将对锥体流场产生影响，弹翼和锥体激波边界层以及产生的流动分离对气动力性能的影响需要研究。

4.2 气动热研究

HAW计划中的HGB飞行环境与以往弹道导弹有很大不同，弹道导弹通常在末段再入大气层后飞行时间较短；而AHW计划的HGB滑翔体，需要长时间（35min或更长）在大气层内滑翔飞行，而且飞行高度跨度大，从近空间的稀薄气体到稠密大气，跳跃滑翔弹道飞行，飞行器表面热流变化范围大，表面材料需要承受较大的热载荷变化冲击，因此，其长时间的气动加热和防热需要研究，头锥和翼前缘附近是重点。从表1可知，HGB采用了大量轻质耐高温材料。

5. 结束语

进入21世纪，NASA和美国国防部联合提出了"国家航空航天倡议"（NAI），建议美国发展高超声速飞行器分三步走：近期致力于打击关键目标的超声速/高超声速导弹的研究；中期发展能够全球快速到达的高超声速轰炸机；远期发展经济上可负担得起可重复使用的太空运载器。美国陆军更期望用成熟的技术来尽快发展一种新型打击导弹，基于助推－滑翔的高超声速导弹是首选概念，它射程远、机动灵活、突防能力强、精度高，具备常规弹道导弹不具备的一些优点，有较好的发展应用前景。AHW计划演示验证的高超声速技术和方案，如弹道设计、气动布局、热防护数据、制导和控制技术等，都将为未来助推—滑翔高超声速导弹发展提供宝贵的经验。

参考文献

[1] NASA. Advanced hypersonic weapon program environmental assessment[R]. NASA – TP – 451,2011.

[2] Kenneth W I. A comparison of hypersonic vehicle flight and prediction results [J]. NASA TM – 104313,2013.

[3] Gillerlain J D. Fin – cone interference flow field[R]. AIAA – 79 – 0200,1979.

[4] Kenneth F S. Effect of bluntness and angle of attack on boundary layer transition on cones and biconic configurations[R]. AIAA 79 – 0269,1979.

[5] Yang C Y. Maximum endurance and maximum pentration trajectories for horizontal gliding flight [R]. AIAA – 83 – 0283,1983.

[6] Stetson K F. Laminar boundary layer stability experiments on a cone at Mach 8, Part 2: Blunt Cone[R]. AIAA – 84 – 0006,1984.

[7] Broadaway R. Aerodynamics of a simple cone derived waverider[R]. AIAA – 84 – 0085,1984.

[8] Froning H D. Aerospace plane trajectory optimization for sub – obital boost glide flight[R]. AIAA – 96 – 4519,1996.

[9] Wright M J. Numerical and experimental investigation of double – cone shock interactions[R]. AIAA 97 – 0063,1997.

美国 AFOSR 高超声速气动研究进展综述

摘要：空军科学研究办公室（AFOSR）是美国空军基础研究预算投资和管理部门。本文简要分析 21 世纪高超声速飞行器发展的驱动力和面临的两种类型挑战；综述 10 多年来空军科学研究办公室气动热力学与湍流专业组应对挑战的策略和资助研究取得的成果；展望气动热力学领域基础研究未来的发展方向。

关键词：高超声速飞行器；气动热力学；边界层转捩

引言

空军科学研究办公室（AFOSR）隶属于美国空军研究实验室（AFRL），是美国空军基础研究预算投资的管理部门，主要致力于为基础研究和创新研究提供支持。它有两项职责：①辨别和确认新的研究方向；②培育创新科学的发展。长期以来，基础研究始终是美国工程技术原始创新的源泉，空军科学研究办公室的气动热力学与湍流专业组发起并资助多项与高超声速飞行器相关的科学研究，并推动这些研究成果的工程转化。为了打破自 20 世纪 60 年代以来高超声速发展的兴衰周期波动，促进高超声速技术和人才队伍的长期稳定发展，高超声速美国空军科学研究办公室与美国航空航天局（NASA）、桑迪亚国家实验室（SNL）一起提出了美国"国家高超声速基础研究计划"（NHFRP），共同协调未来高超声速技术发展的基础科学研究战略计划。

1. 高超声速发展的驱动力和挑战

近半个世纪以来，军事领域的专家一直认为，更快的速度和更大的范围是改变战争游戏规则的一种有效手段，这也正是高超声速吸引人们不断探索研究的原因。在过去的 10 年，高超声速应用展望主要集中在对时间响应有要求的目标和进入太空的一种经济手段。目前，美国国防部战略转移转向亚太，激发了其快速覆盖长距离武器的需求。高超声速武器能实现快速响应、有效覆盖并增加作战环境中的生存能力，但对其经济效益有争议。图 1 给出了以美国华盛顿为核心、15min 时间内常规和高超声速武器的打击范围。由图可见，常规武器只能覆盖到大西洋中部，而以高超马赫数 6 飞行的武器可以覆盖到洛基山，马赫数 9 飞行的武器则可覆盖到西海岸。在特定的时间范围内,马赫数 6 飞行的武器覆盖面积是常规武器的 50 倍,而马赫数 9 飞行的武器则是常规武器的 120 倍。换句话说,一套马赫数 6 飞行的武器覆盖的区域,相当于需要 50 套常规武器系统及相关的设施和保障人员。因此,从这个角度看,高超声速的经济效益就具有一定的优势了。

带动力的高超声速武器系统本质上是一个高度集成的、空气动力与推进系统密切相互依存的升力体,它需要以往不带动力再入飞行器的热防护技术,需要气动热力学、材料响应和结构载荷等多学科的综合研究。高超声速武器系统面临流体动力学、热物理、高温材料、化学和计算科学等科学的挑战。气动热力学环境决定边界层条件,而边界层条件对上述许多学科而言,是形成科学挑战和决定参数范围的根本原因。因此,有效和准确地预测气动热力学基础状态就成为高超声速武器系统设计和分析能力技术进步的核心驱动力。

近 10 年来,美国开展了一系列高超声速发展计划,这些计划面临的挑战可以划分为两种类型:①工程型挑战,它主要集中在系统集成方面,以及与未知热物理现象主导的一些相关科学方面;这类计划一般采用吸气式推进,关键问题是气动/推进集成、层流/湍流转捩和非定常激波干扰;②知识型挑战,这类计划一般针对更高马赫数、飞行在更高临近空间的高超滑翔飞行器,它的关键问题是离解空间环境产生的热化学非平衡问题,这需要具有气体/飞行器接触面以及靠近飞行器材料表面区域的精确基础热化学反应率的知识。图 2 描述了美国一系列高超声速计划的马赫数与非平衡效应范围的关系,以及它们所属的挑战类型。

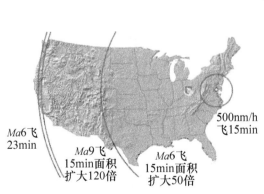

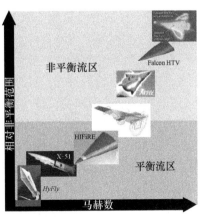

图 1　常规和高超武器 15min 打击范围[1]　　图 2　美国高超声速计划的
挑战类型[3]

2. AFOSR 气动热力学领域主要成果

2.1 AFOSR 气动热力学发展策略

AFOSR 的气动热力学与湍流专业组负责管理资助与高速和高能流相关的流体动力学研究。该专业组主要致力于湍流、边界层、激波主导的流动和热化学非平衡流的基础机理研究。自 2001 年以来,美国空军科学研究办公室采用协调和资助相关单位发起一系列高超声速研究活动的策略,来应对上述高超声速武器系统研究面临的挑战。这些研究活动是:

(1) HIFiRE——高超声速国际飞行研究与实验计划,联合美国空军实验室(AFRL)、NASA 和澳大利亚国防科学与技术组织,进行了旨在支持高超声速科学基础研究的飞行实验研究。

(2) STAR——再入飞行稳定性分析,项目由科学界和工业界专家联合,主要为空军和 DARPA 的 HTV – 2 和 X – 51 计划提供关键技术分析支撑,同时提升先进数值模拟能力在研究和技术发展中的应用。

(3) NHFRP——国家高超声速基础研究计划,为空军、NASA 和桑迪亚国家实验室识别和提供高超通用研究方面的近期、中期和长期科学目标。

(4) 综合气动热力学、高温材料和高温化学领域的基础研究,探索和识别影响高速流宏观性能的能量转移机理。

2.2 研究活动主要成果

HIFiRE 计划的设想始于 2005—2006 年,从科学研究的角度看,飞行试验数据有助于了解在实际飞行条件下关键气动现象如何发挥作用的,同时,也为将地面风洞试验数据和数值模拟数据外推到真实飞行的方法研究提供重要数据。由于飞行试验成本较高,一般大尺度昂贵的飞行验证项目都是在研究和发展完成后,用一次飞行试验来验证技术概念的正确性。这种做法的不足是,没有机会进一步通过飞行试验研究飞行试验中发现的问题。HIFiRE 飞行试验计划不同于一般飞行试验的做法,其采用经济有效的探空火箭为试验件的发射运载器,并开展了 9 次飞行试验,其中 HIFiRE 第 1 和第 5 次飞行试验主要是针对气动热力学问题开展的。

HIFiRE 气动热力学飞行试验的试验件安装在两级探空火箭的顶端,飞行轨迹为抛物线,在飞向地面的后半段,在重力的作用下,火箭加速到高超声速并采集试验数据。

高超声速气动热力学的两个重要研究问题是准确判断层流/湍流转捩和非

定常激波/边界层干扰,这两个问题是高超声速飞行器气动热载荷和声载荷的主要根源,影响飞行器结构设计。HIFiRE 第 1 次飞行试验就是针对这两个问题,试验模型的设计采用了"锥—柱—裙"构型(图3),这个构型有大量的风洞试验数据做研究基础,便于与飞行试验进行对比分析研究。HIFiRE 第 5 次飞行试验是第 1 次试验的一个补充和深化,试验模型采用非轴对称的椭圆锥构型,主要针对三维边界层和强横向流流动情况。NASA 兰利研究中心的 20in Ma6 风洞和卡尔斯潘—布法罗大学研究中心的国家高能激波风洞 LENS 进行过构型的风洞试验。

HIFiRE 飞行试验取得了宝贵的第一手飞行试验数据,并开创了经济有效飞行研究的新思维,为研究风洞试验与飞行试验相关性和数值模拟方法奠定了基础。

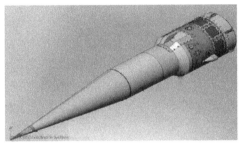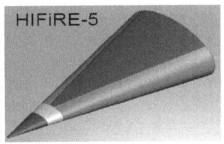

图3　HIFiRE 第 1 和 5 次飞行试验模型[3]

将基础研究成果转化为应用是美国空军科学研究办公室应对高超声速技术挑战的一个策略。再入飞行稳定性分析(STAR)项目由普渡大学、明尼苏达大学、得克萨斯农业和机械大学及空军研究实验室组成的技术团队负责。结合DARPA 开展的 HTV 计划,STAR 团队通过举办专题研讨会方式向有关技术发展机构推广成熟的基础研究工具,与各种小组商讨高超声速层流/湍流转捩预测问题,为机动再入构型设计方法提供支撑。STAR 团队发展的转捩预测方法也为X－51计划的试验与评估机构增添了新能力。

在 HTV－2 前体模型的常规高超风洞试验中发现,按设计的飞行器构型和飞行轨迹,边界层转捩发生的位置比预想的要更靠前,这将增加热防护系统失败的风险。STAR 团队采用计算分析和普渡大学静音风洞试验结果,深入研究了模型头部区域的流线以及可能形成的流动不稳定性。基于试验和数值模拟,修改了 HTV－2 头部形状,进一步推迟了模型表面的转捩发生位置。STAR 团队确认设计飞行轨迹和改进飞行器头锥设计的贡献,保证了 HTV－2 计划顺利进行。此外,他们还在事后分析飞行中出现的问题和物理现象方面提供了重要支持。以同样的方式,STAR 团队也为空军的 X－51 计划提供了边界层转捩预测方面的技术支持。

美国空军科学研究办公室通过资助 STAR，促进先进模拟工具的发展和向应用研究转化。基于线性稳定性理论或抛物面稳定方程（PSE）预测流动不稳定性增长的方法被科学界采用已经有几十年了，但由于缺乏技术成熟度很少被接受。STAR 团队发展了一个称为 PSECHEM 的 PSE 方法，其中考虑了气体化学效应。PSECHEM 是一个用户易于使用的稳定性分析工具，很容易与已有的计算解算器结合。通过对 PSECHEM 进一步的改进工作，该分析工具改名为 STABL，即边界层稳定性分析，它被 STAR 团队应用于 HTV－2 和 X－51 计划的分析工作中。

纵观 20 世纪 60 年代以来的美国高超声速发展历史，支持高超科学基础研究的投资一般都与当时感兴趣的技术系统或应用有关，并且高超声速技术发展的兴衰周期大约为 15 年。为了克服高超声速基础研究的短视现象和保持基础研究队伍的长期稳定，美国国防部高层以及 AFOSR、NASA 和桑迪亚国家实验室的计划管理者都认识到协调高超基础研究的重要性和必要性，因此，美国推出了"国家高超声速基础研究计划"（NHFRP），该计划聚焦基础科学而不是技术，它站在国家的高度上，协调美国各机构在高超基础研究领域的投资，通过加强合作，使可用资源最大化。

NHFRP 主要支持高超领域内 6 个方面研究：

- 边界层机理
- 激波主导流
- 非平衡流
- 超声速燃烧
- 环境、结构和材料的相互作用
- 高温材料和结构

2007 年，美国空军、NASA、海军、桑迪亚国家实验室的相关专家在 NASA 兰利研究中心讨论确定了以上 6 个方面科学研究的近期（2010 年）、中期（2020 年）和长期（2030 年）发展目标[1]。AFOSR 和 NASA 在三个国家高超声速科学中心（NHSC）联合投资 3 亿美元支持 NHFRP 计划中的边界层机理研究、超声速燃烧和高温材料/结构基础研究，图 7 给出了边界层机理研究规划及技术应用对象的例子。三个国家高超声速科学中心因此资助了 18 所大学的 100 多名研究生从事发展未来高超声速能力所需的基础研究工作。NHFRP 计划也被美国国防部联合技术办公室采纳作为国防部的基础科学计划。NHFRP 计划将按制定的目标根据研究进展进行适当调整，如：自 2007 年起草以来，2009 年进行过修改，2013 年也将进行修订。

3. 未来的研究方向

美国空军科学研究办公室最重要的作用之一是资助创新科学的发现并推动其前进,这些创新科学将提升未来空军的能力。基于对气体热力学领域众多科学挑战的观察,气动热力学与湍流专业组未来研究的资助方向是:气体中能量的转换,即气体运动态、分子态和化学态能量之间的转换,探究分子尺度的能量转换特征、建模和控制机理,研究其是怎样主导飞行器或宏观子系统表面气体流动性能的。通过强调基础科学研究问题,气动热力学与湍流专业组期望将有关组织的注意力聚焦到科学挑战上来,将专业组的研究拓展到空军感兴趣的更广的应用领域中去,如:热管理和定向能系统。

以往气动热力学方面的许多进步都是基于对各种模态能量转换的新认知而取得的。如:用采用离散的展向粗糙元控制横向流的不稳定性;用吸声表面控制二阶模态的不稳定性;化学反应对边界层内湍流脉动影响的模拟;CO_2 对二阶模态不稳定性的作用研究。美国空军科学研究办公室资助的这些研究对能量转换机理或相互作用都有新认知,能量转换影响着流动的宏观性能,这也是将能量转换作为未来研究方向的原因。

将来一旦掌握了主导能量转换机理的知识,人们就能发展控制宏观流动性能的革命性手段和方法,流场就可以被设计成有利于特定能量转换机理的流场,并能产生可应用的优化流态。过去流体动力学研究没有系统地关注这一方面,推动该领域基础研究的突破将能实现更广的技术效益。以前与气体激光和等离子体加工相关的研究已经对流场内激发能态的产生进行了探索,这方面的知识将被用于探索特定流动结构和现象的产生和控制。如此,就可能产生一个流动控制的新分支,它致力于探索能量转换机理和转换率,使产生的流动本能地朝向人们设计的状态发展。在大规模并行计算和高解析光学诊断方法突破的辅助下,科研人员正在探索研究基于转化率的微尺度和分子尺度的能量转换过程,研究它们在形成流场宏观性能过程中所起的关键作用。

参考文献

[1] John D S. Hypersonics into the 21st century:A perspective on AFOSR - sponsored research in aerothermodynamics[R]. AIAA 2013 - 2606,2013.

[2] Wadhams T P. Pre - flight ground testing of the full - scale HIFiRE - 1 vehicle at fully duplicated flight conditions:Part II[R]. AIAA 2008 - 0639,2008.

[3] Thomas J J. Instability and transition on the HIFiRE - 5in a Mach - 6 quiet tunnel[R]. AIAA 2010 - 5004, 2010.

[4] Karen T B. Aerothermodynamic characteristics of boundary layer transition and trip effectiveness of the HI-FiRE flight 5 vehicle[R]. AIAA 2009 – 4055,2009.

[5] Leyva I. Transition delay in hypervelocity boundary layers by means of CO_2/acoustic instability interactions [R]. AIAA 2009 – 1287,2009.

[6] Kimmel R. HIFiRE – 1 boundary layer transition experiment design[R]. AIAA2007 – 53,2007.

[7] Steven W. Falcon HTV – 3X – a reusable hypersonic test bed[R]. AIAA – 2008 – 2544,2008.

吸气式高超声速飞行器边界层控制研究概述

摘要：吸气式高超声速飞行器是近空间飞行器研究的重要内容之一。本文概述近年来美国 NASA 兰利研究中心使用 Hyper – X 模型进行吸气式高超声速飞行器边界层主动和被动控制研究的情况。NASA 兰利研究中心在 0.508m(20in) 马赫数 6 和 0.787m(31in) 马赫数 10 风洞使用 Hyper – X 模型进行高超声速边界层控制主动和被动方法研究，评估强迫转捩几种概念的有效性，包括使用被动离散粗糙元和主动质量增加(吹气)。被动粗糙度研究产生的后掠斜坡构型已经成功用于马赫数 7 飞行试验。本文介绍研究采用的各种边界层主、被动控制构型及试验模型热传导分布、激波系分布和表面流谱测量方法；对部分边界层主、被动控制典型结果进行比较。

关键词：吸气式高超声速飞行器；边界层控制；超燃冲压技术

引言

　　吸气式高超声速飞行器是国外近空间领域高超声速飞行器发展的重点研究内容,被美国视为未来实现全球到达,全球作战快速反应能力的重要手段。20世纪 90 年代以来,以美国为代表的发达国家经过不懈努力,在超燃冲压发动机为动力的吸气式高超声速飞行平台方面,技术上陆续取得重大突破,并相继进行了地面和飞行试验。吸气式高超声速飞行技术已经从概念和原理探索阶段进入了以高超声速巡航弹、高超声速飞机、跨大气层飞行器和空天飞机等为应用背景的先期技术开发验证阶段。吸气式高超声速飞行器采用超燃冲压发动机与机身一体化设计技术,机身前体被设计用来预调将被发动机进气道吸入的气流。如此设计的全尺寸吸气式高超声速飞行器前体能使气流在进入进气道前形成湍流,这有利于减轻发动机内的流动分离,有利于发动机燃烧。然而,对于风洞模型试验和缩尺飞行器飞行试验,较短的飞行器前体长度不太可能在发动机进气道前自然转捩形成湍流。为了能正确地将超燃冲压发动机风洞和缩尺飞行试验结果外推到未来的全尺寸飞行器,就需要研究利用边界层转捩装置强迫前体形成湍流流动,研究筛选各种离散粗糙元构型的有效性,使高超声速边界层按可控和可预测的方式转捩,这是缩尺模型飞行试验必须掌握的技术。同时为了将来应用,还需要研究稳定质量增加(吹气)边界层主动控制方法的有效性和可行性。

1. 模型上边界层主、被动控制构型

美国 Hyper-X(X-43A)计划已成功完成马赫数 7 和马赫数 10 条件下的飞行试验,其目的是获取完全与飞行器机身一体化的自主高超声速吸气推进系统的飞行数据,以便验证和校准用于设计和飞行性能估算的试验方法、数值方法和分析方法。为了确保计划成功,许多试验技术必须达到可接受的成熟水平,其中之一就是在飞行器上建立控制边界层的有效手段。为了最大程度地减小超燃冲压发动机对激波诱导流动分离的敏感性,进而减小发动机不启动的可能性,接近进气道的边界层应为湍流。基于目前对高超声速飞行条件下细长、平面布局形式边界层转捩的认识,在 Hyper-X 的前体估计不会发生自然转捩,因此需要边界层控制装置以确保在飞行条件下进气道处是湍流边界层。作为与机身完全一体化的超燃冲压推进系统的一部分,飞行器迎风面被设计用来压缩和预处理进入进气道的气流。迎风面的前体特征是薄机头前缘和 3 个平斜坡,离散的压缩角有改善转捩的趋势,但其程度尚不清楚,它为发动机产生系列离散非等熵的流动压缩。平斜坡外边是设计用来减小三维效应和流动溢出的鳍。模型的大部分用铝制造,前缘用不锈钢制作,可以拆卸,以便损坏后更换。可更换的边界层主、被动控制装置位置和尺寸是基于模型上当地位置的流动特性确定的。

Hyper-X 前体分析采用 NASP 计划发展的高超声速边界层转捩准则。美国研究的边界层被动控制装置主要有 4 种形式(图 1):
   (1)随机分布粗糙元;
   (2)孤立球体;
   (3)孤立钻石体;
   (4)后掠坡状涡发生器。

图 1　Hyper-X 前体边界层被动控制研究构型[1]

声速射流用于飞行器姿态控制研究已经有多年的历史。许多早期的研究认

识到这些装置能够产生涡并在边界层中形成转捩。研究表明,主动吹气声速射流对边界层的控制能力与被动边界层球控制装置获得的结果在很多方面相似。吹气或质量增加概念被证明能够在边界层内产生诱导涡。图2给出了试验研究的边界层吹气主动控制的一些构型,包括各种孔阵列、直槽和锯齿槽、透气插件概念。

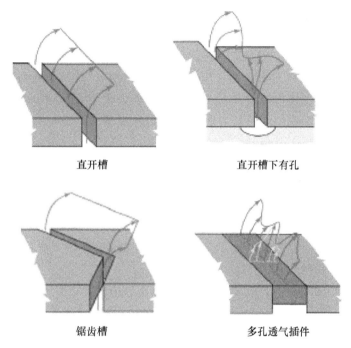

直开槽　　　　　　　　　　　直开槽下有孔

锯齿槽　　　　　　　　　　　多孔透气插件

图2　Hyper – X前体边界层主动控制研究构型[3]

2. 风洞和采用的主要测量技术

Hyper – X边界层主、被动控制试验研究在NASA兰利研究中心空气热动力实验室(LAL)0.508m(20in)和0.787m(31in)风洞进行。这两座风洞是常规下吹式风洞,它们使用干燥、过滤和加热的空气作为试验介质。0.508m(20in)风洞典型的运行条件是总压范围(0.21 ~ 3.45) × 10^6 Pa,总温范围210 ~ 260℃,自由流单位雷诺数(0.16 ~ 2.56) × 10^7/m,名义马赫数6,试验段截面0.521m × 0.508m,风洞运行时间能够达到15min。0.787m(31in)风洞典型的运行条件是总压范围(0.24 ~ 1.00) × 10^7 Pa,总温732℃,自由流单位雷诺数(1.6 ~ 7.22) × 10^6/m,名义马赫数10,试验段截面0.787m × 0.787m,设备最大运行时间约2min。

(1)磷热分布测量技术。气动加热试验采用双色相对密度磷热分布测量系统。该技术在陶瓷制作的模型上涂有磷,当用紫外线光照射时,它能发出红和绿两种可视光谱。荧光强度取决于入射紫外光的量和磷的当地表面温度。用彩色摄像机记录风洞气流中模型的荧光强度图像,模型表面温度图就能计算出来。试验研究前进行系统的温度校准产生参考数据表,利用它将红和绿强度对比图转换成全场温度图。使用风洞吹风时不同时间采集的温度图像,假定是一维热传导情况计算全场热传导图像。这个技术的主要优点是能够获得定量热传导数据全场解。这些数据可用于确认复杂三维流动现象(例如转捩前缘、湍流楔、边界层涡等),这些问题用离散测量技术是很难解决的。磷热分布测量技术的模型制造比其他技术快捷经济,并且该方法能提供定量全场信息,因此在兰利中心经常常用。该技术获得的热传导测量结果与常规薄膜阻力计测量结果和 CFD 估算结果的比较表明有很好的一致性。磷热分布测量技术误差是模型表面温度的函数,对 0.508m(20in)风洞(马赫数6)为 8% ~ 10% ,0.787m(31in)风洞(马赫数10)为 7% ~ 10% ,整个试验的不确定度为 ±15% 。

(2)磷热分布测量模型制造采用铸陶瓷工艺。由于边界层控制装置后的斜坡段沿展向大部分是平面的,所以采用 6.35mm 厚的陶瓷平片用作磷的基底材料。陶瓷基底用悬浮于硅基胶合剂的磷混合物喷涂。不同风洞吹风车次之间,涂层不需要重新抛光,涂层厚大约 0.025mm。

(3)纹影测量技术。该技术可以观察分析模型表面边界层控制装置产生的激波体系及其与边界层的干扰情况。0.508m(20in)风洞装备有白光脉冲、单通道纹影系统,视场能覆盖整个试验核心区。0.787m(31in)风洞安装了一个类似的纹影系统。纹影图像用高解析度数字照相机和摄像机记录。

(4)油流显示技术用于观察分析表面流线图案及流动分离转捩情况。模型表面被喷涂成黑色以加强与跟踪流线运动用的白色颜料的对比度。表面流线的流动用常规摄像机记录,试验后的数字照片用高解析度数字照相机记录。

3. 边界层主、被动控制主要研究结果

3.1 无边界层控制装置基本模型

图3是 Hyper – X 前体基本模型马赫数6和马赫数10无边界层控制装置自然转捩结果。这些结果与 CFD 计算和油流比较显示前体大部分是层流,层流流动与低剪切区融合沿整个脊长运动,产生一个从压缩斜坡拐角处发散的脊涡。根据油流表面流线观察,流动溢出平斜坡,在第一斜坡末端仅有 1/3 表面流线将被进气道捕获。这些结果证明了早期对流动分离和质量捕获问题的担心。加热

结果显示前两个斜坡是层流,转捩发生在最后的斜坡。自然转捩开始在第一斜坡末端能使流动溢出最小并且能给进气道提供湍流边界层。因此,即便在高噪声的常规高超风洞环境中,也需要采用边界层控制装置来实现强迫转捩。

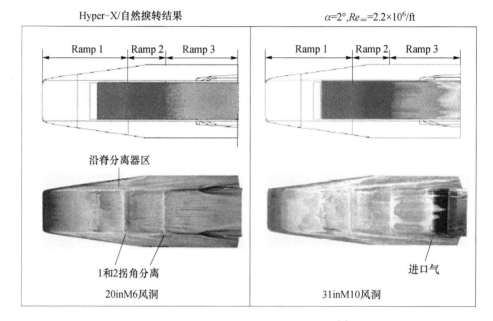

图3　马赫数6、10风洞自然转捩结果[5]

3.2　边界层被动控制装置典型结果

图4是边界层被动控制装置 Trip 1(离散钻石体)和 Trip 2c(后掠坡状涡发生器)增加高度结果的比较。从图可见,增加控制装置高度(k),从进气道口到第一斜坡的转捩起始位置产生了一个对称向前的移动。两种控制装置开始影响转捩起始位置的高度是 $k=0.762mm(k/\delta=0.25)$;当 $k=1.524$ mm$(k/\delta=0.5)$ 时,斜坡 2 上转捩有一个明显的前移;当 $k=3.048mm(k/\delta=1.0)$ 最大高度时,Trip 1 转捩起始位置移动到斜坡 2 前,Trip 2c 显得稍微落后。Trip 2c 与 Trip 1 相比,改善转捩的效果稍微差点。热传导分布与 CFD 比较表明,对最大的边界层控制装置高度,转捩起始位置接近边界层控制装置。

3.3　边界层主动控制装置典型结果

进行边界层主动控制装置研究时,用于边界层被动控制的粗糙元被各种吹气模块组件替代,并且储气内腔的压力和总质量流被实时监测。图5给出了H5构型加热和纹影结果。H5 构型有展向单排 17 个直径 0.508mm 的孔,孔间距

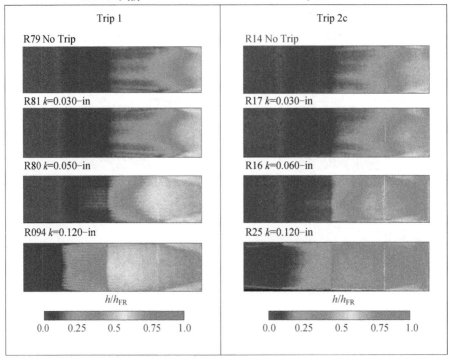

图 4 马赫数 10 风洞被动调控结果比较[5]

3.175mm。用压力传感器监视不吹气试验时模型表面静压,典型值为 $P_2 =$ 552Pa。一般情况下,通过孔吹气建立声速射流吹气压力需要 2 倍的当地静压值。然而,孔附近的表面压力由于射流前形成的诱导层流分离而稍微偏高。

从图 5 可见,当吹气压力 P_{man} 是当地静压值 P_2 的 5 倍时,在纹影波系和转捩移动方面,与不吹气相比差异很小;当大约 20 倍时,边界层内会产生一个大的扰动,出现一个轻微的激波,并且转捩位置前移到第二斜坡上;当大约 80 倍时,将产生一个更强的射流激波并且转捩位置前移到第一斜坡上。对最高压力 $P_{man}/P_2 = 250$ 的情况,射流穿透高度大约与计算获得的边界层厚度相同,它使射流诱导激波进一步离开模型体并且强迫分离区移向模型的远前方。对这种情况,转捩移动在靠近转捩控制装置后似乎就稳定了。事实上,在整个湍流区的加热水平似乎已有轻微下降,这或许显示出一种流逸冷却现象。

为了系统地解析转捩开始位置,加热图像被用于提取沿气流方向的展向加热分布,然后进行平均(减小散布)并与无吹气的基本型比较。转捩开始位置通过高于基本型加热分布 10% 来判断。以这种方式分析时,对最高压力情况转捩开始位置明显在第一斜坡上,尽管这从加热图像观察并不明显。对最低吹气情

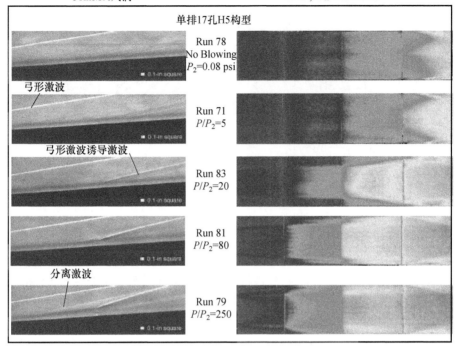

图5　H5 单排孔吹气边界层主动控制结果

况,当吹气压力 P_{man} 是当地静压值 P_2 的 5 倍时,转捩开始位置比自然转捩位置轻微前移,从 $x/L=0.5$(大约进气道位置)移到 $x/L=0.41$;当增加到 10 倍时,转捩开始位置跳至第二斜坡上 $x/L=0.31$ 处;20 倍时,在第二斜坡上仅产生轻微但稳定地转捩前移;直到 80 倍时,转捩开始位置移到斜坡拐角处($x/L=0.26$);160 倍时,转捩跳至第一斜坡上($x/L=0.22$)。过了这个位置,压力继续增加,没有观察到转捩位置的进一步前移。

根据 NASA 艾姆斯研究中心的经验,保证孔声速射流建立需要的最小压力比 $P_{\text{man}}/P_2=1.89$。对层流情况,射流诱导的流动分离将增大当地压力大约 2 倍以上。由于测得的 P_2 是基于无吹气的,因此要保证孔或槽内声速条件,P_{man}/P_2至少需要 4 倍量级。压力比超过这个值,声速射流将进一步膨胀进边界层,增加射流穿透高度和分离区。图6 给出马赫数 10 时各种边界层吹气构型转捩开始位置随吹气压力与静压比的变化情况。结果指出要感知转捩点从自然转捩位置 $x/L=0.5$ 移动,一般来说吹气压力须是表面静压值的 5 倍。根据图 6 纹影结果,$P_{\text{man}}/P_2=5$ 正好能产生边界层内扰动形成一个从射流释放出的非常细的激波。为了使转捩显著移向边界层控制装置,$P_{\text{man}}/P_2\approx40$。

根据最低的压力有最大的转捩移动,从图 7 可以看出,最好的构型是锯齿

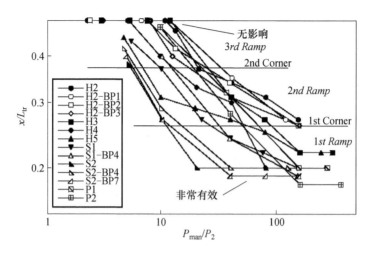

图 6　各种吹气构型转捩位置随压力比的变化

型。S2 构型,在压力比 20 ~ 40 的范围,几乎都能得到有效的转捩移动。根据效率原则第二个最好的是 H4 构型,该构型在低压条件下开始时滞后于 H5 构型,但在高压条件下变得更有效。接下来,直槽构型转捩对称向前移动,在压力比 100 左右接近极限。令人惊奇的是 S1 加阻塞透气块的 BP4 构型对结果没有显著的影响。一般认为,直槽将产生二维扰动,它对改善转捩效果很小,增加阻塞透气块对该构型会诱导三维特性。多孔构型的 P_1 和 P_2 对 160 的压力比能够获得有效的边界层控制。如图 7 所示,发挥作用更好的是对应有更大的出口面积因而有更高质量流的构型。马赫数 6 试验结果与此类似。

图 7 给出马赫数 10 时各种边界层吹气构型转捩开始位置随吹气质量流率的变化。按照最低的质量流率有最大的转捩位移的原则,有阻塞块的 H2 构型似乎最好。阻塞块减少了总出口面积,进而减少给定压力比的质量流。然而,开孔间距的增加会产生更不均匀的转捩前缘线,这对要考虑流动均匀问题(如超燃冲压进气道内)的一些应用需要引起注意。对图 8 结果的另一种解析是,对给定质量流率而能产生更高吹气压力的构型效果更好,如那些具有堵塞块的构型。

图 8 给出主动和被动控制装置激波系典型结果的比较。两个被动边界层控制装置 Trip 1 和 Trip 2c 构型的最大高度为 $k = 3.048\mathrm{mm}$。按风洞条件计算的边界层厚度是 $\delta = 3.175$ mm。从纹影照片观察到的模型表面上的黑带对应边界层的边缘,边界层高度基本和边界层控制装置高度相当。给出的两种主动控制情况是对应最好作用效果的 S2 和 H4 构型,获得边界层有效控制的最小压力比分别是 $P_{\mathrm{man}}/P_2 = 20,80$。两种主动控制情况观察到的射流的穿透高度小于边界层边缘,大概都是 $j/\delta = 0.5$。与被动情况相比,同时伴随小的射流激波和流动分

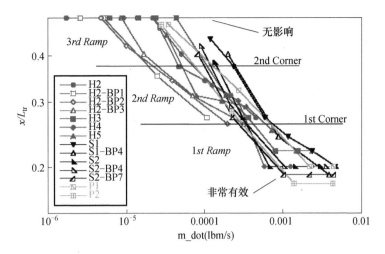

图7 各种构型转捩位置随吹气质量流率的变化

离。单独的射流穿透高度不能直接与被动控制装置高度类比,目前的研究结果建议,放大2倍射流高度更适合于将主动结果等量于被动结果。

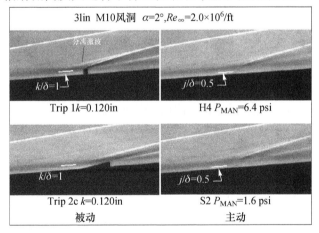

图8 主、被动控制流场和激波结构比较

4. 结束语

美国 NASA 兰利研究中心在 0.508m(20in)(马赫数6)和 0.787m(31in)(马赫数10)风洞进行了缩尺33% Hyper – X 前体模型的边界层调控效率试验研究。磷热分布测量技术用于测量模型表面热传导图像和分布,用它来监视各种主、被动边界层控制装置转捩起始位置的移动;油流技术用来获取模型表面流线信息;边界层控制装置及模型产生的详细激波系分析用纹影技术来完成。边界层被动调控结果已用于选择 Hyper – X 马赫数 7 飞行器最终采用的边界层调控构型及其高度,并已成功进行了飞行试验。

　　边界层主动控制研究筛选了 14 种吹气构型,结果显示所有构型对产生转捩起始位置移动都是有效的。吹气压力比为 5 时,刚好能确保喷口声速射流条件;为了将转捩起始位置移动到边界层控制装置附近,从而提供有效的调控,需要 40 或更高的压力比;锯齿槽构型产生有效的转捩移动需要的吹气压力比最小;单排较大孔排列的 H4 构型是圆孔概念中最好的。试验研究结果表明,用于高超声速吸气式飞行器的主动边界层控制方法是可行的。

参考文献

[1] Berry S A. Forced boundary layer transition on X – 43 (Hyper – X) in NASA LaRC 31 – inch Mach 10 air tunnel[R]. NASA/TM – 2000 – 210315,2000.

[2] Berry S A. Forced boundary layer transition on X – 43 (Hyper – X) in NASA LaRC 20 – inch Mach 6 air tunnel[R]. NASA/TM – 2000 – 210316,2000.

[3] Calleja J F. Boundary layer transition experiments on a one – third scale Hyper – X forebody model at Mach 7 and 10 [R]. GASL – TR – 382,2000.

[4] Rausch V L. Hyper – X: flight validation of hypersonic airbreathing technology [R]. ISABE – 97 – 7024,1997.

[5] Rausch V L. NASA scramjet flights to breath new life into hypersonics[J]. Aerospace America,1997,35 (7):40 – 46.

[6] Mcslinton C R. Hyper – X wind tunnel program[R]. AIAA 98 – 0553,1998.

[7] Scott A B. X – 33 hypersonic boundary layer transition[R]. AIAA 99 – 3560,1999.

[8] Horvath T J. X – 38 Experimental aerothermodynamics [R]. AIAA 2000 – 2685,2000.

[9] Berry S A. Results of aerothermodynamic and boundary – layer transition testing of 0.0362 – scale X – 38 vehicle in NASA Langley 20 – inch Mach 6 tunnel[R]. AIAA 2000 – 2685,2000.

[10] Hollis B R. X – 33 computational aeroheating predictions and comparisons with experimental data[R]. AIAA 2000 – 2685,2000.

美国高超声速天地运输系统新概念研究

摘要：高超声速天地运输系统是航空航天的重点发展领域之一。本文介绍近期美国研究的一种二级入轨高超声速天地运输系统(HSGTS)新概念；分析第一、二级的主要设计特征；给出该设计概念的主要气动力 CFD 计算结果。

关键词：天地运输系统；高超声速飞行器；超燃冲压发动机

引言

　　未来深空探测载人任务或机器人任务，如进入火星或太阳系内、外空间，都需要将大量的设备载荷运送到近地轨道。目前，设备载荷运送成本大约是每磅重量 5000～10000 美元，因此，限制这些任务执行次数的一个关键因素就是设备载荷的运送成本负担能力。运送成本负担能力制约高超声速运载器军事用途的太空作战和运输，也制约太空的商业利用，如太空旅游、太空研究、太空制造和天基太阳能等。研究业已证明，利用完全可重复使用运载系统，只要维护成本足够低，并且运载器周转时间足够快以确保高利用率，运送成本就可以降至每磅重量 500 美元以内。

　　在过去的 10 年中，美国不断进行高超声速运载器的技术和方案概念研究，如称为 FASST(未来灵活的太空系统解决方案)的二级入轨概念，该方案运载器是一个水平起飞一级涡喷动力和二级基于火箭组合循环(RBCC)动力的高超声速飞行器，曾经是按照满足成本运载负担能力目标设计的最有希望的概念之一。近期，美国 Astrox 公司、莱特—帕特森空军基地航天系统设计和分析组以及波音公司合作，采用内转(inward - turning)超燃冲压进气道发展了创新性的 RBCC 二级概念，其第一级由可重复使用火箭助推。波音公司在此基础上，对第一级进行了改进，采用涡轮动力水平起飞，第二级不变，建立了高超声速天地运输系统(HSGTS)新概念。其目标就是要实现运载器的完全可重复使用、长寿命、低维护、高安全和高效用，最大限度地降低运送成本，提高运送载荷能力。

1. 高超声速天地运输系统新概念

　　高超声速天地运输系统(HSGTS)新概念设想是要能在地球上两地之间快

速运输、以及地面向太空快速运输。这个新概念采用一系列能够大幅度降低运送载荷成本的技术和功能属性,通过优化设计和技术的逐步成熟,最终实现可负担得起的地/地和天/地之间的高超声速运送能力。

1.1 可负担得起的高超声速运送能力的基本要求

为了满足未来日常频繁地可负担得起的太空运送能力要求,运载器需要具备一些基本的要求,主要包括:

(1)安全。包括非常可靠的失败 – 安全系统设计和一体化技术、安全中止技术等。

(2)经济。包括低研发成本、干重量和燃料消耗、高可重复使用性、可靠性、易维护性、元件寿命和工作效用。

(3)高性能。包括高发动机比冲、推阻比和升阻比,低重量。

(4)灵活性。包括全天候,众多基础选择,自我运送,大发射窗口,全方位角,大再入横向空间和向下空间。

(5)与后勤和环境限制兼容。包括类似飞机一样的地面操控,飞行运行,空中交通管制集成和领空飞越,可接受的噪声和辐射。

(6)可接受的乘客舒适度。包括最低的过载和舒适座舱环境。

1.2 高超声速天地运输系统(HSGTS)新概念

最新发展的高超声速天地运输系统新概念是一种完全可重复使用、水平起降、二级入轨运载器[图1(a)]。该运载器一、二级动力均采用吸气推进系统,第二级动力使用低维护、长寿命液体推进剂火箭发动机和低维护性的热防护系统,运载器集成有飞行器健康管理系统。这些技术和特性的组合选择,主要目的是能达到像普通飞机一样工作和高的利用率,因此,相比火箭能够显著降低运载成本。另外,第一级的替代方案也可以采用垂直起飞、水平滑翔降落可重复使用的火箭[图1(b)]。目前,美国空军实验室正在设计和验证可重复使用的助推器系统(RBS)。

1.3 HSGTS 第一级主要设计特征

HSGTS 第一级(图2)的作用是携带第二级加速飞行到第二级飞行所需的匹配速度马赫数4,然后第一、二级分离,第一级返回地面,第二级加速进入低地球轨道。第一级概念设计是一架使用碳氢燃料涡轮发动机推进的水平起降飞机,设计原自北美飞机 XB – 70。采用该设计理念的主要原因在技术方面。XB – 70 是一个马赫数大于3的大型飞机,大的三角机翼上表面平展,既有利于提高升力效率,也有利于与第二级匹配;另外,较大的发动机舱有利于布置起落

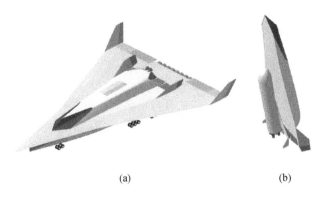

(a)   (b)

图1 吸气式二级入轨 HSGTS 新概念[1]

架、双进气道以及为第二级火箭发动机提供交叉供给的燃料和氧化剂罐,在起飞和通过跨声速飞行区时,第二级上的发动机也要工作,提供辅助推力。

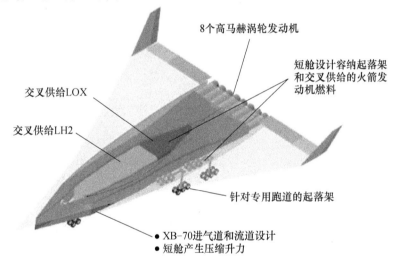

图2 HSGTS 第一级概念设计[1-3]

    HSGTS 第一级的动力推进采用 8 个通用电气(GE)为 NASA 设计的革命性涡轮加速器(RTA)发动机;同时,还将研究推力补偿技术,如质量注入预压缩机冷却(MIPCC)、燃烧室后注入氧化剂等。MIPCC 技术在发动机压缩机前进气道注入水,可使常规超声速涡轮发动机满足马赫数 4 以上速度的使用需要。

    HSGTS 第一级长 175ft,总重量 662000lb,其中,3030001b 是涡喷发动机的碳氢燃料,36000lb 是为第二级提供补偿动力需要的液氢和氧推进剂。第一级的材料主要采用常规高温金属、陶瓷或高温复合材料,主要目的不是为了热防护,而是增强耐久性和易维护性。按照 HSGTS 两级总重量 1.22Mlb,起飞速度为 210mile/h。

1.4 HSGTS 第二级主要设计特征

HSGTS 第二级(图3)是达到马赫数4后与第一级分离,加速飞向低地球轨道的飞行器。第二级采用两台顶置 RBCC 发动机,该发动机是一种双模态超燃冲压发动机,分别使用甲烷、液态氢和氧为燃料。发动机采用了先进的三维内转流道,因而避免了典型 TBCC(基于涡轮组合循环)发动机复杂的多个吸气式发动机与流道的集成问题。

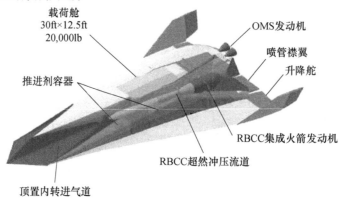

图 3　HSGTS 第二级概念设计[1-3]

顶置发动机设计避开了复杂的发动机热防护问题的技术挑战,很好地解决了第二级再入大气无动力飞行时的热管理问题。同航天飞机一样,第二级将以大迎角再入大气层返回机场,将 RBCC 发动机流道设计于几近真空的飞行器上表面,避免了大热载荷的影响。

由于第二级在高超声速区飞行,与第一级相比,超燃冲压发动机较小,因此需要相对较小的进气道捕获面积,容易设计获得大的进气道捕获面积与飞行器前端面积比,其优点是较小的超燃冲压发动机喷管面积有利于降低跨声速阻力,并使第二级获得较高的高超声速推阻比,有效增加比冲,降低燃料消耗。

第二级设计的另一个优点是采用平底,便于与第一级机翼进行气动力优化。第二级设计的最大挑战是保形低温推进剂容器的设计,它需要最大限度地利用机体提供的空间,需要精确设计和估算其重量,这也是概念设计后期需要做的工作。

HSGTS 第二级长 158ft,总重量 558000lb。其中,20000lb 为运送的载荷;158000lb 为超燃冲压发动机马赫数4~10需要的液态甲烷燃料;36000lb 液氢和217000lbLOX 为从马赫数10到轨道所需的燃料。第二级制造材料采用高温聚合物复合材料,并将使用耐久低维护热防护系统,如 NASA 研制的结构集成热防护系统(SITPS)。

2. 气动性能及关键技术

基于以上概念设计,重点对第二级飞行器进行了空气动力性能和轨迹数值计算和分析,研究了面临的主要关键技术挑战。

2.1 HSGTS 第二级气动性能和轨迹分析

美国 Astrox 公司利用 Cart 3D 欧拉计算程序,对第二级飞行器飞行马赫数和攻角范围内的无黏气动力特性进行了数值计算研究(图4),计算包括有、无空气流经 RBCC 流道表面;表面压力分布(图5)。这些计算都考虑了进气道溢流的影响。波音公司采用 van Driest Ⅱ 平板方法计算了无流道表面摩擦系数。

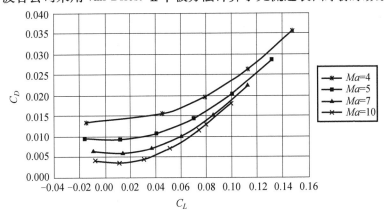

图4　CFD HSGTS 第二级极曲线计算结果[1-3]

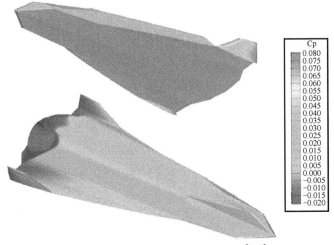

图5　$Ma = 10, \alpha = 4°$ 表面压力分布[1-3]

根据计算获得的气动力数据和动力推进数据,利用三自由度运动方程计算了第二级飞行器轨迹(图6)。计算中马赫数4~10采用吸气超燃冲压动力,保持2000psf的动压加速,然后采用火箭动力拉起并加速到轨道速度和高度。第二级飞行器设计飞行攻角4°,非常接近马赫数4第一、二级分离飞行平衡攻角3.8°,分离后,第二级在整个吸气推进飞行阶段,攻角变化范围很小(+0.03° ~ −0.3°)。

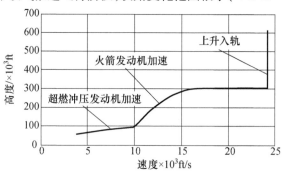

图6 HSGTS 第二级飞行轨迹[1-3]

2.2 HSGTS 主要关键技术挑战

如果高超声速技术能够稳定发展并有足够的资金支持,HSGTS 能够在未来15~20年取得成功。2004年完成了氢燃料超燃冲压发动机为动力的 X−43A 飞行试验,2010年完成了碳氢燃料超燃冲压发动机为动力的 X−51A 飞行试验,在 X−37 和 HTV−2 上进行了高温材料和热防护系统的飞行试验验证研究。目前,发展 HSGTS 面临以下主要关键技术挑战:

(1) 大尺度超燃冲压发动机。目前,高超声速发动机地面试验试验件长一般15~20ft,试验时间几毫秒,需要用 CFD 技术补偿地面试验的不足。发展能用于飞行验证、飞行速度马赫数10以上的大尺度发动机是主要关键技术挑战。

(2) 在低速推进区,特别是跨声速区,需要获得适当的推力。

(3) 发展持久、低维护高性能高温结构材料和热防护系统。持久性和易维护性类似目前的航天材料,但要能在 2500~5000℉下工作。

(4) 发展轻质、高温发动机材料、密封和热管理技术。

(5) 发展轻质、长寿命、保形低温推进剂容器。

(6) 在现实经济高度不确定度的环境中设计高度集成的飞行器。

3. 结束语

进入21世纪以来,美国积极推进高超声速飞行器发展,高超声速飞行器发展路线图逐步清晰。首先,发展高超声速导弹,在 2020 年形成全球快速打击能力;然后,发展无人高超声速飞机,在 2025 年形成全球侦察、战区巡航能力;2030年以后,形成完全可重复使用、负担得起的 HSGTS 能力,将进入太空的成本降低到目前成本的 10% 以内。实现这个目标,除了技术问题,还需要有高的利用率做保证,因此,发展 HSGTS 离不开国际合作。为了提高利用率,HSGTS 除了用于进入太空,地球上两地之间的快速运输也将是 HSGTS 的服务领域。

参考文献

[1] Kevin G B. The hypersonic space and global transportation system:a concept for routine and affordable access to space[R]AIAA2011 – 2295,2011.

[2] Kothari A. Rocket based combined cycle hypersonic vehicle design for orbital access[R]. AIAA2011 – 2338,2011.

[3] Kothari A. A reusable, rocket and airbreathing combined cycle hypersonic vehicle design for access – to – space[R]. AIAA2010 – 8905,2010.

美国高超声速巡航飞行器研发进展

摘要：高超声速巡航飞行器是美国未来发展远程情报/监视/侦察、远程攻击和投送的平台，是美国空军和国防预研局重点资助研发的项目之一。本文介绍美国为研制高超声速巡航飞行器而开展的"猎鹰"计划最新进展，探讨实现高超声速巡航所需演示验证的关键技术，阐述基于涡轮喷气的组合周期推进技术的概念和试验研究情况。

关键词：高超声速巡航飞行器；高超声速技术飞行器；基于涡轮喷气的组合循环推进

引言

为了能实现从美国本土迅速到达世界各地，完成远程情报/监视/侦察（ISR）、远程攻击和投送等任务，美国空军和美国国防预研局（DARPA）设想发展一种高超声速巡航飞行器（HCV），它能从普通机场跑道起飞，从低速经跨、超声速加速到马赫数 6 以上巡航飞行，完成任务后逐步减速返回机场着陆。由于这种高超声速巡航飞行器所经历的飞行空域和速域广，不能靠现有的任何单一动力推进技术来满足这种飞行器在不同速度范围的推进要求，因此，美国发展了基于涡轮喷气的组合循环推进技术（TBCC）。除此之外，高超声速巡航飞行器还面临诸多技术挑战。因此，美国空军和美国国防预研局于 2003 年启动了"猎鹰"计划（Falcon Program），目的在于发展和验证用于高超声速巡航飞行器的高超声速技术。

1. 美国高超声速巡航飞行器发展途径

由于高超声速巡航飞行器的研发技术复杂、风险高，美国为了发展和和验证高超声速巡航飞行器需要的一些技术，如：高升阻比空气动力学、基于涡轮喷气的组合循环推进、高温材料、热防护系统、以及先进的制导、导航和控制等，启动了"猎鹰"计划，该计划通过发展一系列高超声速技术飞行器（HTV）来试验研究和验证所需的技术，逐步掌握未来高超声速巡航飞行器设计所需的技术，其发展途径见图1。

首先通过 HTV－1 进行关键技术的地面验证。HTV－1 是一个集成目前最先进高超声速材料和技术制造的无动力、可机动、高超声速再入飞行器，利用它

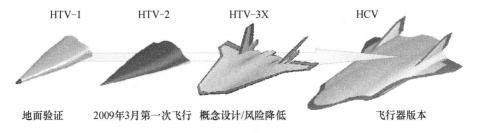

HTV-1	HTV-2	HTV-3X		HCV
地面验证	2009年3月第一次飞行	概念设计/风险降低		飞行器版本

图1 "猎鹰"计划中高超声速巡航飞行器发展途径[1]

进行了一系列地面试验以发展和验证飞行器的空气动力学、气动热和热结构性能,以及验证先进的碳-碳加工方法。

HTV-2是"猎鹰"计划中发展的第二代验证机,它结合先进的空气动力布局和热防护系统、先进的制导、导航和控制系统,与HTV-1相比,其性能显著提升。目前,HTV-2已完成详细设计,2009年3月,按计划将在美国范登堡空军基地进行两次HTV-2的飞行试验。

HTV-3在原计划中主要研究可重复使用材料。后由于美国国防预研局致力于验证新的组合动力推进系统等项目,HTV-3便进化升级为能从常规跑道起飞加速到马赫数6、然后着陆返回跑道的一个试验平台。这个新设计被称为高超声速技术飞行器-3X(HTV-3X)。HTV-3X是高超声速巡航飞行器的前身,用它来进行概念设计、评估风险,它是一个高度集成的飞行试验平台,用它能验证一些关键技术,如高升阻比的气动外形、重量轻而耐用、可重复使用的高温材料、带有主动冷却的热管理技术、自主飞行控制和基于涡轮喷气的组合循环推进等。

在完成以上发展阶段后,高超声速巡航飞行器所需的技术便基本掌握和成熟,就可以进入高超声速巡航飞行器真正设计研制。

2. 高超声速技术飞行器-3X概念设计和关键技术

高超声速技术飞行器-3X的目标是进行一些概念设计研究,降低2008年5月对飞行试验平台概念设计评估的风险。高超声速技术飞行器-3X是一个可重复使用的高超声速试验平台,它能够使用自身的集成吸气式动力推进系统于常规跑道起飞和着陆,最大飞行速度到马赫数6。

高超声速技术飞行器-3X的基本气动力布局是从"猎鹰"计划中高超声速技术飞行器-2的乘波外形发展而来的,为了降低波阻,它采用高细长比的细长体外形。气动外形是为了满足起飞、加速通过跨声速、有效完成模态转换、实现高超声速飞行和完成带动力着陆的条件要求而形成的。为确认阻力评估、验证计算空气动力学结果和其他评估工具,完成了气动力风洞试验。风洞试验也为确保从起飞到着陆需要的操控品质提供了数据,包括在高超声速验证副翼功能,证明它具有像飞机那样的飞行和机动能力。

马赫数 6 高超声速飞行需要仔细选择用于飞行器架构、推进系统、头部和前缘等热区域的材料,以确保高温运行和可重复使用的能力。高超声速技术飞行器 –3X 飞行中处于热环境中,它的结构材料主要利用具有主动冷却的金属合金、超耐热合金和在不容易提供冷却或需要减重的区域采用非金属。飞行器在飞行区域的热/结构分析、详细的子系统内部布局和明细,确保了飞行器能够实现足够长时间的高超声速巡航所需的发动机热平衡。通过概念设计细化了飞行器重量估算和尺寸估算,这对未来高超声速巡航飞行器的成本有影响。

在高超声速技术飞行器 –3X 设计中应用的经过验证的技术如下:
（1）热金属的前缘材料;
（2）"热/暖"金属的基础结构;
（3）热金属的控制面;
（4）涡轮喷气发动机关闭后,为其他部件提供动力的储能动力单元;
（5）所有动力推进系统使用的相同单一燃料(JP – 7);
高超声速技术飞行器 –3X 将首次飞行验证的技术如下:
（1）低跨声速阻力、高高超声速升阻比;
（2）集成内弯涡轮 – 冲压喷气进气道的乘波外形;
（3）发动机上、下组合的循环推进;
（4）循环制冷的涡轮喷气/冲压喷气发动机和结构喷管的飞行重量;
（5）集成的双模态涡轮/冲压 SERN 喷管;
（6）从低速到马赫数 6 的重心/燃料控制。

3. 高超声速技术飞行器 –3X 动力推进系统研究

3.1 基于涡轮喷气的组合循环推进概念

高超声速巡航飞行器推进系统必须在非常广的环境中按照自由流动压和马赫数工作。目前任何单一的发动机技术都不能满足全域运行条件。因此,推进系统的选择是一个组合循环,它由一台涡轮喷气发动机并集成有冲压喷气发动机(技术上是双模态:冲压喷气/超燃冲压喷气)构成。这个基于涡轮喷气的组合循环(TBCC)推进系统由三级构成,见图 2。从起飞到超声速飞行域(也用于着陆)的推进由涡轮喷气发动机提供。在较高的超声速到较低的高超声速范围,推进由冲压喷气工作模式完成,这个模态的特征是发动机内以亚声速燃烧。

当飞行器加速到高速巡航状态时,发动机内的燃烧过程转换为超声速,这个工作模式称为超声速燃烧冲压喷气,即超燃冲压喷气。

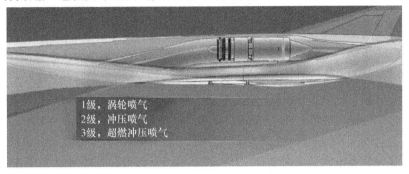

图2　基于涡轮喷气的组合循环推进概念[1]

这种基于涡轮喷气的组合循环推进的机械结构由两个气流通道组成。位于图2上半部分的涡轮喷气代表低速气流通道。双模态冲压喷气由下半部分组成并且代表高速气流通道。图3是高超声速技术飞行器-3X组合循环推进系统的一个详细图,从中可见这种集成系统的复杂性。

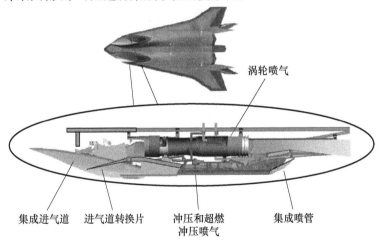

图3　高超声速技术飞行器-3X动力推进系统[1]

根据焓和压力,高超声速技术飞行器-3X经过大气层上升和加速的轨道决定了进气道气流品质。这个轨道必须精心选择以保证推进系统在其工作极限范围内,使飞行器以最低的燃料消耗达到它的巡航条件。高超声速技术飞行器-3X运用一个独特的内弯进气道设计,它能有效地为每个发动机循环提供空气。

总之,如果发动机从起飞时的马赫数0到高空巡航马赫数6,一个基于涡轮的组合推进发动机需要非常高的集成,否则发动机重量将不能满足要求。高超声速技术飞行器－3X推进系统设计采用上、下发动机布局,涡轮喷气发动机在双模态冲压发动机的上部。

3.2 基于涡轮喷气的组合循环推进系统的试验研究

组合循环发动机技术是"猎鹰"计划的核心,地面试验研究是验证基于涡轮的组合循环发动机流道、进气道、燃烧器和喷管部件的性能及运行能力。

(1)进气道试验。利用一个缩尺进气道风洞模型,"猎鹰"组合循环发动机技术致力于基于涡轮喷气的组合循环推进系统的低速和高速流道中内弯进气道的集成。试验的目的是验证满足推进性能条件的质量捕获和压力恢复,以及机械门、吹气和其他内部流道硬件,这些部件是保证整个涡轮喷气和冲压喷气/超燃冲压喷气进气道在宽马赫数范围工作。

图4给出了在洛克希德·马丁4ft×4ft风洞中缩尺模型的照片。进气道试验验证从涡轮喷气到冲压喷气/超燃冲压喷气模态转换进入高超声速时的工作能力。进气道试验数据也用来验证分析评估工具,并用于燃烧器与进气道出口压力和流动条件的匹配设计。

图4 "猎鹰"组合循环发动机技术进气道模型[3]

(2)燃烧器试验。"猎鹰"组合循环发动机技术直连燃烧器试验项目的整个目的是验证一个液态碳氢燃料的环形燃烧器的性能、工作能力和结构的耐久力。进行的试验包括:喷管校准、引导性点火验证和火焰稳定性。该试验在验证低速双模态冲压喷气工作能力方面具有非常重要的意义,因为低速双模态冲压喷气是向涡轮动力转换时需要的。图5给出了位于美国康涅狄格州东哈特福德联合技术研究中心的44%缩尺燃烧器试验台。

(3)静态喷管试验。"猎鹰"组合循环发动机技术静态喷管试验的目的是确定高超声速技术飞行器－3X静态冷流性能,它通过试验一系列构型和预想的工作范围条件来完成。在原型喷管上进行了一系列变换以研究和了解通风片形状影响、变涡轮喷气喷管内面积比影响、不同混合平面条件影响和一个精制喷管隔板的性能。试验验证了CFD方法和结果。通过构建从试验获得的性能指标数据库,将可以分析不同构型的优缺点,分析飞行器自由流马赫数大约到5的喷

图 5　"猎鹰"组合循环发动机技术直连燃烧器试验台[3]

管性能。图 6 给出在洛克希德·马丁试验设备中的 9% 缩尺模型。

图 6　自由射流发动机喷管模型[4]

（4）自由射流试验。自由射流发动机试验将集成基于涡轮喷气的组合循环推进技术,并验证推进系统的能力和性能。自由射流试验的目标如下:

- 在高马赫数环境下,验证高超声速技术飞行器 – 3X 使用碳氢燃料（JP – 7）的可行性;
- 探索在临界马赫数时模态转换;
- 用推力作为基本指标确定发动机性能。

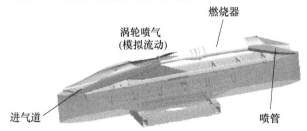

图 7　"猎鹰"组合循环发动机技术静态喷管试验[4]

试验数据期望能验证超燃冲压喷气性能及包括进气道、燃烧稳定性和整个系统的工作能力。

目前计划利用阿诺德工程发展中心气动推进试验单元（APTU）设备,试验一个大约 70% 缩尺的推进系统。自由射流试验台见图 7,试验在 2008 年 9 月进行。试验在验证高超声速发动机流道和系统设计方法方面具有重要意义。

4. 结束语

美国用高超声速技术飞行器 – 3X 概念设计作为发展高超声速巡航飞行器可行性的验证,该技术能实质性地提升未来战斗机的能力和潜力,它促使美国国防预研局和美国空军联合提出一个称为"黑雨燕"的高超声速飞行试验计划。该计划是设想在一个相应的飞行环境中飞行试验这种高超声速平台,以便将来能够发展能力增强的、可重复使用的高超声速巡航飞行器,用于情报/监视/侦察、打击或其他重要国家战略任务。

2007 年,美国国防预研局和美国空军签署了"黑雨燕"计划谅解备忘录,2008 年 3 月发布了一个计划请求,2008 年底前可能获得计划授权。"黑雨燕"计划设想 2012 年实现首飞,该计划包括飞行器基础设计、关键技术设计和制造/试验/飞行等。

参考文献

[1] Steven W. Falcon HTV – 3X——A reusable hypersonic test bed[R]. AIAA – 2008 – 2544,2008.

[2] Nagi N M. Foudamental aeronautics hypersonic project:overview[R]. AIAA – 2007 – 4263,2007.

[3] Joseph M H. Air force research laboratory hypersonic propulsion research programs. AIAA – 2007 – 5371.

[4] Shahriar K. Airbreathing combined cycle engine for a generic hypersonic vehicle[R]. AIAA – 2007 – 5373, 2007.

超燃冲压发动机前体边界层
转捩装置设计综述

摘要: 超燃冲压发动机前体边界层转捩装置设计是美国 Hyper – X 计划的重要内容之一。本文探讨美国吸气式高超声速飞行器(X – 43)转捩装置的设计背景和基础;分析转捩装置的设计策略和在飞行器上位置的确定原则;对钻石型和斜坡型两种转捩装置的国外风洞试验结果进行对比分析。意在为国内吸气式高超声速飞行器前体转捩装置设计提供参考。

关键词: 吸气式高超声速飞行器;边界层转捩装置;超燃冲压技术

引言

吸气式高超声速飞行器被美国视为实现"全球到达,全球作战"快速反应能力的重要手段,已从概念和原理探索阶段进入了以高超声速巡航弹、高超声速飞机、跨大气层飞行器和空天飞机等为应用背景的先期技术开发验证阶段。对高超声速飞行器而言,边界层转捩问题始终是一个关系到飞行成败、影响飞行器设计全局的关键问题。早期的航天飞机等再入类高超声速飞行器边界层转捩研究主要目的是解决热防护问题;而本文所探讨的边界层转捩研究主要是针对解决超燃冲压发动机来流捕获效率和稳定燃烧问题。美国 Hyper – X 计划(X – 43、X – 51)采用超燃冲压发动机与机身一体化设计技术(图 1),气流经过机身前体被预压缩并在进入发动机进气道前形成湍流,这有利于减轻发动机进气道内的流动分离、有利于发动机稳定燃烧。然而,对于风洞缩尺模型试验和缩尺飞行器

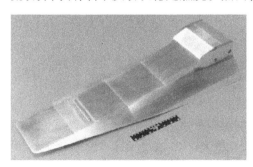

图 1　带前体边界层转捩装置的 X – 43 和 X – 51 前体风洞试验模型[1]

飞行试验,较短的试验件尺度难以在发动机进气道前自然转捩形成湍流,这就需要采用边界层强迫转捩技术(图1),使缩尺模型(风洞或飞行)进气道来流流动状况类似于全尺寸情况。因此,边界层转捩装置设计是进行缩尺模型飞行试验前必须掌握的技术,它关系到飞行试验的成败。利用风洞试验优化边界层转捩装置设计是降低飞行试验风险和研制成本的重要途径。

1. 边界层转捩装置设计背景和基础

1.1 设计背景

美国 Hyper-X 计划的目标是实现超燃冲压发动机与机身一体化设计的吸气式高超声速飞行器(X-43)的自主飞行,获取飞行数据,验证/校准用于设计和预测飞行性能的试验、计算和分析方法。X-43 气动布局及飞行试验飞行器的尺寸见图2,飞行器迎风面的前体特征是尖机头前缘($R=0.762\text{mm}$)和三个平斜坡,在设计飞行迎角 $\alpha=2°$ 条件下,第一斜坡气流压缩角 4.5°,第二斜坡气流压缩角 10°,第三斜坡气流压缩角 13°。这些离散的斜坡压缩角有改善边界层转捩的作用,平斜坡两侧带脊则有利于减小流动的三维效应和溢出。

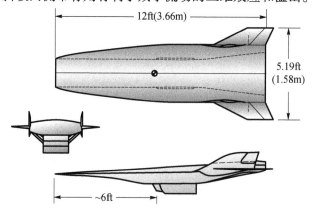

图2　X-43 飞行试验飞行器的尺寸[1]

根据美国以前以全尺寸超燃冲压发动机为动力的飞行器设计经验,如"国家空天飞机计划"(NASP),认为湍流边界层对发动机工作最理想,由于全尺寸飞行器前体尺度足够长,能够实现边界层的自然转捩。而 X-43 飞行试验飞行器实际上是一个缩尺飞行器,进气道前体长 1.83m,按照 NASP 计划发展的尖前缘平板模型边界层转捩准则 $Re_\theta/M_e=305$ 来计算,在设计飞行试验 $Ma=7$ 和 10时,自然转捩需要的前体长度分别超过 2.74m 和 7.62m。因此,X-43 飞行试验需要采用强迫转捩装置形成湍流边界层,以便飞行试验结果能外推到未来的全尺寸飞行器。

1.2 设计基础

在航空航天飞行器设计领域,边界层转捩研究是一个极为重要的问题。美国"基础航空计划"(FAP)中的超声速项目(SP)和高超声速项目(HP)都有边界层转捩研究专项。人们在航天飞机、X-33、X-38、HIFiFE 和 NASP 等高超声速研究计划中获得的研究成果,增强了对高超声速边界层转捩机理、预测方法和有效控制等方面的认识,尽管早期的一些转捩研究针对的飞行器类型或要解决的问题与 X-43 不同,但这些转捩研究的经验构成了 X-43 转捩装置设计的重要基础。例如,在"哥伦比亚"号航天飞机事故后,美国针对热防护系统(TPS)损坏或修复导致的边界层转捩进行了深入研究,转捩诱导模型就是不同形状的空穴和凸起物(模拟防护瓦脱落产生的凹坑和修复可能产生的凸起物形状);欧空局在 EXPERT 项目也研究了再入弹头上矩形、圆柱、斜坡单独粗糙元的转捩影响。

归纳起来,国外高超声速边界层转捩装置研究主要有两大类:一是被动转捩装置(图3),主要包括:

(1) 各种粗糙度的粗糙带;

(2) 不同形状的空穴;

(3) 凸起物,如钻石型(立方体)、圆柱体、斜坡、斜置长方体、尖楔型、球体。

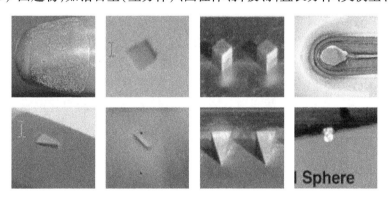

图3 各种被动边界层转捩构型[2,3]

二是主动吹气转捩装置(图4),主要有:

(1) 单孔(H1);

(2) 单排小孔(H2);

(3) 双排小孔(H3);

(4) 三排小孔(H4);

（5）单排大孔(H5)；

（6）直槽(S1)；

（7）锯齿槽(S2)；

（8）透气槽(P1)；

（9）离散透气孔(P2)。

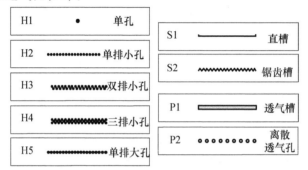

图4　各种主动吹气边界层扰流构型[2-3]

2.　X-43风洞模型边界层转捩装置设计

2.1　边界层转捩装置的设计策略

强迫转捩装置设计主要关心的问题有两个：①转捩装置诱导边界层转捩的有效性；②能否改善前体气流的横向溢出，这关系到进气道的质量捕获和燃烧性能。根据高超声速强制转捩研究的成果，最有效的高超声速强迫转捩需要在边界层尺度内形成流向涡，来促进转捩的发生。如单独的圆柱体、钻石型单元都能形成这种沿流向运动的对转涡对。因此，X-43转捩装置的设计策略就是要沿展向设置一定数量的转捩装置（涡流发生器）阵列，产生一系列沿流向运动的对转涡对。

美国以前的高超声速项目计划（NASP、Hyflite和HySTP等）研究认为，钻石型转捩装置比球形或圆柱形的转捩效果要好，钻石型用低于边界层厚度的高度就能诱导转捩发生，是一种高效涡发生器型转捩装置。因而，X-43将钻石型转捩装置作为优化设计比较的基准构型。

钻石型阵列是一排向气流方向旋转了45°的立方体，立方体的对角线尺度取当地边界层厚度δ，其间隔大约与每一个扰流元的宽度相等（图5）。但对X-43飞行器研究表明，钻石型有两个显著的缺点：

（1）钻石型产生的涡相当强，能持续进入到湍流区，从而对进气道产生不均匀流场，并增大加热量；

（2）钻石型的钝面可能会产生较大的附加阻力,并且在结构上是否满足马赫数 7(和马赫数 10)飞行条件要求尚不确定。

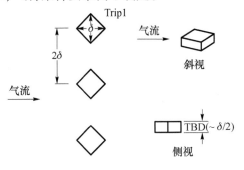

图 5　钻石型构型[2]

因此,为了保留钻石型诱导转捩效率高的优点,克服上述缺点,促使美国研究新的转捩装置,确定了用斜坡型阵列替代钻石型阵列。NASA 兰利研究中心在 X – 43 模型上对 4 种斜坡型转捩装置构型进行了比较研究,通过风洞试验对斜坡型的几何构型参数进行选型和局部外形参数的优化,得到最优转捩装置 Trip2c(图 6)。

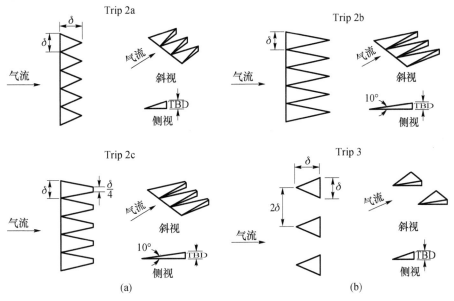

图 6　不同几何参数的斜坡型构型[2]

钻石型和斜坡型构型组成单元的尺寸都是 δ,它是按 X – 43 模型上转捩装置处预测的边界层厚度来确定的。为了比较钻石型和斜坡型的优劣,二者设计的关键几何影响参数高度(TBD 或 k)是一样的。两种构型所含扰流单元的个数是以保证两种比较构型产生相同的尾涡数来确定的,由于单个斜坡型单元产生的尾涡数只有钻石型的 1/2,因此,斜坡型单元的个数要是钻石型的 2 倍。

2.2 转捩装置在 X-43 前体模型上位置的选定原则

钻石型和斜坡型各种构型的前缘到 X-43 前体模型[图1(a)]前缘的距离是一样的,这个位置的选定原则是转捩装置后有效转捩最大化和转捩装置周围热环境最小化的折中。此外,兼顾试验模型结构上能满足安装转捩装置的要求。根据美国以前高超声速转捩研究经验,当地边界层边缘马赫数 M_e 应当小于 4。表 1 给出了用 CFD 方法预测的风洞和飞行转捩装置处边界层厚度和 M_e。

表 1　转捩装置位置处边界层参数 CFD 计算值

风洞或飞行	M_∞	Re_∞（$\times 10^6/\text{ft}$）	δ/in	M_e
20in M6	6.0	2.2	0.081	3.1
31in M10	9.9	2.2	0.125	4.4
HYPULSE	7.3	1.4	0.075	4.2
$Ma7$ 飞行	7.0	0.9	0.180	3.4
$Ma10$ 飞行	10.0	0.6	0.283	4.5

3. X-43 边界层转捩装置风洞试验结果比较

为了比较改进设计斜坡型相对基准型钻石型的效果,在 X-43 前体模型(缩尺比33%)上进行了风洞对比试验研究。试验使用的风洞设备为:NASA 兰利中心 20in M6、31in M10 和通用应用科学实验室(GAL)的 HYPULSE M7.3 风洞。

根据 M6、7、10 预测的当地边界层厚度,为了研究转捩装置"起始高度"(对转捩起始位置几乎没有影响的装置最大高度)、"临界高度"(转捩第一次开始向头部快速移动的装置高度)、"有效高度"(刚好在装置下游建立转捩的装置最小高度),转捩装置构型制作了多种高度:0.015in、0.20in、0.030in、0.045in、0.060in、0.075in、0.090in、0.120in,以满足不同马赫数的试验研究要求。在 $\alpha = 2°$,$Re = 2.2 \times 10^6/\text{ft}$ 基准条件下,图 7 给出了无转捩装置 X-43 模型和带钻石型 Trip1 转捩装置 X-43 模型的 M6 和 M10 风洞试验结果以及二维层流和湍流条件下 CFD 的计算结果。

3.1 无转捩装置 X-43 模型

从图 7 无转捩装置 X-43 模型气动加热测量结果,可以看出,在 M6 试验

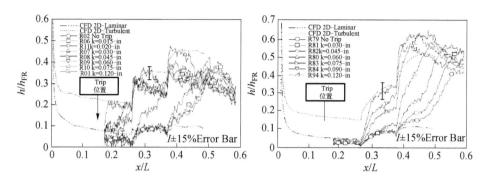

图 7   M6(a)、M10(b)不同高度钻石型 Trip1 产生的模型中心线加热结果[2-3]

中,X-43 前体模型近气道前大部分区域都是层流边界层,转捩发生于模型最后一个斜坡(Ramp 3)处;流动也近似于二维流动,Ramp1、2 和 Ramp 2、3 拐角处产生流动分离,两边有溢出和分离。M10 的试验结果与此类似。早期的研究经验表明,自然转捩发生在第 1 斜坡(Ramp1)末能使气流向两边的溢出最小化,并能给发动机进气道提供湍流边界层。因此,无转捩装置风洞试验结果证明了采用强制转捩的方式进行缩尺模型风洞和飞行试验的必要性。

3.2   带钻石型 Trip1 转捩装置 X-43 模型

由图 7 M6 气动加热测量数据可见,随着钻石型 Trip1 转捩装置高度 k 增加,转捩起始位置从进气道入口处向转捩装置处逐步前移。试验结果表明,M6 试验中,"起始高度" $k=0.015$ in,"临界高度" $k=0.030$ in,此时转捩起始明显从 Ramp 3 上移动到 Ramp 2 上;"有效高度" $k=0.060$ in,此时转捩在 Ramp 1 上出现,试验最大高度 $k=0.120$ in 时,Trip1 前磷热图测量区呈现出全湍流。油流显示结果表明(图 8),$k=0.030$ in 时,Ramp1、2 拐角处流动分离依然存在,而 Ramp 2、3 拐角处流动分离,由于转捩的作用,已前移至 Ramp 2 上;当 $k=0.060$ in 时,转捩起始发生在 Ramp1 上,此时,Ramp1、2 和 Ramp 2、3 拐角处流动分离都消除,气流向两边的溢出也显著减小;此外,可见钻石型 Trip1 转捩装置产生的强涡流条纹线贯穿 Ramp 2 和 3 整个区域。

由图 7 M10 气动加热测量数据可见,随钻石型 Trip1 转捩装置高度 k 增加,转捩起始位置变化规律以及转捩装置产生的强涡流条纹线影响范围基本同 M6 时一样。但"起始高度"增加到 $k=0.030$ in,"临界高度"增加到 $k=0.060$ in;此时 Ramp1、2 拐角处流动分离依然存在,而 Ramp 2、3 拐角处流动分离前移;现有转捩装置最大高度($k=0.120$)未能达到"有效高度",但 Ramp1、2 和 Ramp 2、3 拐角处流动分离都消除。

图 9 给出了 HYPULSE 风洞 M7.3 无转捩装置、带钻石型 Trip1、斜坡型 Trip

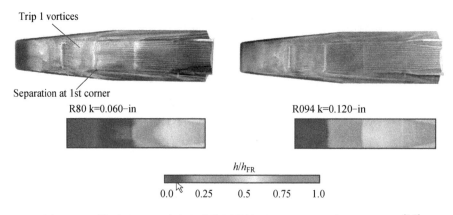

图 8　M10 钻石型 Trip1 油流和磷热图结果(左:k=0.060,右:k=0.120)[2,3]

$2c$ 的 X – 43 模型风洞试验结果和二维层流、湍流 CFD 计算结果,试验迎角 α = $2°$,$Re = 1.4 \times 10^{6}$/ft。试验结果表明,钻石型 Trip1 强制转捩的效果与兰利中心 M6 试验结果类似,根据试验结果和表 1 计算的边界层厚度,可以得到(k/δ)起始、临界、有效值分别为 0.20、0.40、0.80。

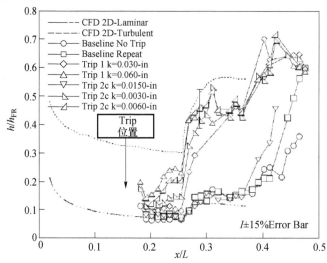

图 9　M7.3 不同高度钻石型 Trip1、斜坡型 Trip 2c 产生的模型中心线加热结果[2,3]

3.3　带斜坡型转捩装置 X – 43 模型

　　NASA 兰利中心 M6 和 M10 风洞试验研究表明,斜坡型 Trip2a、2b、2c 和 3 转捩装置随 k 值增加产生的转捩效果变化趋势与 Trip1 相似,4 种转捩装置诱导转捩的起始高度、临界高度和有效高度值与钻石型 Trip 1 的基本相同。主要差别表现在:

（1）磷热图结果表明，斜坡型 Trip 2a、2b、2c 转捩装置无论在层流区还是湍流区都没有类似钻石型 Trip 1 产生的强涡。

（2）斜坡型 3 转捩装置在产生的涡流有效性和强度方面与钻石型 Trip 1 极为相似。

（3）斜坡型 Trip 2a、2b、2c 转捩装置的转捩诱导效果相比钻石型 Trip 1 略弱，并随马赫数增加减弱有所增大。

（4）斜坡型 Trip 2a、2b、2c、3 转捩装置相比，Trip 2c 构型结果与钻石型 Trip 1 最为相近，且没有持续进入到湍流区的涡流条纹（Trip 3 有）。

由于斜坡型 Trip 2c 构型相对较好地克服了钻石型 Trip 1 缺点，最大程度保留其优点的条件，因此被认为最优并被选为 M7 飞行试验的构型。

图 10 至图 12 分别给出了热传导、油流和磷热图的试验结果，主要以斜坡型 Trip 2c 为主，但由于缺油流试验结果，故油流给出的是 Trip 2b 结果。

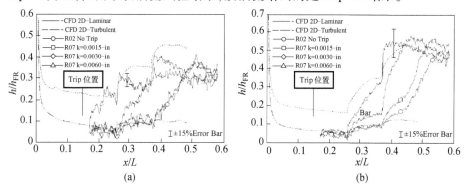

图 10　M6(a)、M10(b)不同高度钻石型 Trip 2c 产生的模型中心线加热结果[2-3]

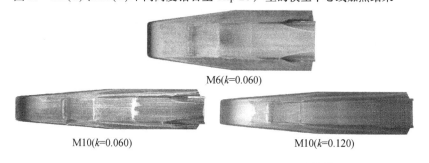

M6(k=0.060)

M10(k=0.060)　　　　　M10(k=0.120)

图 11　M6 和 M10 斜坡型 Trip 2b 油流结果[2-3]

此外，在 HYPULSE 风洞试验条件下，钻石型 Trip1 和斜坡型 2c 的转捩装置高度影响研究表明，这两种转捩装置得出的转捩增强效果与 M6 风洞中所得结果相同。对于 HYPULSE，根据试验结果和计算得到的边界层厚度（表 1），得出 $(k/\delta)_{起始}=0.20$，$(k/\delta)_{临界}=0.40$，$(k/\delta)_{有效}=0.80$。基于 (k/δ) 值，同时结合评

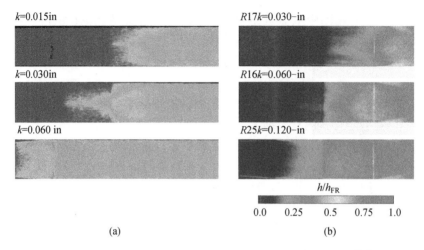

图 12　M6(a)、M10(b)不同高度斜坡型 Trip 2c 磷热图结果[2,3]

估前体边界层厚度随飞行轨迹、迎角和壁温变化情况,可以将风洞试验结果用于飞行。

4.　结束语

边界层转捩研究对高超声速飞行器成败具有重大影响,分析研究国外高超声速吸气式飞行器进气道前体边界层转捩装置的文献资料,可以得到以下几点结论:

(1) 对类似于 X - 43 的飞行器构型而言,超燃冲压发动机前体转捩装置是保证缩尺模型试验(风洞或飞行)与全尺寸飞行试验来流状态相似的重要手段,转捩装置设计是缩尺试验必须掌握的关键技术。

(2) 高超声速边界层转捩研究是一个继承发展的过程,尽管再入类高超声速飞行器和吸气式高超声速飞行器研究的目的、针对的问题和关注重点不同。

(3) 边界层被动转捩装置设计的基准参照构型是钻石型,它源自早期高超声速转捩的研究成果,已被证明是一种高效的转捩装置。其主要缺点是产生的涡持续性太强,影响进气道内流场均匀性,气动加热和阻力较大。

(4) 斜坡型转捩装置是以钻石型性能为参照优化设计的一种构型,它能最大限度地产生与钻石型一样的转捩诱导效果;同时,在对进气道内流场均匀性影响、装置本身气动热和阻力等性能方面比钻石型更优。

(5) 斜坡型和钻石型都属于涡流型诱导转捩装置,装置的高度 k 是一个关键参数,其影响可以用"起始高度""临界高度""有效高度"来划分;k/δ 是将风洞试验模型上的装置参数外推到飞行上装置参数的重要依据之一。

（6）转捩装置在进气道前位置的设定原则是扰流装置后有效转捩最大化和扰流装置周围热环境最小化的折中，当地边界层边缘马赫数 M_e 应当小于4。

参考文献

[1] Berry S A. Forced boundary layer transition on X – 43（X – 43）in NASA LaRC 20 – inch Mach 6 air tunnel [R]. NASA/TM – 2000 – 210316,2000.

[2] Berry S A. Forced boundary layer transition on X – 43（X – 43）in NASA LaRC 31 – inch Mach 10 air tunnel[R]. NASA/TM – 2000 – 210315,2000.

[3] Scott A. hypersonic boundary – layer trip development for X – 43[J]. Journal of spacecraft and rockets, 2001,38(6):1123 – 1130.

[4] Michael S H. Experimental studies in the LENS supersonic and hypersonic tunnels for hypervelocity vehicle performance and code validation[R]. AIAA 2008 – 2505,2008.

[5] Tirtey1 S C. Characterization of hypersonic roughness induced transition for the EXPERT flight experiment [R]. AIAA 2009 – 7215,2009.

[6] Scott A B. X – 33 hypersonic boundary layer transition[R]. AIAA 99 – 3560,1999.

[7] Horvath T J. X – 38 experimental aerothermodynamics[R]. AIAA 2000 – 2685,2000.

超燃冲压发动机前体边界层
转捩风洞试验方法综述

摘要： 吸气式高超声速飞行器前体边界层强迫转捩研究是各国高超声速研究计划的重要内容之一。本文归纳总结美国开展 Hyper－X 前体边界层强迫转捩研究风洞设备的选则依据和选用的主要风洞；归纳各风洞在超燃冲压发动机前体边界层强迫转捩试验中采用的主要测量和显示技术；分析强迫转捩扰流装置设计过程中，风洞试验研究采用的方法。意在为国内吸气式高超声速飞行器前体转捩技术发展提供参考。

关键词： 吸气式高超声速飞行器；边界层转捩；超燃冲压技术

引言

在航空航天飞行器设计领域，边界层转捩研究是一个极为重要的问题。美国"基础航空计划"（FAP）中的超声速项目（SP）和高超声速项目（HP）都有边界层转捩研究专项。对普通超声速飞行器而言，边界层转捩研究主要是为了获得更好的气动力性能；而对高超声速飞行器而言，边界层转捩研究主要是为了解决热防护、阻力、超燃冲压发动机稳定工作和推进效率等问题。吸气式高超声速飞行器采用超燃冲压发动机与机身一体化设计技术，机身前体被设计用来预调即将进入发动机进气道的气流。如此设计的全尺寸吸气式高超声速飞行器前体能使气流在进入进气道前形成湍流，这有利于减轻发动机进气道内的流动分离、有利于发动机稳定燃烧。然而，对于风洞模型试验和缩尺飞行器飞行试验，较短的飞行器前体长度难以在发动机进气道前自然转捩形成湍流，需要采用有效的扰流装置进行边界层强迫转捩，这是进行缩尺模型飞行试验前必须掌握的技术，它关系到飞行试验的成败。

1. 边界层强迫转捩试验的风洞设备选择

美国在吸气式高超声速飞行器发展过程中，为了降低飞行试验风险和研制成本，发展 CFD 设计工具，通过采用风洞试验研究的方法，验证飞行器推进和结构一体化设计；建立飞行器气动力和气动热数据库；开展飞行器热结构防护设计;研究边界层转捩分析、预测和控制技术等。其中,超燃冲压发动机进气道前边界层转捩试验的风洞设备选择依据,主要是由超燃冲压发动机飞行试验点来流条件的马赫数和雷诺数来决定。如:美国 X – 43 飞行试验设计点为 $Ma = 7$ 和 10,X – 43 飞行试验模型前体长 6ft,$Ma = 7$ 时,以该长度为参考长度的雷诺数约为 5.5×10^6。而兰利中心 20in M6 边界层转捩风洞试验模型长 2.33ft,以该长度为参考长度的雷诺数约为 5.13×10^6,这与飞行试验雷诺数非常接近。同理,边界层强迫转捩模型在其他风洞中试验条件的匹配亦如此。

美国开展超燃冲压发动机进气道前边界层强迫转捩试验研究和数据库建立用的工程性风洞设备主要有:

(1)NASA 兰利研究中心 20in M6 风洞和 31in M10 风洞。美国 Hyper – X 计划在以上两座常规高超声速风洞中进行了边界层强迫转捩装置试验研究,产生的数据是风洞试验数据库的重要组成部分。

(2)卡尔斯潘 – 布法罗大学研究中心(CUBRC)国家高能激波风洞 LENS I 和 LENS II。这是两座超高速激波风洞,驱动气体(试验介质)用氢 – 氮或氢 – 空气混和物。试验段尺寸:直径 2.4m,马赫数范围:3 ~ 18,雷诺数范围($10^6/m$): 0.0033 ~ 246,总温范围:722 ~ 7600K。LENS 风洞能满足吸气式推进试验再现飞行试验条件的模拟要求。

Hyper – X 计划中的 X – 43、X – 51 等与飞行试验模型相同的全尺寸风洞试验模型在该设备进行过边界层转捩试验,试验数据也是风洞试验数据库的重要组成部分。

(3)普渡大学的波音/空军研究实验室 BAM6QT 马赫数 6 静音风洞。

众所周知,边界层转捩通常对各类扰动都极为敏感,如噪声、振动等,此类风洞的重要存在价值之一就在于,相比其他类型风洞,它能更准确地模拟边界层转捩研究所需的自由来流状态。普渡大学的波音/空军科学研究办公室 M6 静音风洞(BAM6QT)采用了路德维希管式设计。该风洞可以用"静音"和"常规"两种状态运行,"静音"运行模式的噪声水平 0.05%,"常规"运行模式噪声水平 3%(一般高超声速风洞噪声水平 1% ~ 3%)。试验段直径:1.32m,试验马赫数:6,总压:2.0MPa,总温:433K。

HIFiRE(高超声速国际飞行研究与试验计划)的 HIFiRE – 1 和 – 5 模型在此风洞进行过边界层自然转捩、粗糙度诱导转捩和边界层转捩稳定性研究。

除上述风洞设备外,在长期的高超声速飞行器发展过程中,美国阿诺德工程发展中心 AEDC – B 风洞、通用应用科学实验室(GASL)HYPULSE 激波风洞、NASA 艾姆斯研究中心超高速自由飞气动力设备(HFFAF)、普林斯顿 M8 风洞等也都参与过高超声速边界层转捩的试验研究工作,这些风洞试验数据与其他风洞的对比研究,为更好地分析认识边界层转捩风洞试验提供了宝贵的经验,其中部分数据是边界层转捩风洞试验数据库的重要补充。

2. 边界层转捩风洞测量技术

边界层转捩测量判别技术比较多,如:通过模型的表面测力、测压、测热以及油流、光学流动显示技术等。一般各高超声速风洞在风洞试验实践过程中,都会根据自身风洞的特点逐步建立起一种或几种边界层转捩测量技术,并通过长期实践,使这些技术的应用更加成熟和稳定。

2.1　NASA 兰利研究中心 20in M6 风洞和 31in M10 风洞边界层转捩测量技术

NASA 兰利研究中心 20in M6 风洞和 31in M10 风洞是两座类型相同的常规高超声速风洞,因此,它们也采用了一些相同的风洞试验技术,包括边界层转捩测量技术。常用的边界层测量技术主要是磷热图测量技术、纹影、油流。

纹影和油流已是相对传统的边界层转捩流动显示判别技术,国内跨超、高超声速风洞也经常使用。与国内不同的是,国外油流技术有两个新发展:①与光学测量技术相结合发展了油膜干涉测量技术,可以通过油膜干涉条纹定量测量模型表面摩擦力,并判别边界层转捩情况;②在模型表面油涂刷方面,不是采用传统油流模型表面均匀涂刷的做法,而是采用先涂一层清澈的硅油,再以离散的方式点涂用来显示的油滴,这样做可以更好地获得模型表面清晰的流谱。

双色相对强度磷热图光学测量技术是 NASA 兰利研究中心在 20 世纪 90 年代初发展起来的数字光学测量技术。模型采用陶瓷材料制作,表面涂有磷,当用紫外光照射时,磷涂层会发出两种颜色的荧光。荧光的强度取决于入射光的量和模型表面当地温度。用彩色摄像机采集记录下模型在风洞气流中的荧光强度图像,由此可以计算出模型表面温度图谱。该技术的主要优点是能获得模型全表面热传导数据,确定三维流动现象复杂的流动痕迹,如边界层转捩前缘、湍流锲、边界层涡等。磷热图技术在兰利中心高超声速风洞是一种经常使用的常备技术。

磷热图技术在兰利中心 20in M6 风洞和 31in M10 风洞的测量误差大约在 $\pm(8\sim10)\%$,整个试验的不确定度大约 $\pm15\%$,模型中心线热传导分布重复性好于 $\pm4\%$。

2.2　卡尔斯潘–布法罗大学研究中心(CUBRC)国家高能激波风洞 LENS Ⅰ和 LENS Ⅱ 边界层转捩测量技术

CUBRC 国家高能激波风洞 LENS Ⅰ 和 LENS Ⅱ 所用边界层测量技术主要是:

(1)铂薄膜热传导测量计。其与 20 世纪 50 年代科内尔航空实验室(CAL)

采用的设计原理相似,60多年来经过了不断细化,被证明是跨超和高超声速风洞中最准确的测量技术,热传导测量精度±5%。铂薄膜热传导测量计的相应频率超过500kHz,也能测量脉动热传导。

(2)压电式测压片。其也是20世纪50年代科内尔航空实验室(CAL)最早设计的。压力测量精度可以达到±3%。此外,CUBRC还有Endevco和Kulite压电传感器,可以安装在模型上空间狭小的地方。

(3)纹影技术。CUBRC用高速纹影摄像系统作为基本的流动显示手段,此外还用阴影和全息摄影技术。高速纹影摄像系统包括高频脉冲牛津激光器LS-20、光纤、光学镜(平面和球面镜)、高速影像研究"幻影"(VRP)V7照相机等光路系统组成。"幻影"V7照相机能以800×600像素按每秒7000幅的速度拍摄,能够捕获瞬间流动状态,研究边界层转捩过程。

(4)温敏漆技术。温敏漆(TSP)在CUBRC发展和应用有10多年的历史了,在模型表面不适于安装大量薄膜传感器时,用TSP技术可以测量模型表面热图谱。模型表面TSP涂层包括隔热层、粘结剂和发光体(钉)。由于边界层性质不同模型表面的产生的热不同,如层流区温度低是蓝色,湍流区温度较高是绿色,可以在模型适当位置安装薄膜传感器来校准TSP测量结果。

(5)红外测量技术。一般情况下,CUBRC采用TSP技术测量模型表面全场温度分布图,但当气流总焓大于5MJ/kg时,TSP测量质量下降较大,此时,就改用红外测量技术。利用FILR系统"凤凰"-MWIR照相机,能以640×512像素按每秒100幅的速度拍摄图像。

(6)高频压力测量。了解自由流脉动压力水平并研究其对模型表面边界层转捩的影响非常重要。CUBRC拥有PCB公司制造的PCB132A32传感器,测量频率1MHz,能够测量模型表面二阶模态转捩频率。该技术被用于X-43模型转捩研究。

2.3 普渡大学波音/空军研究实验室 BAM6QT 马赫数6安静风洞边界层转捩测量技术

普渡大学波音/空军研究实验室BAM6QT马赫数6安静风洞边界层转捩测量技术主要采用上述温敏漆(TSP)技术和PCB132A32传感器高频压力测量技术。温敏漆技术由于安静风洞与激波风洞不同,漆的配方有差异。BAM6QT马赫数6安静风洞采用光计量SenSysB科学级CCD照相机,光源采用ISSI LM4蓝色LED阵列。

3. 进气道前体边界层强迫转捩风洞试验研究方法

边界层强迫转捩风洞试验研究的目的:①研究有效的边界层转捩扰流装置

构型,以便在进气道前体形成所需的湍流流动;②研究转捩装置的影响机理,使进气道前体高超声速边界层按可控和可预测的方式转捩;③研究风洞与飞行相关性,建立风洞数据应用于飞行的法则;④发展 CFD 边界层转捩预测工具。进气道前体边界层强迫转捩风洞试验研究主要通过以下几种方法进行。

3.1 转捩扰流装置选型和参数优化研究

美国 Hyper – X 高超声速吸气式飞行器(X – 43、51)采用机身与超燃冲压推进系统一体化设计,飞行器迎风面可视为发动机进气道的外沿部分,担负着压缩和预处理进入进气道气流的作用。为了产生所需的湍流边界层,首先需要结合具体飞行器布局构型,通过风洞试验研究各种边界层转捩扰流装置的有效性,筛选最优构型,并进行扰流装置参数的优化,以获取最佳诱导转捩的效果。

根据目前的研究成果,转捩扰流装置主要有钻石型(包括圆柱型)和斜坡型(包括各种不同参数的变形)(图 1)两大类。钻石型是兰利中心早期在航天飞机、X – 38、33 和 NASP 等高超研究计划中获得的研究成果,其优点是用低于边界层厚度的高度就能诱导转捩发生,是一种高效转捩扰流装置。但其缺点也是明显的,主要是产生的涡相当强,会持续进入到湍流区和进气道,从而影响进气道流场均匀性,并增大加热量和阻力。

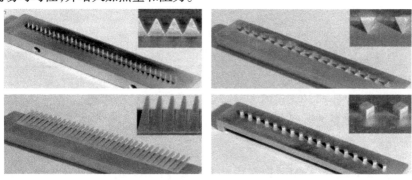

图 1　进气道前体强迫转捩的几种扰流装置构型[1-3]

为了保留钻石型诱导转捩效率高的优点,克服其缺点,美国以钻石型为参照基准,设计了不同构型参数的斜坡型扰流装置,用来替代钻石型。NASA 兰利研究中心在 X – 43 模型上对 4 种斜坡型扰流装置构型进行了选型比较研究,通过风洞试验对斜坡型的几何构型参数进行选型和局部外形参数的优化。

通过选型和参数优化研究,获得了扰流装置设计的一些重要法则和对转捩效果的影响规律,如:扰流装置高度 k 对转捩的影响可分为起始高度、临界高度和有效高度;扰流装置设置的位置是转捩有效最大化和扰流装置周围热环境最小化的折中,当地边界层边缘马赫数 M_e 应当小于 4 等。

此外,声速射流用于飞行器姿态控制研究已经有多年的历史了。许多早期的研究认识到这些装置能够产生涡并在边界层中形成转捩。研究表明,主动吹气声速射流对边界层的控制能力与被动边界层球控制装置获得的结果在很多方面相似。吹气或质量增加概念被证明能够在边界层内产生诱导涡。美国 X – 43 前体边界层转捩试验研究了一些吹气构型,包括各种孔阵列、直槽和锯齿槽、透气插件概念。

被动控制方法相对研究的较多,较为成熟,但其缺点也是明显的,因为扰流装置一旦安装,其在任何飞行马赫数下产生的扰流影响都是存在的,因此不一定都是有利的。而主动控制方法尽管可以克服被动控制的一些缺点,但它在高超声速领域研究相对较少,设备装置较为复杂,短期应用于飞行试验尚不成熟,风险也大。

3.2 不同类型高超风洞之间的试验结果对比研究

美国地面边界层转捩试验研究采用了的常规高超风洞、激波风洞和安静风洞三种形式的风洞。这些风洞之间对流动模拟的相似程度和采用的试验技术都有一定的差异,试验模型的尺度、雷诺数也有差异。为了研究风洞试验的不确定度,提高风洞试验数据的可靠性,降低飞行试验的风险,有必要进行不同风洞之间的试验对比研究,在各风洞主要流场参数相近的条件下,研究相同或不同缩尺模型的试验结果,分析模型缩尺影响和流场环境影响。

例如,X – 51 采用钻石型和斜坡型两种扰流装置的发动机前体缩尺模型在 BAM6QT 安静风洞进行了风洞试验,并与 X – 51 全尺寸发动机前体模型在 LENS Ⅰ 和 Ⅱ 的试验结果进行比较研究,对比试验的主要目的是研究噪声对强迫转捩的影响。结果表明,随着风洞自由流噪声水平降低,转捩雷诺数提高;与 LENS 风洞试验结果相比,静音条件下,转捩起始点延迟。X – 43 发动机前体缩尺模型在兰利中心 20in M6、31in M10 和通用应用科学实验室的 HYPULSE M7.3 风洞进行过试验结果比较研究。

通过采用不同缩尺模型和在现有三类高超风洞中对比试验研究,获得了风洞模拟流场条件和模型缩尺对边界层强迫转捩试验结果的影响程度,对风洞试验数据的不确定度有了更好的了解。

3.3 风洞试验和 CFD 对比研究

发展边界层转捩预测 CFD 工具,需要风洞试验数据验证,需要建立风洞试验数据库,这也是风洞试验研究的重要目的之一。一旦掌握了可靠的 CFD 边界层转捩预测技术,风洞试验和 CFD 就能更好地相互促进,提高可靠性,降低研制的成本。CFD 和风洞试验对比研究是边界层转捩研究的一个重要方法。

尽管高超声速流动转捩复杂,对其机理认知尚不透彻,但经过长期试验和理论研究,已有多种边界层流动转捩判断的方法和模型被开发出来,转捩的确定方法可以归结为经验近似方法、基于稳定性理论的方法、工程转捩模式方法以及耦合方法,并发展了一些 CFD 软件,如 MINIVER、STABL、BLT、LASTRAC 等。

在 X - 43、X - 51 前体边界层强迫转捩风洞试验过程中,美国利用前期发展的 CFD 计算方法进行扰流装置诱导转捩的计算研究,风洞试验结合扰流装置 CFD 转捩预测分析,提高了扰流装置的参数优选效率,降低了风洞试验周期和成本;同时,风洞试验的结果也为完善 CFD 转捩预测分析软件提供了重要的验证数据。

3.4 风洞试验和飞行相关性研究

由于地面风洞试验的模拟局限性,为了验证地面风洞模型试验数据的正确性和扰流装置的有效性,需要进行高超声速超燃冲压发动机飞行试验,获取边界层转捩扰流装置飞行试验数据,开展飞行与风洞试验数据相关性研究,建立风洞试验数据的实际应用法则,并研究相关性方法。

例如,为了支撑高超声速边界层转捩研究,美国曾专门进行了高超声速边界层转捩(HyBoLT)飞行实测试验,目的就是为地面风洞试验和 CFD 工具提供对比分析数据,HyBoLT 缩尺模型在 NASA 艾姆斯中心超高速自由飞气动力设备(HFFAF)进行过风洞试验,并开展飞行试验进行相关性研究。X - 43 边界层转捩扰流装置也在风洞试验的基础上成功进行了飞行试验。

通过风洞试验和飞行相关性研究,获得了将风洞研究结果应用于实际飞行的一些法则。如:基于扰流装置高度和边界层厚度比值(k/δ),同时结合评估前体边界层厚度随飞行轨迹、迎角和壁温变化情况,将扰流装置参数外推到用于飞行。

4. 结束语

综上所述,我们可以得到如下结论:

(1)美国吸气式高超声速飞行器边界层转捩地面试验采用的风洞设备主要有常规高超声速风洞(20in M6 风洞和 31in M10 风洞)、大尺度激波风洞(LENS I 和 LENS II)和"安静"风洞(BAM6QT)三种类型。

(2)选择高超声速边界层转捩试验风洞设备的主要考虑因素有:风洞试验需要模拟的马赫数和雷诺数;最大程度满足模拟要求的可用设备;人为等其他因素,如项目承担单位、测试技术、某些特殊要求或目的。

(3)高超声速边界层转捩研究采用的测试技术主要有模型表面测热技术、

光学或油流流动显示技术。

（4）边界层转捩风洞研究方法主要是通过转捩扰流装置的选型和参数优化,通过不同风洞/不同缩尺模型间对比试验,通过风洞试验与计算、风洞试验与飞行试验对比,来为边界层转捩扰流装置设计提供可靠的地面试验验证。

参考文献

[1] Berry S A. Forced boundary layer transition on X − 43（X − 43）in NASA LaRC 20 − inch Mach 6 air tunnel [R]. NASA/TM − 2000 − 210316,2000.

[2] Berry S A. Forced boundary layer transition on X − 43（X − 43）in NASA LaRC 31 − inch Mach 10 air tunnel[R]. NASA/TM − 2000 − 210315,2000.

[3] Scott A. Hypersonic boundary − layer trip development for X − 43[J]. Journal of spacecraft and rockets, 2001,38(6):1123 − 1130.

[4] Michael S H. Experimental studies in the LENS supersonic and hypersonic tunnels for hypervelocity vehicle performance and code validation[R]. AIAA 2008 − 2505,2008.

[5] Tirtey1 S C. Characterization of hypersonic roughness induced transition for the EXPERT flight experiment [R]. AIAA 2009 − 7215,2009.

[6] Scott A B. X − 33 hypersonic boundary layer transition[R]. AIAA 99 − 3560,1999.

[7] Horvath T J. X − 38 experimental aerothermodynamics[R]. AIAA 2000 − 2685,2000.

国外钝头体减阻降热概念创新研究

摘要：钝头体在导弹等航空航天飞行器中广泛采用。钝头体减阻和降低气动加热是空气动力领域始终关注并致力于研究解决的问题。本文在简要回顾钝头体附加长钉、逆向吹气和能量注入概念的基础上，介绍国外钝头体通气减阻降热等概念创新研究的进展情况，意在为国内弹头气动减阻方法研究和技术创新提供参考。

关键词：钝头体；通气钝头体；气动减阻

引言

在超声速和高超声速导弹等航空航天飞行器设计中，降低阻力和气动加热是一个巨大挑战。降低阻力意味着增加射程、提高经济性、简化对推进系统的要求，并使有效载荷与起飞总重之比最大化。尖头体相比钝头体具有更低的阻力，但却面临更严重的气动加热问题，增加防热系统将大大抵消尖头体的低阻力优势。钝头体相比尖头体具有高容积结构特性且气动加热相对平缓，在以超声速或高超声速飞行的导弹、航天飞机、可重复使用运载器、星际太空飞行器等设计中，钝头体是常见的气动布局形式。当钝头体高速飞行时，头部会产生一个强弓型激波，它使钝头体遭受高气动阻力（包括波阻、摩阻和底阻）和气动加热。因此，降低钝头体阻力和气动加热始终是气动领域的一个研究课题，它对提升导弹等高速飞行器性能具有重要的现实意义。

1. 钝头体减阻概念简介

在超声速或高超声速飞行时，钝头体产生的脱体弓型激波被认为是迎风面表面压力增高并导致阻力增大和气动加热水平提高的主要原因，改变钝头体前的强激波流场形态能够达到减阻和降低气动加热的目的。自20世纪50年代以来，国外针对钝头体减阻开展了持续探索研究，提出了钝头体附加长钉（或称为激波杆、减阻杆）、逆向吹气、激光束或微波束射流、等离子炬或电弧放电等驻点能量注入、甚至钝头体超声速射弹等减阻概念[1]。归纳起来主要有以下三种类型：

1.1 长钉减阻概念

在钝头体上附加长钉,钝头体绕流流场将发生改变:①原钝头体的强弓型激波被长钉推离钝头体表面转变成斜激波;②钝头体上将产生再附激波;③在长钉头至根部将形成低压回流区,从而达到钝头体减阻和降低原驻点表面热流的效果(图1)。

长钉使钝头体的流场变得更加复杂,减阻降热的效果与长钉的长度及头部形态密切相关,因为长钉的这些参数直接影响到其形成的激波形态及与钝头体再附激波的干扰位置。因此,国内外长期以来的研究主要集中在根据钝头体的具体形状优化长钉长度及其头部形状,达到最佳减阻效果。研究的长钉头部形状主要有半圆头、平头、锥头等。

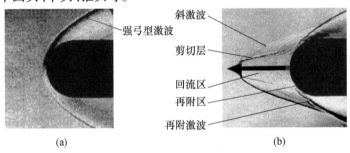

图1　钝头体及附加长钉后流态对比[2]

图1给出了钝头体及附加长钉后流态发生的变化。图2是国外研究的长钉及钝头体参数对阻力、气动加热及流动稳定性的影响。

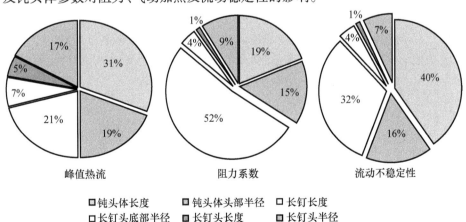

图2　钝头体及长钉参数对气动性能影响的占比[5]

长钉减阻概念是一种被动流动控制技术,自20世纪50年代开始至今,国内

435

外进行了大量风洞试验和数值计算研究。该概念在美国"三叉戟"I型等弹道导弹上得到应用，"三叉戟"I型导弹设计了可伸缩的长钉，在高超声速飞行时，减阻效果达到52%。

1.2 吹气减阻概念

长钉减阻降热简单易行，但钉头受高温容易烧毁。钝头体驻点向前吹气概念也称为"气动长钉"，向前吹气能够起到类似长钉的效果（图3）。在超声速来流中，吹气能够降低钝头体头部压力，达到减阻降热效果。在高马赫数来流条件下，减阻效果更为明显，但保持射流的稳定性是一个难题。吹气概念是一种主动流动控制技术，除吹气外，国外也有在超声速来流条件下钝头体喷射液体和固体颗粒的试验研究。

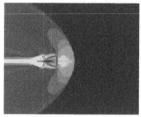

图3　钝头体有无吹气数值模拟流态对比[6]

1.3 能量注入沉积概念

在钝头体上游来流中注入能量可以达到减阻目的。向前方来流中注入能量的方式主要有注射可燃烧物质、微波、激光、电子束、等离子体等。能量注入的稳定性及带来的钝头体表面热流增加是能量注入概念研究较多的方面（图4）。研究主要集中在能量注入沉积/激波/模型的干扰研究，干扰形态与能量沉积强弱、流场气流参数有关，并影响减阻效果。能量注入沉积概念是一种主动流动控制技术。

图4　钝头体等离子体能量注入前后流态对比[7]

除上述三种主要钝头体减阻概念外，还有一些上述概念的组合研究，如：钝头体附加多个长钉研究、长钉头喷射声速冷气体研究、长钉头喷射冷气体并附加能量注入研究等。

2. 钝头体减阻降热概念创新

上述三种钝头体减阻概念的原理都是将弓型激波推离钝头体并在头部形成低压回流区,从而减小阻力。此外,激波脱体距离的增大,也使得驻点热流值降低,但能量注入沉积概念将使钝头体表面热流增加。近年来,高超声速飞行器一直是国外研究的热点,钝头体减阻降热概念创新亦有发展。

2.1 通气减阻降热概念

2009 年,国外提出了通气钝头体(BBN)减阻降热概念,并利用圆柱加半球模型进行了超声速和高超声速条件下的试验研究工作,在 $Ma = 7$ 时,可减阻约 10% 。钝头体与通气钝头体的流态对比见图 5。该通气概念的基本原理是:在钝头体驻点位置开一小孔,来流经小孔流经模型内部从底部喷出。这一过程中,通过驻点处小孔附近的减压作用,弱化了钝头体头部弓型激波的强度;另外,高压气流在模型底部喷射使底压升高。通气概念使钝头体波阻和底阻都得到了改善,二者都使钝头体的总阻力减少。在钝头体表面热流问题上,流经钝头体内部的气流通过与钝头体结构的热交换可以降低钝头体表面热流。通气概念是一种被动流动控制技术,不需要其他额外能量。

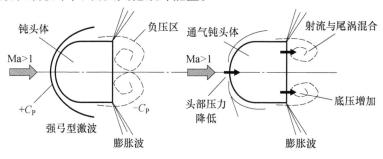

图 5 通气钝头体减阻降热原理[8]

为了研究通气概念在钝头升力体上的可行性和有效性,2012 年国外又在钝头平板升力体模型(据美国 X - 33 简化)上开展了高超声速风洞试验研究,试验 $Ma = 7$,模型迎角变化范围 $-4° \sim 10°$,开孔孔径分别为 5mm 和 7mm,研究了孔径的影响。

风洞试验研究表明,钝头体前激波脱体距离随孔径的增大而减小;钝头体头部开适当直径的孔通气能够降低阻力,但孔径存在一个极限值,超过极限值阻力增加;对升力体而言,通气构型能够降低阻力,但不能增加升阻比。

除风洞试验外,在对应 $Ma=7$ 的博汝德(Froude)数条件下,利用水洞,进行了流态观察分析(图6)。

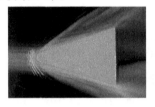

图6　通气钝头升力体流态对比[10]

2.2　双气体组合概念

吹气和钝头体上游能量沉积结合能够显著降低逆向吹气的不稳定性问题,但上游能量沉积会使钝头体表面的热流升高。为了同时满足减阻和降热的要求,国外对能量注入沉积概念进行了改进。如图7所示,核心注入氢气,在核心外围伴随注入惰性气体(如氮气),在钝头体前方氢气燃烧产生的水蒸汽提升了能量注入沉积的效率;同时,惰性气体起到了隔离作用,保护钝头体免受前方燃烧产生的不利热环境和水蒸气影响。

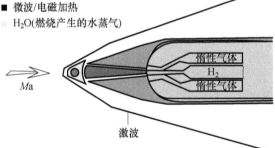

图7　钝头体减阻降热新概念[10]

采用圆柱半球模型、氢气和氮气,在 $Ma=10$ 条件下,国外对该组合概念进行了数值计算研究。层流计算研究表明,阻力和热传导相比钝头体基准构型大幅度降低,射流的稳定性和向前穿透能力得到保证。湍流对减阻降热和流动稳定性的影响表明,湍流冲击对减阻结果影响不大,湍流增加了向前注射气体的稳定性,有利于氢气和空气的混合,提高能量释放有效性。另外,还研究了能量沉积区位置的主动控制问题。主要结果见表1。

表 1 阻力和热传导研究结果对比[11]

参数 概念构型	头体激波推开距离(Δ)	阻力降低因子(RD)	热传导降低因子(RQ)
钝头体基准构型	0.16	1.00	1.00
向前吹气概念	0.23	0.92	0.95
能量注入沉积概念	0.48	0.60	1.10
创新的组合概念	1.10	0.34	0.37

3. 结束语

钝头体在弹道导弹和高超声速飞行器中广泛应用,人们通过主动或被动流动控制技术改变钝头体绕流流场结构达到减阻降热的探索始终没有停止过。围绕上述概念的深入研究,如参数优化、概念组合等,也有新进展。高超声速钝头体减阻降热涉及流动的边界层机理、激波主导流动、非平衡流、超声速燃烧、环境/结构/材料相互作用、高温材料和结构等技术,这些方面都是美国高超声速中长期(2020—2030 年)的发展研究方向。上述钝头体减阻降热概念本质上都是能量转换,能量转换影响着流动的宏观性能,能量转换研究是未来气动热力学发展的方向,如:化学反应对边界层内湍流脉动的影响;CO_2 对流动二阶模态不稳定性的作用研究;氩气和二氧化碳气体注入对锥表面转捩的影响等。未来钝头体减阻降热新概念有待于对能量转换机理或相互作用认知的突破。

参考文献

[1] Meyer B. Hypersonic drag and heat transfer reduction using a forward facing jet[R]. AIAA 99 – 4880,1999.

[2] Ahmed M Y M. Recent advances in the aerothermodynamics of spiked hypersonic vehicles[J]. Progress in Aerospace Sciences,2011,47(1):425 –499.

[3] Roveda R. Benchmark CFD study of spiked blunt body configurations[R]. AIAA 2009 –367,2009.

[4] Srinivasan G R. Drag reduction of spiked missile by heat addition[R]. AIAA 2004 –4714,2004.

[5] Mehta R C. Flow field computations over conical, disc and flat spiked body at Mach 6[R]. AIAA 2009 – 325,2009.

[6] Gilinsky M. Spike – nosed bodies and forward Injected jets in supersonic flow[R]. AIAA 2002 – 3918,2002.

[7] Knight D. Interaction of microwave generated plasma with a blunt body at Mach 2.1[R]. AIAA 2009 –846, 2009.

[8] Vashishtha A. Breathing Blunt – Nose Concept for Drag Reduction in Supersonic Flow[J]. Journal of Aero-

space Engineering,2009 223(1):31 – 38.

[9] Imamura O. Breathing blunt nose (BBN) for drag reduction at hypersonic speeds[J]. Journal of Visualization, 2008 ,11(4):280 –286.

[10] Khurana S. Application of breathing blunt nose concept to lifting body configuration[R]. AIAA 2012 – 2659,2012.

[11] Taylor T M. Innovative concepts for large – scale drag and heat transfer reductions in high – speed flows [R]. AIAA 2006 –660,2006.

大气层动能拦截器技术综述

摘要：动能毁伤拦截技术是美国弹道导弹防御研究的重要内容。本文分析美国拦截器关键技术发展现状，介绍拦截器小型化方法以及动能毁伤拦截技术的主要试验手段。

关键词：大气层拦截技术；动能武器；综述

引言

　　大气层拦截技术（AIT）的目标就是不断创新发展大气层内拦截器。目前，该技术的发展使动能拦截弹的性能大幅度提高，使拦截覆盖空间向两端延伸，从较低大气层的 10km 左右高度到大气层外低端的 60km 左右，并且拦截速度和性能都较早期的系统有大幅度提高。美国的大气层拦截技术计划由位于阿拉斯加州亨兹威乐的陆军太空和战略防御指挥中心负责管理，该计划是一个先进、高速拦截器技术的长期连续性计划，始于 20 世纪 70 年代初，至今已走过 40 多年的发展历程。大气层拦截技术计划是美国弹道导弹防御组织（BMDO）的一个应用广泛的大气层技术基础计划，战区导弹防御（TMD）和国家导弹防御（NMD）等众多计划中的拦截器技术都基于此计划的研究成果。

1. 大气层拦截器关键技术发展

　　大气层内高速碰撞毁伤拦截器设计的覆盖空域是从大气层内的低端到大气层外的低端。碰撞毁伤拦截器最终要达到的目标是找出被拦截导弹内的精确目标点，以确保能通过碰撞完全摧毁被拦截导弹所携带的核、生物、化学和常规爆炸物。目标点的精度控制是通过平衡整个拦截器响应和寻的器跟踪精度并通过优化来达到的（图 1）。

　　寻的器和窗口子系统是设计初始阶段重点关注的主要领域，因为这些子系统对整个拦截器的尺寸大小和性能起决定性作用。要使拦截器满足碰撞目标点精度要求，同时能够实现轻重量拦截器的设计目标，就要求能设计制造出高性能的捷联寻的器和使用经过优化冷却概念设计的小型窗口，使用这种技术设计的窗口能够将气动光学产生的图像模糊影响减少到最小程度。

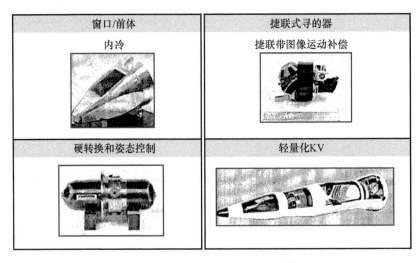

窗口/前体	捷联式寻的器
内冷	捷联带图像运动补偿
硬转换和姿态控制	轻量化KV

图 1　拦截器关键部件技术进步[1]

1.1　窗口和前体冷却

碰撞毁伤拦截器在大气层内以高超声速飞行,其面临的最困难问题之一就是由弓型激波、流场辐射和边界层加热导致的气动光学和气动热干扰问题。这些干扰不仅使目标图像模糊,严重的甚至可以毁坏窗口。大气层拦截技术已发展了解决该问题的两个方案,这两个方案也可以用于其他类型的拦截器,一是采用氦作为冷却剂的外冷式方案;二是采用水作为冷却剂的内冷式方案。

拦截器的窗口和前体冷却系统的成功设计,使目前拦截器的性能较早期的有很大提高,它能够在更低的高度、以更高的速度进行拦截。在窗口设计中,必须考虑拦截器用途和寻的器性能等许多条件,其中最重要的是拦截高度和速度、视角和视场、探测器测量精度、寻的时间和目标距离、目标信号强度、系统质量。这些参数中大部分参数的范围不仅依赖任务要求,而且要依赖拦截器设计的寻的过程。

1.2　红外捷联寻的器

带图像移动补偿的两色光捷联寻的器是大气层拦截器的另一个关键技术问题。寻的器的研发拥有许多新技术。大气层拦截器的寻的器是一个小型化的、两色硬连接捷联红外寻的器,其焦平面阵列是一个 256×256 用银镉碲铅合金制成的凝视型阵列。焦平面采用氩作为冷却剂,使其冷却到一个稳定的温度。视场采用一个双转轴操纵控制镜扫描,视场覆盖范围 $3° \times 48°$。

紧凑折叠型光学系统两种颜色的光使用的焦距不同。通过采用较长的波长、较广的光谱段和视场,使数据采集范围最大化,满足目标角度不确定度的要

442

求。采集的光谱段经过了优化,因而所受的流场辐射最小。

主动瞄准线稳定控制系统用来克服空气动力引起的拦截器结构颤振、刚性结构的抖振和推进对结构产生的扰动。在图像管理单元中,采用双轴镜与另一高带宽镜联合,来达到次像素图像稳定。结构动力弯曲效应也通过寻的器与图像管理单元的直接硬连接而减少到最小。

1.3 轨控和姿控系统

固态轨控和姿控系统是一个重大技术进步,它为发展通用拦截器并使其真正具备有执行多任务的能力,提供了一个非常重要的基础。固态轨控和姿控系统具有军用鲁棒和温度不敏感系统,它能提供一个更加稳定的工作状态。固态轨控和姿控系统的设计研发是建立在一些前期研究计划成果基础上的,如大气层外轻型射弹(LEAP)和反卫星(ASAT)计划等。

大气层拦截器技术对固态推进剂点火和熄灭能力的要求与液体推进剂系统类似。固态推进剂的构成是采用带有点火器的独立推进剂压块方式,为保证点火的可靠性,点火器数量有一定的余度。推进剂压块之间由绝缘材料分隔开,以便能提供离散的轨控和姿控压力脉冲。

2. 天基导弹拦截器小型化问题

美国在20世纪里根任总统的时代提出了"星球大战"计划,为了在美国的上空建立一个免遭洲际弹道导弹袭击的防护网,美国开始了反卫星、反导研究,天基动能拦截器就是其中之一。弹道导弹防御武器包括助推段/上升段、中段、末段高层和末段低层反导系统。天基动能反导武器用于在来袭弹道导弹的主动段/上升段实施拦截,它可与地基上升段动能反导系统一起构成对来袭弹道导弹的第一层防御网。

对于天基反导系统来说,不存在地域的限制,只要天基平台网、指挥控制网和预警探测网一经建立,可对任何地区的来袭的弹道导弹实施上升段拦截,从长远角度看,天基反导将成为空间战略防御的重要组成部分,采用天基动能武器对弹道导弹的主动段/上升段实施拦截,以构筑完整弹道导弹防御系统。

最早的天基反导计划是1987年的"智能卵石"计划,该计划是基于当时已有的电子和推进系统技术发展的。由于受可用小型化电子元器件限制,有效载荷(寻的器、航空电源、通讯电子元器件等)的轻量化问题没有解决,因而拦截器重量很重。近年来,随着电子技术发展、拦截技术硬件的不断完善、研究发展的优化拦截器轻量化方法应用、高效推进剂使用等,天基拦截器小型化已有很大发展,成本大幅度降低。

美国波音拦截器推进与动力集团公司(Rocketdyne)长期以来一直致力于拦截器发动机和推进系统的小型化发展。从"阿波罗"登月到反卫星、反导动能杀伤拦截器,他们研制的动力系统都被广泛采用。在20世纪80年代早期,该公司就开始利用美国国防部洲际及战术导弹(ICBM/TBM)项目以及NASA的有人/无人太空探险项目中的研究成果,发展用于导弹防御的小型化推进系统(图2)。

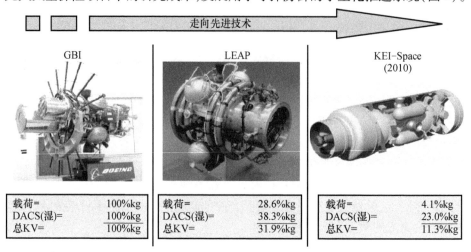

图2　天基拦截器小型化发展[4]

对于动能杀伤武器,速度和有效载荷质量是影响作战效能的两个重要参数。拦截器速度增量(Δv)方程被用来进行重量优化。方程中有三个主要参数,即推进剂质量比、惯性重量增量与推进剂重量增量之比、推进剂比冲。

确定拦截器速度增量的第一个主要参数是推进质量比,它是杀伤拦截器(KV)载荷(如寻的器、电子设备、航电电源、通信系统)、装载的推进剂重量、结构等的函数。

确定拦截器速度增量的第二个主要参数是惯性重量增量与推进剂重量增量比λ。在这个比值中,惯性重量是推进剂的函数,随着推进剂的增加而递增。该比值是燃料箱外形尺寸、材料性能、系统压力、结构等的函数。如果大幅度增加推进剂重量,该比值也随之增加。如果该比值与推进比冲相结合,就可以预测杀伤拦截器熄火时的最大速度增量。

确定拦截器速度增量的第三个主要参数是推进剂比冲I_{sp}。对于采用MMH和NTO的液体双组分系统来说,在混合率2.1的真空条件下,I_{sp}通常为335s左右。该值为推进剂混合、膨胀比、燃烧室长度、喷射器类型、喷射喇叭口比例的函数。先进推进剂的研发能使I_{sp}值得到提高,如三氟化氯(ClF$_3$)或五氟化氯(ClF$_5$)与肼(N$_2$H$_4$)的混合燃料能产生的I_{sp}峰值分别为338或360。

为使拦截器的重量最小而进行重量调整研究,Rocketdyne 公司开发了导弹拦截器重量调整方法,该方法通过输入下列参数来进行毁伤拦截器的小型化:载荷(如寻的器、电子设备、航电电源、通信系统等)、初始杀伤拦截器净重、初始推进剂重量、惯性增量与推进增量重量比、比冲、期望的速度增量。利用拦截器方程,最终的净杀伤拦截器重量与推进剂重量可以计算出来。此外,基于期望的杀伤拦截器熄火加速度,还可计算出轨控发动机推力水平和对应的燃烧时间。

以"智能卵石"为例,按 1987 年当时的技术,有效载荷 4.5kg,则杀伤拦截器最终毛重大约 19.5kg,而且速度仅是 1000m/s,还不是现在期望的 2000m/s,即使按这个要求,整个拦截弹的总重量也在 1850kg 左右。按照当时的计划,需要 2600 个,总成本大约要 7200 亿美元,而目前同样的数量只需要 700 亿美元。

3. 大气层动能拦截器技术的试验验证

全面验证大气层拦截器技术就需要对拦截器进行联合试验,将各种技术单元整合成一个完整的拦截器系统,将实验室中的技术转变为可实际应用的作战手段。但我们知道,飞行试验成本昂贵,这就迫使削减飞行试验验证的次数。美国在发展大气层拦截器技术之初,就已经认识到这个问题,为此发展了复杂的模拟和地面试验设备,这使得各种设计能够在严格的与飞行相似的条件下进行试验验证。大气层拦截器技术发展使用的主要试验手段有高保真模拟、地面试验、技术飞行试验和拦截器飞行试验(图 3)。

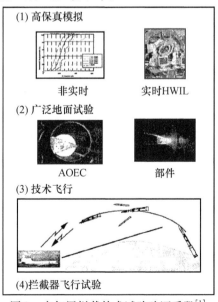

图 3　大气层拦截技术试验验证手段[1]

3.1 气动光学评估中心试验设备

20 世纪 80 年代,早期的大气层拦截器试验是在美国海军地面武器中心的 9 号风洞(NSWC－9)和阿诺德工程发展中心的 AEDC－B、C 等风洞中进行的。NSWC－9 风洞主要进行拦截器模型表面加热、表面压力、流场特性、气动光学畸变测量;AEDC－B、C 风洞主要进行了小模型的表面压力、传热测量。

NSWC－9 风洞是一座下吹式超高速风洞,试验马赫数为 8、10、14、18,风洞使用的气体是氮气,运行时间 0.25～15s。大气层拦截器在该风洞进行了气动光学、气动热、喷流干扰和稳定性试验、头罩分离试验。为了满足大气层拦截器试验需要,该风洞进行了改造,增加了马赫数 7 的喷管,模拟高度 8.5～25km,可以进行全尺寸拦截器模型试验。

随着大气层拦截器技术的发展,对风洞模拟的真实性提出了更高的要求。20 世纪 90 年代初,为了试验评估大气层拦截器技术,气动光学评估中心建成了世界最大、能力最强的激波风洞——高能国家激波风洞。它是唯一能在高超声速条件下再现真实飞行条件、进行全尺寸大气层拦截器试验的地面设备,它的存在大大减少了对昂贵的飞行试验所需的数量。气动光学评估中心采取了一些以前没有的技术手段,精心地将试验件和仪器设备与风洞干扰源隔离开来,确保了气动光学数据真实可靠。气动光学评估中心还在真实再现飞行条件下,拓展了风洞的运行时间,为全面再现大气层拦截器周围流场特性和满足测试要求创造了良好的试验条件。

在 90 年代末,气动光学评估中心利用该试验设备进行了拦截器全尺寸模型羽流对红外寻的器性能影响的试验。在某些高度,轨控和姿控系统喷射出的偏转推力能够在喷管前产生一个流动分离区,它可能会覆盖寻的器窗口。对特定的某种拦截器气动布局形式,通过试验能确定这种情况是否会出现,它对寻的器的性能影响有多大等。另外,气动光学评估中心还进行了点火偏转试验来确定喷流干扰效应。

气动光学评估中心使用的光学测试仪器或方法主要有:

(1) 全息干涉测量法,它可以用于冷却剂湍流光学效应的可视化和定量化测量,通过与平面光波的干涉,可以直接测量光学波阵面失真。

(2) 瞄准线传感器,它由一台望远镜和一个象限仪探测器组成。He：Ne 激光束穿过流场进入寻的器的光孔,最后返回到光源/传感器平台。

(3) 高速点光源成像系统。它包括可见光和红外两个成像系统,能够获得流场点光源图像的强度分布。

(4) 辐射计/分光计,主要测量与时间相关的宽波段红外辐射,测量中等光谱辐射。寻的器窗口外的湍流边界层要求有较高的数据采集效率,边界层的高温也要求了解光谱特性。

3.2 硬件在环模拟设备

对任何导弹研究计划,硬件在环模拟试验设备都是一个不可缺少的重要试验设施,它可以对导弹的硬件和软件系统进行联调。在飞行试验前,对试验飞行器进行地面的各系统联合试验是很重要的。美国的"大气层拦截器技术研究计划"使用了美国陆军航空和导弹指挥中心(U. S. Army Aviation and Missile Command)的高保真硬件在环(HWIL)模拟试验设备,该设备是以前战区高空区域防御(THAAD)计划建设的国家基础设施。大气层拦截器技术先进行了一些红外寻的器及航空电子设备和控制系统软件的联调试验。最终,利用该设备将寻的器/电子控制设备、偏转阀驱动器和所有遥测装置进行联调试验。

美国空军研究实验室(AFRL)也有一座类似的设备,即动能毁伤拦截器硬件在环模拟设备(Kinetic Kill Vehicle Hardware – in – the – Loop Simulator Facility,KHILS)(图4)。洛克希德公司研制的带动力低成本自主攻击系统(PLO-CAAS)就利用此设备进行了大量飞行前地面模拟验证试验,对低成本自主攻击系统的制导和目标识别寻的器等进行了联调,大大降低了飞行试验的风险,确保了后来多次飞行试验的成功。

图 4　KHILS 模拟试验设备[4]

该设备是世界最先进制导武器的一个地面试验验证平台。利用该设备整合武器的制导系统硬件和寻的器软件,模拟和评估武器系统的性能。该试验设备能够提供制导武器系统与实际飞行一样的各种控制信息,模拟结构动力响应对控制系统的影响,能够给寻的器提供模拟的三维目标图像等,是一个将被试验武器置身于模拟真实环境中的地面仿真试验验证设备。

3.3 飞行试验

大气层拦截器在经过大量的部件和整体地面试验后,最后还要进行一系列的飞行试验。通过飞行试验全面验证采用捷联制导的拦截器所具有的高机动碰撞毁伤拦截性能。大气层拦截器飞行试验通常分三个阶段逐步进行。第一阶段是拦截器部件的飞行试验,验证在真实高度和速度的条件下,拦截器各种子系统的性能;第二阶段是控制飞行试验,验证拦截器/助推器工作情况和各范围控制飞行接口衔接情况;第三阶段是完整的碰撞毁伤拦截飞行试验,验证经过一系列地面、飞行试验后一个完整的大气层拦截器实际作战情况。

4. 结束语

20世纪80年代以来,以美国为代表的西方军事大国和俄罗斯探索研究并试验了一系列动能武器。弹道导弹防御武器包括助推/上升段、中段、末段高层和末段低层反导系统。从拦截武器系统的效能来看,尽早进行拦截有利于扩大保卫区面积,减少拦截武器布防数量。另外,来袭弹道在助推/上升段弹道轨迹变化相对简单,且其诱饵不容易施放,故容易被准确捕捉。因此,提高拦截成功率,最理想的情况是实施助推/上升段拦截。无论是助推/上升段拦截还是末段拦截,拦截通常都是在大气层内进行的,因此,大气层拦截在整体的导弹防御系统中占有重要地位。此外,以"碰撞毁伤"概念研制的动能拦截弹,通常在大气层内以高超声速飞行,动能拦截弹周围复杂的流动现象,如激波干扰、气动热、气动光学等,都给实施有效碰撞毁伤增加了难度,因此,大气层拦截技术(AIT)一直都是发达国家导弹防御研究的重点内容,值得我们跟踪研究。

参考文献

[1] Cantrell M. Atmospheric interceptor technology(AIT) status and test results[R]. N0912113,1997.

[2] Kerl J M. Aerodynamic shear load on shroud deployment bladder in the RPI high pressure shock tube[R]. AIAA 2000 - 0122,2000.

[3] Barrera M J. Conceptual design of an asteroid interceptor for a nuclear deflection mission[R]. AIAA 2004 - 1481,2004.

[4] Zarchan P. Midcourse guidance strategies for exoatmospheric intercept[R]. N1110090,1998.

美国变形体飞机研究进展综述

摘要：变形体飞机是美国国防预研局和 NASA 等众多国外科研机构致力于研究的未来飞行器项目之一。本文在概述变形体飞机发展历程的基础上，重点介绍美国近两年在变形体飞机气动布局研究、风洞试验、结构和材料等关键技术方面取得的进展情况。

关键词：变形体飞机；气动布局；风洞试验

引言

为了有效完成特定的飞行任务，通常航空科研人员根据不同飞行条件设计了不同气动布局和类型的飞机，形成了目前的飞机家族，如：强调速度和敏捷性的战斗机；追求巡航经济性的运输机；能够长时间滞空的侦察机等。各种不同类型飞机的设计制造和维护配套设备众多，使航空飞行成本很高。为此，美国和欧洲等航空发达国家的许多政府组织、科研院所都在进行能显著降低飞机制造和运行成本的技术研究，这些技术将能使飞机在不同飞行条件下更有效地完成不同的飞行任务。在军事上，常见的空中格斗和侦察由于任务性质对飞机的性能要求不同，目前执行格斗和侦察任务通常要用两种不同类型的飞机完成。为了更有效地在第一时间完成侦察和打击任务，美国国防预研局（DARPA）积极致力于变形体飞机（Morphing Aircraft）的研究。变形体技术是一种允许飞机在飞行中重构其布局的先进技术，拥有这样技术的飞机能以最优布局执行两个或多个不相容的任务。例如，美国提出的"猎人—杀手"（Hunter – Killer）无人战斗机概念就是变形体飞机的一个例子。在"猎人"飞行状态时，飞机布局是一种大展弦比、大机翼面积构型，这使飞机能够像"猎人"般长时间滞空搜索目标；而在"杀手"飞行状态时，飞机布局在空中变为所期望的高速、高过载构型，这有利于空中格斗。变形体飞机的军事应用前景使其成为美国国防预研局重点资助研究的项目之一。

1. 变形体飞机发展简况

变形体（Morphing）从广义概念的改变飞机形状上讲，并不是一个新概念，1903 年，莱特兄弟就试图通过机翼的扭转来控制飞机；目前广泛应用的前缘缝翼、后缘襟翼、刹车阻力板、起落架收放等和一些变后掠翼飞机（如"米格"- 23、FB - 111），都可以视为广义概念上早期变形体技术的具体应用。

20 世纪 80 年代，美国 NASA 兰利研究中心和德莱顿（Dryden）飞行研究中心的飞机变形计划（Aircraft Morphing Program）是变形体飞机研究较早的计划之一。NASA 与波音联合发展柔性复合材料"自适应机翼"，后又与罗克韦尔合作开展"主动柔性机翼"（AFW）研究。1996 年，NASA、空军研究实验室（AFRL）、波音等联合开展了"主动气动弹性机翼计划"（AAW）。在此基础上，美国国防预研局联合空军研究实验室和 NASA 开展了"智能机翼计划"（SWP）。

目前，美国国防预研局 Terry Weisshaar 博士负责的"变形飞机结构"（MAS）计划是集以上多项研究计划成果而开展的真正意义上的变形体飞机研究。其目的是集成和演示验证变形体飞机的一些技术，为未来完成多种不相容的复杂军事任务提供一种先进飞行器。美国国防预研局之所以看重变形体飞机项目，最重要的原因有两点：①拥有一种可执行多任务飞机的经济性；②提升飞行性能。

欧洲也在积极致力于变形体技术的研究。欧洲委员会（EC）的"主动气动弹性飞机结构"（AAAS）项目就是发展和评估通过飞机结构气动弹性变形来改进飞机效能的设计概念，这些概念将通过优化调整飞机构型改善飞机在不同飞行条件和承载条件下的飞行效能。该项目中的一个重要部分就是研究新型智能材料和开发新型作动系统，验证其有效性和可行性。

综上所述，目前国外变形体技术研究主要期望未来拥有该技术的飞机能在以下四个方面有所作为：

（1）改进飞机性能，扩展飞行包线，具有执行多任务的能力；

（2）取代传统的飞行控制面，提升隐身和飞行性能；

（3）降低阻力，增大航程；

（4）降低振动或控制颤振。

2. 美国变形体飞机主要布局方案

美国国防预研局对变形体飞机变形能力的部分指标是：机翼后掠角变化 20°，展弦比变化 200%，机翼面积变化 50%。

美国国防预研局变形飞机结构计划开展了一系列概念验证项目，主要合作单位有波音公司、洛克希德·马丁公司、雷神（Raytheon）导弹系统公司和下一代航空公司（NextGen Aeronautics）等。许多大学和科研机构也参与了变形自适应结构、材料和作动等子系统研究，如佩恩州立大学、圣母大学、乔治亚技术研究所等。

目前，美国主要有代表性的变形体飞机概念方案如下：

（1）洛克希德·马丁公司的折叠"Z"翼方案。根据当时飞行任务需要,机翼可以"Z"字型折叠成不同的状态(图1)。

图1 洛克希德·马丁公司"Z"翼方案[1]

（2）洛克希德·马丁公司的"鸬鹚"方案。该方案是为发展一种多用途无人机设计的,可以从潜艇发射和回收。借鉴了鸬鹚鸟翅膀的变化形态(图2)。

图2 洛克希德·马丁公司鸬鹚方案[2]

（3）波音的连接翼方案。波音最早由 Wolkovitch 发展了连接翼方案并申请了专利,Garrett 在此基础上继续研究和发展了可滑动变形的连接翼方案并获得了两个专利,最新的专利方案见图3,能够较好地满足美国国国防预研局对变形体飞机的指标要求。

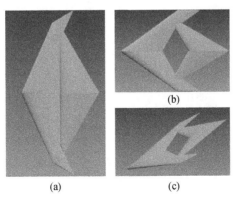

图3 波音连接翼方案[2]

（4）下一代航空公司的 N－MAS 方案。该方案机翼可以滑动展开成 5 种姿态，以满足滞空盘旋、巡航、爬升、高升力、高速机动的飞行需求（图 4）。

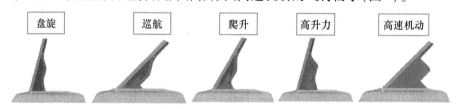

图 4　下一代航空公司的 N－MAS 方案[4]

除此之外，美国其他科研院所也有一些变形体研究的概念方案，如圣母大学的弯曲翼变形无人机方案，乔治亚技术研究所的变形无人战斗机方案等。

3. 变形体飞机试验研究及关键技术

经过变形体技术和概念方案的长期研究，目前，美国国防预研局变形体飞机结构计划主要有洛克希德·马丁公司的折叠"Z"翼方案和下一代航空公司的 N－MAS 方案已经进入到模型风洞试验和模型自由飞试验阶段。

洛克希德·马丁公司的折叠"Z"翼方案在经过定性品质评估、全尺寸子部件试验、集成部件试验之后，在 NASA TDT（跨声速动力学风洞）风洞进行了试验（图 5）。下一代航空公司的 N－MAS 方案除进行了风洞试验（图 6）外，还设计了一个以喷气发动机为动力、100lb 重的遥控自由飞模型 MFX－1（变形飞行试验飞行器 1 号），进行了自由飞模型试验（图 7）。

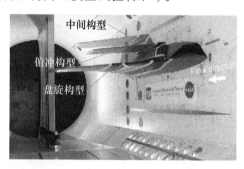

图 5　"Z"翼方案风洞试验中[5]

风洞试验的主要目的是验证系统集成对气动载荷变化的影响，其中主要包括三个方面：

（1）在类似飞行环境下，以一种连续可重复的模型姿态变化模式，验证在气动力作用下，变形系统和技术特定功能的能力；

图6 N-MAS方案风洞试验中[5]

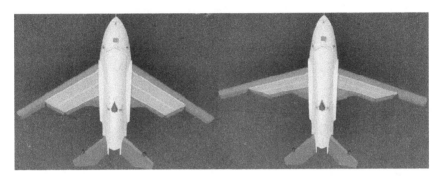

图7 N-MAS方案自由飞试验模型MFX-1[4]

（2）获得试验数据，验证分析估算方法；

（3）探索模型设计和风洞试验技术。

变形体飞机研制涉及多种学科技术的创新和工程化应用，对变形体空气动力学、姿态控制、材料/结构/工艺、新型作动器等都还有待研究。主要关键技术有以下几方面：

（1）变形体飞机变形气动力的预测及气动机理；

（2）参照美国国防预研局技术指标要求，变形体飞机的布局优化设计；

（3）变形过程的飞行稳定性和操纵性；

（4）智能材料与变形机构；

（5）先进传感器与作动器；

（6）空气伺服弹性问题；

（7）结构失效破坏机理、故障监控、安全管理与系统可靠性；

（8）变形体飞机试验与飞行仿真。

4. 结束语

2008年，围绕变形体技术，NASA积极致力于紧凑型固体作动器和具有结构重构能力的高温形状记忆合金（SMAs）研究。NASA 格林研究中心与波音、NASA 兰利中心、德克萨斯州的 A&M 等联合成立了一个新机构，加速发展和认证基于高温形状记忆合金的重构航空结构。

美国空军技术研究所通过一个平面柔性变形体机翼研究了作动器的分布和最优方位。

在 NASA 12m×24m 风洞，波音、空军、NASA、陆军、麻省理工学院和马里兰大学等首次在全尺寸旋翼上验证了智能材料控制的调整片。

NASA 德莱顿飞行中心演示验证了飞行中感应机翼形状和实时确定结构应力的能力。

佛罗里达大学演示验证了离子聚合合金用于飞行中作动的可行性。宾夕法尼亚州正在用细胞结构的概念和辅助连接自适应机构研发高应变材料。

展望未来，变形体技术研究将能使未来飞机在更广的飞行条件下有效执行多种不同任务，显著降低飞机制造和运行的成本；在军事上，变形体飞机机动作战、长时间滞空的能力将更强。除此之外，变形体技术发展带来的新成果也将在常规飞机上得到应用，并显著改进现有飞机的性能。

参考文献

［1］Yurkovich. A flutter analysis of a morphing aircraft based on a co – planar, variable geometry, joined wing ［R］. AIAA2008 – 1899,2008.

［2］Join S F. Development and flight testing of a morphing aircraft, the NextGen MFX – 1［R］. AIAA2007 – 1707,2007.

［3］Derek R B. Design of a morphing vehicle［R］. AIAA2007 – 1728,2007.

［4］Wlezien R W. The aircraft morphing program［R］. AIAA 1998 – 1927,1998.

［5］Love M H. Demonstration of a morping technology through ground and wind tunnel tests［R］. AIAA2007 – 1729,2007.

新型环翼飞行器布局及应用研究

摘要：环翼是非平面机翼的一种形式,其结构特性带来许多优越的气动布局特性,如不易颤振、高升阻比、高机动性等。国内对环翼在飞行器上的应用研究尚未引起足够的关注,而国外对环翼的应用研究非常广泛。本文分析研究环翼在飞行器上应用的研究发展情况。

关键词：环翼;环翼飞行器

引言

自 1902 年莱特兄弟发明第一架飞机以来,在这一百多年间,人们通过充分发挥丰富的想象力和逐步对空气流动机理的认识,创造出了形式各异的飞行器,如固定翼飞机、旋翼机等。机翼是飞行器产生飞行所需升力的重要部件,在飞行器的发展过程中,出现了多种形式的机翼,如后掠翼、斜置翼、盒式翼等;飞行器的布局形式也千差万别,如鸭式布局、无尾布局、串翼布局、连接翼布局等。1909 年,法国人吉沃当(Givaudan)制造了一架串翼式飞机,与众不同的是这架飞机的前、后翼都是环形的,这是世界上首次出现的环翼式飞机。随着人们对环翼研究的深入,环翼布局的飞行器设计层出不穷,国外对环翼在现代飞机、无人机、导弹、鱼雷、防暴枪弹上的应用研究从没有停止过。

1. 非平面机翼和环翼特点简述

机翼按其在空间的结构形状可以分为平面机翼和非平面机翼。机翼在产生升力的同时也会产生阻力,即诱导阻力、涡阻。为了减小诱导阻力,可以增加平面机翼的翼展。在速度和升力保持不变的情况下,平面机翼的翼展增加 10% ,涡阻可以减小 17% 。但翼展增加带来的结构重量和成本等的负面作用也将抵消其带来的好处,因此,机翼翼展的增加是有限的。环翼与平面机翼相比,在翼展和升力相同的条件下,环翼的涡阻只有平面机翼的 1/2。

非平面机翼的结构特性使其能够减小机翼系统的结构厚度,从而减小阻力。非平面机翼具有较高的结构效率,能够在不增加结构重量的条件下,增大翼展。

基于对非平面机翼结构优点和某些流动特性的认识,平面机翼发展出了样式不同的翼尖小翼,盒式翼、连接翼,环翼的结构优势和带来的气动特点成为人们研究探索的课题。

非平面机翼概念包括不同的构型,如多翼构型、盒式翼、连接翼、环翼、带翼尖小翼构型等。非平面机翼概念按照几何构型和气动特点可以分为4类:

(1) 重叠多翼构型,如早期的双翼和多翼飞机,以及由早期的双翼机演变改进而来的地效飞行器概念;

(2) 闭合升力构型,如盒式翼、连接翼、环翼;

(3) 翼尖装置构型,机翼带有各种构型的翼尖小翼装置;

(4) 非线性气动力概念构型;利用一些巧妙的平面构型,平面机翼能够产生非平面机翼的效果,从而降低涡阻;如开裂翼尖构型等。

环翼布局有许多独特的优点:

(1) 翼展小。在升力相同的条件下,环翼比平面机翼小30%,这对于舰载、运输、停放和生产组装都是难得的优点。

(2) 重量轻。机翼两端连接成一个圆环,机翼的强度和刚度显著提高,因此结构重量可以降低,这对飞行所需的燃料和发动机推力都有利。

(3) 抗振性好。与平面机翼相比,环翼的抗扭和抗弯能力都非常强,不容易出现平面机翼会碰到的颤振问题。

(4) 机动性好。对于强调机动性的战斗机来说,这是环翼布局最有价值的优点。战斗机机动有一个最小转弯半径指标,为了缩小盘旋半径和提高盘旋速率,必须增大飞机的倾斜度(坡度)和机翼的迎角。飞机的迎角和盘旋过载都有一定极限。如果飞机能不倾斜、不改变航向,在水平面内侧向移动,就可以避开飞机气动性能上的上述极限,而且这样的机动飞行有重要的战术价值,被称为直接侧力技术。美国曾在 F – 16 飞机上做过直接侧力的试验飞行。环翼飞机的转弯是靠环翼产生的侧力完成的,转弯时不需要像常规飞机那样先倾斜,环翼机很容易实现直接侧力技术。

2. 环翼飞机的研制发展

飞机在早期发展过程中,出现过各种各样的布局形式,通过长期的探索研究,最终进化到了由机身、机翼、平尾、垂尾组成的常规布局形式。常规布局形式技术成熟,但对飞机性能的提升似乎已看不到太大的潜力,随着计算机技术、控制技术、材料技术、仿生技术等的发展,未来飞机布局形式也在不断探索中,环翼布局就是其中之一(图1)。

1912 年,法国人 Lee – Richards 制造了一架环翼滑翔机。机翼是环型,直径 22ft,翼面积 400ft^2,最大重量 710lb。驾驶员坐在环翼中,升降舵在机翼后面,滚转控制靠升降舵差动。后来在机体尾部又加装了平尾和方向舵。

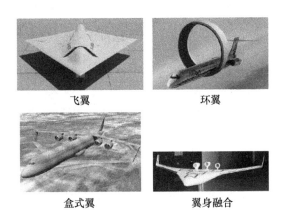

飞翼　　　　　　　　　　　　　环翼

盒式翼　　　　　　　　　　　翼身融合

图1　研究中的某些飞机布局形式[1]

　　1952年,法国航空发动机研究制造公司(斯奈克玛,SNECMA)获得了Von Zborowski环翼布局概念的授权,开始研制紧凑型高性能战斗机。首先他们发展了遥控的C400 Atar Volant引导性研究机,使环翼机向前迈进了一步(图2)。该战斗机有许多突出的优点:翼展小、重量轻和抗颤振性强。C450 Coleoptere环翼战斗机于1959年5月5日完成首次自由飞行。第二次世界大战时期德国也有过环翼布局战斗机设计。

图2　C450环翼战斗机[2]

　　1965年美国贝尔公司制造成功X-22A垂直短距起降研究机,环翼被用于发动机的涵道。X-22A型机身两侧各装有两个涵道发动机并且可以倾转,通过四台发动机的倾转差动配合,可以实现飞机的俯仰和横向操纵控制。1967

年,法国的北方(Nord)飞机公司也制造了北方N500型垂直短距起降研究机,这类飞机的动力装置要为飞机提供升力和操纵力矩,飞机的安定性是一个未解决的难题。

20世纪80年代,基于能源和成本的考虑,发达国家开始探索未来效益更高的运输机布局形式,环翼机的结构重量轻、有效载荷大,美国NASA兰利中心George Allison和洛克希德·马丁飞机公司提出了新型环翼运输机方案。新型环翼机设计与早期环翼设计相比有了很大改进,飞机机身贴附在环翼下边内侧,环翼好像是将常规机翼向上方闭合后,再将其向后方拉伸与垂尾连接。该方案的环翼设计带有后掠角,可以加强方向安定性和改善高亚声速特性;环翼的前缘呈椭圆形而不是圆形,这有利于提高机翼的最大升阻比。

3. 环翼无人机研制

无人机是飞机家族中的重要一员,在无人机布局中,环翼也占有重要一席,并已有实用机型。德国A. M. Lippisch博士提出的"Aerodyne"无翼垂直起降无人机概念,得到了德国国防部重视。1972年,Aerodyne环翼无人机试飞成功。它与倾转翼飞机不同,能在飞机结构不变的情况下,实现空中旋停到全速飞行之间的变换。其升力和推进力来自环翼加风扇的紧凑动力结构单元,该机的俯仰、偏航控制是利用安装在机身尾部的控制面完成的。

1975年,英国Short Brothers PLC公司研制成功"Skyspy"环翼无人机。1987年,美国Moller International Inc.公司研制成功"Aerobot"环翼无人机。

美国防高级研究计划局目前已决定以"黄金眼"无人机为基础来研制"建制无人机-Ⅱ"(OAV-Ⅱ)的原型机。原型机将采用涵道风扇和环翼设计,能够垂直起降及悬停侦察。"建制无人机-Ⅱ"是美国防高级研究计划局为未来陆军研制的一种小型无人机,用于为连级部队提供侦察、监视和目标捕获功能。它的体积不大,两名士兵便可携带,还可以从"悍马"车上发射。它的重量不超过112lb(51kg),最大续航时间2h。

美国微型飞行器公司在国防高级研究计划局资金赞助下,获得了以前其他机构设计的涵道风扇无人机专利,在此基础上,联合军方、NASA、大学等科研机构,研制成功微型iStar环翼无人机。该机采用涵道风扇和环翼设计,直径23cm,高度30.5cm,重量2.3kg,最大航程半径8.9km。飞行高度可达4880m,续航时间1h(图3)。iStar环翼无人机具有广泛的军事和商业应用前景。

该机主要材料采用凯芙拉(Kevlar)复合材料和铝等轻质材料。凯芙拉复合材料重量轻,强度高,并且没有其他复合材料常见的脆性。

iStar环翼无人机主要由4个部件构成:

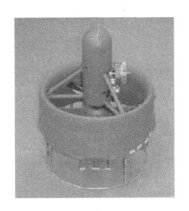

图 3   iStar 环翼无人机[3]

（1）上中心体。呈圆柱形,主要包含发动机、发动机控制单元、螺旋桨以及任务设备(如照相机)。

（2）下中心体。呈圆柱形,由 8 个固定片固定,下中心体内装有传感器板,其上有 3 个压电陀螺仪、3 个加速度计、调压器和放大器,传感器信号通过导线传送到安装在涵道壁内的数据处理主板上。

（3）涵道。涵道直径 23cm,涵道壁纵向剖面是某种翼型,其中包含燃料箱、飞行控制计算机、调压器、电池、伺服器和接收器。涵道翼型的前缘是燃料箱,燃料箱与机体是分开的,拆装方便。

（4）着陆环。微型飞行器公司研究过各种着陆系统装置。研究表明,着陆环要优于其他系统。它能很好地吸收着陆产生的动态载荷,从而保持飞行器平稳着陆。另外,着陆环的阻塞面积小,有利于发动机推力和控制力的发挥。

4. 环翼在弹类武器装备上的应用研究

环翼气动布局所带来的有利空气动力效应,促使人们不仅探索其在飞机上应用,而且研究其在弹类兵器上的应用可能。早在 20 世纪五六十年代,荷兰国家航天实验室(NLR)、美国 NASA、兰德公司就开展了大量环翼加中心体导弹布局的研究。直到 20 世纪末,环翼在鱼雷、反坦克弹以及导弹增程方面仍有大量研究。

4.1   环翼加船型旋成体布局导弹研究

20 世纪五六十年代,欧、美等国家对环翼加船型中心体布局的有利气动干扰效应问题的机理进行了长达十多年的研究,在理论研究方面,基于线性势流方程和精确流解,对该布局的零升力和升力特性进行了研究;在风洞试验方面,开展了环翼加船型中心体布局、串列双环翼加中心体布局以及半环翼加半船型中心体布局的超声速风洞试验。研究表明,通过环翼将中心体头部激波反射到中心体船体型的尾部,能够显著降低波阻;半环翼加半船型中心体布局,头部激波与环翼的相互干扰能大幅度提高升力(图4)。

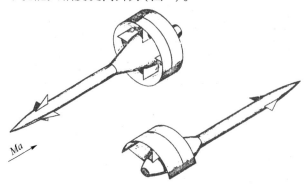

图 4 环翼导弹试验模型[5]

4.2　环翼在鱼雷上的布局研究

环翼的增升作用对提高鱼雷的配平升力效果明显。在常规鱼雷布局的基础上增加环翼,能够提高鱼雷的纵横向静、动稳定性,提高鱼雷俯仰、偏航、滚转的控制效率。美国在 AEDC 4ft 跨声速风洞基于对环翼布局导弹风洞试验结果的分析研究,认为马赫数 0.6 时的风洞试验数据对不可压缩流具有代表性。根据环翼导弹研究项目风洞试验数据,对某 4000lb 鱼雷加半环翼布局进行了飞行性能估算。

4.3　环翼导弹增程研究

增加射程和增加载弹量是当今武器发展的一个重要方向。环翼布局导弹是能够实现这两个要求的方案之一。存储时,环翼包裹着弹体,可以大大降低所占空间;发射后,环翼升力面能够增加导弹射程。美国空军研究实验室在这方面进行了多年研究,进行大量风洞试验。其研究结果表明,环翼能够提高导弹的升力,但也存在负面效应,如横向耦合效应、管道效应。

4.4　环翼枪弹

环翼的另一个功能是其具有很好的稳定作用,因此在枪弹上也有应用,美国 M743 环翼防暴枪榴弹和 M742 软环翼 CS1 毒气弹可装在步枪上发射。其中硬环翼弹为动能弹,只产生较小碰伤,可以造成人员痛苦;软环翼弹具有硬环翼的基本性能，在弹着点，毒气释放出来对付单个目标。

5. 环翼布局的其他探索研究

除以上介绍的环翼在飞机、导弹等领域研究外，国外还有一些科研组织和个人探索研究一些环翼的新概念、新的布局形式。

5.1 径向环翼概念飞行器设计

环翼除沿机体或弹体轴向布局外，还有人提出了类似飞碟的径向环翼布局形式。20 世纪 70 年代，美国环翼应用专利就有一个类似直升机的环翼机设计。

航空爱好者提出了灯笼形状的上、下两层径向环翼布局飞行器。气流从上环翼四周被吸入，并经下环翼从四周流出，气流流经环翼而产生飞行需要的升力（图 5）。

图 5　串列径向环翼飞行器[3]

美国 EP 工业公司正在开展垂直起降径向环翼布局飞碟无人飞行器研究。

5.2 "特技"环翼飞行器设计

"特技"表演飞行器是指在三维空间中的位置、速度、姿态有精确迅速改变机动能力的飞行器。国外提出了环翼布局的"蜂鸟"特技机概念，顾名思义，该机能像蜂鸟那样灵活机动地随意进行各种常规飞机不能完成的机动飞行。其环翼布局形式如图 6 所示。

5.3 航模环翼飞行器设计

航模爱好者也充分利用环翼不同寻常的布局形式，吸引人们的眼球，其中就

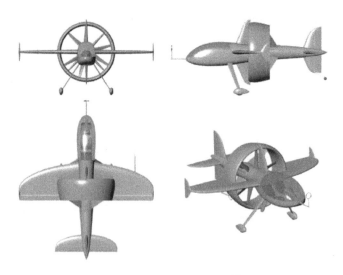

图 6   "蜂鸟"环翼特技机[3]

包括飞机和导弹环翼航模。

6. 结束语

综上所述,我们对环翼在飞行器上的气动布局形式及其应用领域有了一个初步的认识。通过分析研究,可以得到以下几点结论:

(1)环翼概念的出现已经有几十年的历史,其主要优点是其结构特征带来的气动优越性,如不易颤振、高升阻比、高机动性等。

(2)环翼布局有轴向和径向两种形式,其应用领域比较广泛。从目前的研究看,其在无人机、微型飞行器以及有空间限制要求的弹类增程方面有较好的研究开发前景。

(3)在战斗机、运输机方面,国外进行了环翼概念研究并有验证机出现。对于未来运输机,也存在着盒式翼、连接翼、飞翼以及常规布局等多种形式,有的布局形式已经有较详细的研究和验证机。环翼在大型飞机上应用研究的文献资料较少,或许是因为环翼机在飞行安全性、经济性、可靠性以及操控复杂性等方面问题影响,使其相对其他布局形式的竞争应用前景并不乐观。

参考文献

[1] Erdmann S F. A survey of ten years of NLR activities on ringwing—body configuration[R]. NLR – TR – 69070,2005.

[2] Johnson A R. An experimental investigation of simple symmetric and unsymmetric supersonic ring wing configurations utilizing benefical interference effects[R]. AD −468913,2008.

[3] Walker H J. An annular wing patent application[R]. NASA − Case − FRC −11007 −1,2009.

[4] Browand F K. The design and test at Mach number 2. 5 of two low − wave − drag ring − wing configurations of aspect ratio 1. 3and 2. 6[R]. N2235457,2011.

国外火星飞机研究综述

摘要：火星是太阳系中深空探测最热门的星球之一。本文在简述火星与地球大气飞行环境差异的基础上,分析研究火星飞机主要布局特征和动力推进问题;阐述国外开展火星飞机研究发展的地面模拟设备——火星风洞的情况。意在跟踪国外新技术走向,为国内航空航天未来发展提供参考。

关键词：火星飞机;火星风洞;火星

引言

在发达国家的深空探测中,火星是太阳系中最热门的被探索星球之一。美国 NASA、欧洲的欧洲航天局(ESA)、日本的航空航天探索局(JAXA)、俄罗斯等都有关于火星探索的科研项目,如美国火星空中区域规模的环境探测(ARES)、欧空局的火星外表漫游器(EMR)探测任务等。各国热衷火星探索的主要原因是:①促进科技发展和人类发展的需要;②探索火星板块构造和火星地球化问题;③探索火星尘暴是怎样产生的;④研究火星"河床样"地表是怎样形成的等。以往的火星探索任务设计主要是依靠在火星地表运动的漫游器和火星卫星。漫游器能够获得详细的火星地表数据,但它的活动区域非常小;火星卫星能够提供大的空间区域覆盖,但测量数据的解析度很低。因此,采用火星航空器,如气球、直升机、扑翼机和固定翼飞机等,就成为火星探索的又一选择。研究表明,固定翼飞机在飞行空间覆盖范围、可控性、可靠性和成本方面比其他航空器具有优势。因此,火星飞机研制成为火星探索研究中的重要一环(图 1)。

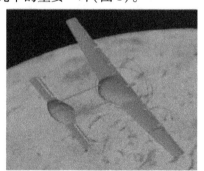

图 1　火星飞机[1]

1. 火星与地球大气飞行环境差异简述

火星是太阳系中与地球最为相似的星球。如:火星的自转轴偏向 25.19°,与地球的 23.44°相近;火星的自转速度相当于 1.026 个地球日,也与地球十分接近;火星上也有与地球相似的四季之分。即便如此,二者之间仍存在着巨大的差异:火星的直径 6800km,相当于地球的半径,表面积只有地球的 1/4,体积只有地球的 15%,质量只有地球的 11%、重力值是地球的 2/5。火星表面有各种地形特征,有高山、平原、峡谷,风成沙丘广布整个星球。

为了设计火星无人机,需要了解火星大气层与地球大气层的差别。火星周围的大气层很薄,周围大气的主要成分为二氧化碳和氮气等,而且经常有沙尘暴。火星表面温度白天最高可达 28℃,夜晚降低到 −132℃,平均约 −57℃。虽然二氧化碳含量是地球的好几倍,但因缺乏水汽,所以温室效应只有 10℃,比地球的 33℃低得多。火星大气主要飞行条件与地球比较见表 1。

表 1　火星和地球大气飞行环境比较

星体 大气条件	地球	火星
表面平均压力/kPa	101.3	0.70
表面平均温度/K	288	210
大气成分	N_2(77%) O_2(21%) Ar(0.9%) CO_2(0.03%)	CO_2(95.3%) N_2(2.7%) Ar(1.6%) O_2(0.13%) CO(0.07%)
声速/(m/s)	340.0	227.5
密度/(kg/m³)	1.23	0.0118
重力加速度/(m/s³)	9.8	3.7

2. 火星飞机气动试验设备——火星风洞的研制

飞机的气动性能设计离不开风洞设备的支持。但常规的风洞都是为研制在地球大气层飞行的航空航天器而研制的,由上述可知,不能满足研制火星飞机的需要,因此,需要发展针对火星大气飞行环境的模拟设备——火星风洞。如:美国 NASA 艾姆斯研究中心的 MARSWIT 火星风洞,日本 Tohoku 大学的 MWT 火星风洞。

为了获得足够的升力,火星飞机将在高亚声速($Ma=0.75$)条件下飞行,雷诺数约为$10^4 \sim 10^5$。火星风洞设计参数与现有常规风洞相比有三个特殊的方面:

（1）为了研究马赫数、雷诺数和比热γ对火星飞机翼型的影响,要求风洞总压、总温和气体介质成分能在一定范围内可调;

（2）试验段马赫数应达到0.7以上,以满足火星飞机的高亚声速飞行模拟需要;

（3）为了准确评估翼型性能,风洞的湍流度要足够低。

美国NASA艾姆斯研究中心的火星风洞试验段1.2m×0.9m,试验气体介质为空气/二氧化碳,试验气体密度变化范围$0.01 \sim 1.24 kg/m^3$。整个风洞建在一个$4058m^3$的低压室中。2007年,日本建成了MWT火星风洞,火星风洞设计参数见表2。

表2 火星风洞设计参数

试验模型/mm	二元翼型($C=50$)
总压/kPa	$1 \sim 20$
总温/K	$200 \sim 300$
雷诺数	$10^4 \sim 10^5$
马赫数	$0 \sim 0.7$
工作气体	空气/CO_2
湍流度	$\leqslant 0.5\%$

日本火星风洞的主要构成包括1个真空罐,1个吸入式风洞,1个缓冲罐,连接管和碟阀(图2)。吸入式风洞放置在可以模拟火星大气压力和温度的真空罐中,真空罐长5m,直径1.8m。通过向罐内注入液体二氧化碳冷却罐内气体可以模拟真实火星大气温度。真空罐材料为不锈钢,风洞洞体用铝合金制成。

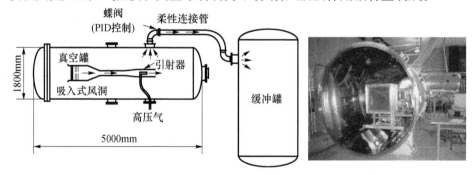

图2 日本Tohoku大学的火星风洞[1]

在低压下产生气流,吹气和真空泵的效率都很低,因而风洞驱动采用吸入式,这样也可以获得较低的湍流度。真空罐通过蝶阀和管道与缓冲罐相连,这样真空罐内的气体可以排放到缓冲罐中,通过控制蝶阀可以保持真空罐内压力恒定。

真空罐内风洞为吸入、直流式风洞,试验段尺寸 $100mm \times 150mm \times 400mm$。

3. 火星飞机气动布局与推进系统研究

根据火星大气飞行环境和科学探测任务的需要,美国和日本都开展了火星飞机的设计研究工作。日本利用"火星风洞计划"进行火星飞机机翼翼型的试验研究,利用 CFD 工具,开展了翼型优化设计,研究了翼型厚度、弯度分布和前缘形状;研究了雷诺数和马赫数效应的影响;计算分析了机翼颤振特性等。

美国 NASA 开展的火星 ARES(空中区域规模的环境探测)任务如图 3 所示。该任务计划在 2011 年 10 月从肯尼迪航天中心用 Delta Ⅱ 运载火箭发射,飞船和装有火星飞机的减速器经过 10.4 个月的飞行进入火星轨道后分离,减速器进入火星大气层释放出火星飞机。美国 NASA 已有更为详尽的火星飞机优化设计研究结果。

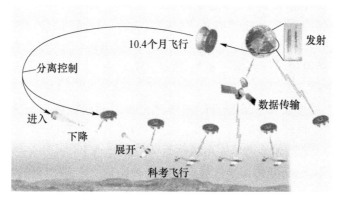

图 3　美国 NASA ARES 任务[2]

火星飞机关键技术主要包括运载防护、推进、尾翼的布局、机翼的设计。火星飞机的总体设计参数和气动布局形式取决于减速器的内部存储空间和运载火箭的有效载荷分配等。美国 NASA 的火星飞机采用翼身融合式布局,机翼前缘有较小的后掠角,尾翼固定在从机身上伸出的两根支杆上,尾翼的位置设计充分考虑了发动机尾流的干扰影响。整架飞机可折叠存放于火星减速器内(图 4)。

火星飞机翼展长 6.25m,飞机总长 4.45m,总高 0.7m,机翼参考面积 $7.0m^2$,平均气动弦长 1.25m,飞机总重限制 185kg,飞机设计巡航速度 145m/s。

完成火星空中区域规模的环境探测(ARES)任务,火星飞机至少要能飞行480km 的距离。选择合理可靠的飞机推进方式是火星飞机完成任务的重要保

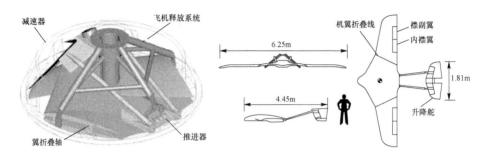

图 4　火星飞机气动结构布局[5]

证。火星飞机推进方式的设计考虑主要有三种类型：

（1）电推进方式，包括电池和燃料电池两种；

（2）燃烧推进方式，包括活塞膨胀发动机和 4 冲程内燃机；

（3）火箭推进方式，包括双推进剂火箭和单推进剂火箭。

在相同重量条件下，三种推进方式相比较而言，电推进装置结构重量在推进系统总重量中占比大，燃烧和火箭推进则燃料重量占比大；从可提供的飞行时间和距离上看，燃料电池和燃烧推进能提供更远的飞行距离，而火箭推进则适中。电推进和燃烧推进需要采用螺旋桨产生推力。从三种推进方式技术成熟性、成本、研制风险等考虑，火箭推进系统是当前的最佳选择。由于双燃料火箭推进巡航时间、飞行距离较单燃料推进更长，因此，美国 NASA 的火星飞机采用的是双燃料火箭推进模式。

为了最大限度发挥火箭推进的效率，NASA 兰利研究中心开展火箭推进器数量和布局优化设计，详细计算分析了采用 1 个 AJ10 – 220（62N）推进器和采用 3 个 AMPAC – ISP 22N 推进器的飞机性能，研究了 3 个推进器"一字"布局和"三角"布局的性能特点；开展了推进器产生的热冲击对飞机结构影响的研究；研究了推进器产生的羽流干扰特性，开展了推进与火星飞机气动布局一体化优化设计（图 5）。

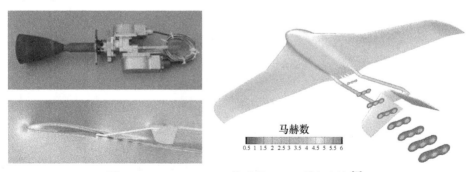

马赫数

图 5　AMPAC – ISP 22N 推进器和 CFD 模拟研究[7]

468

4. 结束语

火星作为太阳系中最近似地球的星球已成为 21 世纪人类深空探测的重点之一,我国正在积极开展火星自主探测的相关研究。2011 年,中国与俄罗斯合作共同探测火星,中国首个火星探测器"萤火"一号将于 10 月和俄罗斯的"福布斯–土壤"卫星一起,搭乘"天顶"号运载火箭发射升空。2013 年,我国可能利用"长征"三号乙运载火箭发射自主火星探测器。未来,从国外的火星探测发展经验看,火星飞机在密度较低的二氧化碳气体中飞行,飞行马赫数高(声速低),雷诺数低,飞机表现出的许多气动特性与地球大气中的不同,二氧化碳低密度大气环境中的飞机动力推进方式、效率也是研究的重要问题。我们应发展有关地面气动模拟试验设备,开展相关低密度环境中飞机关键技术的预研工作,为我国未来的深空探测技术发展奠定基础。

参考文献

[1] Numata D J. Characteristics of thermal anemometers at low – pressure condition in a Mars wind tunne[R]l. AIAA 2011 – 1166,2011.

[2] David J K. Aerodynamic and aerothermal environment models for a Mars entry,descent,and landing systems analysis study[R]. AIAA 2011 – 1189,2011.

[3] Kazuki T. Flutter of an aircraft flying on Mars[J]. Journal of Aircraft, 2011,48 (1):257 – 260.

[4] Quinn A. Testing of the gas gap insulation concept for the ExoMars rover vehicle[R]. AIAA 2010 – 6200,2010.

[5] Akira O. A study on airfoil design for future Mars airplane[R]. AIAA 2006 – 1484,2006.

[6] Christopher A K. Design of a Mars airplane propulsion system for the aerial regional – scale environmental survey (ARES) mission concept[R]. NASA/TM – 2009 – 215700,2000.

[7] Christopher A K. Trade study of multiple thruster options for the Mars airplane concept[R]. NASA/TM – 2009 – 215699,2009.

火星探测风洞试验研究综述

摘要：火星探测是目前人类深空探测的主要目标。本文概述火星大气环境与地球的差别；综述国外火星探测开展的各种风洞试验研究活动；论述国外火星风洞的建设及开展的试验研究。最后，对火星探测的风洞试验研究活动进行总结。

关键词：火星探测；风洞试验；火星风洞

引言

在人类的深空探测活动中，火星是最热门的被探测行星。20 世纪 60 年代初，苏联"火星" 1 号探测器在飞离地球 1 亿 km 时失去控制，探测任务失败，但它被视为人类火星探测的开端。从此，人类探索火星的活动始终没有停止过。1971 年，苏联"火星" 2 号探测器实现火星着陆；1976 年，美国"海盗" 1 号和 2 号实现火星着陆。进入 21 世纪以来，美国、欧洲、俄罗斯等都有关于火星探测的科研项目，如：美国火星空中区域规模的环境探测（ARES）、欧空局的火星地表漫游器（EMR）探测任务，美国发射了多个火星探测器，如"机遇号""勇气号""凤凰号""好奇号"等，并有更多的国家以国际空间合作的方式加入到了火星探测的活动中。各国热衷火星探索的主要原因有：火星是人类可以探索的最近的行星；研究火星气候演变；寻找生命迹象或化石；试验验证一些新技术等。

1. 火星大气环境概述

火星是太阳系中与地球最为相似的星球。火星的自转速度相当于 1.026 个地球日，火星上也有四季之分。火星的直径 6800km，相当于地球的半径，表面积相当于地球的 1/4，体积是地球的 15%，质量是地球的 11%。火星表面地形特征有高山、平原、峡谷，风成沙丘广布整个星球。

火星大气层很薄，大气的主要成分为二氧化碳和氮气等，大气密度大约相当于地球的 1%，表面平均气压约为地球的 0.6%。火星表面附近大气密度约相当于距地球表面 30～35km 高度处的密度。火星地表经常有沙尘暴，火星表面温度白天最高可达 28℃，夜晚降低到 –132℃，平均约 –57℃，火星上的重力大约为地球的 1/3。火星大气主要飞行条件与地球比较下表 1。

表 1 火星和地球大气飞行环境比较[1]

星体 大气条件	地球	火星
表面平均压力/kPa	101.3	0.70
表面平均温度/K	288	210
大气成分	N_2(77%) O_2(21%) Ar(0.9%) CO_2(0.03%)	CO_2(95.3%) N_2(2.7%) Ar(1.6%) O_2(0.13%) CO(0.07%)
声速/(m/s)	340.0	227.5
密度(kg/m^3)	1.23	0.0118
重力加速度/(m/s^3)	9.8	3.7

2. 火星探测的风洞试验研究

2.1 火星探测的两种主要任务类型

目前,国外研究的两种主要火星探测任务类型如下:

(1)发射登陆火星进行地表探测活动的漫游器。漫游器能够获得详细的火星地表数据,但它的活动区域非常有限。首先,包裹火星地表探测装置(火星车之类)的再入体进入火星大气,调整姿态飞行并减速;然后,在一定高度和速度下,减速伞开伞,进一步降低再入体速度;第三步,着陆。这种任务类型已经得以实现(图 1 方式 1)。

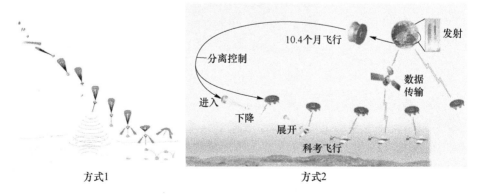

图 1 火星探测研究的两种主要任务方式[1]

(2)发射火星探测无人机。上述地表漫游探测方式,活动探测范围有限,尽管火星卫星能够提供大的空间区域覆盖,但测量数据的解析度很低。因此,采用火星航空器,如气球、直升机、扑翼机和固定翼飞机等,就成为火星探索的又一选择。研究表明,固定翼飞机在飞行空间覆盖范围、可控性、可靠性和成本方面比其他航空器具有优势。因此,火星无人机研制成为火星探测的又一任务方式。这种任务类型已在研究中(图1 方式2)。

在这两类任务中,探测装置运载器(再入体)再入、减速、火星大气无人机飞行、火星大气环境研究方面都涉及大量风洞试验研究活动。

2.2 火星探测再入体的风洞试验研究

通过国外发表的资料文献分析,火星探测器的风洞试验研究活动主要有三类:

(1) 火星大气再入体的风洞试验研究;

(2) 减速伞的风洞试验研究;

(3) 新概念火星探测器风洞试验研究。

2.2.1 火星大气再入体的风洞试验研究

(1) RCS 喷流风洞试验研究。美国密歇根大学在其低密度、高超声速风洞中进行了"火星科学实验室"的反作用控制系统(RCS)风洞试验研究[2],并与CFD 数值结果进行了对比分析。模型缩比 0.44%,试验马赫数 10、12,试验气体为氮气。美国 NASA 兰利研究中心在 31in 马赫数 10 高超声速风洞进行了"火星科学实验室"(MSL)再入体缩尺模型喷流干扰试验(图2)。

图2 "火星科学实验室"RCS 喷流试验[3]

(2) 再入体的动稳定性试验。再入火星大气,再入体需要保持一定的飞行迎角并具有足够的动稳定性,以满足减速伞开伞的需要。美国在 Eglin 空军基地的弹道研究设备(ARF)进行过再入体动稳定性弹道靶试验。该弹道靶风洞长 207m,前 69m 长的横截面 3.66m × 3.66m,其余部分的横截面 4.88m × 4.88m,模型为"幽灵"和"机遇"号的再入体,模型缩尺 2.64%(图3)。此外,"海盗"号曾进行过跨、超声速的动稳定性试验。这类试验的试验介质通常为空气,试验马赫数从超声速到高超声速。

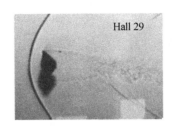

图3 弹道靶飞行动稳定性试验[4]

（3）再入体表面转捩研究。边界层转捩状态对气动加热和再入体绕流特性有重要影响。NASA在兰利研究中心20in M6风洞、CUBRC的国家高能激波风洞（LENS）、加利福尼亚技术学院研究生航空实验室（GALCIT）的T5超高速激波风洞进行了边界层转捩和气动热测量试验。

兰利研究中心20in M6风洞试验气体介质为空气，LENS和T5则采用二氧化碳气体。20in M6风洞测量技术采用了磷热图技术，测热数据的试验不确定度约为±13%。

CUBRC的国家高能激波风洞（LENS）在Ⅰ号风洞进行，马赫数7~14（氮气或氢气驱动），为模拟火星CO_2大气，采用了试验气体置换技术，进行了计算分析和校准试验，确定了一组CO_2气体试验介质的试验条件，马赫数6.2~6.8，自由流雷诺数范围$(1.5~6.5)×10^5$/ft，试验段有效核心区面积大于$30in^2$，试验时间几毫秒。测量技术采用的是薄膜热传导计。

通过不同风洞和气体介质的试验数据，建立了湍流/层流加热的补偿修正关系，获得了空气与CO_2介质试验数据的差异，为计算方法验证和试验数据对比分析提供了重要依据。

（4）再入体气动力试验研究。气动力试验是火星再入体风洞试验研究的基本内容，美国在喷气推进实验室（JPL）21in超声速风洞（$Ma=3$、2、1.65）、20in高超风洞（$Ma=5$）、兰利中心8ft跨声速风洞和统一规划风洞进行了火星探测再入体的气动力试验，风洞试验结果与CFD计算结果进行了比较。

（5）再入体气动热试验研究。气动热问题是深空探测再入飞行的关键问题。再入体的飞行速度可以超过10km/s，这将产生巨大的热载荷。需要研究深空探测飞行任务的热环境。

德国斯图加特大学利用感应热等离子体设备PWK3，在模拟火星大气尘埃（二氧化铁粒子）的CO_2气体条件下，进行了再入体气动热试验研究。感应热发生器IPG4的工作气体为CO_2（流量3.7g/s）和N_2（流量70mg/s），热流可以达到$2.1MW/m^3$。

美国NASA兰利研究中心的20in M6空气风洞和20in M6四氟甲烷（CF_4）

风洞进行了火星探测器和采样返回轨道器的气动加热试验研究。风洞试验结果和用兰利气动热力学迎风面松弛算法(LAURA)的计算结果进行了比较。

"火星科学实验室"(MSL)的再入飞行器要比以往的再入体大得多,气动加热问题也将更严重。因此,美国对其开展了大量 CFD 计算与风洞试验对比的研究工作。在兰利中心 20in M6 风洞(空气介质,热防护、转捩试验)、卡尔斯潘大学的 LENS(二氧化碳介质,低到中焓值,湍流气动加热、转捩试验)、加利福尼亚技术学院研究生航空实验室(GALCIT)超高速激波风洞 T5(二氧化碳介质,中到高焓值,湍流气动加热试验)以及 AEDC 9 号风洞(氮气介质,热防护试验)进行了相关气动加热试验研究,并进行了试验数据的对比分析研究(图 4)。

图 4　AEDC 9 号风洞气动热试验[12]

2.2.2　减速伞的风洞试验研究

美国 NASA 在深空星际探测再入减速系统研发过程中,实施了多个高空降落伞试验计划,如超声速降落伞试验发展计划(SPED)、超声速高空降落伞试验发展计划(SHAPE)、星际探测降落伞计划(PEPP)。PEPP 计划在 20 世纪 60 年代就实施了,试验包括盘 – 缝 – 带(Disk – Gap – Band)"十字"和"环帆"(Ringsail)型伞衣。

"环帆"型伞在阻力、稳定性和开伞特性方面具有良好的适应性和折中性,因此被作为火星亚声速降落伞的备选之一,它被选用于再入体降落火星大约速度 50m/s 时,悬挂质量约 2500kg,伞衣直径 33.5m。它源自美国"水星""双子星""阿波罗"计划的一些研究成果。另外,也有两级伞系统方案。

美国 NASA 兰利研究中心在跨声速动态风洞(TDT)测量阻力系数和相关稳定性系数。美国先锋航空航天公司制作了火星降落伞并在艾姆斯研究中心的国家全尺寸空气动力试验设施(NFAC)进行了风洞试验(图 5)。该太空降落伞能够在火星大气中展开,并能承受 65000 的拉力,伞的制作材料是尼龙和多元酯的合成物,整个伞的总重量仅有 120,展开后直径达 52ft,由 80 根悬线托住,每根悬线长 150。

除风洞试验外,美国还在国家科学气球试验场(NSBF)进行了高空投放试验。

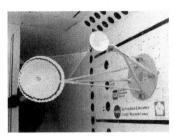

图 5　降落伞风洞试验[13]

2.2.3　火星探测器新概念风洞试验研究

（1）火星无人机。以往的火星探索任务设计主要是依靠在火星地表运动的漫游器和火星卫星。漫游器的探测区域非常小,火星大气飞行器是火星探测的一个新概念。美国开展了一系列相关研究(图6),主要工作包括5个方面:

- 计算空气动力学研究;
- 试验空气动力学研究;
- 飞行试验研究;
- 强迫/自由方式的动力学研究;
- 集成的飞行动力学研究。

计算空气动力学　　　　　　试验空气动力学　　　　　　飞行试验

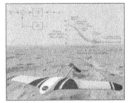

强迫和自由动力学　　　　　集成飞行动力学

图 6　基于无人机的火星探测研究[15]

（2）"风滚草"地表漫游器。火星地表漫游器是目前火星地面探测的主要移动装置。由于受火星地表凹凸不平复杂的地形以及火星车动力推进能力的限制,火星车的有效运行时间和活动范围较小。为了解决这些问题,美国 NASA 在研究利用火星风来推动的"风滚草"新概念火星地表漫游器。

美国 NASA 在兰利研究中心的基础空气动力学研究风洞(BART)开展了相关气动力研究(图7)。该风洞试验段高 0.7m,宽 1m,最大风速 56m/s,单位雷诺数 $4.6×10^6$。试验模型包括几种"风滚草"概念设计模型和真实"风滚草"。

图7 "风滚草"漫游器风洞试验研究[16]

(3)再入体新概念配平装置。在 2011 年"火星科学实验室"(MSL)任务中,进入火星大气再入体的飞行配平迎角约为 160°,该飞行姿态是通过一定质量的压舱物来偏置重心实现的。但在进入火星轨道前的星际飞行中,飞行器是靠旋转来保持平衡的,因此,就需要另一质量来平衡压舱物,并在进入火星大气前抛弃该质量。这种方案损失的有效载荷约 325kg,为此,提出了气动配平片方案。NASA 兰利研究中心在统一规划风洞进行了火星探测器姿态配平片的超声速风洞试验。风洞试验的目的是建立风洞试验数据库,为 CFD 流场分析和数值模拟设计提供验证,提高该方案的技术可靠性水平。风洞试验了多种再入体和配平片组合构型(图8),并采用了天平测力、PSP 测压、虚拟诊断界面模拟(ViDI)等风洞试验技术。

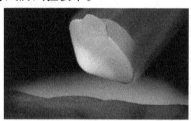

70°sphere-cone　　60°sphere-cone　　Apollo　　50°sphere-cone

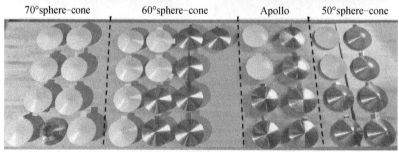

图8 NASA 火星探测器姿态配平片超声速风洞试验[17]

3. 火星风洞及其试验研究

3.1 火星风洞

20 世纪 60 年代,美国 NASA 艾姆斯研究中心建设了一个五边形的大型低压舱,舱体积 4058m³,高 30m,底面积 164m³。该舱内置入的风洞被称为火星风洞(MARSWIT)。火星风洞全长约 13m,试验段长 2.4m,试验段 1.2m×0.9m。试验气体是空气或二氧化碳,试验气体密度变化范围 0.01～1.24kg/m³。另外,金星风洞(金星模拟装置)也是置入该低压舱中的一种风洞试验装置。

2007 年,日本 Tohoku 大学建成一座火星风洞(MWT)。日本火星风洞的主要构成包括真空罐、吸入式风洞、缓冲罐、连接管和蝶阀。吸入式风洞放置在可以模拟火星大气压力和温度的真空罐中,真空罐长 5m,直径 1.8m。通过向罐内注入液体二氧化碳冷却罐内气体,可以模拟真实火星大气温度。真空罐材料为不锈钢,风洞洞体用铝合金制成。真空罐内风洞为吸入、直流式风洞,试验段尺寸 100mm(宽)×150mm(高)×400mm(长)。

2009 年,在欧盟(EU)和欧空局(ESA)的资助下,丹麦 Aarhus 大学根据其 2000 年设计建造的小火星风洞,建设了一座大火星模拟风洞,能够模拟火星表面的温度、气体组分、压力、速度和悬浮尘埃粒子(图 9)。风洞由两个 1.8m 直径风扇驱动,试验段 2m×1m,可拆卸,气流经试验段后从上、下两个回路流回,试验风速 1～12m/s。气流可以用液氮系统冷却至 -120℃,也可以用灯照射加热。

图 9 美国、日本和丹麦的火星风洞[18,19]

3.2 火星风洞的主要目的和用途

上述火星风洞的原理都是在接近真空的环境中建立低速风洞。分析国外文献资料,我们可以得到火星风洞的主要目的和用途如下:

(1) 美国和丹麦的火星风洞建设的主要目的是建立一个模拟火星表面大气

环境的风洞,用来研究火星表面沙尘的运动、沙尘暴的形成机理等,比如,美国的火星风洞有喷沙模拟系统。

（2）帮助解释和理解基于地球环境模拟获得的"水星"号和"海盗"号(美国)试验数据,即探索建立试验数据的相关性。

（3）火星无人机的气动性能设计需要火星风洞设备的支持。日本 Tohoku 大学的火星风洞设计就是针对火星无人机研究的,如低雷诺数翼型、动力推进问题等。为了研究马赫数、雷诺数和比热 γ 对火星无人机翼型的影响,要求火星风洞总压、总温和气体介质成分能在一定范围内可调;风洞试验段马赫数应达到 0.7 以上,以满足火星飞机的高亚声速飞行模拟需要;为了准确评估翼型性能,风洞的湍流度要足够低等。

（4）试验验证一些针对火星环境发展的测量仪器,如风和沙测量传感器、光学系统等。

3.3 火星风洞中的试验研究

（1）传感器标定。火星风洞是能模拟火星大气低压环境的一种低速风洞,其用途之一就是标定用于火星探测的一些传感器精度。美国 NASA 艾姆斯研究中心的火星风洞进行过"探路者"号着陆器携带的压力传感器试验,目的是在模拟的火星大气条件下测试降落伞/着陆器组合体下降过程中传感器的测量精度。为了测量着陆器下降过程中局部的实际压力值,着陆器携带有压力传感器,要保证实际测量数据可靠,就要求传感器与气流保持稳定的姿态。但实际情况是伞存在旋转,着陆器存在一定的振荡。因此需要确定传感器位置姿态的修正因子,试验在 NASA 火星风洞中进行。

（2）火星表面风、沙尘等的风成(Aeolian)活动研究。1972 年,Gray 等人将风成活动定义为与风相关的活动,特别是由大气流动导致物质转移(吹跑)、裸露形成的岩石、土壤和沉积物(如黄土、风成沙丘和一些火山岩),或者由风形成的地貌、侵蚀、沉积结构(如波痕)、地质过程(如侵蚀和沉积)。具有动态大气层的任何星球表面都存在这种风成活动,如地球、火星、金星、土星。美国 NASA 在模拟地球、火星和金星的环境风洞中进行过尘埃粒子的风致运动特性研究,如风速、粒子直径、吹离地面高度等。丹麦的火星风洞中也有类似研究。

（3）火星无人机低雷诺数翼型气动特性研究。日本在火星风洞进行了平板模型和 NASCA 0012 - 34 翼型的气动特性试验,试验马赫数 0.1 ~ 0.6,进行了测力和压敏漆测压试验研究。

4. 结束语

（1）火星是人类深空探测活动的重要目标，火星探测活动的起步几乎和人类的太空发射时代同步。火星探测发射失败多于成功，火星探测的重要性在于探索地球、火星和太阳系行星活动并推动科技发展。

（2）火星探测涉及的空气动力学问题主要包括火星大气飞行器飞行问题、火星大气飞行器减速伞问题、火星无人机飞行问题、火星地表大气运动特性研究等。

（3）国外火星大气飞行器风洞试验研究活动主要在现有高超、跨超风洞中进行，如常规高超（兰利研究中心 M6 风洞、AEDC 9 号风洞等）、跨超风洞（兰利研究中心 TDT 等）、激波风洞（卡尔斯潘的 LENS 等）、弹道靶风洞（空军 ARF 等），风洞试验的气体介质通常为空气、氮气或二氧化碳，一般对相对较容易变更试验气体介质的风洞采用二氧化碳气体（模拟火星大气）。

（4）低速风洞方面的试验主要包括减速伞试验和立式风洞中的动稳定性试验。

（5）火星风洞是一种置于能制造一定真空度容器中的大气环境风洞。美国、欧洲、日本的火星风洞原理基本一致，本质是一种能模拟稀薄气体环境的亚声速风洞。美国的真空室容积最大，金星风洞也是安置在其中的，用来模拟金星大气环境。

（6）火星风洞的主要用途是进行火星大气环境研究。它是一种大气环境风洞，用于研究火星表面风蚀活动、标定火星探测用传感器和研究火星探测器（无人机、地表漫游器）气动特性。

（7）风洞试验气体介质为空气、氮气或二氧化碳（根据原风洞运行条件），有条件的情况下，可以进行二氧化碳气体置换研究。国外进行过试验气体介质空气与二氧化碳的置换对比研究，但大多数风洞试验仍采用原风洞气体介质。此外，风洞试验研究过程一般都伴随开展 CFD 的计算对比分析工作。

（8）火星无人机和"风滚草"被动式地表漫游器是国外研究的火星探测新方案，火星风洞或具有高空模拟能力的风洞（如兰利研究中心 TDT 风洞等）对此类探测器的气动问题试验研究有重要意义。

（9）各类风洞设备的高空模拟能力对火星探测风洞试验具有重要意义。低速领域，美国有火星风洞等；亚/跨声速领域，有高空风洞（AWT，该风洞也是高空高速结冰风洞）、兰利研究中心 TDT 和 AEDC 的 16T（4.9m）风洞等；超声速领域，有格林中心的 3m 超声速风洞和 AEDC 的 16S（4.9m）等风洞，这些风洞的高空模拟能力为研制高性能高空飞行器奠定了基础。

参考文献

[1] Anyoji M. Development of low density wind tunnel to simulate atmospheric flight on Mars[R]. AIAA 2009 – 1517,2009.

[2] Erin M R. Investigation of the interactions of reaction control systems with Mars Science Laboratory Aeroshell [R]. AIAA 2010 – 1558,2010.

[3] Keith C L. Thermal and pressure characterization of a wind tunnel force balance using the Single Vector System[R]. AIAA 2011 – 950,2011.

[4] Mark S. Ballistic range testing of the Mars exploration rover entry capsule[R]. AIAA 2005 – 55,2005.

[5] Brian R H. Transition onset and turbulent heating measurements for the Mars Science Laboratory entry vehicle [R]. AIAA 2005 – 1437,2005.

[6] Brian R H. Turbulent aeroheating testing of Mars Science Laboratory entry vehicle in perfect – gas nitrogen [R]. AIAA 2007 – 1208,2007.

[7] Stanley R C. Test activities in the Langley Transonic Dynamics Tunnel and a summary of recent facility improvements[R]. AIAA 2003 – 1958,2003.

[8] Mitcheltree R A. Aerodynamics of the Mars microprobe entry vehicles[R]. AIAA – 97 – 3658,1997.

[9] Pia E. Mars entry simulation with dust using an inductively heated generator[R]. AIAA 2002 – 3237,2002.

[10] Thomas J H. Afterbody heating characteristic of a proposed Mars sample return orbitor[R]. AIAA2001 – 3068,2001.

[11] Derek A L. Heat shield cavity parametric experimental aeroheating for a proposed Mars smartlander aeroshell [R]. AIAA 2002 – 2746,2002.

[12] Jean L. Planetary landing dynamic test facility:design and applications[R]. AIAA 2008 – 6341,2008.

[13] Juan R C. Wind tunnel testing of various disk – gap – band parachutes[R]. AIAA 2003 – 2129,2003.

[14] Mitcheltree R. High altitude test program for A Mars subsonic parachute[R]. AIAA2005 – 1659,2005.

[15] Christopher A K. Design of a Mars airplane propulsion system for the Aerial Regional – Scale Environmental Survey (ARES) Mission Concept[R]. NASA/TM – 2009 – 215700,2009.

[16] Christopher V S. Wind tunnel tests to determine drag coefficients for the Mars tumbleweed[R]. AIAA 2005 – 248,2005.

[17] Kelly J M. Testing of the trim tab parametric model in NASA Langley's Unitary Plan Wind Tunnel[R]. AIAA 2013 – 2808,2013.

[18] White B R. A low – density boundary layer wind tunnel facility[R]. AIAA – 87 – 0291,1987.

[19] Akira O. A study on airfoil design for future Mars airplane[R]. AIAA 2006 – 1484,2006.

工业与风工程研究

国外火星风洞及火星风工程研究

摘要: 火星探测是目前人类深空探测的主要目标。本文简述火星大气环境与地球的差别;研究国外火星风洞建设情况;探讨火星风环境风洞试验研究。意在为国内未来火星风工程风洞试验研究活动提供参考。

关键词: 火星探测;火星风洞;火星风工程

引言

在人类的深空探测活动中,火星是最热门的被探测行星。各国热衷火星探索的主要原因有:火星是人类可以探索的最近的行星;火星与地球的某些物理特性类似;火星的风蚀过程研究对地球环境演变有参考意义;寻找生命迹象或化石;试验验证一些新技术等。早期基于地球天文望远镜观察表明,火星表面的一些印记会随着火星季节时间的推移在大小、形状和位置方面发生变化。这些变化与火星地表的大气现象有关,如火星沙尘暴活动,因此,人们开始理论分析和预测吹动火星地表极细的沙砾所需的风速及其他条件,研究火星地表的风蚀过程。这些研究大多是根据 Bagnold 的经典风沙研究工作来描述风蚀过程,他们针对火星环境选择适当的表征参数并形成预测分析。由于火星大气环境与地球存在巨大差异,常规的大气环境风洞无法提供试验验证数据。因此,为了满足火星风环境及火星探测器试验研究、验证理论分析和数值预测方法的需要,20 世纪 80 年代以来,美国、欧洲、日本相继建设了火星风洞,开展火星风环境和风蚀过程等研究工作。

1. 火星大气环境概述

火星是太阳系中与地球最为相似的星球。火星的自转速度相当于 1.026 个地球日,火星上也有四季之分。火星的直径 6800km,相当于地球的半径,表面积相当于地球的 1/4,体积是地球的 15%,质量是地球的 11%。火星表面地形特征有高山、平原、峡谷,风成沙丘广布整个星球(图 1)。

火星大气层很薄,大气的主要成分为二氧化碳和氮气等,大气密度大约相当于地球的 1%,表面平均气压约为地球的 0.6%。火星表面附近大气密度约相当于距地球表面 30~35km 高度处的密度。火星地表经常有沙尘暴,火星表面温度白天最高可达 28℃,夜晚降低到 -132℃,平均约 -57℃,火星上的重力大约为地球的 1/3。火星各个区域的风速存在较大差异,风速从几米/秒到几十米/秒。火星风的强度和方向变化剧烈。火星大气条件与地球比较见表1。

表1　火星和地球大气环境比较[2]

大气条件＼星体	地球	火星
表面平均压力/kPa	101.3	0.1~0.53
表面平均温度/K	288	210
大气成分	N_2(77%) O_2(21%) Ar(0.9%) CO_2(0.03%)	CO_2(95.3%) N_2(2.7%) Ar(1.6%) O_2(0.13%) CO(0.07%)
声速/(m/s)	340.0	227.5
密度/(kg/m³)	1.23	0.0118
重力加速度/(m/s³)	9.8	3.7

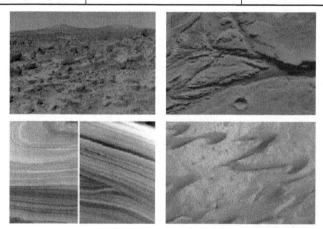

图1　火星地表风蚀环境[2]

2. 火星大气环境模拟设备——火星风洞

2.1　美国 NASA 火星风洞

20 世纪 60 年代,美国 NASA 艾姆斯研究中心建设了一个大型钢筋混凝土低压舱(图2),舱高30m,底部面积164m²,整个舱容积4058m³,舱连接有直径0.6m的抽气管道,由5级蒸汽抽气机抽气,将舱内1atm气压降到300Pa大约需要45min。该低压试验舱主要用于火箭在低压环境下的声学和结构试验。

80年代,NASA利用该试验舱能提供低压环境的条件,放置大气边界层风洞,模拟火星地表环境,即构建成火星风洞(MARSWIT)。试验舱内大气一般维持在800Pa,在第一级抽气机抽吸舱内空气达到所能及的最低压时,将舱内注入模拟火星大气所需的CO_2气体,当达到所需试验气体成分配比后,开启其余几级抽气机抽吸,直至舱内达到所需要的低压试验条件。

NASA火星风洞是一座引射式直流风洞,试验段1.2m×0.9m,长13m,风洞部件分别安装在5个滑车上,依次连接组装而成。风洞有两种运行模式:①地球风环境模式,此模式由风扇动力系统驱动,风速可达12m/s;②火星低压环境模式,风洞由安装在扩散段的网管引射器系统驱动。引射器系统由72个均布的直径1.6mm喷嘴构成,根据试验需要引射高压气可以是空气或CO_2气体。使用网管引射器系统驱动模式,火星风洞能在约400Pa的低压环境中,达到180m/s($Ma=0.8$)的试验风速。

2.2 丹麦 Aarhus 大学火星风洞

2000年,丹麦Aarhus大学火星模拟实验室建设了一个小火星风洞,它置于一个真空管中,风洞直径400mm,长1500mm,用液氮冷却。小火星风洞可以模拟火星大气压力、温度、气体组分和可见UV光条件,模拟火星地表风速和尘埃环境。

2009年,在欧盟和欧空局(ESA)的资助下,丹麦Aarhus大学建设了一座大火星风洞,风洞由风扇抽吸段、试验段和来流稳定段三部分组成。风扇抽吸段包含两个直径1.8m的风扇;试验段2m×1m,气流经试验段后从上、下回路流回,试验风速1~20m/s;来流稳定段长5m。气流可以用液氮系统冷却至-120℃,也可以用电加热器系统加热。整个风洞壁采用真空夹层隔热,能够模拟火星表面的温度、气体组分、压力、速度和悬浮尘埃粒子等。

2.3 日本 Tohoku 大学火星风洞

2007年,日本Tohoku大学建成了火星风洞,火星风洞设计参数见表2。

日本火星风洞的主要构成包括1个真空罐、1个吸入式风洞、1个缓冲罐、连接管和碟阀。吸入式风洞放置在可以模拟火星大气压力和温度的真空罐中,真空罐长5m,直径1.8m。通过向罐内注入液体二氧化碳冷却罐内气体可以模拟真实火星大气温度。真空罐材料为不锈钢,风洞洞体用铝合金制成。

风洞驱动采用引射方式。真空罐通过碟阀和管道与缓冲罐相连,这样真空罐内的气体可以排放到缓冲罐中,通过控制蝶阀可以保持真空罐内压力恒定。真空罐内风洞为引射式直流风洞,试验段尺寸 100mm(宽)×150mm(高)×400mm(长)。

表 2　火星风洞设计参数

总压/kPa	1~20
总温/K	200~300
雷诺数	$10^4 \sim 10^5$
马赫数	0~0.7
工作气体	空气/CO_2
湍流度	≤0.5%

3. 火星地表大气风环境试验研究

火星风洞建设的主要目的之一是模拟火星表面大气环境,研究火星表面风致沙尘运动、沙尘暴的形成机理等火星大气风蚀过程(Aeolian processes)。

1972 年,Gray 等人将风蚀活动定义为与风相关的活动,特别是由大气流动导致物质转移(吹跑)、裸露形成的岩石、土壤和沉积物(如黄土、风成沙丘和一些火山岩),或者由风形成的地貌、侵蚀、沉积结构(如波痕)、地质过程(如侵蚀和沉积)。具有动态大气层的任何星球表面都存在这种风成活动,如地球、火星、金星、土星等。

3.1 沙尘启动临界风速火星风洞试验研究

风致沙尘运动可分为三种模式[4]:①悬浮(suspension),泥土尘粒(直径小于60μm)进入气流后长时间悬浮于大气中;②跳跃(saltation),风将沙粒(直径60~2000μm)吹起,以类似抛物线轨迹运动一段距离后又掉落到地面上;③地表蠕动(surface creep),风吹动较大沙砾(直径大于2000μm)不脱离地表运动。1941 年,Bagnold 最早进行了地球大气环境下吹动各种粒径临界风速的试验研究,他发现粒径80μm 是一个分界线,当粒径小于该数值时,风吹动小粒子反而比大粒子需要更高的启动临界风速。沙尘的运动在高地表温度下启动更快,大气也更不稳定。对火星环境而言这个分界线为粒径100μm。

加利福尼亚大学利用 NASA 火星风洞,设计了加热试验床模拟火星地表加热形成的不稳定大气,进行了启动临界风速的试验研究(图2),火星风洞试验介质为空气,气压10mb。这个试验条件与"火星探路者"着陆点6.75mb的CO_2火星大气环境动力学上相似。

试验了三种地表粗糙度($z=0.015$mm, 0.018mm, 0.09mm),在稳定/中立稳定/不稳定(由Richardson数判定)条件下,测量了沙尘临界速度。为了获得产生不稳定气流层的垂直温度梯度,试验床表面下安装了加热器。根据在中立稳定条件下测得的临界速度,光滑表面上$1\sim2\mu$m粒径沙尘的启动临界速度约为30m/s,而相对较粗糙另一光滑表面的启动临界风速更低。在试验床模拟地表加热的条件下,随地表模拟温度增高,启动临界风速呈下降趋势。对粗糙表面而言,试验结果则相反,在中立稳定条件下,启动临界风速为15m/s,而不稳定条件下,则为25m/s。

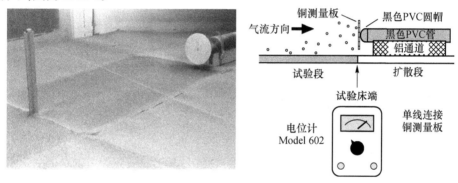

图2　火星风洞中试验测量装置

3.2　沙蚀火星风洞试验研究

风沙对地表岩石冲刷研究是了解地表岩石形态机理的需要,也是NASA和喷气推进实验室(JPL)地表研究的内容之一。利用NASA火星风洞,开展了地球大气环境和火星大气环境下的风沙冲刷机理研究,探索沙砾跳跃、碰撞等其他因素对火星表面岩石磨损的过程。

试验沙粒直径为400μm,由火星风洞入口前1.3m处的一个抛送器按0.007kg/s流量提供;模拟玄武岩迎风面夹角0°~90°。火星风洞模拟地球风环境时为5.5和11m/s;模拟火星风环境时为30m/s和58m/s。

沙粒的速度和动能是风速、粒子直径、大气密度、重力和岩石方位的函数,测量和记录了沙粒的轨迹和位置,以此分析沙粒的恢复系数、在岩石上的动能损失。试验确定了沙粒速度、与火星风洞各种试验条件有关的沙粒动量和动能。风洞试验前和试验后,分别用激光轮廓扫描仪对试验岩石样本进行扫描,并评估风沙对岩石的磨损效应,试验研究结果与数值计算结果进行了对比分析。

3.3 火星风动力漫游器试验研究

火星地表漫游器是目前火星地面探测的主要移动装置。星地表复杂凹凸不平且火星车动力推进能力有限,因此,轮式火星车的有效运行时间和活动受到限制。为了解决这个问题,美国 NASA 提出了一种被动推进式新概念漫游器,它以火星风为动力,称为"风滚草"火星地表漫游器。图 3 给出了该设计的一些概念模型,其主要设计点之一就是要能被极低密度的火星大气风推动。根据火星探测的运载环境和任务需要,漫游器的直径 4~6m,总质量 10~20kg。

美国 NASA 兰利研究中心在基础空气动力学研究风洞(BART)对"风滚草"概念漫游器进行了基本的风洞烟流流动显示和阻力测量试验研究,为火星风环境下的进一步试验研究和数值计算方法修正奠定了基础。

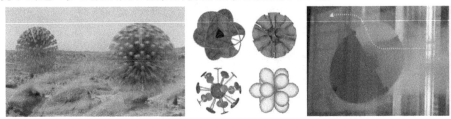

图 3 "风滚草"漫游器风洞试验研究[5]

4. 结束语

火星与地球有很多相似之处,火星风环境研究对于探索火星生命和环境演变具有重要意义,并对地球环境科学研究有参考借鉴作用。火星风洞是一种能模拟火星极端大气环境的低密度大气环境风洞,美国、欧洲、日本的火星风洞原理基本一致。美国的真空室容积最大,也可安置金星风洞用来模拟金星大气环境。火星风洞的主要用途是进行与火星大气环境相关的研究,也可以模拟高温、低温、低气压、雾霾等恶劣地球环境的研究。国外火星风洞试验主要包括火星大气边界层、沙砾迁移、地表风蚀过程、尘埃光谱特性、尘埃的物理特性(带电性、聚集性、磁性)、标定火星探测用传感器和研究火星探测器气动特性,如火星无人机、地表漫游器等。

参考文献

[1] Bagnold R A. The physics of blown sand and desert dunes[R]. NASA – TM – 2678,1941.

[2] Anyoji M. Development of low density wind tunnel to simulate atmospheric flight on Mars[R]. AIAA 2009 –

　　1517,2009.

[3] White B R. A low – density boundary – layer wind tunnel facility[R]. AIAA – 87 – 0291 ,1987.

[4] Ronald G. Wind tunnel simulations of Aeolian processes[R]. NASA – CB – 176382 ,2009.

[5] Christopher V S. Wind tunneltests to determine drag coefficients for the Mars tumbleweed[R]. AIAA 2005 –
　　248 ,2005.

[6] Nornberg P. The new Danish／ESA Mars simulation wind tunnel at Aarhus university[R]. 41st Lunar and
　　Planetary Science Conference ,2010.

国外车辆风洞及气动模拟测试技术综述

摘要： 风洞是模拟测试车辆气动性能的重要试验设备。本文综述进入新世纪以来国外车辆风洞建设、车辆模拟试验装置的发展情况，介绍车辆风洞试验的一些先进技术发展，如低速压敏漆技术(PSP)、大尺度 PIV 技术、油膜干涉测量技术等在车辆试验上的应用，以期能为国内车辆风洞试验领域科研人员解国外技术发展提供参考。

关键词： 列车风洞；汽车风洞；测试技术

引言

随着我国国民经济的快速发展，汽车工业和铁路运输都进入了高速发展的有利时期，列车提速以及人们对汽车操纵性、安全性、节能性和舒适性要求的提高，使车辆的空气动力学研究在车辆研制中占有更加重要的地位。国外汽车工业发达国家在车辆研制不断推出符合空气动力特性、造型新颖、不同用途高性能车辆的背后，有一个强大的风洞试验设施和技术队伍做支撑。近年来，国外新型车辆专用风洞建设和空气动力学最新试验技术手段应用都有了很大发展。

1. 新型车辆专用风洞建设

现代列车、汽车(赛车)运行速度快，空气动力对车辆性能的影响至关重要，因此，国外工业发达国家的大型汽车制造公司或车辆研究所都拥有自己的专用车辆研究风洞。如：位于德国慕尼黑宝马(BMW)汽车公司的全尺寸低噪声汽车风洞；大众汽车公司的气候风洞；意大利菲亚特汽车公司的气候风洞等。

工业生产型车辆实验专用风洞主要有两种类型：

(1) 大型气动/声学风洞，主要用于车辆的气动特性、气动噪声和结构噪声研究。

(2) 大型气候风洞，主要用于各种气候环境下的车辆各系统性能研究，这类风洞可以模拟雨、雪、湿度、日晒等气候环境。

1.1 大型气动/声学风洞

由于车辆的运行速度显著提高，人们更加注重车辆乘坐的舒适性以及环保

490

性。日本铁道技术研究所（RTRI）为进行新型高速列车实验研究，新建了全尺寸低噪声风洞。

　　该风洞为回流式风洞，具有两个试验段。开口试验段宽 3m，高 2.5m，长 8m；包围试验段的无回声室宽 20m，高 13m，长 22m，湍流度小于 0.3%，风速 83m/s 时的背景噪声 75dB，最大试验风速 111m/s（图 1）。

图 1　RTRI 大型气动/声学风洞开口试验段[1]

　　闭口试验段宽 5m，高 3m，长 20m，湍流度小于 0.3%，最大试验风速 83m/s。风洞配备有移测机构和活动地板和边界层吸除装置（图 2），活动地板宽 2.7m，长 6m，最大运行速度 60m/s；配备有张线式 6 分量天平。

图 2　RTRI 大型气动/声学风洞闭口试验段[1]

　　风洞主要承担车辆的气动力和气动噪声试验。通过研究车辆外形与气动噪声的关系，降低车辆的气动噪声；研究净化和改进车辆局部构型以降低气动噪声，如喷口、洞、缝、天窗、凹面、拐角等构型；探索降噪措施和验证其他降噪研究方法。车辆的气动力特性试验主要包括相连车辆的气动力、车辆部件气动力、车辆头部侧风影响、车辆中部横向风影响以及与车辆相关的其他物体的气动力研究。

　　美国克莱斯勒（Chrysler）集团 2002 年投资 3750 万美元建成了一座气动/声学风洞（图 3）。试验段驻室长 21m，宽 15m，高 10m，进行了声学处理；气流出口面积 28m²；最大试验风速 67m/s；风速 39m/s 时试验段背景噪声小于 62.5dB；风洞配有高精度 6 分量专用汽车天平，最大可试验车重 5000kg。

图3 美国克莱斯勒气动声学风洞[2]

韩国现代汽车公司在 20 世纪末建立了声学风洞。韩国现代气动/声学风洞（HMC Aeroacoustic Wind Tunnel）是一座回流、3/4 开口式风洞,风洞试验段气流出口面积 28m²,风扇直径 8.4m,最大试验风速 61m/s,风洞背景噪声极低（56dB）,主要用于空气动力、气动声学、热气体动力学试验。

1.2 大型气候风洞

各种类型的车辆在使用过程中都会遇到各种气候条件,在车辆研制过程中,仅仅依靠自然条件进行车辆不同气候条件下的试验研究是不够的,所以大型气候风洞建设是有必要的,近年来国外也有多座新建的大型气候风洞。

奥地利维也纳的铁路技术制造厂（Rail Tec Arsenal）拥有世界最长的两个全尺寸气候风洞（图4）。风洞建成于 2002 年,两个风洞的试验段分别长 100m 和 31m,可以模拟热、雨、雾、结冰、干燥和潮湿下雪条件下的试验状态,既能模拟热带气候,也能模拟西伯利亚的严寒气候。模拟温度 −50 ~ 60℃,试验风速 83m/s,相对湿度 98% ,太阳辐射强度 250 ~ 1000W/m²。

该风洞试验主要包括:试验验证列车的加热、通风、空调系统;车辆模拟容量下的温度、湿度、流速的测量;研究列车相对舒适的一些参数;列车电子、电器等设备恶劣气候条件下的可靠性和安全性实验,如刹车、牵引、冷启动、门窗密封性等。

图4 世界最长的奥地利气候风洞[3]

德国 Behr GmbH & Co. 公司(汽车空调系统主要供应商),投资 1500 万美元在其北美特洛伊(Troy)总部新建一座气候风洞,风洞 2004 年建成,该公司在德国斯图加特(Stuttgart)总部已建有一座气候风洞(图 5)。气候风洞主要用于公司生产的各种部件在各种气候条件下的试验,因此可以取代路试。风洞模拟温度 -86 ~ 122℃,试验风速 56m/s。被试汽车可以在风洞内模拟的各种气候、上坡下坡等环境下,运行测试车辆各系统的性能和可靠性。

韩国德尔斐(Delphi)汽车系统公司(原大宇公司)气候风洞试验段宽 7m,高 5.5m,长 18m,风洞模拟温度零下 -40 ~ 60℃;试验风速 56m/s;湿度 10% ~ 95% RH;模拟太阳辐射强度 300 ~ 1400W/m²,辐射面积 6.9m×2.9m;风洞配备有两轮驱动汽车底盘测力装置(图 6)。

 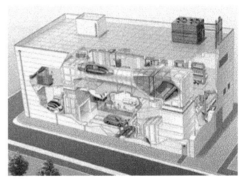

图 5　德国 Behr GmbH & Co.　　图 6　韩国 Delphi 汽车系统
　　公司气候风洞[5]　　　　　　　　公司气候风洞[5]

另外,2000 年,Sanden International Europe 在德国 Bad Nauheim 试验中心建立了试验段气流入口面积 6m² 的气候风洞;福特汽车公司建成了试验段气流入口面积 4.65m² 的气候风洞;2001 年,沃尔沃卡车公司建成了试验段气流入口面积 6.3m² 的气候风洞;2003 年,韩国现代汽车公司建设了试验段 5.6m² 的气候风洞。

2. 气动模拟技术进展

汽车的造型不仅要考虑美观的视觉效果,更主要的是要有一个良好气动特性外型,这对汽车的操纵安全性和经济性是非常重要的。风洞试验是解决车辆气动问题的最有效手段,是车辆设计研制所必需的。通过风洞试验获取车辆准确的空气动力特性,需要准确模拟真实车辆所处的流动环境。

2.1　车辆风洞试验的阻塞效应

风洞中气流流过试验模型与真实车辆的流场环境不同。由于车辆存在壅塞效应,将使流过试验车辆的气流速度加快,使试验数据产生偏差。为了减小车辆试验的壅塞效应影响,专用车辆试验风洞在设计时通常采用3种方案:

(1)采用开口试验段和大试验段驻室。其最大优点是沿洞轴的静压梯度可以忽略,其次是较低的壅塞效应;其缺点是开口自由射流的损失系数较高;

(2)采用闭口试验段。其优点是试验段可用长度较长,气流能量损失小;其缺点是对壅塞效应敏感;

(3)采用开槽的闭口试验段;它能够较好地克服开口和闭口试验段的缺点而保留其优点,如图7沃尔沃的汽车风洞。

图7　开槽式闭口试验段[6]

近年来建设的专用汽车风洞,考虑气动和声学试验要求多采用开口试验段。兼顾车辆试验新的航空风洞设计,一般采用开槽闭口试验段,如韩国宇航研究院(KARI)新建的4m×3m风洞,就有一个专用于车辆试验的高4.5m、宽6m、长13.5m的开缝壁试验段。

2.2　车辆风洞试验的边界层处理

风洞流场速度分布的均匀性影响试验数据的准确性。车辆风洞试验的边界层处理通常有以下6种方式(图8):

- 活动地板,通常结合吸气
- 抬高地板
- 镜像技术
- 分布式吸气
- 模型前地板吸气或吹气
- 地板上安装边界层控制器

以上这些边界层处理技术,大部分在以前的航空风洞为适应车辆试验需要的改造中得以应用。边界层内动量损失的补偿办法有多种,但仍存在一些缺陷,如:边界层吸除方法尽管能拉直速度剖面,但不能补偿动量损失。近年来DNW

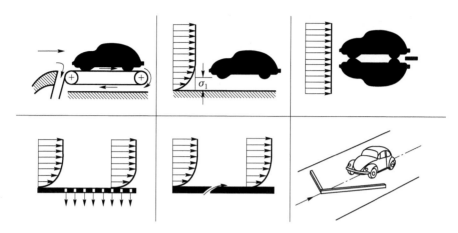

图 8 风洞中边界层处理技术[1]

风洞发展的边界层处理技术较为先进(图9),其主要措施有:①距风洞底面边界层厚度(200mm),在试验模拟区域前端开一个200mm高的边界层引道,将边界层内气流引出试验段,同时,采同活动地板,使地板运动速度与来流一致,这样就避免了新的边界层的形成;②为保持试验段内动量守恒,从模型试验区域前端引出的气流被重新输入试验模型区域的下游。

某火车模型的试验研究表明,采用活动地板和不采用活动地板,对于3.5N的阻力,其阻力系数相差0.01。由此可见,仅采取措施消除边界层,而不采取措施阻止新的边界层形成,将对试验数据产生重大影响。

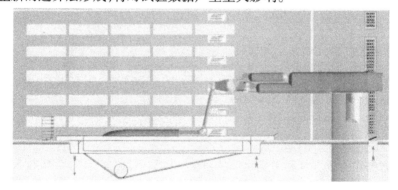

图 9 DNW 风洞车辆试验装置[8]

2.3 车轮旋转模拟

传统汽车风洞试验技术忽略了车轮的旋转运动,而目前精确试验是要模拟车轮旋转影响的,通常采用两种车轮驱动方式模拟:①利用汽车风洞地板上的驱动辊(图10)驱动车轮;②车轮离开地面,试验车辆的内部自行驱动车轮。车轮的旋转在大多数情况下使车轮前气流角度减小,从而影响试验测量值。如采用第二种车轮驱动方式,车轮离地面高度对试验测量值也有影响。

图10　风洞试验车轮旋转模拟装置[8]

3. 气动测试技术进展

3.1　测力天平

为了克服活动地板模型尾撑方式的局限性,日本新建气动/声学风洞配备了张线天平,用于较重或较长模型的支撑。美国9m×18m风洞新设计了外式汽车专用天平,其特点是可更换式不同量程测力元,根据试验车辆气动载荷大小选用,提高了车辆试验气动力测量精准度。

3.2　低速压敏漆技术

压敏漆技术(PSP)是模型表面压力测量的有效手段,它在很大程度上简化了测压模型的制造,能够快速获得模型大面积的压力分布。自20世纪80年代以来,压敏漆技术主要用于跨、超声速的测压研究对于低速风洞试验,测量精度是该技术应用的一个瓶颈。

压敏漆测压技术是利用光化学的原理。模型上发光的漆涂层吸收入射光的能量,并以更长的波长释放其中的一部分。当涂层被氧(空气)覆盖,空气压力的增加使涂层发光的强度降低。压敏漆测压技术是一种绝对压力测量技术,通常低速测压的精度要求是0.1%。

美国、俄罗斯、欧洲等发达国家都积极致力于该项技术在低速风洞中的应用研究,并在近几年取得了成功。法国ONERA已成功将压敏漆技术应用于在S1MA、S2LCh等低速风洞中,试验精度可以满足0.1%的要求。

3.3 气动噪声测量技术

（1）椭圆镜技术。噪声源探测早期使用的技术是椭圆镜或抛物面镜技术，该技术原理是将声激发看作一种波现象。这种技术的分辨率受波的衍射限制，椭圆镜安装于开口试验段来流外面。

（2）麦克风阵列技术。最新发展的声源探测技术是麦克风阵列技术。声波的干涉特性被用于阵列中每个麦克风接收到信号的分析。利用统计分析，可以确定阵列对应空间任意点给定频率的强度。

3.4 三维数字 PIV 流动显示技术

日本航空宇宙技术研究所（NAL）6.5m×5.5m 大型低速风洞（LWT2）三维 PIV 系统主要由大功率激光器、两个单色 CCD 相机、一台用于装置控制和数据处理的微机及 PIV 软件、三维校准目标遥控移动装置、粒子发生器等组成。

应用三维数字 PIV 流动显示技术，能够更好地了解物体表面和周围流场随空间和时间变化的更为详细的流动信息，如模型表面非定常压力分布、速度场分布等，以便优化车辆外形。

3.5 油膜干涉测量技术

在大型风洞中经常进行车辆的实车气动力测量试验，通常采用烟流技术定性观察车辆表面的流态。利用油膜干涉测量技术可以方便地进行定量测量，改进车辆外形设计；也可以在实车上涂好油后，通过一段时间的露天实地驾驶，停车后用手提式可移动光源照射油膜，测量油膜的干涉条纹间距，并据此计算表面摩擦系数（图 11），研究车辆气动性能。

图 11　油膜干涉测量技术应用于车辆[9]

497

4. 结束语

我国的汽车工业仍处于初始阶段,汽车专用风洞的建设也刚起步,从国外的经验看,具有自主研发能力的汽车公司一般都拥有自己的汽车风洞,因此,我国的生产型汽车风洞建设仍有很大的市场。长期以来,气动中心利用大型航空风洞进行过多种车型的气动力试验,积累了许多车辆试验的经验。但我们应清醒地认识到,我们的试验设备、试验手段和能力与国外存在巨大的差距。我国汽车产业的高速发展给我们提供了很好的机遇和挑战。要开发具有自主知识产权的高性能汽车产品,实现从汽车制造能力到汽车研发能力的飞跃,需要注重汽车科研设施和力量的投入,发展专用汽车风洞,创新风洞建设发展模式,如股份制建汽车风洞或成立车辆试验中心等,这既有利于汽车生产公司利用国内研发资源,也有利于气动中心设备建设和能力的扩增,这对面对市场竞争环境的双方长远发展都是有利的,谁抢占了先机,谁也就拥有了未来、拥有了市场。

参考文献

[1] Hucho W H. Areodynamics of road vehicles[M]. England:Butteerworths, 1987.

[2] LandmanD. Study of ground simulation for wind tunnel testing of full – scale NASCAR's[R]. AIAA2000 – 0153,2000.

[3] Sant Y L. Low speed tests using PSP at ONERA[R]. AIAA 2001 – 0555,2000.

[4] Larose G L. The new boundary layer control system for NRC's 9m×9m wind tunnel[R]. AIAA – 2001 – 0455,2001.

[5] Eitelbeerg G. Some development in experimeental techniques of the German – Dutch Wind Tunnels(DNW)[R]. AIAA2000 – 2643,2004.

[6] Shigeya W. Stereo PIV applications to large – scale low – speed wind tunnel[R]. AIAA2003 – 919,2003.

[7] Jaroslaw S S. Optimization of car body under constraints of noise, vibration, harshness, and crash[R]. AIAA2000 – 1521,2000.

[8] Arnette. Aerodynamic commissioning results for the Korea Aerospace Research Institute low speed wind tunnel[R]. AIAA2000 – 0291,2000.

[9] David M D. Oil film interferometry shear stress measurements in largewind tunnels – technique and applications[R]. AIAA2004 – 2113,2004.

国外建筑领域中的风驱雨实验研究综述

摘要：风驱雨研究对建筑学、气象学、地球学等研究领域都有重要意义。潮湿是建筑物表面损坏的一个重要因素，风驱雨就是建筑物墙面产生潮湿的一个最主要来源。墙面的水热交换和耐久性分析需要定量研究风驱雨载荷。本文介绍国外风驱雨研究所采用的主要试验方法。
关键词：风驱雨；建筑学

引言

　　风驱雨（Wind – Driven Rain）是雨在垂直坠落过程中受风的影响而产生水平运动矢量形成斜雨的一种自然现象。在地球科学领域，风驱雨对不平的地表，如山体，河谷等会形成大的地表落雨变化，对排水、落雨监测系统设计、地表流水、和侵蚀有重要影响；在建筑科学领域，风驱雨研究也是一个重要的研究课题，它是影响建筑物表面水热交换性能和耐久性的一个重要的潮湿来源。潮湿在建筑材料中聚集会产生渗水、结霜、潮湿诱导的盐迁移、褪色、裂痕等，风驱雨的冲刷及其形成的表面流水，也是我们日常生活中经常可见建筑物表面有不规则污损图案产生的原因。尽管这些问题我们已经早已有所认识，但仍未能很好解决，原因之一就是通常我们有建筑物设计所需要的许多参数，但缺乏风驱雨定量设计参数。

　　冲击建筑物表面的风驱雨量受许多因素的影响，如建筑物结构形状、周围环境、建筑物墙面上的位置、风速、风向、湍流度、落雨强度、雨滴大小分布、落雨持续时间等，大量的影响因素及其不确定性，使风驱雨定量化成为一个非常复杂的问题。国外对风驱雨研究已有 80 多年的历史，对建筑物表面风驱雨的定量化及其测量方法进行了大量试验研究。

1. 建筑学风驱雨研究参数定义

　　垂直落雨受风的影响使雨滴运动方向发生倾斜，产生斜雨。建筑学中将斜雨称为风驱雨（Wind – Driven Rain 或 Driving Rain）。从雨和垂直的建筑物墙面的相互作用观点看，风驱雨强度是指雨强度矢量作用到垂直墙面的分量，雨强度矢量作用到水平面的分量称为水平落雨强度(图1)。国际建筑研究委员会(CIB)采用的就是这一定义。

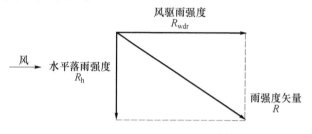

图1 雨强度矢量及其分量[1]

风吹到建筑物上时,会绕建筑物产生特定的流谱,如建筑物前涡流、边角处的分离、角流、回流区、剪切层和尾流等。当风伴随有雨时,雨将被吹向建筑物的迎风面,受风流谱的影响,雨滴对墙面的浸湿是不均匀的。对墙面上风驱雨载荷的定量描述可采用特定雨捕获比 η_d 和雨捕获比 η,前者是相对于雨滴直径为 d 的特定雨滴量来说的,后者对应整个雨滴直径谱。它们可分别表示为

$$\eta_d(d,t) = \frac{R_{wdr}(d,t)}{R_h(d,t)}, \qquad \eta(t) = \frac{R_{wdr}(t)}{R_h(t)} \qquad (1)$$

式中,$R_{wdr}(d,t)$ 为雨滴直径为 d 的特定风驱雨(WDR)强度;$R_h(d,t)$ 为无障碍物水平面雨滴直径为 d 的水平落雨强度;$R_{wdr}(t)$ 和 $R_h(t)$ 是相同的量对所有直径的雨滴来说的。风驱雨强度和水平落雨强度的单位为 mm/h 或 L/(m² · h)。

影响雨捕获比的因素主要有:①建筑物外形;②建筑物墙面上的位置;③风速;④风向;⑤水平落雨强度;⑥水平落雨雨滴大小分布。

2. 风驱雨研究的试验方法

风驱雨的试验测量方法主要采用风驱雨测量计。风驱雨测量计与常用的落雨测量计类似,落雨测量计有一个水平开口来测量落雨,而风驱雨测量计有一个垂直开口来测量风驱雨量。通常有两种试验测量类型:①不受建筑物或其他障碍物影响自由风驱雨测量,如果测量位置离建筑物或树等障碍物较近风驱雨测量会受到这些因素的影响;②建筑物上的风驱雨测量。

2.1 自立式风驱雨测量装置

1936 年,英国建筑研究站的 Beckett 设计了最早用于建筑研究的自立式风驱雨测量装置,该装置采用 8 开口方向设计。一年后,挪威建筑研究院的 Holmgren 也设计了一种 4 开口方向的自立式风驱雨测量装置,这两种装置如图

2所示。使用自立式测量装置一是可以从不同方向开口捕获的风驱雨量获得风驱雨的方向信息;二是由此可以预示建筑物墙面的风驱雨量。20世纪50年代末、60年代初,丹麦技术大学还研制了环形和漏斗型自立式风驱雨测量装置。

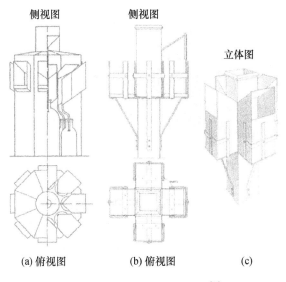

侧视图　　　　　侧视图　　　　　立体图

(a) 俯视图　　　　(b) 俯视图　　　　(c)

图2　自立式风驱雨测量装置[1]

国际建筑研究委员会在风驱雨试验研究方面在世界各国间进行了大量协调工作,召开技术研讨会,对不同形式的测量装置进行了试验对比分析,最终研究表明形式各异的自立式风驱雨测量装置对测量结果影响不大,加之这些测量装置不是工业化大量生产,因此没有对测量装置进行标准化制定工作,各国研究机构仍就使用自己设计加工的测量装置。大量的试验表明,风驱雨强度近似正比于风速和水平落雨强度。

2.2　墙置式风驱雨测量装置

Holmgren于1937年最早开始在建筑物墙面上测量风驱雨并设计了外挂墙置式风驱雨测量装置,后来其他各国相继开展了类似研究工作。墙置式风驱雨测量装置由一个圆盘形雨搜集器和一个储水器组成(图3(a))。1957年法国人Croiset设计了嵌入墙置式风驱雨测量装置(图3(b)),该装置的优点是能减少测量装置周围风场扰动对测量的影响,国际建筑研究委员会向其成员国推荐使用此装置。但它也有缺点,就是建筑物墙面安装位置要能够开洞。后来有人对两种装置的测量效果进行了对比研究,结论是测量结果基本一致。墙置式风驱雨测量装置最终也没有形成一个统一的标准,各国研究机构都根据各自研究的需要,设计不同形状和尺寸的测量装置。墙置式风驱雨测量装置由于简单易用,后来也用于单方向的自由风驱雨测量。

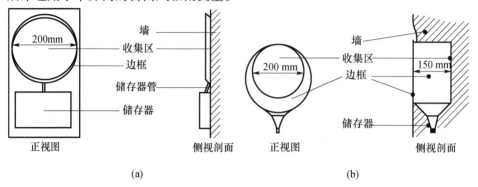

图 3　外挂(a)和嵌入(b)墙置式风驱雨测量装置[2]

通过使用墙置式风驱雨测量装置进行风驱雨试验研究,研究人员揭示了风驱雨导致建筑物墙面变湿的一些特征,这些特征被称为建筑物墙面经典变湿图。

(1) 建筑物迎风面淋湿时其他墙面相对还能保持较干状态。

(2) 在建筑物迎风面,淋湿从下往上、从中间到外缘增加。典型的情况是上角最湿,其次是上部和侧边。

(3) 对于又高又宽的建筑物,除角、上部和边缘外,迎风面受风驱雨影响较小。

(4) 对于给定位置的风驱雨强度,其增加近似正比于风速和水平落雨强度。

2.3　风驱雨测量精度研究

如上所述,风驱雨测量装置非批量生产,没有统一的设计标准,因此,各国研究机构设计使用的风驱雨测量装置都不尽相同。试验测量精度研究主要集中建筑物上测量用的圆盘形墙置式风驱雨测量装置上,原因主要有两个:①圆盘形风驱雨测量装置使用比较普遍;②对圆盘形风驱雨测量装置的精度研究可以扩展到其他测量装置。

1964—1965 年 Hendry 和 Lacy 对风驱雨测量进行了初步比较研究,得出的结论是不同形式的测量装置测量结果偶有差异,但总体上没有大的差别。1977年比利时建筑研究学院的 Meert 和 Van Ackere 指出测量装置的形式对测量结果有一定影响。2000 年左右,丹麦技术大学(TUD)、瑞典查尔墨斯技术大学(CTH)、荷兰爱丁豪文技术大学(TUE)联合开展了一个研究项目,首次设计使用了能测量表面附着雨水的新型测量装置(图4)。这种装置能及时汇集风驱雨测量装置收集区表面附着水,减少附着水膜的蒸发,提高风驱雨测量精准度。丹麦技术大学(TUD)的 Kragh 和荷兰爱丁豪文技术大学(TUE)的 Van Mook 分别设计了具有此功能的雨驱雨测量装置。联合研究表明,雨水附着在测量装置收集区表面并蒸发是风驱雨测量的主要误差源。对某些收集区制作材料,如特氟龙(PTFE),这种误差能达到测量值的2倍。

其他认为次要的误差主要有:①储水器中水的蒸发;②雨滴从收集区的溅出;③收集区水的凝结;④测量装置对风扰动产生的风致误差。

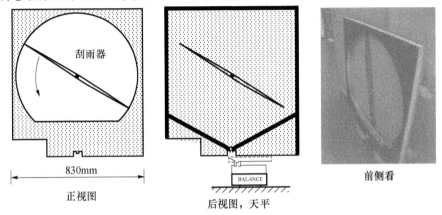

图4 带表面附着水收集功能的风驱雨测量装置[2]

2004年,比利时 Katholieke Universiteit Leuven(KUL)的 Bert Blocken 和荷兰爱丁豪文技术大学(TUE)的 Jan Carmeliet 发展了一种能模拟风驱雨冲击到测量装置收集区时状态的模型,它可以用来估算风驱雨测量中的附着水蒸发误差。

3. 风洞中的风驱雨模拟研究

20世纪70年代,国外研究人员开始考虑在风洞中模拟建筑物上风驱雨的可能性,认为通过适当的试验估算风驱雨对建筑物表面的冲刷是可能的。英国西安大略大学边界层风洞实验室和法国科技建筑研究中心 Jules Verne 风洞开展了风驱雨定量测量风洞试验研究工作。

为了模拟下雨,在边界层风洞中安装了喷嘴阵列,1:64的建筑物缩比模型被安放在风洞中,风速和雨滴尺寸进行了缩比。风洞试验的一个重要难点是确定落在模型不同位置的风驱雨量。在缩比小模型上测量风驱雨量需要使用一些专用技术,如静电感应技术或水敏纸方法。这两个风洞试验中采用的是水敏纸方法。

风洞试验前,模型表面被贴上水敏纸,试验中雨滴落到纸上便会留下痕迹,这样就能获得模拟建筑物上风驱雨的湿图。试验能再现如前所述的建筑物墙面经典变湿图。根据模拟建筑物上风驱雨湿图,通过统计和测量纸上每个雨滴痕迹,估算模型上不同部位的风驱雨量。然而,这种试验方法存在许多困难,其中一个主要问题落雨模拟时间非常有限,因为要保证落到水敏纸上的雨滴可区分,同时,定量分析需要大量工时来统计和测量纸上的雨滴痕迹,因此对建筑物模型所有位置进行开展大量风洞试验是不可能的。此外,为了保证落到水敏纸上的雨滴可区分,风洞试验时间短(5~10s),因而导致了不同车次试验结果差异性很大,试验的重复性不好。另一个问题是用喷嘴在风洞试验段空间中产生大小均匀的雨滴也很困难。

风驱雨的露天场试需要一些测量条件,风洞试验测量与之相比要求并不少。风洞试验模拟需要大量工时、成本高并仍有一些困难和技术限制。原本期望风洞试验模拟数据能较露天场试精度要高,但以上两个风洞的试验研究表明不尽如此。今后利用风洞开展风驱雨研究需要特别关注的,一是空间均匀雨滴分布的模拟手段;二是缩比建筑物模型上风驱雨量测定技术。

4. 几点主要结论

(1)风驱雨研究几十年来测量方法变化不大,其测量原理简单,但误差确定较为复杂,测量装置附着水的蒸发被认为是最主要的误差来源。

(2)自由风驱雨测量和建筑物上风驱雨测量都表明风驱雨强度近似与风速和水平落雨强度成正比;建筑物上风驱雨测量揭示了迎风面顶角、上部和边缘受风驱雨影响最大。

(3)通过系统试验来评估风驱雨似乎比较困难。风驱雨测量的空间、时间都很有限,不同地点的数据不能相互利用;风洞试验测量是一个模拟途径,但目前的风洞试验方法费时、费力,尚有不少困难,将来新技术发展或许能提高风洞模拟测量的精度。

(4)尽管风驱雨测量试验有许多不尽人意的地方,但试验测量对了解风驱雨和建筑物间相互作用发挥了重要作用。风驱雨试验测量是发展和验证半经验方法和数值计算方法的基础。

参考文献

[1] Bert B. A review of wind – driven rain research in building science[J]. J. Wind Eng. Indus. Aerodyn. , 2004, 92:1079 – 1130.

[2] Choi E C C. Wind – driven rain on building faces and the driving – rainindex[J] J. Wind Eng. Indus. Aerodyn. , 1999,79:105 – 122.

国外 10MW 风力机叶片气动布局研究

摘要:降低风能利用成本是风力机单机装机功率向大型化发展的主要驱动力,10MW 风力机已成为当今国外大型风力机研发的目标。本文简要回顾风力机叶片空气动力研究对风力机大型化发展的贡献;探讨国外针对 10MW 风力机开展的新型叶片气动布局研究;目的是为国内大型风机叶片技术的创新发展提供参考。

关键词:风能;10MW 风力机;风力机叶片;气动布局

引言

风力机主要由叶片、塔架、发电机、传动系统和电器控制设备等组成。为了降低风电成本,风力机从未停止大型化发展的步伐。叶片是风力机风能捕获和风力承载部件,其成本约占整个风力机成本的 20% ,叶片的翼型、布局形式和材料性能等直接影响风力机的发电能力。目前,额定功率 5 ~ 8MW 的大型风力机已经商业化,10MW 成为大型风力机发展的目标。随着风力机单机额定功率的增加,叶片的直径也迅速增大(图1),5MW 大型风力机的叶片旋转直径已达约 120m。由此可见,10MW 大型风力机如按以往常规气动设计,叶片的直径将进一步增大。然而,叶片长度的增大将受到叶片的自重、承载、材料性价比和运输等因素的限制,因此,叶片研制已成为 10MW 大型风力机发展的瓶颈,10MW 大型风力机发展有待叶片空气动力技术的创新和突破。

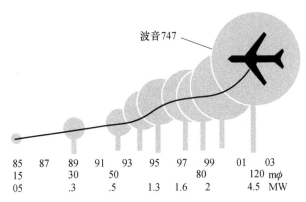

图1 风机桨叶直径与额定功率发展情况

1. 叶片空气动力研究奠定了风力机大型化发展的基础

1.1 叶片翼型和叶片形状气动设计

20世纪80年代和90年代初期,商业化的风力机单机功率大多数在兆瓦以下,叶片长度在30m以内,风力机翼型设计一般都采用航空NACA44和NACA63系列翼型,叶片根部对翼型厚度的需求是通过这些翼型坐标数据的线性放大实现的。然而,实践表明,风力机运行风环境特点与航空飞行环境存在很大区别,如:较高的湍流度、较低的风速、风沙污物侵蚀等,这些因素导致航空翼型的风能捕获效率并不高,因此,欧、美等国开展了风力机专用翼型的研究,相继发展了多种风力机专用翼型,如丹麦的Risφ A、P、B系列,美国的NERL-S、LS-1、FB系列,瑞典的FFA-W系列和荷兰的DU系列(图2),发展了多种翼型设计程序,如荷兰的RFOIL翼型设计分析程序、美国的Profili翼型分析软件、Eppler翼型设计分析程序等;叶片翼型的空气动力学研究成果使风能捕获效率较传统航空翼型提高20%以上。

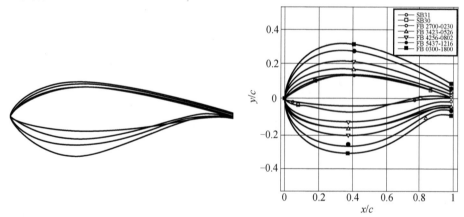

图2 荷兰DU系列翼型和美国S、FB系列翼型[1,2]

早期小型风力机叶片通常采用一种翼型,为了降低风电成本,20世纪90年代中后期风力机向兆瓦级发展,由于风力机的额定功率与叶片长度的平方成正比,叶片的长度大幅度增加。大型风力机叶片为了既获得良好的风能捕获效率又满足结构设计的需要,整个叶片通常分为根段、中段和外段,并采用不同的翼型。如:荷兰DU 97-W-300为大厚度的根段翼型;DU 91-W2-250为中段翼型;DU 95-W-180为外段翼型。风力机气动研究人员利用二维和三维空气动力学理论,发展了叶片气动分析与设计方法,如叶素动量(Blade Element

Momentum,BEM)理论、通用动态尾流(Generalized Dynamic Wake,GDW)理论和 CFD 理论方法等,使风力机叶片较好地满足了兆瓦级大型风力机发展的需要。

1.2 叶片空气动力技术的细分研究和应用

针对陆地兆瓦级大型风力机不同应用环境的特殊要求开展了低噪声叶片技术。国外研究认为叶片气动噪声主导的是湍流边界层/后缘噪声,其次还有层流边界层涡脱落噪声、后缘钝度噪声和翼尖噪声。荷兰、德国、西班牙等欧洲国家联合开展了 SIROCCO(SIlent ROtors by aCoustiC Optimization)低噪声桨叶研究项目,目标是在不降低叶片气动性能的条件下,研究能减少噪声的翼型。

寒冷地区结冰是影响风力机安全和性能发挥的重要因素。风机轻度结冰会使叶片粗糙度增加,气动效率下降;严重时,会使扭矩下降,风机停转;不均匀结冰还会引起风机振动。加拿大魁北克大学抗结冰材料国际实验室进行了风机叶片结冰研究。美国也利用 NASA 结冰研究风洞和 LEWICE 结冰计算程序进行了叶片的防冰研究。

针对海上兆瓦级大型风力机的风环境特点,研制高翼尖速度、小桨叶面积的海上风力机叶片[9]。采用变桨速设计技术,使风力机在额定转速附近以最大速度工作,更好地发挥海上风力机的空气动力效益。

叶片上气动调节装置的研究方面,国外进行了各种叶片气动装置的风洞试验研究,如涡发生器、格尼襟翼、楔等,改善叶片的气动特性。丹麦风能部 Risoe 国家实验室开展了自适应变后缘形状研究,通过在叶片后缘安装压电作动器控制后缘变化,达到主动载荷控制的目的。

1.3 10MW 风力机叶片的气动/结构挑战

目前,丹麦 Vestas 公司 7MW 风力机叶片长度达到 80m 以上,按碳纤维材料估算质量在 35t 以上。众所周知,风力机额定功率与叶片长度的平方成正比,叶片的质量与长度的立方成正比,对 10MW 风力机而言,叶片长度、质量和气动载荷将更大。如果叶片采用研制新材料则更加昂贵,成本将大幅度增加;如果采用传统材料,叶片根部承载的结构需要将使根段翼型更厚,气动效率降低;叶片重量的增加将导致风力机塔架等其他部件重量的增加,进而影响风力机的成本和性价比。尽管近年来在兆瓦级风力机叶片上已采用了应用气动研究成果设计的平/钝后缘翼型叶片,但存在高阻力、涡脱落影响下游风力机流场品质和噪声等问题。因此,设计材料通用、结构可行的 10MW 风力机,需要叶片空气动力学研究的创新技术和成果。

2. 国外 10MW 风力机叶片的气动布局研究

2.1 常规气动布局叶片的挖潜研究

商业化的常规气动布局叶片的水平轴风力机已发展到 8MW,如丹麦 Vestas 公司的 V164 – 8.0MW 海上风力机;德国 Enercon 公司的 Enercon 7.5MW 风力机等。针对 10MW 风力机叶片设计的挑战,丹麦理工大学(DTU)与 Vestas 公司联合开展了"轻桨叶"合作研究项目,设计了 10MW 参考风力机,目的是设计质量轻、气动弹性响应适当、气动效率优化的叶片,为未来发展 10MW 风力机提供参考。他们改进了传统的叶片设计方法,通过采用厚翼型、叶片后掠和优化结构等措施,设计了 10MW 参考风力机,叶片长 89.17m,翼型 FFA – W3 系列,质量 47900kg,使叶片质量降低了约 1/3(图 3)。

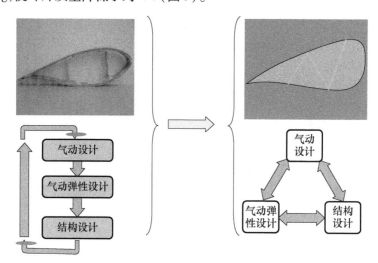

图 3 丹麦叶片新设计方法及结果[12]

2.2 双/多翼面叶片气动布局研究

传统风力机叶片的继续增长面临低重量、高结构刚度和气动效率等因素的挑战。高刚度要求叶片根段采用更厚的翼型,而更厚的翼型在气动上面临失速、阻力增加和气动噪声等负面影响。因此,叶片根部采用双/多翼面气动布局取代传统的单一厚翼型布局是国外 10MW 大型风力机叶片气动创新研究的方向之一。美国加利福尼亚大学、伊利诺斯大学等开展了双/多翼面气动布局叶片气动问题的风洞试验和数值分研究。

508

图4为采用NASA SC(2)-0714翼型的双翼面气动布局叶片构型,其单位展长横截面投影面积为0.28m²,翼面间距与弦长之比为0.5;瑞典FFA-W3-301翼型传统气动布局叶片构型的单位展长横截面投影面积为0.301m²,二者接近,但横截面转动惯量前者比后者高一个量级,结构分析表明在气动载荷作用下,前者翼尖的偏转比后者低30%。气动性能研究表明,在迎角0°~15°范围内,升阻比前者远高于后者。尽管二者投影面积相当,浸湿面积前者约是后者的2倍,但前者压差阻力和总阻力更低。

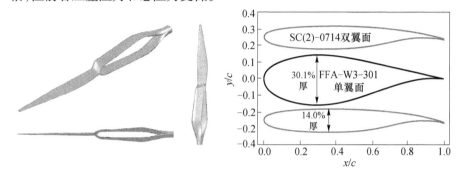

图4　双翼面根段叶片气动布局研究[13]

图5为多翼面(2个以上)气动布局。多翼面气动布局通常由一个主翼、一个以上副翼和一个支撑翼构成,叶片根段采用多翼面布局能很好地满足结构刚度要求,而气动效率取决于多翼面之间的布局优化。多翼面布局研究源自飞机的襟翼,不同的是对风力机应用而言不需要可收放。风洞试验和数值计算研究表明,多翼面布局气动性能取决于翼型、各翼面之间间距、相对倾角和位置。例如,小的翼面间距能增加流速,但过小的间距将加大之间的边界层和复杂尾流的干扰。最佳的间隙距离通常是系统弦长的1.3%~2.0%。多翼面之间空气动力流动特性复杂,需要进一步的深入研究。

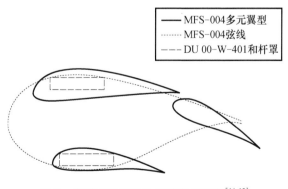

图5　多翼面根段叶片气动布局研究[14,15]

2.3 双叶轮气动布局研究

目前,常规水平轴单叶轮风力机(SRWT)最大风能转换效率不会超过 Betz 极限,即59%,经过最佳气动设计的单叶轮风力机一般也只能捕获50%的风能。因此,从增加风能捕获效率的视角,产生了双叶轮风力机(DRWT)概念。

如图6所示,双叶轮概念风力机是两个叶轮呈背对背的结构布局形式,后一个叶轮在前一个的尾流中继续捕获未曾捕获的风能,两个叶轮可以同向旋转或反向旋转。反向旋转概念在直升机中已有应用。从2002年开始,美国在加利福尼亚州相继进行了6kW双叶轮原型机场试,结果表明,相比传统单叶轮风能捕获增加30%;30kW双叶轮原型机在额定风速11m/s时,风能捕获增加21%。最近几年的风洞试验研究表明双叶轮概念能降低启动风速,有利于低风速下保持风力机性能;理论分析表明,在较高的风速下,相比单叶轮,其年度风能生产(AEP)可增加43.5%。

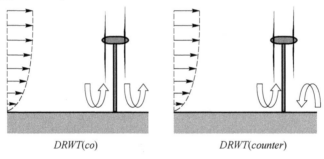

DRWT(co)   DRWT(counter)

图6　双叶轮概念风力机[16]

美国爱荷华州立大学的风洞试验表明,双叶轮风能捕获效率远高于单叶轮;对转双叶轮比同向旋转双叶轮风能捕获效率高,因为后面反向旋转的叶轮可捕获旋(切向)流额外的能量。双叶轮系统能改进风能捕获率,但静、动态载荷相对较大,疲劳寿命短,结构成本较高。

2.4 其他布局形式研究

水平轴风力机结构简洁、可靠和耐用,目前仍是国外10MW风力机研究的主要形式,其叶片气动问题挑战性最大。除此之外,10MW以上垂直轴和其他组合型概念风力机国外亦有研究,但这些概念的气动问题不大,更多的是结构优化和动力学问题研究。如图7(a)所示,荷兰代夫特理工大学进行了20MW垂直轴风力机研究,对"H"和"Darrieus"型结构形式进行了结构优化设计;图7(b)为一种10MW近岸海上风机概念,它能有效减少海上基础数量,降低海上风场成本。主转子叶片弦长3m,叶片数量10个,每个叶片外段安装有4个直径3.6m的风机。

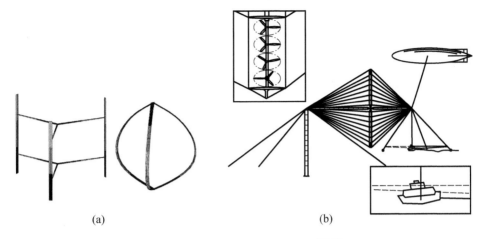

(a)   (b)

图 7　10MW 以上其他风力机概念[17,18]

3. 结束语

在 10MW 大型风力机的发展中,空气动力与结构的耦合是一个困难的问题,叶片设计是一个巨大挑战,有待叶片空气动力技术的创新突破。国外已经展开了有关 10MW 大型风力机项目研究,叶片气动布局的风洞试验和数值计算取得了初步成果。研究国外文献资料,可以得出以下结论:

（1）10MW 风力机已成为大型风力机的发展目标,国外研究的主导形式仍是水平轴。

（2）叶片空气动力技术研究伴随风力机大型化的需求而发展,以往的研究成果促进了风力机效率的提高和风电成本的降低。受结构、材料、成本和运输等因素的限制,叶片长度增长可挖掘的潜能逐渐减少,10MW 大型风力机叶片气动布局有待创新。

（3）10MW 风力机叶片气动布局研究主要有常规布局的挖潜、根段双/多翼面布局、双叶轮布局等。

（4）叶片根段采用多翼面布局形式的国外研究文献相对较多,展现出了一定的气动/结构优势,相对单翼面,其气动现象更为复杂,仍有待进一步深入研究。

参考文献

[1] Fuglsang P. Wind tunnel tests of the FFA – w3 – 241, FFA – w3 – 301 and NACA 63 – 430 airfoils[M].
　　Denmark:Risф National Laboratory,1998.

[2] Timmer W A. Summary of the Delft university wind turbine dedicated airfoils[R]. AIAA2003 – 352 ,2003.

[3] van Dam C P. Innovative structural and aerodynamic design approaches for large wind turbine blades[R]. AIAA 2005 – 973 ,2005.

[4] Lnazafame R. Fluid dynamics wind turbine design:Critical analysis,optimization and application of BEM theory[J]. Renewable Energy, 2007,32(14):2291 – 2305.

[5] He C. Development and application of a generalized dynamic wake theory for lifting rotors[M]. Georgia: Georgia Institute of Technology, 1989.

[6] Hartwanger D. 3D modelling of a wind turbine using CFD[R]. NAFEMS UK Conference. Cheltenham, United Kingdom,2008.

[7] Stefan O. Reduction of wind turbine noise using optimized airfoils and trailing – edge serrations [R]. AIAA2008 – 2819 ,2008.

[8] Shervin S. Development of a novel ice sensing and active de – icing method for wind turbines[R]. AIAA 2012 – 1153 ,2012.

[9] Watson W. Offshore wind turbine design[R]. AIAA – 2000 – 0728 , 2000.

[10] Christian B. Wind tunnel test on wind turbine airfoil with adaptive trailing edge Geometry[R]. AIAA2007 – 1016 ,2007.

[11] Christopher P S. Computational fluid dynamics of flatback airfoils for wind turbine applications [R]. AIAA2006 – 194 ,2007.

国外寒冷地区风力机结冰问题研究

摘要：风力机结冰是影响寒冷地区风电场产能的重要因素之一。本文在广泛文献调研的基础上,分析研究地处寒区的加拿大在风力机结冰研究方面开展的工作,主要包括:结冰气候条件,结冰时风电场产能评估,叶片结冰的风洞试验研究和数值模拟研究;总结在风力机结冰研究方面取得的初步认知,意在为我国该领域研究工作的开展提供参考。

关键词：风力机;结冰;风力机叶片结冰;结冰气候条件

引言

20 世纪 90 年代中叶以来,为了减少温室气体排放,风能应用在世界范围内迅速发展,并且风力机技术的进步带动了世界经济约 30% 的增长。随着风力机在北美、北欧和中欧、亚洲、沿海和山区等广泛应用,寒冷气候条件下的风力机技术问题显现出来,引起了研究人员的重视。例如,寒冷地区中运行的风力机为了保护机械和液压零件需要装备加热装置;海上风力机在寒冷气象条件下,由于空气中水汽含量较高或海浪飞溅形成水雾的因素,对风力机会造成霜冻和结冰。尽管结冰将降低风力机叶片气动效率,增加风力机过载和机械磨损,影响风电场的安全运营,但是国外在寒冷地区设置风力发电场的情况越来越多,其原因之一是,通常寒冷地区风更大,空气密度更高,有利于风力发电。位于北美的加拿大,由于地理位置的原因,其魁北克省的风电场经常遭受严寒袭击,因此,加拿大对寒冷地区的风力机结冰研究比较活跃。本文主要介绍近年来加拿大针对寒冷地区风力机开展的相关研究,目的是为国内风能领域相关问题研究提供参考。

1. 结冰气候条件和对风电场产能的评估研究

1.1 风力机结冰气候条件

欧美寒冷气候条件下的风电场是指存在结冰风险,或者气温经常超出风力机工作温度的下限。加拿大魁北克省具有大量的风力资源,2000 年以来该省相继建设了多个风电场,由于地理位置靠北,经常遭遇风力机结冰事件。例如,

Murdochville 风电场(图1),海拔高度 850～950m,由 60 台 Vestas 1.8MW 风力机组成。2004—2005 年冬、春季,据当地气象站统计,发生结冰事件 13 起,其中比较严重的有 5 起。为了有针对性地开展结冰研究,研究人员开展了结冰气候条件参数搜集工作,用于风力机设计和防冰研究,主要包括:液态水含量(LWC)、水滴中值体积直径(MVD)、风速、气温、持续时间等。

风力机地面结冰与飞机高空结冰气象条件不尽相同。风力机结冰主要是气温在冰点温度以下,由冷冻的细雨、湿雪或结冰雾、云、霜等水汽凝结物沉积形成。结冰云是由水汽团冷凝和冰晶等大气悬浮物组成,其中小水滴粒径一般小于 70μm;雾通常在靠近海岸、湖泊或陆地潮湿空气地面遇冷凝结形成;空气中的湿气冷凝碰到较冷的物体表面会形成露,当在低于冷冻温度时,露就在物面形成冰晶状,即变成霜。

液态水含量(LWC)和水滴中值体积直径(MVD)是结冰气候条件的两个重要参数。低空云、雾中的 LWC 一般小于 0.3g/m³。MVD 是一个代表性的数值,该值将云雾中的小水滴分成数量相等的两部分。对积云和层云,MVD 一般在 10～50μm;雾的 MVD 一般是 15～50μm。研究表明,地面常见结冰气象条件的典型 MVD 值为 25μm 左右。

图1 给出了冻雨(或毛毛细雨)形成的过程。高空雨滴(直径 0.5mm,最大 5～6mm)在下降过程中会破碎变小、温度会下降到冰点以下,形成超冷小水滴,云雾中的小水滴仅在 -40℃ 会自然冷冻,在 0～-40℃,其处于一种超冷的液态,需要长时间才能自然冷冻,当超冷水滴碰到物体,便会在物体表面结冰(图2)。毛毛细雨的水滴一般比较均匀,直径小于 0.5mm,其典型的 MVD 值为 250μm。降水强度用每小时毫米水柱表示,1mmH₂O 为轻度,6.5mmH₂O 为中度,25mmH₂O 为重度。液态水含量可用下式计算:

$$\text{LWC} = \frac{\rho_w P}{36 \times 10^5 v_{\text{term}}} \tag{1}$$

式中,ρ_w 为水的密度;v_{term} 为水滴近地速度;P 为降水强度。

  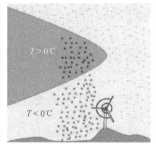

图1　Murdochville 风电场[1]　　　　图2　地面结冰气象的形成[1]

1.2　结冰气候条件下风电场产能的评估

在寒冷气候条件下,结冰会对风力机运行产生很多影响,如:测量仪器故障、机械故障、叶片空气动力失速、巡护安全问题和电场停产。加拿大的大多数风电场都会遇到结冰情况,因此,需要开展结冰对风电场产能影响的评估,提高对寒冷地区风电场建设选址、风力机运行风险评估、防冰除冰技术发展的认识。

魁北克大学搜集了两个风电场 4 年的运行数据和相关气象资料开展了评估研究。其中,一个风电场共计 23 起结冰事件,累计 308h;另一个风电场有 19 起结冰事件,累计 213h;其中,大约有 2% 的情况,可能会风力机要关机。研究表明,在结冰事件中,风力机平均功率损失 26% 左右(图3),极端情况下,有时可以损失 80% 以上,年平均能量损失范围 766 ~ 24298kWh。从图 3 左图可以看出,结冰影响可以分两个阶段:首先,结冰发生后,风力机功率逐步下降,在持续一段时间后,随着冰融化脱落,风力机恢复正常功率。需要指出的是,结冰对风电场产能评估,需要视具体风场环境情况而定,在建设评估时,需要考虑风力机结冰对产能和成本的影响。

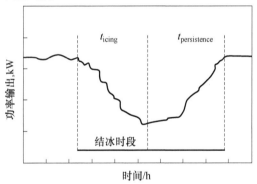

图3　结冰对风力机产能影响[3]

2. 风力机结冰的风洞试验和数值计算研究

2.1　结冰风洞试验研究

结冰风洞是结冰研究的重要手段之一,风力机叶片结冰/防冰研究方法同飞机结冰研究方法类似。加拿大在魁北克大学防冰材料国际实验室开展了风力机结冰风洞试验研究,其结冰风洞试验段长 1.5m,宽 0.5m,高 0.6m。根据野外实测的气象条件,建立结冰风洞模拟研究的环境条件,叶片模型以 1.8MW/Vestas - V80 风力机为参考,叶片外段是 NACA63XXX 翼型,中段是 FAA W3 XXX 翼型,根段用的是 NACA63 415 翼型。风洞试验测量了两种典型结冰结果(霜冰、明冰见图 4 和图 5)的结冰量、叶片结冰部位/形状、升力和阻力的变化,研究防冰除冰效率。

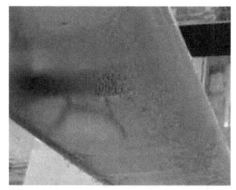

图 4　明冰情况风洞试验结果[5]

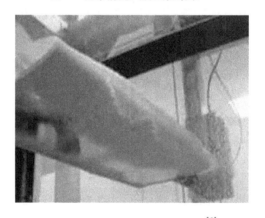

图 5　霜冰情况的风洞试验结果[5]

明冰研究对应的野外气象结冰条件是:LWC = 0.218g/m³,温度 − 1.4℃,风速 8.8m/s,持续时间 6h。在这种条件下,叶片根部、中部和叶梢结冰特征都是明冰,冰密度 917kg/m³。由于温度较高,小水滴撞击叶片前缘后,部分冻结,部分沿下表面向后流动,速度大时,上表面也有向后流动情况。根据风洞试验结冰测量推算,叶片全尺寸结冰量约 709kg,占叶片净重(6500kg)的 11%。

霜冰研究对应的野外气象结冰气候条件是:LWC = 0.242g/m³,温度 − 5.7℃,风速 4.2m/s,持续时间 4.5h。在这种条件下,叶片根部、中部和叶梢结冰特征都是霜冰,冰密度 850 ~ 900kg/m³。由于温度较低,小水滴撞击后直接冻结,在叶片的中段和叶梢,前缘结冰呈双角冰型形状,与小水滴撞击角等流动因素有关。根据风洞试验结冰测量推算,叶片全尺寸结冰量约 434kg,占叶片净重

(6500kg)的 6.7%。

两种情况的结冰量沿叶片展向分布是根端相对较少,中段以外相对较多。电热技术是最常用的除防冰技术,通常需要从叶片前缘沿下表面往后布置加热元,所需用电量为风力机电能输出的 2% ~15% 。为了减少电能消耗,需要进行风洞试验,研究加热元在叶片上的优化布局。

2.2 结冰的数值分析工具

在开展结冰机理研究、发展结冰模拟数值工具并应用于风力机结冰预测/防冰方面,加拿大有关科研院所开展了大量工作。

理论研究主要包括:①气候条件,进行了近地面的结冰环境研究,如云、雾、露、霜、湿雪、雨、冻雨形成及特性等;②水收集特性,如小水滴与叶片撞击轨迹,叶片对小水滴的收集效率;③冰集聚的热量转换,如冰集聚热力学,凝固热,绝热热,焓,对流热交换,蒸发和升华热,传导热,辐射热,表面温度和冷冻率;④湿雪的冰集聚;⑤飞溅海浪水雾的冰集聚;⑥积冰的质量、厚度、形状等;⑦冰探测/防冰/除冰/冰脱落;⑧结冰对叶片气动力、扭矩等影响。

在二维模拟计算方面,加拿大国家科学工程研究委员会(NSERC)资助合作开发有 CANICE2D 结冰/防冰软件。近两年,在 CANICE2D 基础上,开发了雷诺平均的 N-S 方法(CANICE2D-NS),能够模拟长时间持续结冰的情况。此外,也有采用其他软件的计算研究,如意大利航空航天研究中心的 CIRAAMIL 等。

在三维模拟计算方面,加拿大 McGill 大学采用 FENSAP-ICE 数值模拟系统对大型工业风力机进行了结冰评估并与实际情况进行了对比分析研究。首先,采用 NREL UAE Phase VI(国家可再生能源实验室非定常气动力试验第 6 阶段)20kW 风力机的试验数据对 FENSAP-ICE 数值模拟系统的模拟能力进行了验证;然后,以 WindPACT 1.5MW 风力机为研究对象,进行了复杂气象条件下/长时间结冰(17hr)案例的研究。

FENSAP-ICE 数值模拟系统包含气流、水滴撞击和冰集聚结算器。气流用雷诺平均 N-S 流动结算器计算;湍流范围用 Spalart-Allmaras 湍流模型获得;水滴分布和撞击模型用两相欧拉水滴结算器 DROP 3D 计算;风力机叶片的冰集聚用浅表水结冰模型 ICE3D 计算,根据风力机叶片局部气流条件和内流气象条件,能够计算明冰或霜冰冰型;计算了不同结冰条件对风力机功率的影响并与风电场实测结果进行了对比。

3. 对风力机结冰研究取得的初步认知

(1)风力机结冰气候条件是复杂的。同最初风力机叶片翼型研究借鉴航空翼型研究成果类似,风力机结冰研究也借鉴了航空研究的方法手段。风力机结冰气候包括当地气温、风速、雾、露、霜、湿雪、冻雨/雨/毛毛细雨、浪花水雾等,叶片上的冰集聚(低速撞击、长时间)与飞机上的冰集聚(高速撞击、较短时间)差别很大。在航空领域,飞机结冰研究比较成熟,国际上已经形成了用于运输机防冰设计和适航验证的标准气象参考条件;对风力机而言,结冰气候条件搜集研究还不多,国际上还未形成寒冷地区风力机设计气象参考条件标准。

(2) 寒冷地区风力机结冰是一个不可忽视的问题。陆地风力机容易遭受冻雨、毛毛细雨、冻雾、结冰云(高海拔地区)、霜(近湖泊地区)引起的结冰袭击,海上风力机会遇到浪花飞溅冻水雾引起的结冰,浪花水雾高度分布一般小于16m。

(3) 转速低的大风力机相对转速高的小风力机更不容易结冰。叶片上冰集聚与水滴撞击速度有关,撞击速度高容易结冰。就一个叶片而言,中段和叶尖更容易结冰,且叶片的外2/3部分对风力机功率影响最大,因此,这是防冰/除冰装置布局的重点区域。

(4) 明冰相比霜冰对叶片气动性能影响更大。霜冰增加了叶片表面粗糙度,但对翼型影响较小;而明冰相对光滑,但它在很大程度上改变了叶片翼型的形状。霜增加了叶片前缘粗糙度,对叶片气动特性影响较大。就目前而言,还缺乏霜、明冰、霜冰等更深刻的认知和足够的数据,因此,定量分析研究还有难度。

(5) 试验和数值模拟是风力机性能研究的重要手段,其方法还有很大的改善空间。相对来说,干燥环境的结冰比潮湿环境的结冰预测评估要准确一些。冰角的位置/尺寸与冰的粗糙度和边界层边缘的速度密切相关。

(6) 风力机冰防护系统研究尚处于起步阶段,风力机除冰比防冰更有效。防冰一般采用电加热保持叶片表面温度在冷冻温度以上,据估算叶片叶梢前缘消耗的能量是根部前缘的3.5倍,叶片下表面消耗的能量是上表面的1.5倍。似乎防冰比除冰更有优势,但实际上叶片全表面防冰过于昂贵,是不现实的,一般从前缘沿弦向8%~14%布置防冰装置。除冰相对成本便宜,它允许在叶片上形成一定的结冰,当达到某一临界值时,启动除冰装置。

(7) 冰探测技术是防冰/除冰的关键。电热技术是最常见的防冰/除冰技术,除此之外,还有热气、微波、气靴、防冰涂层、电脉冲或磁电技术等。对防冰/除冰来说,准确探测是前提和难点,一般包括两类探测,一是结冰条件探测,如采用古德里奇公司的 Rosemount 传感器系统;二是表面结冰厚度探测系统,如采用超声波探测技术等。

4. 结束语

世界范围内风力机应用日益普及,分布于寒冷地区的风电场也随之增多,结冰对风力机性能及风电场产能影响受到关注,北欧、北美等风能利用发达国家较早地认识到极端条件对风力机的影响,并开展了大量实测、风洞试验和数值模拟研究,取得了一定的研究成果。我国地域辽阔,温差气候变化大,地处高山、海岛、西北等地的风电场冬春季也会面临不同程度的结冰/霜问题。鉴于我国的风力发电起步较晚,对风力机极端气象条件的研究和认知相对薄弱,因此,学习和借鉴国外先进经验,加强风力机极端气候条件下的研究,将有利于我国风力机设计和制造技术的快速发展。

参考文献

[1] Switchenko D. FENSAP – ICE simulation of complex wind turbine icing events, and comparison to observed performance Data[R]. AIAA 2014 – 1389,2014.

[2] Mohammadi M. Droplet impact and solidification on hydrophilic and superhydrophobic substrates in icing conditions[R]. AIAA 2013 – 2486,2013.

[3] Hasanzadeh K. Validation and verification of multi – steps icing calculation using CANICE2D – NS code [R]. AIAA 2013 – 2671,2013.

[4] Rendall T C S. Improved finite volume droplet trajectories for icing simulation [R]. AIAA 2013 – 2672,2013.

[5] Hochart C. Icing simulation of wind – turbine blades[R]. AIAA 2007 – 1373,2007.

[6] Gillenwater D. Wind turbine performance during icing events[R]. AIAA 2008 – 1344,2008.

[7] Fortin G. Wind turbine icing and de – icing[R]. AIAA 2009 – 274,2009.

国外大型风机智能桨叶控制研究

摘要：随着风机桨叶尺寸的增大,需要更加有效的风机桨叶载荷控制技术。本文概述国外大型风机智能桨叶控制研究现状;归纳分析智能桨叶控制常用的气动控制装置、作动装置、传感器和控制器;介绍国外在智能桨叶控制研究方面开展的研究项目。
关键词：大型风机;载荷降低;主动控制

引言

为了降低风电成本,增大单机发电功率,减少装机数量是现代风电厂一种发展趋势,它推动风机向大型化发展,目前国外已有 5MW 原型风机,正在探索研究 8～10MW 风机。由于风机的额定功率与叶片长度的平方成正比,随着风机单机额定功率的增加,风机叶片的直径也迅速增大,大型风机的桨叶旋转直径已达到 120m。为了降低风机的发电成本,桨叶设计非常重要,如果能降低桨叶上的载荷,就能降低桨叶结构重量和受其影响的传动机构、塔架等一系列结构的重量,从而降低材料成本和维护成本。

风机桨叶设计载荷通常分为极限载荷和疲劳载荷。疲劳载荷是风机桨叶设计的关键因素。国外许多研究和发展计划的目标就是发展能降低桨叶极限载荷和疲劳载荷的新技术。这类技术主要有两类:一是被动载荷控制,通过桨叶被动适应风速变化引起的气动弹性响应来实现;二是主动载荷控制,通过输入传感器感应信息调整桨叶的气动特性来实现。传统的基于空气动力的被动控制主要是桨叶的失速控制,其他的技术还有气动弹性修正,如拉扭耦合、弯扭耦合、后略扭转耦合等,这些技术现在也还在研究。使用这些被动控制技术尽管比较简单,但可靠性不是很高。从控制的观点看,主动控制技术适应性更广,特别是对流动状态不稳定的情况。目前,国外正在研究一种更先进的主动控制概念,即"智能桨叶和旋翼控制",这个概念主要集中在对桨叶进行更迅速和更详细的载荷控制,通过沿桨叶展向植入智能分布的气动控制装置,实现对每个桨叶在任何方位角和展向位置实施控制的目的。

1. 智能桨叶控制的气动装置

在风机桨叶智能控制项目中,气动控制装置起控制输入作用,它通过改变桨叶局部空气动力特性来提供所需要的控制。为了实现有效控制,气动控制装置要么能直接改变特定区域段的气动特性,要么就是能直接改变攻角。为了能有效控制桨叶根部由风机其他部件引起的结构脉动载荷,气动控制装置一般都置于桨叶的外端。对气动控制装置设计的主要挑战有附加重量问题、复杂性问题、运动部件免维护问题等。常见气动控制装置主要有以下几种:

1) 后缘活动面

借鉴航空技术,在风机桨叶外端后缘用一个小的活动面直接对作用在桨叶上的气动力进行主动控制,通过活动面的变化改变作用在桨叶上的气动力。这种结构采用多个分布式小活动面要比采用单一轴机构的全翼展或部分翼展桨矩控制要好,它结构安全性高,需要的驱动力小,便于实施高频控制,能够显著改变桨叶上的气动载荷。活动控制面有两种形式:一种是刚性的,另一种是可变形的,后者的变化与桨叶翼型表面衔接更加平滑,效果更好一些(图1)。

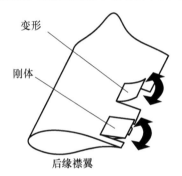

图1 后缘活动面[1]

2) 后缘凸起调整片

后缘凸起调整片用于风机桨叶载荷控制国外进行了大量研究,这种方法主要受格尼襟翼的启发。后缘凸起调整片是一种置于翼型后缘附近的小转捩装置。后缘凸起调整片改变了桨叶后缘流动发展条件,从而改变桨叶产生的气动力。调整片的高度与边界层厚度一个量级,为弦长的 1% ~2%。要增加翼型的升力,调整片就在翼型下表面设置(图2);反之,就在翼型的上表面设置。

3) 翼型变弯度装置

翼型弯度控制是进行气动力控制的有效方法,它可以直接改变作用在桨叶上的气动力,因而可以用作桨叶载荷抑制。这种装置通常在桨叶蒙皮中植入智能材料或采用桨叶内部可变型结构,如翼弦中部变形或后部弯曲(图3)。翼型弯度控制作用的过程中,需要考虑气动力、动力和结构应力对桨叶的影响。

4) 翼型主动扭转装置

翼型主动扭转可以是整个桨叶扭转,也可以是桨叶外段。扭转改变了翼型

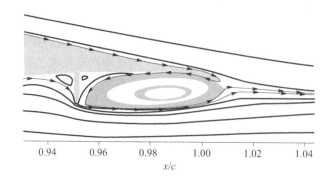

0.94　　　0.96　　　0.98　　　1.00　　　1.02　　　1.04

x/c

图 2　后缘凸起调整片[1]

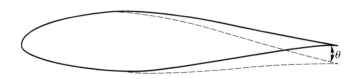

图 3　翼型变弯度示意图[1]

的当地攻角,从而改变气动力,是桨叶载荷控制的有效手段(图 4)。这种控制是基于主动控制弯/扭和拉/扭耦合原理,在由各向异性复合材料制作的桨叶中植入作动器来实现。对大型桨叶来说,其缺点是惯量大、响应慢,扭转所需的控制力和应变都很大。

　　5)边界层控制装置

　　边界层控制是通过改变桨叶表面流动来实现影响整个桨叶气动力特性的一种方法。

图 4　翼型主动扭转示意图[1]

边界层控制方法主要有吸气/吹气、人工合成射流、涡发生器、等离子作动器等。边界层控制可以用作中等攻角的流动分离控制,也可以用于小攻角时的弯度控制,即"虚拟气动外形形变",尽管这方面研究还不尽成熟,但有很大的发展潜力。

　　分析研究以上几种气动控制装置,可以得到以下一些结论:后缘活动面控制效率高,对桨叶升阻特性影响大,可变形后缘活动面相对具有更好的控制效率,且结构可行性和作动条件都可以实现;后缘凸起调整片结构简单,需要的作动力小,但对精确的载荷控制,其开闭控制效率不高,或许需要布置成一定的阵列来应用,需要进一步研究;翼型弯度控制效率极高,但需要考虑结构的限制;翼型主动扭转尽管有效,但成本高,会增加结构重量并需要较高的驱动力;边界层控制装置结构小,具有较大潜力,许多方面还需要深入研究(图5)。

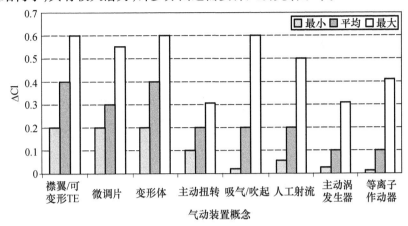

图5　各种装置控制升力载荷能力比较[1]

2. 智能桨叶控制的作动装置

作动装置是智能桨叶控制中的最重要一环,不同的气动控制装置需要不同的作动器驱动。作动器要求重量轻、响应快、满足桨叶控制频率要求、稳定性好。除此之外,作动器本身的抗疲劳性、线性作动特性、抗氧化性和抗轻度冲击能力等都是设计作动器需要考虑的一些因素。

1)常规作动器

液压、气动、电作动器是工程中最常见的作动器,也应用于风机桨叶的控制中。液压作动器一般用于需要较大驱动力的地方。其缺点主要是液体泄漏、体积较大和作动滞后问题,用于主动灵活控制有待研究;气动作动器相比其他种类的作动器重量轻,主要缺点是容易泄漏、需要经常维护、反应频率低,稳定性较差;机电作动器在大多数现代风机中广泛使用,维护条件要求相对较低,一般采用直流电机,对快速控制桨叶表面脉动载荷其反应速度不够。

2)智能材料作动器

智能风机桨叶控制对桨叶上所安装的控制设备有严格的限制,需要作动响应快、结构简单和动力重量比高。要满足这些条件,智能材料作动器是一个较好的解决途径。智能材料能够感应变化的气候条件并作出反应,通常智能材料都是铁电物质(压电、电致伸缩、磁致伸缩材料)、流变材料(电流变、磁流变材料)和形状记忆合金。目前,压电材料和形状记忆合金的研究发展达到了较高水平,可以商业应用。

3）压电作动器

压电作动器能够将电能转换为机械能,常用的压电材料有压电陶瓷(铅锆酸盐钛酸盐 – PZT)和压电聚合体(聚偏二乙烯氟化物——PVDF),$50cm^2$、厚度 $0.2mm$ 的 PZT 成本大约为 60 美元,其电能消耗低,一般用于外形变形控制。PVDF 的机电耦合系数小,一般用于传感器。压电材料在弱电场中具有较好的线性场/应变关系,在强电场中则有显著的磁滞和基于应变的非线性。压电材料作动器可用于离散的作动器来驱动桨叶上的气动控制面,也可以将其置于桨叶材料中来改变桨叶外形。

4）形状记忆合金

形状记忆合金(SMA)能够维持和恢复相对较大的应变(约 10%)而不产生塑性变形。最常用的形状记忆合金是 Ni – Ti、Cu – Zn – Al 和 Cu – Zn – Al – Mn。这种材料在低温下变形后,当被加热到临界温度以上,就会恢复原来的形状。这是一个可逆过程,过程是:奥氏体→冷却→马氏体→加热恢复→奥氏体,但加热/冷却这个过程响应慢,存在一定的非线性和磁滞。形状记忆合金可以制成各种形状置于被控制体中。

3. 智能桨叶控制的传感器和控制器

传感系统在智能桨叶控制中极为重要,作用在桨叶上的气动力和桨叶的响应需要被确定并传给控制器,同时需要感应重力和惯性载荷。传感器一般置于变形最大、易于感知的位置,从控制的角度看,需要获取动态系统的状态信号用作输入控制信息。传感器的位置及种类选择一般与控制方案紧密相关。风机桨叶上的传感器应当具有重量轻、抗电磁波、低的温度敏感性、易于与结构集成、鲁棒性和稳定性、易于校准、适当的测量精度、测量响应时间和范围等。传感器的主要类型有电/压电/光学应变传感器、加速度计和内流测量传感器。

1）应变传感器

应变传感器主要包括阻抗传感器、电容传感器、光电传感器和半导体传感器。这些传感器用来测量桨叶不同部位的应变,特别是根部。这些传感器大多用在桨叶的试验研究和原型机测试研究阶段。它们一般对温度变化都比较敏感,需要补偿和经常校准,不适合恶劣环境长期监视使用。光纤传感器体积小、重量轻,抗干扰和可靠性都比较好,已经用于风机叶片的监测,但也存在温度敏感性问题。压电传感器也是风机测量的一个不错选择,目前已有研究更为先进的基于表面融合的压电纤维传感技术。

2）加速度计

加速度计靠两个传感器感应加速度并将其转换为电信号，首先是基础传感器感应加速度并以位移形式反映出；然后，第二个传感器感应位移并将其转换为电信号。加速度计主要应用于风机维护中的振动分析，如轴承、发电机、变速箱等的监测，但在风机叶片的日常监测中应用不是很广泛。

3）内流测量传感器

在风机叶片降低载荷的前馈控制环中，需要感应来流风场的信息。来流测量方法有多种，建议在桨叶上安装皮托管测量，通过感应总压和静压可以获得当地的动压和风速，当地的风向角也可以估算。除此之外，也可以使用激光风速仪，此类技术的发展主要有激光雷达、光雷达和干涉多普勒激光雷达，其技术屏障主要在成本、系统复杂性和可靠性。

在主动控制系统中，控制器是将作动器、传感器、反馈系统等各元素组合在一起的元件。控制器设计对主动控制系统的性能和稳定性非常关键。控制器设计传统理论主要是简单反馈控制 PID（proportional integral derivative），现代理论主要有 LQR（linear quadratic regulater）、LQG（Linear Quadratic Gaussian）、H_2/H_∞、DAC、PPF（Positive Position Feedback Control）。风机桨叶智能控制的控制器设计主要应考虑以下三方面因素：①要建立桨叶动态性能的准确模型；②要有多点输入、多点输出和鲁棒性；③从传感器到控制器再到作动器的延迟应当尽量的小。

风机桨叶载荷控制的先进方法一般是用传感器感应桨叶不同控制部位的变化，对前馈测量的风速进行控制，根据需要可以采用多变量控制。根据控制方案设计，控制器可以采用分布式控制器或中央控制器（图6）。

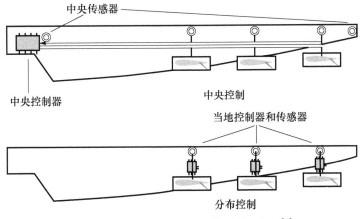

图6　分布式控制器或中央控制器示意图[1]

4. 结束语

实现大型风机桨叶智能载荷控制需要将气动控制面、作动器、传感器和控制系统集成于桨叶中,要实现这个目标,对目前大型风机桨叶的设计是一个巨大挑战。从 20 世纪 90 年代开始,风机桨叶载荷主动控制研究就已开展,并取得了一些进展,开展了可行性研究、控制面气动试验和建模数值分析研究以及对发电功率影响的研究等。近年来,国外主要机构开展的此类研究工作有:荷兰技术基金会资助的"大型陆地风机智能动态控制"项目;欧盟第六次框架会议确定的"攫取风能"(Upwind)项目开展的"智能旋翼桨叶和旋翼控制";丹麦风能部Risoe 国家实验室开展的"自适应后缘形状"(ATEG)研究和"自适应翼"(ADAPWING)研究;美国桑迪亚国家实验室(SNL)和荷兰代夫特大学风能研究所(DUWIND)分别举办了"大型风机旋翼应用智能结构"的专家会议。但风机桨叶智能载荷控制从试验研究到生产应用还有很长的路要走,还需要解决控制系统的可靠性、尺寸、重量、能量消耗等诸多问题。桨叶智能载荷控制对未来风机大型化发展至关重要,是风机桨叶研究的一个重要技术创新领域。

参考文献

[1] Barlas T K. Review of state of the art in smart rotor control research for wind turbines [J]. Progress in Aerospace Sciences,2010,46(1):237 – 240.

[2] Basualdo S. Load alleviation on wind turbine blades using variable airfoil geometry [J]. Wind Engineering, 2005,29(1):326 – 340.

[3] Chopra L. Review of state of art of smart structures and integrated systems [J]. AIAA Journal,2002,40(1): 256 – 260.

[4] Leishman J G. Challenges in modeling the unsteady aerodynamics of wind turbines [J]. Wind Energy, 2002, 5:54 – 61.

[5] Friedmann P P. Rotary wing aeroelasticity—current status and future trends [J]. AIAA Journal,1999,36 (1):1478 – 1481.

国外海上风能应用技术研究综述

摘要：陆上土地资源的紧缺和风能技术的发展,促使具有优良风力资源的近海成为欧美发达国家风力发电开发的重要领域。本文在介绍国外海上风能开发概念和海上风电场建设情况的基础上,分析海上风环境特点,探讨海上风机的关键技术问题,意在为国内该领域的科研人员拓展视野提供参考。

关键词：海上风能;海上风机;大型风机

引言

如今陆地风电厂建设快速发展,但人们已经认识到陆地风能利用受到的一些限制,如:占地面积大,风力发电设施占地约需相当于传统电站的 1370 倍;在经济发达土地资源紧缺的地方难以实施;噪声和生态环境的限制等。随着陆上风电技术的逐步成熟,欧美发达国家已将目光投向了海洋,海上丰富的风能资源和当今技术的可行性,预示着海洋将成为一个迅速发展的风电市场。近年来,欧美海上风电场已得到长足发展,就我国而言,东部沿海水深 50m 以内的海域面积辽阔,海上风能资源丰富,而且距离电力负荷中心(沿海经济发达电力紧缺区)很近。随着海上风电场技术的发展成熟,风电必将成为我国东部沿海地区可持续发展的重要能源之一。

1. 国外海上风能利用的概念

1.1 海上风电场

与陆地风电场类似,在海上逐步建立由近岸到远海的风电场(图1)。欧洲未来风力发电增长的很大部分将来源于海上。美国能源部也制定风力资源深海发展计划,将海上油、气开发技术经验与近岸浅水(0~30m)风能开发技术相结合,开展深海(50~200m)风能开发研究,包括低成本的锚定技术、平台优化、平台动力学研究、悬浮风力机标准(IEC61400-03)等。

1.2 海上能源岛

现在的经济是以电能为基础的,而未来氢能源系统的发展必将带来氢经济

图 1　海上风机发展[1]

时代。风能/氢能的结合可以满足各种能源形式的需求,并且能形成一个持久、独立的能源系统(图 2)。

在海上建设能源岛,利用风能、太阳能、洋流和海潮发电,用电来电解海水制造氢,氢可以有效存储和传输。

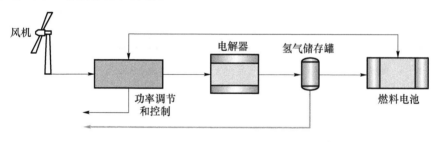

图 2　独立集成的风能/氢能利用能源系统[1]

1.3　大型风能辅助运输船

近年来,人们的环保意识增强,低碳经济和追求效益最大化,使国外开始利用大型翼型伞辅助拖动巨型货轮进行货物的航海运输。德国 SkySailsGmbH&Co. KG 公司就是一家研究利用风能进行海上运输的公司,其研制的“天帆”系统由大型翼型伞、电子控制系统和翼型伞自动回收系统组成(图 3)。其研制的第一艘 MS Beluga Skysails 商业集装箱船 2007 年 12 月开始运营,其翼型伞面积 $160m^2$,伞飞行高度 $100 \sim 300m$,能够节省燃料 20%,相当于每天节省大约 1500 美元的费用。

图3 "天帆"风能混合动力运输船[5]

1.4 捕获风能船

国外研究的捕获风能船概念,即:利用海上高空风,用大型翼型伞拖动轮船,在轮船上安装水涡轮发电机发电,用发的电能来电解海水获得氢能存储[式(1)],也可以用二氧化碳来制甲醇存储[式(2)]。理论研究计算表明,利用捕获风能船概念,在地球南、北半球各建一个捕获风能船船队,海上风能利用的潜力将非常之巨大,理论上可以轻松满足人类的能源需要。

$$H_2O + 286kJ/mol \rightarrow H_2 + 0.5O_2 \tag{1}$$

$$CO_2 + 3H_2 + 50kJ/mol \rightarrow CH_3OH + H_2O \tag{2}$$

2. 海上风电发展和风环境

2.1 欧洲海上风电场概况

海上风电场的风速高于陆地风电场的风速,但海上风电场与电网的连接成本比陆地风电场要高。综合来看,海上风电场的成本和陆地风电场基本相同。海上风电场的发电成本与经济规模有关,包括海上风机的单机容量和每个风电场机组的台数。铺设150MW海上风电场用的海底电缆与100MW的差不多,机组的大规模生产和采用钢结构基础可降低成本。

海上风电场的开发主要集中在欧、美,其发展大致可分为5个不同时期:

(1)欧洲对国家级海上风电场的资源和技术进行研究(1977—1988年);

(2)欧洲级海上风电场研究,并开始实施第一批示范计划(1990—1998年);

(3)中型海上风电场(1991—1998年);

(4)大型海上风电场和开发大型风力机(1999—2005年);

(5) 大型风力机海上风电场(2005 年以后)。

1990 年瑞典(Nogersund)安装了世界上第一台海上风力发电机组——Wind World 制造的 220kW 风力发电机组;1991 年丹麦(Vindeby)建设第一个海上风电场,共 11 台 Bonus 制造的 450kW 风力发电机组。至 2002 年,丹麦建设了 5 个海上风电场,海上风电总装机容量达 250MW。2003 年年丹麦在 Nysted 海域建成了世界上最大的近海风电场,拥有 72 台 2.3MW 机组,装机容量 165MW。到 2003 年年底世界近海风电总装机容量达到 530MW。

欧洲一些国家都为海上风电场的发展进行了规划。从长远看,荷兰的目标是到 2020 年风电装机 2.75GW,其中 1.25GW 安装在北海大陆架区域。荷兰计划先建 100MW 的示范项目,选在 Egmond ann Zee 岸外 22km 处,采用 1.5MW 或 2.0MW 的机组。德国的计划包括 SKY2000 项目,规模 100MW,距离 Lubeck 湾 15km 的波罗的海中;400MW 项目在距离 Helgloand 岛 17km 的北海,最终规模将达到 1.2GW,采用单机容量 4MW 或 5MW 机组。此外,爱尔兰和比利时分别有 250MW 和 150MW 的海上风电场计划(表 1)。

表 1 欧洲部分海上风电场

年代	1991	1991	1994	1995	1996	1998
地点(国家)	Nogersund(瑞典)	Vindeby 丹麦	Medemblik 荷兰	Tunφ Knob 丹麦	Dronten,荷兰	Bockstigen Valar,瑞典
装机容量/MW 厂家	$1 \times 0.22 = 0.22$; Windworld	$11 \times 0.45 = 4.95$; Bonus	$4 \times 0.5 = 2$; NedWind	$10 \times 0.5 = 5$; Vestas	$28 \times 0.6 = 16.8$; Nordtank	$5 \times 0.5 = 2.5$; WindWorld
水深 离岸	7m; 250m	3～5m; 1500m	5～10m; 750m	3～5m; 6000m	5m; 20m	6m; 3000m

年代	2000	2000	2000	2001	2002	2003	2004
地点(国家)	Middelgrunden(丹麦)	Utgrunden(瑞典)	Blyth(英国)	YttreStengrund(瑞典)	Horns Rev(丹麦)	Schelde(比利时)	英国 13 个地点
装机容量/MW 厂家	$20 \times 2 = 40$; Bonus	$7 \times 1.425 = 10$; Enron	$2 \times 2 = 4$; Vestas	$5 \times 2 = 10$	160	100	540 个风机
水深 离岸	3～6m; 3000m	7～10m; 8000m	8m; 800m	3～5m; 6000m	–	–	–

2.2 海上风环境

一般来说,海上年平均风速明显大于陆地,欧洲对北海研究表明离岸 10km 的海上风速比岸上至少高 25% 以上。

1) 风速剖面图

根据部分测量数据外推到所需高度的风速时,风速剖面图是非常重要的。海面的粗糙度要较陆地小得多,因此风速从海平面随高度变化增加很快。通常在安装风机所关注的高度上,风速变化梯度已经很小了,因此想通过增加塔高而增加风能的捕获在某种程度上就不如陆地有效。由于海上风边界层低,所以海面上塔高可以降低(图4)。

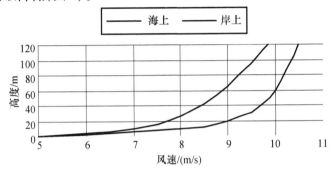

图4 岸、海风速剖面图比较[2]

2) 风湍流特性

湍流度描述的是风速相对于其平均值的瞬时变化情况,可以表示为风速的标准偏差除以风速一段时间(通常10min)的平均值。自由风湍流特性对风机的疲劳载荷大小影响很大。由于海上大气湍流度较陆地低,所以风机转动产生的扰动恢复慢,下游风机与上游风机需要较大的间隔距离,即:海上风场效应较大。通常岸上湍流度一般在10%,海上为8%。海上风湍流度开始时随风速增加而降低,随后由于风速增大海浪增高导致其逐步增加(图5)。除此之外,湍流度还随高度增加而几乎呈线性下降趋势(图6)。

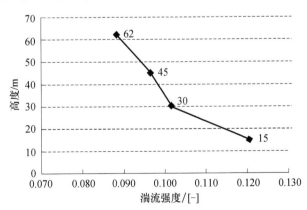

图5 海上风速与湍流度关系[2]

531

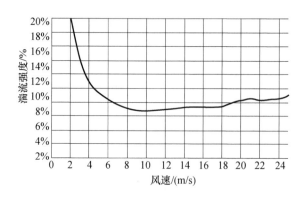

图 6　海面上高度与湍流度关系[2]

3）水深与海浪

水深和海浪是影响海上风电场发展的两个重要自然因素。水深不仅直接影响塔基尺寸和重量，而且影响海浪产生载荷。海浪随水深而增高，水深同时使海面到塔基的塔杆增加，从而导致塔基受到大的翻滚力矩。国外研究表明，浪高随风速增加基本呈线性增加，当风速大于 20m/s 后，海浪达到极限值大约为4m，这是因为较浅的水深限制的缘故（图 7）；浪高的极限值受水深的制约而不是风速。

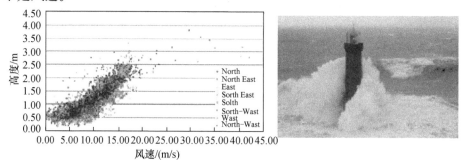

图 7　风速与海浪高度关系[2]

3. 海上风电关键技术

3.1　风机支撑技术

海上风机的支撑技术主要有两类：底部固定式支撑和悬浮式支撑（图 9）。

1）底部固定式支撑的主要方式

● 重力沉箱基础。顾名思义，重力沉箱主要依靠沉箱自身重量使风机矗立在海面上。Vindeby 和 Tunoe Knob 海上风电场基础就采用了这种传统技术。在风场附近的码头用钢筋混凝土将沉箱基础建起来,然后使其漂到安装位置,并用沙砾装满以获得必要的重量,继而将其沉入海底,海面上基础呈圆锥形,可以起到减少海上浮冰碰撞的作用。Vindeby 和 Tunoe Knob 的水深变化范围在 2.5 ~ 7.5m,每个混凝土基础的平均重量为 1050t。该技术进一步发展为现在用圆柱钢管取代钢筋混凝土,将其嵌入到海床的扁钢箱里。该技术应用范围水深小于 10m。

● 单桩基础。单桩基础由一个直径在 3 ~ 4.5m 的钢桩构成。钢桩安装在海床下 18 ~ 25m 的地方,其深度由海床地面的类型决定。单桩基础有力地将风塔延伸到水下及海床内。这种基础一个重要的优点是不需整理海床。但是,它需要防止海流对海床的冲刷,而且对于海床内有很大巨石的位置采用这种基础类型不太适合。该技术应用范围水深小于 25m。

● 三脚架基础。三脚架基础吸取了海上油气工业中的一些经验,采用了重量轻价格合算的三脚钢套管。风塔下面的钢桩分布着一些钢架,这些框架承担和传递来自塔身的载荷,这三个钢桩被埋置于海床下 10 ~ 20m 的地方(图 8)。

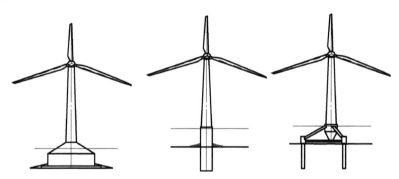

图 8　底部固定式支撑方式[3]

2)悬浮式支撑的主要方式

● 浮筒式支撑。浮筒式基础由 8 根与海床系留锚相连的缆索固定在海面上,风机塔杆通过螺栓与浮筒相连。

● 半浸入式支撑。半浸入式支撑主体支撑结构浸于水中,通过缆索与海底的锚锭连接,该形式受波浪干扰较小,可以支撑 3 ~ 6MW、旋翼直径 80m 的大型风机。

以上两种悬浮式支撑方式主要应用于水深 75 ~ 500m 的范围(图 9)。美国能源部国家可再生能源研究室委托马萨诸塞技术学院近年来一直在开展有关悬浮式支撑系统的动力学模拟研究工作。

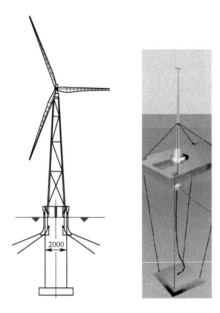

图9 悬浮式支撑方式[3]

3.2 风机设计技术

降低风机离岸产生的额外成本是海上风能技术发展面临的主要挑战,其中海底电缆和风机基础成本占主导地位,它受水深和离岸距离影响大,而受风机尺寸影响不大。因此对额定功率的风场采用大功率风机减少风机个数,从而减少基础和海底电缆的成本。目前一般认为海上风场装机容量在 100～150MW 是比较经济的。国外已研制出 3.6MW,旋翼直径 104m,适合于水深 10m 的风机。

海上风机是在现有陆地风机基础上针对海上风环境进行适应性"海洋化"发展起来的。

(1)高翼尖速度。陆地风机更多地是以降低产生的噪声来进行优化设计的,而海上将以更大地发挥空气动力效益来优化,高翼尖速度、小的桨叶面积将给风机的结构和传动系统带来一些设计上的有利变化。

(2)变桨速运行。高翼尖速度桨叶设计将使风机起始工作风速提高并带来较大的气动力损失,采用变桨速设计技术可以解决这个问题,它能使风机在额定转速附近以最大速度工作。

(3)减少桨叶数量。现在大多数风机采用 3 桨叶设计,但存在着减少噪声和视觉污染的需求。采用 2 桨叶设计会带来气动力损失,但也有制造、安装等成本的降低,因此也是研究的一个选项,它能否降低发电成本尚存在争论。

(4)新型高效发电机。研制结构简单、高效发电机,如直接驱动同步环式发电机、直接驱动永磁式发电机、线绕高压发电机等。

　　（5）海洋环境下风机其他部件。风机部件海洋环境要考虑海水和高潮湿气候防腐问题；塔中具有升降设备满足维护需要；变压器和其他电器设备有安放在上部吊舱或离海面一定高度的下部平台上两种做法；控制系统要具备岸上重置和重新启动功能；备用电源用来在特殊情况下置风机于安全停止位置。

　　（6）探索降低成本的新方案。为了降低电缆和基础成本，提出了一种10MW近岸大型风机概念，它能有效减少基础数量，降低海上风场成本（图10）。要产生10MW的输出，按12m/s额定风速，需要主转子直径约200m，主转子外缘速度达到56m/s，主转子叶片弦长3m，叶片数量10个。主转子采用张线固定，其主轴迎风顶端支撑在直径300mm的支撑塔杆上，塔杆固定在海床上；主轴末端由小型飞艇悬挂和海面上浮船绞盘钢索拉住保持平衡，或采用海面上三角悬浮支撑方式。这样，主转子就可以随来风变化绕顶端旋转。主旋翼叶片由7段组成，最外段安装有4个直径3.6m的风机。

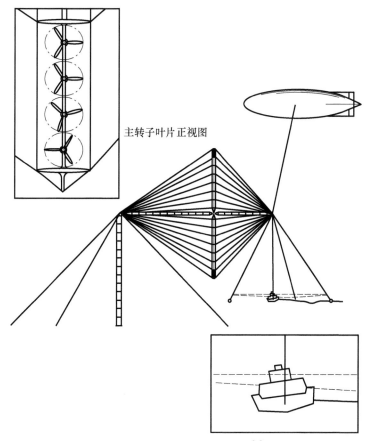

主转子叶片正视图

图10　海上大型风机新方案[3]

535

4. 结束语

欧美的海上风能研究表明,浅海风力发电不存在主要技术突破问题,利用现有技术海上风机可以生存,发展和研究主要是集中在降低成本和验证可靠性方面。海上风机问题关键是经济性问题,海洋生态保护可能也是一个限制因素,估计 10 ~ 15 年后,深海风能利用技术将得到应用。我国若全面挖掘建在陆地上的风力发电潜能,约有 2.5 亿 kW 容量;如能挖掘海上风力发电,则将达到 10 亿 kW。对于能源紧缺的东部地区来说,无疑是个很好的发展方向。

参考文献

[1] Sherif S A. Wind energy and the hydrogen economy[R]. AIAA – 2003 – 0691,2003.

[2] Jatzeck B M. The Otimization of a stand – alone renewable energy system using a mixed – integer. direct search method[R]. AIAA – 2000 – 0727,2000.

[3] Watson W. Offshore wind turbine design[R]. AIAA – 2000 – 0728,2000.

[4] Guidati G. Prediction and reduction of wind turbine noise [R]. AIAA – 2000 – 0042,2000.

[5] NASA To test wind turbine in world's largest wind tunnel. htm. www. NASA. gov.

[6] NWTC About the Program – Core Research Areodynamics. htm. www. NWTC. gov.

国外风能应用技术研究综述

摘要： 风能是自然界最重要的绿色可再生能源之一，日益受到世界各国的高度重视。本文在分析研究欧、美陆地和海上大型风机关键技术、发展方向的基础上，从一个更广阔的视角，介绍国外风能应用在航空航天、交通运输等领域的最新技术研究进展。目的是为国内风能领域科研人员解国外风能应用发展动向，拓展风能技术的应用领域提供参考。

关键词： 大型风机；风能应用；风能技术

引言

当今世界在追求经济发展的同时，更加重视低碳、环保和可持续性，发展新能源已受到世界各国的普遍重视。风能作为自然界最重要的绿色可再生能源之一，具有巨大的蕴藏量，近两年世界风能利用率均呈两位数增长，我国的风机新增装机容量也连续三年翻番，大型风机已成为风能应用的主战场。风机向大型化发展的直接动力是为了降低风电成本，从 1985 年到现在，市场上出售的风机的额定功率从 50kW 发展到 5MW，增加了 100 倍。目前，发展 8～10MW 的大型风机已成为欧美大型风机技术发展的目标。除此之外，国外风能应用在航空航天、交通运输等领域也有创新研究和发展。

1. 欧美大型风机关键技术发展和新奇概念研究

风机的额定功率与叶片长度的平方成正比，随着风机单机额定功率的增加，风机叶片的直径也迅速增大，如：目前 4.5MW 风机叶片的直径已达到 120m；欧盟第六次框架会议确定的研制 8～10MW 的大型大型风机计划（UPWIND），给大型风机研制带来前所未有的挑战，风机的叶片直径将超过 150m。如此巨大的空间范围，使风机叶片上的空气流动不再是均匀的，叶片的空气动力问题、气动弹性问题、局部控制问题、材料和制作问题等是制约风机向大型化发展的关键因素，是目前国外大型风机研究的重点内容。

1.1 陆地大型风机

大型风机的发展需要促使欧、美国开展翼型研究项目，主要针对用于大型风机的相对厚度 20%～40% 的翼型。在翼型研制上,荷兰 Delft 大学研制了 DU 系列翼型;美国 NASA 和国家可再生能源实验室(NREL)等机构研制了 S、LS、FB 系列翼型;丹麦开发了 Risoe 系列翼型等。美国能源部开展了"多阶段叶片系统设计"(BSDS)项目研究,主要目的是评估和研究 1～10MW 大型风机叶片的创新设计和加工制造方法,开展的工作主要是评估现有技术下叶片结构发展趋势、加工、运输、安装成本等,确认有前景的设计方法手段,以便能突破叶片技术上的一些制约因素。由于国外发达国家环保标准要求较高,陆地大型风机噪声研究不能忽视。风机的噪声可以分为两大类:一是机械噪声;二是流动诱导的噪声。前者瑞典 FAA 已有关于机械噪声的研究结论和设计指南,但后者目前仍存较大的争议,是桨叶噪声研究的重点。荷兰、德国、西班牙等欧洲国家联合开展了 SIROCCO(SIlent ROtors by aCoustiC Optimization)低噪声翼型研究项目,目的是研究在不降低叶片气动性能的条件下能减少噪声的翼型。由于桨叶直径巨大,叶片上的流动不再是均匀的,需要有效的桨叶局部流动控制。实现大型风机桨叶智能载荷控制需要将气动控制面、作动器、传感器和控制系统集成于桨叶中,要实现这个目标,对目前大型风机桨叶的设计是一个巨大挑战。从 20 世纪 90 年代开始,风机桨叶载荷主动控制研究就已开展,并取得了一些进展,开展了可行性研究、控制面气动试验和建模数值分析研究以及对发电功率影响的研究等。国外主要机构开展的此类研究工作有:荷兰技术基金会资助的"大型陆地风机智能动态控制"项目;攫取风能欧洲联盟(Upwind European Uion)框架计划开展的"智能旋翼桨叶和旋翼控制";丹麦风能部 Risoe 国家实验室开展的"自适应后缘形状"(ATEG)研究和"自适应翼"(ADAPWING)研究;风机桨叶智能载荷控制从试验研究到生产应用,还需要解决控制系统的可靠性、尺寸、重量、能量消耗等诸多问题。桨叶智能载荷控制对未来风机大型化发展至关重要,是风机桨叶研究的一个重要技术创新领域。大型风机的发展需要新材料、新工艺和结构优化设计的技术支撑。传统的风机桨叶一般采用玻璃钢强化塑料(GFRP)制作,价格相对便宜。玻璃钢强化塑料由于刚度、强度和重量的限制,一般用于制造 60m 以下的叶片。欧洲在大型风机叶片材料研究方面,风机生产商和科研院所在非核能发展和研究计划支持下,开展了碳纤维经济利用的可行性研究;通过试验建立材料数据库;发展有效的叶片根部连接和制造工艺方法;评估叶片成本等。美国能源部设立了先进部件技术风能合作项目(WindPACT),已开展的主要研究有风机叶片面积布局优化等。国家可再生能源实验室(NREL)赞助的大型风机旋翼设计研究项目,对不同尺寸和布局形式的旋翼进行了气动弹性模拟,获得的结果用于定量计算风机成本和能源成本;探索研究碳纤维/玻璃钢混合结构在大型风机叶片上的应用问题。

1.2 海上大型风机

海上大型风机是在陆地风机基础上针对海上风环境进行"海洋"适应性改造发展起来的。海上年平均风速明显大于陆地,欧洲对北海研究表明离岸 10km 的海上风速比岸上至少高 25% 以上。海上风电场的开发主要集中在欧、美,其发展大致可分为 5 个不同时期:欧洲对国家级海上风电场的资源和技术进行研究(1977—1988 年);欧洲级海上风电场研究,并开始实施第一批示范计划(1990—1998 年);中型海上风电场(1991—1998 年);大型海上风电场和开发大型风力机(1999—2005 年);大型风力机海上风电场(2005 年以后)。陆地风机桨叶更多地是以降低噪声来进行优化设计的,而海上将以更大地发挥空气动力效益来优化。欧洲未来风力发电增长的很大部分将来源于海上。美国能源部也制定了风力资源深海发展计划,将海上油、气开发技术经验与近岸浅水(0 ~ 30m)风能开发技术相结合,开展深海(50 ~ 200m)风能开发研究,包括低成本的锚定技术、平台优化、平台动力学研究、悬浮风力机标准(IEC61400 – 03)等。风机部件海洋环境要考虑海水和高潮湿气候防腐问题;风机塔杆中要具有升降设备满足维护需要;变压器和其他电器设备一般安放在上部吊舱或离海面一定高度的下部平台上;控制系统要具备岸上重置和重新启动功能;备用电源用来在特殊情况下置风机于安全停止位置。欧美的海上风能研究表明,浅海风力发电不存在主要技术突破问题,利用现有技术海上风机可以生存,发展和研究主要是集中在降低成本和验证可靠性方面,海上风机问题关键是经济性问题,海洋生态保护可能也是一个限制因素。

1.3 新奇概念研究

风能发电应用技术除陆地和海上大型风机外,国外也探索研究了一些新奇方案。如:为了降低海上风机的电缆和基础成本,国外提出了一种 10MW 近岸大型风机概念,其主转子采用张线固定,塔杆固定在海床上;主轴末端由小型飞艇悬挂和海面上浮船绞盘钢索拉住保持平衡,主转子就可以随来风变化绕顶端旋转。海上能源岛也是一个方案,在海上利用风能发电,用风电电解海水获得氢气,存储氢气,用氢能开展各种生产活动,即"氢经济"。另外,高空的风速明显比地面大,向高空发展也有一些方案(图 1)。这些方案的优点是:高空(1 ~ 14km)风大且稳定;单机发电功率大,理论上可达 100MW;成本低、环境友好。

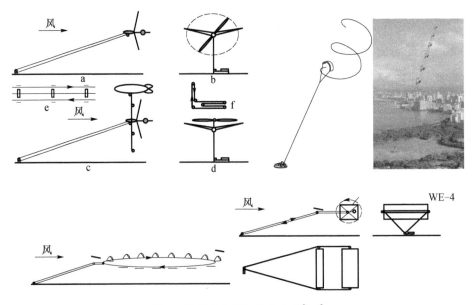

图1 几种高空风能发电方案[1-4]

2. 风能在航空航天领域的应用研究

　　风能在航空领域应用的最常见例子是无动力滑翔机和伞翼。近年来,无人机在军事和民用上得到突飞猛进的发展,受到极大关注和重视,利用风能减少无人机燃料消耗,增加滞空时间和航程,对无人机的实际应用具有非常重要的意义,这是国外在航空领域开展风能应用研究的一个重要内容。根据质量运动方程,无人机在空中风场中的飞行可描述为一定时间周期内燃料消耗最少的非线性优化控制问题,空中风场的模式可以分为两种:风梯度模式和垂直热气流模式。据此优化无人机在两种气流状态下飞行轨迹,利用风能适时将飞机运动的动能和具有的势能相互转换,最大限度地提升无人机飞行滞空时间。为了更好地利用风能,需要对无人机飞行空域的风场环境和气候规律进行大量和长期的测量研究。

　　高高空气球在对地监视等方面有重要价值。近年来,美国 NASA 在开展的ULDB(超长滞空气球)项目中,利用风能,采用 TCS(Trajectory Control System)轨迹控制系统来控制气球的飞行。其原理是:利用大气层中不同高度上风速的方向不同来产生拉力并设法施加到气球上。如图 2 所示,TCS 就是悬挂在气球下方数千米的一个"翼",当风吹过"翼"时,就产生水平方向的推力,拉动气球向既定方向前进。通过改变"翼"的角度,就可以改变力的大小和方向。美国全球

540

航空公司正在研制一种更为先进的 TCS,这种先进的 TCS 将会获得比自身重力大的浮力,但是也不会飘浮到上层较为稀薄的空气中去,当遇到阵风时,性能也更为稳定,操作也更灵活。

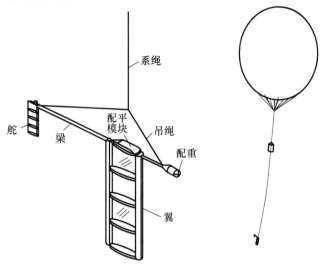

图 2　利用风能的气球轨迹控制原理[5]

　　近空间飞行器是近年来国内外航空航天领域研究的一个热点,平流层飞艇则是近空间飞行器的主要形式之一。体积巨大的平流层飞艇从地面放飞到 20km 以上的近空间要经历不同的风环境(图 3),利用风能进行放飞轨迹优化,可以按要求实现最短时间或最小能量飞行到指定空域(图 4)。优化采用飞艇三维质量运动方程,参数包括气动力和阻力、矢量推力、附加质量效应、质量流率引起的加速度、风速、地球旋转参数等。

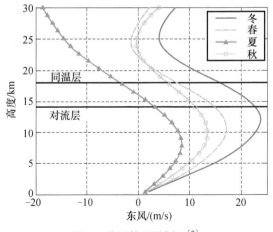

图 3　美国某地风剖面[8]

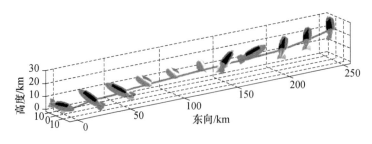

图4 近空间飞艇最少耗能方式放飞示意图[8]

3. 风能在其他领域的应用研究

　　除风力发电、航空航天等领域外,风能在我们日常生活的其他方面也广泛应用,如:利用风能风车取水灌溉、利用风能开展某些体育活动(滑翔伞、风筝、帆板运动)、利用风能驾驶帆船航海等。近年来,人们的环保意识增强,低碳经济和追求效益最大化,使国外开始利用大型翼型伞辅助拖动巨型货轮进行货物的航海运输。德国 SkySailsGmbH&Co. KG 公司就是一家研究利用风能进行海上运输的公司,其研制的"天帆"系统由大型翼型伞、电子控制系统和翼型伞自动回收系统组成(图5)。其研制的第一艘 MS Beluga Skysails 商业集装箱船 2007 年 12 月开始运营,其翼型伞面积 160m², 伞飞行高度 100~300m,能够节省燃料20%,相当于每天节省大约 1500 美元的费用。

图5 "天帆"风能混合动力运输船[5]

　　除此之外,国外还研究有风能船概念,即:利用海上高空风,用大型翼型伞拖动轮船,在轮船上安装水涡轮发电机发电,用发的电能来电解海水获得氢能存储[式(1)],也可以用二氧化碳来制甲醇存储[式(2)]。理论研究计算表明,利用风能船概念,在地球南、北半球各建一个风能船船队,海上的风能利用的潜力将非常之巨大,理论上可以轻松满足人类的能源需要。

$$H_2O + 286kJ/mol \rightarrow H_2 + 0.5O_2 \tag{1}$$

$$CO_2 + 3H_2 + 50kJ/mol \rightarrow CH_3OH + H_2O \tag{2}$$

4. 结束语

综上所述,陆地和近海大型风力机发电是目前风能应用的热点和主战场,但我们发现风能的应用领域是广泛的,其在陆地、海洋、天空都有极大的应用发展空间。我们在大力发展风能风力发电的同时,也应密切关注国外风能应用在海运和航空航天军事领域的开发研究,特别是海洋运输,利用风能的混合动力船无疑蕴藏着巨大的经济效益,具有广阔的市场发展空间。

参考文献

[1] Joseph B M. Optimal ascent trajectories for stratospheric airships using wind energy[R]. AIAA2009 – 1903, 2009.

[2] Jong C K. Wind power generation with a parawing on ships[R]. AIAA2009 – 3595,2009.

[3] Alan D W. Field testing controls to mitigate fatigue loads in the controls advanced research turbine[R]. AIAA2009 – 478,2009.

[4] Pavel M. New efficient systems for conversion of the wind and water flow energy in electrical energy[R]. AIAA2008 – 5613,2008.

[5] Bas L. Towards flight testing of remotely controlled surfkites for wind energy generation[R]. AIAA2007 – 6643,2007.

[6] Yiyuan J Z. Taking advantage of wind energy in UAV operations[R]. AIAA2005 – 6961,2005.

[7] Dam C P. Innovative structural and aerodynamic design approaches for large wind turbine blades[R]. AIAA2005 – 973,2005.

[8] Walt M. Feasibility of floating platform systems for wind turbines[R]. AIAA2004 – 1007,2004.

后　　记

基层技术情报研究发展模式探讨

摘要： 技术情报研究是科研机构中基层情报研究单位的核心工作。本文分析科研机构对技术情报研究需求的变化；研究在目前知识服务环境下，为了适应这种需求变化，未来基层技术情报研究发展的几种可能模式；对基层技术情报研究的创新发展进行初步探讨。

关键词： 情报研究；知识服务；技术情报

引言

技术情报研究是科研机构中基层情报研究单位（情报资料室或信息中心）情报工作的核心内容之一，情报研究单位的技术情报研究能力强弱直接影响其对科研工作的支撑能力，影响情报研究单位在科研机构中的形象和地位。基层技术情报研究发展几十年来经历了不同的发展时期。20世纪80年代中期以前，基层技术情报研究岗位在人力资源配置等方面同其他科研技术岗位基本一样。80年代中期以后，随着编制体制改革和市场经济的发展以及对科研人员评价（如职称评任、各种利益分配等）体系的变化，技术情报研究在人力资源配置上逐步与其他科研技术岗位产生了差距。这期间，技术情报研究理念、技术情报服务对象的需求以及工作环境都发生着潜移默化的变化。进入21世纪以后，随着我国经济实力的增强，科研机构科技创新意识和要求的增强，科研人员文化素质的普遍提高，这些因素都对基层情报研究单位的技术情报研究工作提出了严峻挑战。在目前知识服务的大环境下，需要我们思考技术情报研究未来的发展和走向，探索新的技术情报研究工作模式，更好地服务于本单位科研工作。

1. 基层科研机构中科技情报工作的内容及特点

在长期的科研发展实践中，基层科研机构（如各类研究院、所等）为了满足对科研工作中产生的各类报告、档案、资料的管理和利用，满足科研人员对所从事专业领域信息的需求，在科研编制设置上一般都设有情报研究单位（情报资料室或信息中心）。人们通常所指的基层科技情报工作内容覆盖较广，包括资料信息搜集、标引和检索、情报研究、资料管理借阅、声像、科技档案、信息网络平台管理、刊物出版、轻印刷等。从这些所担负的工作不难看出基层情报研究单位的一些特点：

（1）工作岗位面广,各专业方向上人员少,呈现出一种小而全的状态;

（2）各岗位都有自身的专业领域,或者说都对应着外界一个大的行业;

（3）多数岗位工作的性质是具有专业知识的事务性工作;

（4）从业人员的专业技能一般都是在干中学、学中干过程中逐步积累的。

基层科技情报工作虽然工作面很宽,但我们清醒地认识到情报研究单位不能简单地视为资料室、图书馆或科技档案室,其核心工作应该是围绕本单位科研任务的技术情报研究。但从基层情报研究单位长期的实践看,本应处于科技情报工作核心地位的技术情报研究,似乎被以上所述的其他众多基层科技情报工作分散了。情报研究人员岗位数量即便是在情报研究单位内部所占比例也很小,有的单位也就一两人,如果将情报研究人员放在科研机构整个科研人员中看,这个比例恐怕就更小了。数量的不足,往往也就导致人员的质量难以保证。

从上所述我们不难看出,基层科技情报大量的工作仍停留在知识附加值较低的层面。在一个科研机构中,如果其主攻专业方向的科研人员在数量和质量上不占主导地位,其专业核心竞争力肯定不强。同样,在基层情报研究单位,如果情报研究人员在数量和质量上不占主导地位,必然制约情报研究对本单位科研发展促进作用的发挥,直接影响基层科技情报工作在科研工作中的形象和地位。

2. 基层技术情报研究发展的现状

2.1 技术情报研究的工作内容和环境变化

基层技术情报研究一般围绕科研机构中主干专业科研任务开展,技术情报研究通常主要包括以下工作内容:

（1）专业文献资料的翻译、国外同行的科研动态报导;

（2）针对具体学科(课题)或某专业技术的跟踪研究;

（3）对某科研领域或技术问题的情报研究综述和评述;

（4）对本单位科研发展方向提供支持决策的情报研究。

以上四项工作内容所包含的知识服务含量依次递增,蕴藏在其中的难点不仅是文献资料的搜集或提供,而是结合科研需求的一些分析研究,以及最后能提供对技术攻关或科研决策有所帮助的技术情报研究结果。因此,这对技术情报研究人员的专业知识、从业经验和工作经历都有很高的要求。例如,美国兰德公司编写的《风洞和推进试验设备——NASA 服务于国家需求的能力评估》报告,就是为美国未来风洞地面试验设备发展决策提供支持的一个决策技术情报研究报告,其中许多内容都来自科研试验的一线经验和总结,并结合有世界同行业的对比分析。在这篇报告的编写过程中,兰德公司聘请了大量资深专业人员参与,从中我们不难看出技术情报研究的难点。基层情报研究单位在技术情报研究方面,从目前的人员配备和管理体制看,如要为本单位科研工作完成类似的决策研究报告还存在一定困难。

当前,从科研机构中基层情报研究单位技术情报研究面对的环境和需求看,目前与20世纪80或90年代相比,已经发生了很大的变化。

(1)科研机构基本已经实现了从计划体制向市场体制的转变,科研任务来源多样化,创新意识增强,对技术情报研究方向的多样性和及时性要求增强。

(2)技术情报研究面对的服务对象(一线科研人员或领导决策层)发生了很大变化,服务对象的专业文化知识很高,掌握和接触的自己研究领域内容的渠道较多。相对而言,技术情报研究人员却受到不少限制,如知识结构、专业经验、可使用的各种资源等,服务对象对技术情报研究的要求提高。

(3)信息技术的发展使技术情报研究人员和服务对象处于同一便捷的信息获取平台上,服务对象不再仅仅满足情报人员对其所需信息资料的检索搜集或翻译报道,对技术情报研究的期望值提高。

2.2 基层技术情报研究面临的问题或挑战

基层科研机构更多关注的是本单位主干学科的发展或科研任务的完成,对技术情报研究作为一门学科该如何更好地适应形势变化,为本单位科研发展服务,探讨研究的还不多,这一点与专业情报研究所或信息中心是一个很大的差别。技术情报人员与社会外界同行交流的机会少,自身对情报研究工作和情报研究理念的发展也缺乏认识。传统的情报研究工作模式还在基层情报研究单位内延续。基层技术情报研究从信息服务转向知识服务还面临许多转型和创新发展的挑战。

(1)观念的挑战。长期以来,重硬轻软在我国科研工作中不同程度地存在,人们普遍对情报研究在科研机构中的定位以及在本单位科研工作中能发挥的作用认识模糊,情报研究与科研的促进和依靠关系未能有效建立。

(2)机制的挑战。现代信息条件下的情报研究工作,需要有效的信息获取手段,需要情报研究人员之间、情报研究人员与科研人员之间的协同,目前基层情报研究单位小作坊式的单兵作战的工作模式,制约着技术情报研究工作深入发展。

(3)人才和技术进步的挑战。人才是知识的载体和放大器,知识服务是建立在合理配置的人才资源基础之上的。从前面所述的技术情报研究内容我们不难看出,技术情报研究人员在技术知识水平上起码应与其服务对象处于同一层面上,否则,技术情报研究难以满足服务对象的要求,或只能从事相对知识含量较少的一般服务。长期以来技术情报研究人员配置的匮乏、知识结构的不合理,成为制约技术情报研究作用发挥的明显瓶颈。

（4）市场竞争的挑战。随着改革开放、科研体制改革的深入，网络信息技术提高和国内同领域的专业情报研究机构服务能力的增强，科研人员获取自己研究领域的信息渠道增多，基层情报研究机构传统的信息服务作用逐步弱化，科研人员与技术情报研究人员处于相同的信息平台上。

（5）服务需求的挑战。信息资源的社会化发展，使人们获取信息资源变得更为方便快捷。科研机构中科研人员或决策层的专业素质和获取信息的能力也有了很大变化。用户对技术情报研究服务的个性化和高端化需求更多地是要能提供关键技术解决方案和决策参考方案的知识服务。

3. 基层技术情报研究未来发展模式的探讨

基层科研单位制约技术情报研究向深层次发展的根本原因在人力资源的配置上。目前基层技术情报研究基本被视为文献资料翻译，国外文献资料的翻译在工作中占很大比例。因此，情报研究人员一般由外语专业和部分其他专业外语相对较好的人员组成，缺少高学历有专业实践经验的技术情报研究人员。情报研究人员中大多数都缺乏科研试验研究的工作经历和实践，这种知识的缺失不是目前基层情报资料室自身人才培养能够解决的，这种情报研究队伍状况制约着知识服务型技术情报研究工作的开展。要改变这种状况，未来基层技术情报研究的发展可能有以下三种模式。

（1）情报资料室职能不变，逐步调整其人员编制配比，加大技术情报人员的比例。随着科技进步、自动化程度提高、网络技术和信息资源数字化的发展，基层情报资料室即使在所承担任务不变的情况下，也有了调整人员编制的潜力，有的工作岗位过去需要几个人，现在可能一个人就可以完成，人员岗位应当根据任务变化做较大调整，加大技术情报研究人员的编配比例，增加高学历和有专业实践经验的人员。人员的调配应当与所期望承担的任务相适应，基层情报资料室情报工作的重点应转向信息资源的利用，即技术情报研究。技术情报研究人员的数量、质量和编配合理的结构是知识服务的根本保证。这样才能逐步缩小情报资料室在科研单位中与其他科研室的差距，真正起到科研发展、情报引领的作用，逐步增强情报资料室在科研中的作用和地位。

（2）情报资料室逐步演变成信息资料室。情报资料室不再担负技术情报研究的主要工作，只承担一些信息动态的报道工作，科研单位的技术情报研究将由科研室结合科研任务进行，即技术情报研究工作不再仅仅是情报人员的事情，其本身就是科研人员科研工作的前奏。在实际的科研工作中，科研人员阅读参考文献的过程实际就是技术情报研究的过程。美国科学基金会凯斯工学院和日本国家统计局做过一个调查:研究人员用在科研任务上的时间分配是计划思考7.7%,查阅文献技术情报研究50.9%,科学试验32.1%,编写报告9.3%。将技术情报研究与科研紧密地结合在一起,针对性和有效性都大大加强,有效地解决了技术情报人员专业知识不足和人员编制紧张的矛盾。某些基层科研单位技术情报工作开展已经有了这种发展趋势。

(3) 整合技术情报研究队伍并在体制上赋予其"尖兵耳目"的引领作用。过去的科研发展模式已经证明,资源的整合是提高效率、增强科研能力的有效途径。例如,在基层科研单位,过去在许多科研室都有从事试验仪器仪表管理的组、都有从事试验分析的分析组,人员少而分散,除忙于日常试验任务外,没有精力进行深入的研究工作。经过体制变化整合后,人力集中,效率提高,重复性劳动减少,除能保障正常的试验任务外,还有精力开展本专业领域深入的研究工作。目前,为了适应未来发展的需要,许多基层科研单位都成立了承担预研论证、新产品开发或引领本单位未来技术发展的室或部门。技术情报研究的发展也需要整合有限的人力资源,同时,聘请有长期一线科研试验实践经验的各种专业的老专家和学者,因为知识服务更强调的是知识的增殖服务。知识服务型技术情报研究队伍应该成为科研单位的智囊团。只有以能为基层科研和领导决策提供技术咨询、大型项目论证、预研项目评估等为技术情报研究发展方向,才能从根本上发挥技术情报研究在科研试验中的引领作用,提升情报研究的地位。

4. 结束语

技术情报研究是提升科研单位科研创新能力的重要组成部分,形势的发展变化需要我们思考和探讨技术情报研究发展的模式,创新技术情报研究体制。改革开放和社会主义市场经济发展,使国内科技信息研究机构正逐步向着提高知识服务含量的方向发展,科技信息市场走向分工细化、专业化和产业化,如有专门从事文献数据库信息平台建设的、有专门从事翻译的、从事技术咨询的等。基层技术情报研究应该更新观念,重新定位,创新发展,开辟基层技术情报研究的新途径。

参考文献

[1] 梁战平. 情报研究的过去、现在、未来[J]. 情报学报,2007,增刊: 24 – 26.

[2] 梁战平等. 新世纪情报学学科发展趋势探析[J]. 情报理论与实践,2005,4:12 – 15.

[3] 徐路. 知识服务的情报研究与探析[J]. 情报学报,2006,25(1): 15 – 17.

[4] Barger D G. Toward a revolution in intelligence affairs[M]. NY:published by RAND corporation,2005.

对基层科技信息工作中知识服务的思考

摘要： 在国防基层科研单位网络信息技术普及应用和科研人员学历层次普遍提高的新形势下，需要我们研究服务对象对科技信息服务需求的变化。本文在简要阐述知识服务内涵、特征的基础上，探讨基层科技信息服务中知识组织和知识服务的内容和方式，对基层科技信息服务工作模式的创新发展进行初步探讨。
关键词： 科技信息工作；知识服务；知识组织；服务模式

引言

跨入 21 世纪 10 年来，我国的网络信息技术迅速发展，即使在相对地理位置环境比较偏僻的基层国防科研单位，计算机、局域网、互联网等也已基本普及并与我们的工作和生活密不可分。目前，我们已跨入知识经济时代，国防科研单位的科技创新意识和要求日益增强，科研人员的专业知识素质普遍提高，对科技信息服务的广度和深度要求增强，这些因素对服务于本单位科研工作的基层科技信息中心（或情报资料室）的科技信息服务保障工作提出了严峻挑战。传统的信息服务模式已不能满足知识经济时代的知识创新发展要求，基层科技信息中心需要在知识服务的大环境下，更新科技信息工作的理念，研究科研人员对科技信息服务的需求变化，思考基于网络环境、面向领导层宏观决策和基层科研人员的知识组织与管理方式，探索知识服务环境下的基层科技信息服务保障工作模式，更好地服务于本单位科研试验工作。

1. 知识服务的内涵和特征

国内图书情报和科技信息学界对知识服务的概念定义有多种，著名图书馆学家张晓林教授认为：知识服务（Knowledge Services，KS）是以信息知识的搜寻、组织分析、重组的知识和能力为基础，根据用户的问题和环境，融入用户解决问题的过程之中，提供能有效支持知识应用和知识创新的服务。也有专家学者认为：知识服务是为了适应知识经济发展和知识创新需要，根据用户问题解决方案目标，通过用户知识信息需求和问题环境分析，对用户整个解决问题过程提供的经过知识信息的析取、重组、创新、集成而形成的恰好符合用户需要的知识产品的服务。还有的学者认为:知识服务是从各种显性和隐性的信息资源中针对用户需求将知识提炼出来的过程,是以信息资源建设为基础的高级阶段的服务。

总之,知识服务强调的是一种融入科技信息工作者知识投入的知识产品服务。在当今信息资源极大丰富和互联网普及的新形势下,基层科技信息中心将核心能力定位于所拥有资源的多少或对信息资源的管理服务上是不能适应发展需要的,科技信息服务工作已经不再以规范化的信息收藏和组织为标志,而是以灵活、有效的服务模式充分利用和调动科技信息工作者的智慧进行特定问题的分析、诊断和解决问题为标志。

知识服务与信息服务是密切相连的,知识服务与传统意义上的信息服务相比,更加强调面向科研需求、面向知识内容和科研人员或决策者问题解决方案。其主要特征包括:

（1）针对性——知识服务要根据不同科研人员的需求、融入科研和决策过程的服务,这要求科技信息工作者和科研人员或决策者的联系更明确、更紧密。

（2）个性化——知识服务针对的是科研人员或决策层特定的需要解决的问题,是一种专业性和个性化很强的应用服务,而不是泛泛的信息传播。

（3）知识性——科技信息工作者提供的知识服务是融入了自身知识附加值、可以被科研人员或决策者直接加以利用的知识产品。

（4）动态性——科技信息工作者提供的知识服务是基于分布广泛的、多样化动态资源开展服务的,而不是基于比较恒定的固有信息资源或系统,对同一服务内容会因时间的不同而有所变化。

（5）集成性——知识服务是基于科技信息工作者知识集成的增值服务,而不是靠某一大而全的系统或信息服务。

（6）创新性——知识服务具有自主性和创新性,这种服务不是简单的事务性或重复性工作,对科技信息工作者的专业知识和业务能力都有更高的要求。

2. 基层科技信息服务中的知识组织和知识服务

知识组织(Knowledge Organization)最早由美国图书分类学家布利斯在其著作《知识组织和科学系统》中提出,它是建立在人们对知识认识的基础上的。知识是信息的一部分,是人类主观世界对客观世界的反映与认知,知识的载体有两种形式:一是客观知识(显性知识),它存在于图书、各类文献资料等现实载体中;二是主观知识(隐性知识),它存在于知识拥有者的头脑中。图书情报界对知识组织概念的认识有多种,对科研单位基层科技信息中心而言,知识组织更是关于知识的序化加工与检索,是现代网络信息环境下获取知识与利用知识的各种手段、技术与能力的总和。它不仅包括科研单位所需的特定技术领域知识的组织,也包括科技信息工作者的专业技能与才能。

目前,基层科研单位的科技信息中心图书情报专业人员相对较少,知识组织的重点工作主要集中在科研必需的各种数据库的采购和其在网络运行中的管理上。由于我们已处在一个信息爆炸的时代,周围每天都有大量的知识信息产生,科学技术的创新发展也使各学科相互融合,科研工作所关注的技术领域更加广泛。为了满足科研的需要,基层科研单位近年来注重文献资源数据库建设,购买了各种商业产品化的数据库,如图书数据库、期刊数据库、国外相关机构文献库、标准数据库等;同时,互联网的广泛应用,网络信息资源的可利用性也显著增多。如此众多的可利用数据库,在为我们提供开拓知识视野的同时,也存在一些问题,如商业数据库数据量大/面宽/针对性弱、各种数据库的检索方式不完全相同、科研人员的检索技术不熟练、数据库零散、检索自动化程度不高、检索工作费时费力等,这些问题导致了我们看似拥有众多信息数据资源,但实际利用率不高。

为了解决上述问题,就需要我们基层科技信息工作者改变传统的工作方式,要能为科研人员提供附加了专业检索知识附加值和劳动成果的知识服务和知识组织。一方面,基层科技信息工作者要加强知识组织技术的学习和研究,如搜索引擎、超文本、数据挖掘、知识发现、数据库、人工智能等,知识组织不仅可以对目前实际工作中存在的问题提出解决方法,还具有提高基层科技信息工作者本专业学术研究能力的作用;另一方面,基层科技信息工作者要加强本单位科研工作的专业知识学习,只有具有一定的科研专业知识,才具有与科研人员交流的共同语言,才能更好地了解科研人员需要查询的知识内容。

基层信息资源建设是一项基础工作,我们应该逐步将工作重心从各种数据库的采购、更新、运行维护转向服务针对性更强的知识组织和知识服务上来,利用科技信息工作者所拥有的专业检索知识,根据本单位科研任务需求,有计划、有针对性地建设各种主要科研试验技术或项目的专题库,即:对购买的商业数据库进行二次开发,缩小其内涵,使其面向的对象更为具体,为科研人员提供具有知识附加值、更为易用的科技信息服务产品。同时,科技信息工作者要加强对科研人员知识检索技能的培训和咨询,增强他们获取知识信息的能力。只有这样,我们才能最大限度地发挥我们用重金购买的各类文献数据库的作用,更好地服务于我们的科研试验工作。

3. 现代网络技术环境下知识服务工作模式的创新

目前,计算机已成为我们日常科研工作的必备工具,互联网和科研单位内部的局域网也得到普及,尽管科技信息服务工作的硬件环境发生了很大变化,但从本质上看,基层科技信息工作的服务模式依然是现代条件下的传统模式(分散的、联系不紧密的、小作坊式的),科技信息服务在网络上基本仅体现在少量科研人员对数据库的访问上,已不适应科研发展对科技信息工作的要求。

网络环境下我们获取知识信息的渠道增多,信息资源的广泛性、动态性增强,科研试验学科融合使知识的需求更加多样化。同时,随着我国高等教育的迅速发展,基层科研单位领导层和科研人员的学历素质普遍提高,基层科技信息中心服务对象的需求已经发生改变,他们对科技信息的及时性、针对性要求提高,知识性和专业性增强。为了应对这些变化,我们应思考网络环境下知识服务的模式。

(1)建立基于网络的科技信息工作网上工作室。为了解决传统科技信息工作模式人员分散、各自为战、信息互不相同和滞后、互动性差等弊端,我们有必要利用已有的单位内部局域网建立一个科技信息工作室(图1),科技信息工作者在线工作,随时发布各种服务信息。这个工作室的作用有三个方面:①将力量有限且分散的科技信息工作者通过这个平台联系起来,形成一个团队,增强知识服务的能力,增强科技信息工作的影响力;②领导层或科研人员的任何科技信息需求随时可以通过这个平台迅速得到回应;③有利于增强全员的科技情报意识。现在的科技信息工作仅靠科技信息工作者本身是不够的,同时,研究型和创新型的科研工作离不开科技信息的支撑。因此,现代科技信息工作必须有科研人员的参与,逐步形成一个"科技信息面向科研工作,科研工作依靠科技信息"的良好局面。

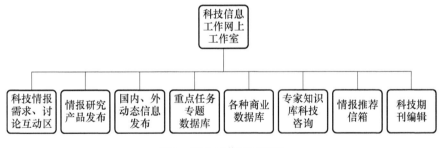

图1 网上工作室示意图

(2)建立知识专家库,加大主观知识的挖掘。客观知识载体容易受到我们的重视,但基层科技信息工作知识服务的重点和难点是要增加服务中知识的附加值。从目前基层科技情报研究人员的知识构成看,缺少与科研人员沟通的专业知识和实践经验,这种知识的缺失是导致情报研究知识服务难以深入的重要原因之一,因此,靠传统的科技信息工作模式,仅依靠科技信息工作者要满足科研人员的需求或出高水平的知识服务产品是有难度的。建立知识专家库,充分利用老专家的实践经验和主观知识,提高科技信息工作的知识服务含量,这对促进科技信息工作人员的知识成长也是有益的。我们要通过网上工作室,探索建立一种由科技信息工作者主导、有科研人员参与、有老技术专家参与的联合科技信息工作方式。

（3）建立科技信息工作者与领导决策层和科研人员的联系机制。基层科技信息工作的最终目的是要充分利用国内外科技信息服务于本单位的科研试验,促进科研试验的创新发展。基层科技信息知识服务的对象是领导决策层和科研人员,从上面所述知识服务的特征看,需要在科技信息工作者和科研单位领导决策层和科研试验人员之间建立起一种更为紧密、快捷的联系方式,科技信息工作者的信息挖掘、研究进展、动态信息捕获等可以在第一时间与领导决策层和科研试验人员见面、互动,或者向他们推介。因此,充分发挥网络的桥梁作用,转变工作方式应是科技信息工作探索发展的方向,也是发挥科技信息作用、提升科技信息工作地位的重要途径。

4. 结束语

科研单位科技创新的发展和研究型科研试验的需求是科技信息工作发展的动力。科技信息工作作为科研试验的重要组成部分,只有加大知识服务的含量,才能适应和促进科研试验的发展。信息服务是科技信息工作的基础,知识服务是建立在信息服务基础之上的科技信息服务的深化,更能体现科技信息工作的知识含量。我们在从传统的科技信息工作模式走向基于网络的现代科技信息服务模式的过程中,基层科技信息工作有很多方面需要我们思考、探索、研究,需要我们打破头脑中固有的惯性思维模式,给科技信息工作更大的发展空间,使我们基层的科技信息工作能与科研试验同步,实现一种跨越式的提升。

参考文献

[1] 卢晓慧. 论知识组织的方式和方法[J]. 情报杂志,2003,(7):21-23.
[2] 曾蕾. 网络环境下的知识组织系统[J]. 现代图书情报技术,2004,(1):17-20.
[3] 江治平. 浅论知识服务[J]. 情报学报,2008,(6):23-25.
[4] 李卫东. 图书情报机构知识服务探讨[J]. 情报学报,2009,(8):17-21.